Éléments clés de l'enseignement des mathématiques

Cet ouvrage a été conçu dans le but de répondre aux besoins des élèves sur différents plans :

L'apprentissage Si, *dans un premier temps*, les élèves ne sont pas en mesure d'énoncer clairement les définitions et formules essentielles, ils ne peuvent pas espérer maîtriser les relations et concepts plus subtils du cours.

C'est pourquoi sont proposés des **Problèmes théoriques** à la fin de chaque chapitre.

Voir p. 96.

L'estime de soi Cet ouvrage doit aider les élèves à développer une confiance dans leurs aptitudes en mathématiques. On y présente des conseils, des avertissements, des suggestions ainsi que des encadrés intitulés **En d'autres termes** qui aident les élèves à reformuler des énoncés mathématiques afin de mieux les comprendre.

Voir p. 131.

La communication Les élèves doivent être amenés à expliquer des concepts mathématiques verbalement. Dans cet ouvrage, ils trouveront des occasions de décrire des concepts dans leurs propres termes avec les questions intitulées **Autrement dit ?**

Voir p. 64.

La stimulation intellectuelle Les cours d'introduction doivent apporter aux élèves une stimulation intellectuelle adéquate. La gamme des problèmes proposés dans un manuel de calcul différentiel doit aller des exercices de routine aux problèmes complexes. Tel est le cas dans cet ouvrage, où les problèmes placés à la fin de chaque section sont divisés en trois catégories : la catégorie **A** présente des problèmes de routine, la catégorie **B** des problèmes d'application et de réflexion, et la catégorie **C** des problèmes théoriques.

Voir p. 55.

Les liens Les élèves doivent pouvoir faire des liens entre les diverses parties des mathématiques et leurs domaines d'application correspondants. Cet ouvrage comporte de nombreux problèmes d'application. Bien que nous ayons choisi de faire figurer beaucoup d'applications essentielles pour l'ingénieur et le physicien, nous estimons qu'un cours d'introduction au calcul différentiel doit également comprendre des applications en chimie, en biologie, en économie, en administration, en démographie, etc. Ainsi, presque toutes les sections de problèmes comprennent des **Problèmes de modélisation** dans l'une ou l'autre de ces disciplines.

Voir p. 238.

La recherche Les élèves trouveront dans cet ouvrage des projets de recherche en groupe, un essai sur l'histoire du calcul différentiel et intégral rédigé par un mathématicien ainsi que des **Problèmes de réflexion**

Voir p. 240.

Tous ces éléments sont répartis dans l'ensemble de l'ouvrage.

Points de repère

OÙ TROUVER DE L'AIDE

Connaissances préalables

Les élèves qui ont gardé leurs manuels d'algèbre, de trigonométrie ou des cours précédant celui de calcul différentiel sont encouragés à les consulter au besoin. Voir également

- Propriétés de la valeur absolue : tableau 1.1, p. 3.
- Valeurs exactes des fonctions trigonométriques : tableau 1.2, p. 13.
- Répertoire de courbes : tableau 1.3, p. 29.
- Définition des fonctions trigonométriques inverses : tableau 1.4, p. 52.

Dérivation et représentation graphique

- Définition de la dérivée : p. 105.
- Formules de dérivation : voir la page qui suit l'index.
- Types de discontinuités : figure 2.24, p. 88.
- Résumé des tests de la dérivée première et de la dérivée seconde : tableau 4.1, p. 180.
- Marche à suivre pour tracer le graphe d'une fonction : tableau 4.2, p. 187.
- Processus d'optimisation : p. 189.

CALCUL DIFFÉRENTIEL

CALCUL DIFFÉRENTIEL

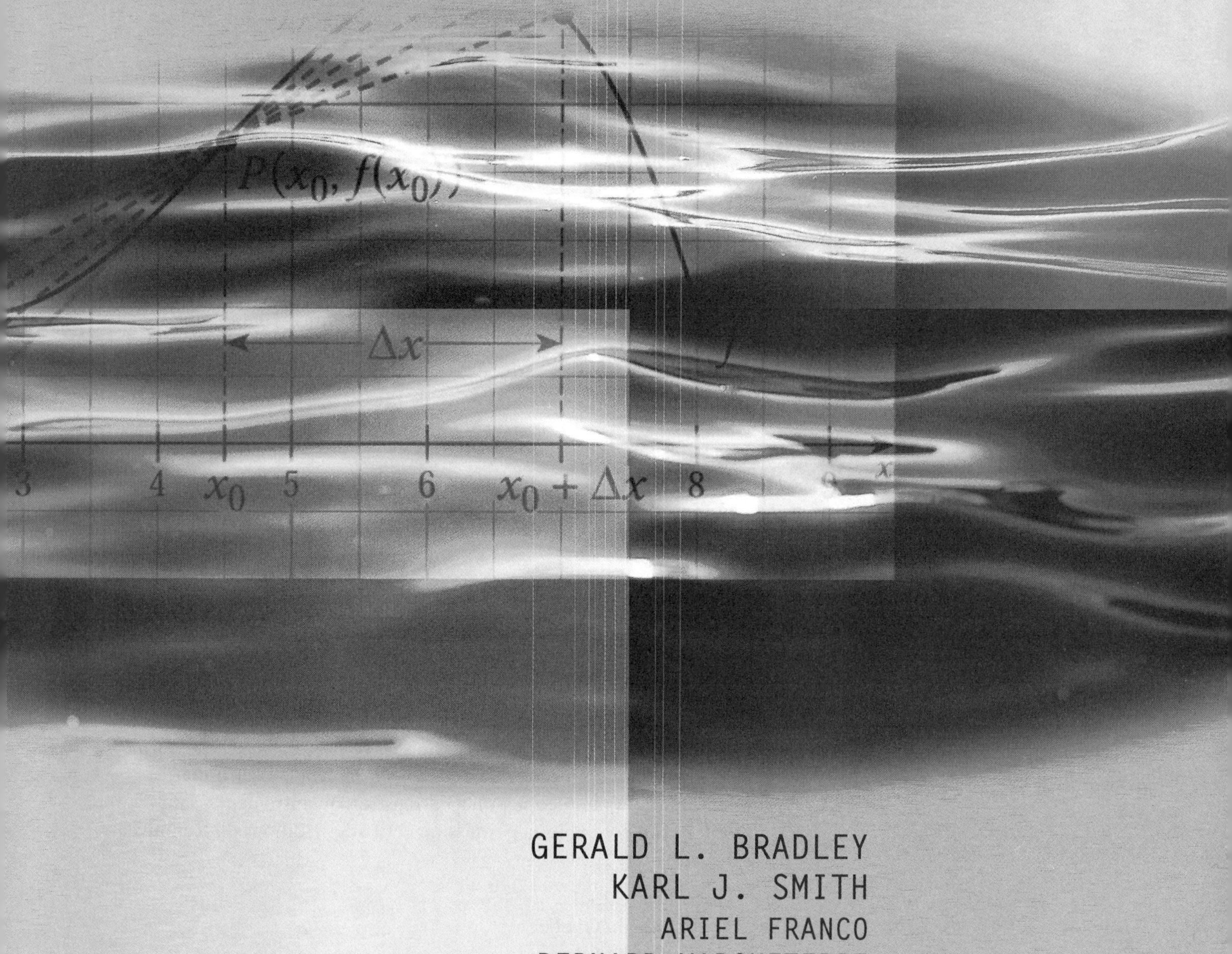

GERALD L. BRADLEY
KARL J. SMITH
ARIEL FRANCO
BERNARD MARCHETERRE

5757, RUE CYPIHOT
SAINT-LAURENT (QUÉBEC)
H4S 1R3

TÉLÉPHONE : (514) 334-2690
TÉLÉCOPIEUR : (514) 334-4720
COURRIEL : erpidlm@erpi.com

Traduction :
Dominique Amrouni

Supervision éditoriale :
Sylvain Bournival

*Révision linguistique
et correction des épreuves :*
Bérengère Roudil

Recherche iconographique :
Chantal Bordeleau

*Conception graphique
et réalisation infographique :*
Info GL

Maquette de la couverture :
Roux Design Graphique

Cet ouvrage est une version française de la deuxième édition de *Calculus*, de Gerald L. Bradley et Karl J. Smith, autorisée par Prentice-Hall, une filiale de Pearson Education.

© 1999 by Prentice-Hall, Inc., a Pearson Education company.
All rights reserved.

© Éditions du Renouveau Pédagogique Inc., 2001, pour la traduction.
Tous droits réservés.

 On ne peut reproduire aucun extrait de ce livre sous quelque forme ou par quelque procédé que ce soit – sur machine électronique, mécanique, à photocopier ou à enregistrer, ou autrement – sans avoir obtenu, au préalable, la permission écrite des Éditions du Renouveau Pédagogique Inc.

Dépôt légal : 2e trimestre 2001
Bibliothèque nationale du Québec
Bibliothèque nationale du Canada
Imprimé au Canada

ISBN 2-7613-1119-1

4567890 II 09876
20155 ABCD   OF10

Avant-propos

L'enseignement du calcul différentiel et intégral a beaucoup évolué au cours des dernières années. La mise au point de nouveaux outils technologiques, tels les logiciels de calcul symbolique et les calculatrices à affichage graphique, a permis aux enseignants d'utiliser de plus en plus des approches graphiques, numériques et analytiques pour présenter des concepts clés de manière à procurer à l'élève une compréhension claire de ces concepts, et non pas seulement de l'habileté dans la manipulation de symboles et l'application de formules.

La nécessité d'établir des liens concrets entre les mathématiques et les autres sciences ainsi que l'importance de proposer à l'élève des problèmes d'application variés faisant appel à sa créativité et à sa capacité de réflexion constituent également des facteurs qui ont motivé des réformes dans l'enseignement du calcul différentiel et intégral. Le programme des Sciences de la nature, dans lequel l'enseignement des mathématiques tient une grande place, a lui aussi fait l'objet de réformes importantes. Au nombre des objectifs qu'il propose, on compte celui de l'intégration, qui doit être atteinte dans tous les cours et non seulement dans une quelconque activité de fin de programme.

Ce sont ces principes qui ont guidé notre travail d'adaptation de l'ouvrage original de G. L. Bradley et K. J. Smith. Nous disposions dès le départ d'une matière très riche, et nous nous sommes efforcés de la mettre en valeur dans un format adapté aux besoins de l'enseignement collégial québécois. Parmi les forces du livre original qui ont joué dans la décision de l'adapter, notons les deux suivantes :

- la diversité des approches utilisées pour présenter des concepts clés (approches graphique, algébrique, verbale et numérique) ;
- la grande variété des problèmes et, surtout, la richesse des problèmes d'application en sciences de la nature permettant d'atteindre l'objectif d'intégration inscrit dans le programme.

Ces raisons et d'autres, qui sont détaillées ci-dessous, font de ce livre un ouvrage qui rend le calcul différentiel accessible et attrayant pour l'élève et qui propose une approche novatrice, sans sacrifier la séquence traditionnelle de présentation de la matière et la rigueur essentielle à l'étude des mathématiques. Tant sur le fond que dans sa forme, l'ouvrage de Bradley et Smith a su garder un équilibre et ne pas tomber dans l'excès des réformes qui, à certains moments, ont donné lieu à un traitement plus intuitif que formel des notions fondamentales du calcul différentiel et intégral.

CONTENU ET ORGANISATION DU MANUEL

Les chapitres sont divisés en sections où les concepts clés sont clairement mis en évidence à l'aide de la couleur pour faciliter la lecture. Chaque section comporte un grand nombre d'exemples et se termine par une série de problèmes regroupés en trois catégories (problèmes de routine, problèmes élaborés demandant plus de réflexion et problèmes théoriques incluant des démonstrations). À la fin de chaque chapitre, on trouve une série de problèmes récapitulatifs portant sur l'ensemble du chapitre et une série de problèmes supplémentaires. À la fin du livre, figure une série de problèmes de révision portant sur chaque chapitre du livre et permettant à l'élève d'effectuer la synthèse des notions étudiées dans le manuel.

Un grand nombre de problèmes ont été conçus à partir d'une situation réelle propre à la physique, à la chimie, à la biologie ou même à l'économie. (Ils figurent dans l'index sous l'entrée « Applications scientifiques ».) Ils ont fait l'objet d'une révision particulière afin de s'assurer que leur formulation respecte le cadre et les usages de l'enseignement de ces disciplines. Par ailleurs, l'ensemble des exemples touchant à l'une ou l'autre de ces disciplines a fait l'objet d'une révision similaire, ce qui en améliore grandement la qualité. À titre d'exemple, citons toute la discussion portant sur les concepts de cinématique (position, vitesse et accélération), qui bénéficie d'une présentation similaire à celle que l'on trouve dans la plupart des manuels de physique.

Notons finalement que les problèmes portant sur des applications de la dérivée dans les chapitres 4 et 5 ont été regroupés selon qu'ils font appel à des fonctions algébriques ou à des fonctions transcendantes. Ainsi, l'enseignant pourra choisir l'ordre dans lequel il souhaite présenter ces notions en classe :

- soit couvrir toutes les techniques de dérivation pour ensuite aborder les applications de la dérivée (compléter le chapitre 3 avant les chapitres 4 et 5) ;
- ou encore commencer par les techniques de dérivation reliées aux fonctions algébriques (sections 3.2 et 3.4) suivies des applications correspondantes dans les chapitres 4 et 5, puis couvrir les techniques de dérivation reliées aux fonctions transcendantes (sections 3.3 et 3.4) suivies des applications correspondantes dans les chapitres 4 et 5.

Enfin, voici la liste détaillée des rubriques et des éléments particuliers que vous trouverez tout au long du livre.

Dans les sections principales

UN PEU D'HISTOIRE   Notes historiques et portraits d'illustres mathématiciens qui ont contribué à l'évolution du calcul différentiel et intégral.

    Mises en garde à propos de notions qui posent souvent des difficultés aux élèves.

    Symbole qui indique que l'exemple ou le concept est aussi présenté dans le complément *Maple et le calcul différentiel* (voir ci-dessous).

En d'autres termes   Encadrés dans lesquels sont reformulés en langage courant les concepts mathématiques qui viennent d'être présentés.

Dans les sections de problèmes

Types de problèmes   Problèmes de routine.

 Problèmes plus complexes qui demandent davantage de réflexion.

 Problèmes théoriques et démonstrations.

Autrement dit ?	L'élève doit définir ou expliquer une notion en ses propres mots.
Problème de réflexion	L'élève doit formuler un exemple qui satisfait à un certain nombre de conditions données.
Problème de modélisation	L'élève doit créer ou utiliser un modèle mathématique qui décrit une situation réelle.
Problèmes récapitulatifs	Série de problèmes placée à la fin de chaque chapitre. Elle constitue un **Contrôle des connaissances** comportant des **Problèmes théoriques** et des **Problèmes pratiques**.
Problèmes supplémentaires	Problèmes de synthèse présentés dans un ordre aléatoire.
✦	Les problèmes marqués du sceau de la feuille d'érable creuse sont susceptibles d'être traités avec le logiciel Maple, soit pour la recherche de la solution, soit à des fins de visualisation graphique, de vérification ou d'exploration. Le niveau de connaissance requise dans l'utilisation des commandes nécessaires est le même que celui exigé dans la section correspondante du complément *Maple* (voir ci-dessous). On trouvera à l'adresse www.erpi.com/bradley des précisions sur ce que le logiciel Maple permet de réaliser dans le contexte particulier de certains de ces problèmes.

À la fin de certains chapitres

Chapitre 2	**Collaboration spéciale:** « *L'invention du calcul différentiel et intégral était inévitable* ». Texte écrit par un professeur de mathématiques de l'Université de Syracuse et relatant la naissance du calcul différentiel et intégral.
Chapitre 4	**Projet de recherche en groupe:** « La capacité d'un tonneau de vin »
Chapitre 5	**Projet de recherche en groupe:** « Le chaos »

À la fin du livre

Questions de révision	Série de problèmes de synthèse se rapportant à chaque chapitre du manuel et pouvant servir à préparer un examen final cumulatif.
Annexe A	Présentation de la règle de L'Hospital.
Annexe B	Réponses de tous les problèmes.

MAPLE ET LE CALCUL DIFFÉRENTIEL, UN COMPLÉMENT INNOVATEUR

Le complément *Maple* (offert en option) exploite les capacités graphiques et algébriques du logiciel de calcul symbolique Maple à différentes fins dans le cadre d'un cours de calcul différentiel :

- la résolution de problèmes,
- la visualisation graphique d'un résultat algébrique,
- la vérification algébrique d'un résultat,
- l'exploration graphique d'une situation,
- l'illustration d'un concept clé.

Chaque section du complément se rapporte à la section correspondante du manuel. On y présente une série d'exemples choisis dans cette section. À la fin de chaque section figure une série d'exercices soigneusement choisis afin d'exploiter les capacités graphiques et la rapidité du logiciel et pour permettre à l'élève d'explorer des problèmes intéressants, mais qui seraient trop longs ou tout simplement infaisables autrement.

Ainsi, à la différence des autres produits similaires, le complément *Maple* ne propose pas simplement à l'élève de réécrire une série de lignes de commandes afin de découvrir une réponse. Il ne constitue pas non plus un cours sur l'utilisation du logiciel Maple. Misant sur la progression logique de la difficulté des exemples, il donne à l'élève un exemple construit à partir d'une ligne de commande et l'invite à utiliser celle-ci, en l'ajustant correctement, pour résoudre les questions qui lui sont posées. Le complément comporte aussi une section FAQ (Foire aux questions) qui donne la réponse aux questions usuelles que se pose toute personne qui fait l'apprentissage d'un tel logiciel. Des renvois placés aux endroits appropriés du complément indiquent à l'élève le paragraphe correspondant de la question qu'il faut consulter.

MATÉRIEL COMPLÉMENTAIRE

- Solutionnaire détaillé de tous les problèmes du manuel.
- *Maple et le calcul différentiel*, d'Ariel Franco et Bernard Marcheterre.
- Solutionnaire des exercices du complément *Maple et le calcul différentiel*.
- *Laboratoire d'exercices d'application de la calculatrice à affichage graphique au calcul différentiel*, de Suzanne Phillips.
- Consultez **www.erpi.com/bradley** pour obtenir les renseignements les plus récents.

Remerciements

Nous tenons à remercier, pour leur précieuse collaboration, les personnes qui ont participé de près à l'adaptation de ce manuel : Robert Bradley (collège Ahuntsic) et Bérengère Roudil.

Nos remerciements s'adressent aussi aux personnes suivantes, pour leur apport à divers égards. Pour la vérification du solutionnaire : Josée Hamel (cégep de Drummondville). Pour leurs commentaires relatifs à la séquence des éléments de contenu : Luc Amyotte et Alain Chevanelle (tous deux du cégep de Drummondville) et Danielle Richard (cégep de Trois-Rivières). Mme Richard nous a aussi communiqué des remarques fort utiles sur le manuscrit de *Maple et le calcul différentiel*.

Notre gratitude va également à Luc Amyotte, Robert Bradley, Alain Chevanelle, André Douville (cégep de l'Abitibi-Témiscamingue), Suzanne Phillips et Fannie Rémillard (collège de l'Outaouais), pour leur première évaluation de l'édition anglaise.

Enfin, nous remercions chaleureusement nos collègues du département de mathématiques du cégep régional de Lanaudière à L'Assomption pour leur appui et leur confiance.

Ariel Franco
Bernard Marcheterre

Table des matières

Avant-propos VII

Chapitre 1 — Fonctions et graphes

1.1 Notions préliminaires 2
- Distance sur la droite des nombres réels 2
- Valeur absolue 2
  - Équations comportant des valeurs absolues 4
  - Inéquations comportant des valeurs absolues 5
- Distance dans le plan 7
  - Formule du point milieu 7
- Problèmes 1.1 8

1.2 Fonctions 8
- Définition d'une fonction 9
- Notation des fonctions 9
- Fonctions algébriques 11
- Fonctions trigonométriques 12
  - Fonctions trigonométriques 12
  - Résolution d'équations trigonométriques 12
- Domaine d'une fonction 14
- Composition de fonctions 15
- Fonctions définies par parties 18
- Problèmes 1.2 18

1.3 Droites dans le plan 20
- Pente d'une droite 20
- Formes de l'équation d'une droite 22
- Droites parallèles et droites perpendiculaires 24
- Problèmes 1.3 26

1.4 Graphes de fonctions 27
- Graphe d'une fonction 27
  - Test de la droite verticale 28

		Points d'intersection avec les axes	28
		Symétrie.	30
		Transformations de fonctions.	32
		Problèmes 1.4	34

	1.5	**Fonctions réciproques**	35
		Fonctions réciproques	35
		Critères d'existence d'une fonction réciproque f^{-1}	37
		Graphe de f^{-1}	38
		Problèmes 1.5	38

	1.6	**Fonctions exponentielles et fonctions logarithmiques**	39
		Fonctions exponentielles	39
		Fonctions logarithmiques.	42
		Base naturelle e	44
		Logarithmes naturels	45
		Calcul de l'intérêt composé continu	47
		Problèmes 1.6	49

	1.7	**Fonctions trigonométriques inverses**	51
		Fonctions trigonométriques inverses	51
		Identités des fonctions trigonométriques inverses	53
		Problèmes 1.7	55

		Problèmes récapitulatifs	56
		Contrôle des connaissances	56
		Problèmes supplémentaires	56

CHAPITRE 2 — Limites et continuité

	2.1	**Qu'est-ce que le calcul différentiel et intégral ?**	60
		La limite: le paradoxe de Zénon	61
		La dérivée: le problème de la tangente	62
		L'intégrale: le problème de l'aire	63
		Problèmes 2.1	64

	2.2	**Limite d'une fonction**	66
		Définition intuitive de la limite	66
		Évaluation graphique des limites	67
		Évaluation des limites à l'aide de tableaux de valeurs	70
		Limites infinies	72
		Limites à l'infini	73
		Problèmes 2.2	74

2.3	**Propriétés des limites**	76
	Calcul des limites	76
	Évaluation algébrique des limites (formes indéterminées et cas particuliers)	80
	Forme indéterminée $\frac{0}{0}$	80
	Formes indéterminées $\frac{\infty}{\infty}$ et $\infty - \infty$	81
	Cas particuliers	82
	Deux limites trigonométriques particulières	83
	Limites des fonctions définies par parties	85
	Problèmes 2.3	86

2.4	**Continuité**	87
	Définition intuitive de la continuité	87
	Définition formelle de la continuité	88
	Continuité sur un intervalle	90
	Théorème de la valeur intermédiaire	93
	Problèmes 2.4	94

	Problèmes récapitulatifs	96
	Contrôle des connaissances	96
	Problèmes supplémentaires	96

	Collaboration spéciale : « L'invention du calcul différentiel et intégral était inévitable », par John Troutman	98

CHAPITRE 3   La dérivée

3.1	**Présentation de la dérivée : pente d'une tangente**	102
	Droites tangentes	102
	Pente d'une tangente	102
	Dérivée	105
	Existence des dérivées	107
	Continuité et dérivabilité	109
	Notation de la dérivée	110
	Problèmes 3.1	111

3.2	**Techniques de dérivation et dérivées des fonctions algébriques**	112
	Dérivée d'une fonction constante	112
	Dérivée d'une fonction de puissance	112
	Règles de dérivation	114
	Dérivées successives	119
	Problèmes 3.2	120

3.3 Dérivées des fonctions trigonométriques, exponentielles et logarithmiques 121
- Dérivées des fonctions sinus et cosinus 121
- Dérivées des autres fonctions trigonométriques 123
- Dérivées des fonctions exponentielles et logarithmiques 126
- Problèmes 3.3 128

3.4 Règle de dérivation en chaîne 129
- Présentation de la règle de dérivation en chaîne 129
- Formules de dérivation généralisées 132
- Problèmes 3.4 135

3.5 Dérivation implicite 136
- Méthode générale de dérivation implicite 136
- Formules de dérivation des fonctions trigonométriques inverses 141
- Formules de dérivation des fonctions exponentielle et logarithmique de base b 142
- Dérivation logarithmique 143
- Problèmes 3.5 145

Problèmes récapitulatifs 147
- Contrôle des connaissances 147
- Problèmes supplémentaires 148

CHAPITRE 4 — Applications de la dérivée

4.1 Valeurs extrêmes d'une fonction continue 150
- Théorème des valeurs extrêmes 150
- Extremums relatifs 152
- Extremums absolus 156
- Problèmes 4.1 159

4.2 Test de la dérivée première 160
- Fonctions croissantes et fonctions décroissantes 160
- Test de la dérivée première 162
- Représentation graphique d'une fonction à l'aide de la dérivée première 164
- Problèmes 4.2 169

4.3 Concavité et test de la dérivée seconde 170
- Concavité 171
- Points d'inflexion 172

Représentation graphique d'une fonction à l'aide
    de la dérivée seconde 173
Test de la dérivée seconde pour les extremums relatifs 178
Problèmes 4.3 180

4.4 Graphes comportant des asymptotes 182
Graphes comportant des asymptotes 182
Marche à suivre pour tracer le graphe d'une fonction 186
Problèmes 4.4 188

4.5 Optimisation 189
Processus d'optimisation 189
Applications en physique 195
Application en biologie 197
Applications en économie 198
Problèmes 4.5 201

Problèmes récapitulatifs 205
Contrôle des connaissances 205
Problèmes supplémentaires 206

Projet de recherche en groupe :
La capacité d'un tonneau de vin 208

CHAPITRE 5 Autres applications de la dérivée

5.1 Taux de variation 210
Taux de variation (aperçu géométrique) 210
Taux de variation moyen et instantané 210
Mouvement rectiligne (modélisation physique) 212
Problème de la chute de corps 214
Taux de variation relatif 216
Problèmes 5.1 218

5.2 Taux de variation liés et applications 220
Problèmes 5.2 226

5.3 Approximation linéaire et différentielles 229
Approximation de la tangente 229
Différentielle 231
Calcul d'incertitude 232
Analyse marginale en économie 234

Méthode de Newton-Raphson pour le calcul
 approché des racines 236
Problèmes 5.3 238

Problèmes récapitulatifs 240
Contrôle des connaissances 240
Problèmes supplémentaires 241

Projet de recherche en groupe : Le chaos 242

Questions de révision 243
Annexe A — Règle de L'Hospital 247
Annexe B — Réponses aux problèmes 253
Index 275

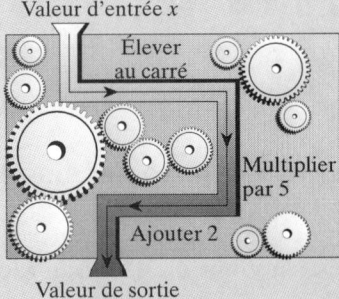

Fonctions et graphes

SOMMAIRE

1.1 Notions préliminaires
Distance sur la droite des nombres réels
Valeur absolue
Distance dans le plan

1.2 Fonctions
Définition d'une fonction
Notation des fonctions
Fonctions algébriques
Fonctions trigonométriques
Domaine d'une fonction
Composition de fonctions
Fonctions définies par parties

1.3 Droites dans le plan
Pente d'une droite
Formes de l'équation d'une droite
Droites parallèles et droites perpendiculaires

1.4 Graphes de fonctions
Graphe d'une fonction
Transformations de fonctions

1.5 Fonctions réciproques
Fonctions réciproques
Critères d'existence d'une fonction réciproque f^{-1}
Graphe de f^{-1}

1.6 Fonctions exponentielles et fonctions logarithmiques
Fonctions exponentielles
Fonctions logarithmiques
Base naturelle e
Logarithmes naturels
Calcul de l'intérêt composé continu

1.7 Fonctions trigonométriques inverses
Fonctions trigonométriques inverses
Identités des fonctions trigonométriques inverses

Problèmes récapitulatifs

INTRODUCTION

La maîtrise du calcul différentiel et du calcul intégral donne accès à de nombreuses carrières. La science moderne fait intervenir diverses disciplines et méthodes, mais le calcul différentiel et le calcul intégral sont les principaux outils mathématiques permettant d'explorer et de comprendre une situation caractérisée par le changement ou l'évolution des variables qui le gouvernent. Sir Isaac Newton, qui fut l'un des pionniers du calcul différentiel et du calcul intégral, fit un jour remarquer que pour arriver à ses résultats, il s'était « hissé sur les épaules de géants ». En effet, le calcul différentiel et le calcul intégral ne sont pas le fruit d'une inspiration soudaine, mais ils se sont développés progressivement, au fur et à mesure que des notions et des méthodes qui n'avaient apparemment rien à voir entre elles ont pu être combinées pour former un ensemble cohérent.

Ce premier chapitre a pour objectif de rappeler les bases nécessaires à l'étude du calcul différentiel, le sujet de ce manuel, et du calcul intégral, qui fait l'objet d'un autre manuel. On y présente plusieurs notions d'algèbre et de trigonométrie essentielles, parmi lesquelles la notion de fonction est particulièrement importante. Ainsi, même si vous vous sentez capable de sauter la plus grande partie de ce chapitre, vous devriez revoir les concepts de base de fonction et de fonction réciproque, aux sections 1.2 et 1.5, ainsi que la notation et la terminologie utilisées pour les fonctions exponentielles et pour les fonctions logarithmiques, à la section 1.6.

1.1 Notions préliminaires

DANS CETTE SECTION : distance sur la droite des nombres réels, valeur absolue, distance dans le plan

Un ouvrage de mathématiques qui mérite d'être lu doit se lire à l'envers et à l'endroit. Je me permettrais de modifier légèrement le conseil de Lagrange pour dire « Avancez, mais revenez souvent en arrière pour consolider vos connaissances. » Lorsque vous vous heurtez à un passage difficile et ennuyeux, laissez-le de côté et revenez-y plus tard, quand vous aurez vu ou découvert son importance ou quand vous aurez constaté qu'il pourra vous servir.

GEORGE CHRYSTAL,
Algebra, Part 2
(Édimbourg, 1889)

Dans cette section, nous allons revoir de nombreuses notions d'algèbre, de géométrie et de trigonométrie avant de les utiliser en calcul différentiel et intégral. Cette révision revêt un caractère général et n'est pas systématique. Ainsi, à l'occasion, vous aurez peut-être besoin de consulter un manuel portant sur certaines de ces notions mathématiques. Vous pourrez, par exemple, avoir besoin de la loi des cosinus pour résoudre un problème figurant dans une section où la trigonométrie n'est jamais mentionnée.

DISTANCE SUR LA DROITE DES NOMBRES RÉELS

Vous connaissez probablement l'ensemble des **nombres réels** et plusieurs de ses sous-ensembles, notamment les nombres naturels, les nombres entiers, les nombres rationnels et les nombres irrationnels.

On peut facilement représenter les nombres réels en utilisant un **système de coordonnées à une dimension** appelé **droite des nombres réels**, comme à la figure 1.1.

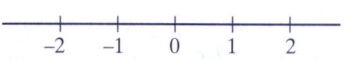

FIGURE 1.1
Droite des nombres réels

Notons qu'un nombre a est inférieur à un nombre b s'il est situé à gauche de b sur la droite des nombres réels, comme à la figure 1.2. Des définitions similaires peuvent être données pour $a > b$, $a \leq b$ et $a \geq b$.

L'emplacement du nombre 0 est choisi arbitrairement et l'on définit une unité de distance (mètre, centimètre…). Les nombres sont ordonnés sur la droite des nombres réels conformément aux relations d'ordre présentées ci-dessous.

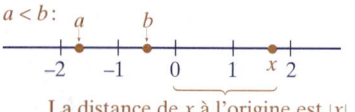

La distance de x à l'origine est $|x|$

FIGURE 1.2
Définition géométrique de *inférieur à* et de la distance de x à l'origine

Relations d'ordre

Pour tous les nombres réels a, b et c :

1) L'une des relations suivantes est vraie : $a < b$, $a > b$ ou $a = b$.
2) Si $a < b$ et $b < c$, alors $a < c$.
3) Si $a < c$ et $b < d$, alors $a + b < c + d$.
4) Si $a < b$, alors $ac < bc$ si $c > 0$ et $ac > bc$ si $c < 0$.

VALEUR ABSOLUE

⚠ $|a|$ N'EST PAS le nombre a privé de son signe.

Valeur absolue

La **valeur absolue** d'un nombre réel a, notée $|a|$, est

$$|a| = \begin{cases} a & \text{si } a \geq 0 \\ -a & \text{si } a < 0 \end{cases}$$

Le nombre x est situé à $|x|$ unités de 0 (vers la droite si $x > 0$ et vers la gauche si $x < 0$), comme à la figure 1.2.

La valeur absolue sert à indiquer la distance entre deux points sur la droite des nombres réels.

> ⚠️ Noter que $|x_2 - x_1| = |x_1 - x_2|$

Distance entre deux points sur la droite des nombres réels

La **distance** entre les nombres x_1 et x_2 sur la droite des nombres réels est

$$|x_2 - x_1|$$

Par exemple, la distance entre –3 et 2 est $|2 - (-3)| = 5$ unités.

Le tableau 1.1 résume plusieurs propriétés de la valeur absolue dont nous nous servirons dans ce cours.

TABLEAU 1.1 Propriétés de la valeur absolue

Soit a et b, deux nombres réels quelconques.	
Propriété	**Remarque**
1. $|a| \geq 0$	1. La valeur absolue d'un nombre n'est pas négative.
2. $|-a| = |a|$	2. La valeur absolue d'un nombre et la valeur absolue de l'opposé de ce nombre sont égales.
3. $|a|^2 = a^2$	3. Lorsqu'on élève une valeur absolue au carré, on peut omettre le symbole de valeur absolue, parce que les deux carrés ne sont pas négatifs.
4. $|ab| = |a||b|$	4. La valeur absolue d'un produit est égale au produit des valeurs absolues.
5. $\left|\dfrac{a}{b}\right| = \dfrac{|a|}{|b|}, b \neq 0$	5. La valeur absolue d'un quotient est égale au quotient des valeurs absolues.
6. $-|a| \leq a \leq |a|$	6. Un nombre a quelconque est compris entre sa valeur absolue et l'opposé de sa valeur absolue, inclusivement.
7. Soit $b \geq 0$; $|a| = b$ si et seulement si $a = \pm b$	7. Cette propriété sert à résoudre les équations comportant des valeurs absolues. Voir l'exemple 1.
8. Soit $b > 0$; $|a| < b$ si et seulement si $-b < a < b$	
9. Soit $b > 0$; $|a| > b$ si et seulement si $a > b$ ou $a < -b$	8. et 9. Ce sont les principales propriétés utilisées pour résoudre les inéquations comportant des valeurs absolues. Voir l'exemple 2.
10. $|a + b| \leq |a| + |b|$	10. Cette propriété est appelée **inégalité du triangle**. Elle est utilisée dans les théories et les calculs numériques faisant intervenir des inégalités.

UN PEU D'HISTOIRE

Le système de numération que nous utilisons (à base 10) s'est constitué sur une très longue période. On l'appelle souvent « système indo-arabe », parce que ses origines remontent aux Hindous de Bactriane (l'Afghanistan actuel). Plus tard, en 700 après J.-C., l'Inde fut envahie par les Arabes, qui se servirent du système de numération hindou et le modifièrent avant de l'introduire dans la civilisation occidentale. Au VIIe siècle après J.-C., le Brahmagupta hindou définissait les règles pour les opérations avec des nombres positifs et négatifs. Certains indices montrent que les nombres négatifs étaient déjà connus des Chinois en 200 avant J.-C. Pourtant, le mathématicien occidental Girolamo Cardan (1501-1576) affirmait encore en 1545 qu'un nombre comme (–1) était une absurdité.

> ⚠️ « p si et seulement si q » signifie que la proposition $p \Rightarrow q$ et l'implication inverse $q \Rightarrow p$ sont toutes deux vraies. C'est-à-dire :
>
> Si p, alors q, et
>
> si q, alors p.
>
> Par exemple, la propriété 8 est en deux parties :
>
> **(i)** Si $|a| < b$, alors $-b < a < b$.
>
> **(ii)** Si $-b < a < b$, alors $|a| < b$.

1.1 ■ Notions préliminaires 3

La propriété 7 s'écrit parfois $|a| = |b|$ si et seulement si $a = \pm b$, car $|b| = \pm b$. De même, les propriétés 8 et 9 sont vraies pour les inégalités $\leq$ et $\geq$. En particulier, si $b > 0$, alors

$$|a| \leq b \text{ si et seulement si } -b \leq a \leq b$$

et

$$|a| \geq b \text{ si et seulement si } a \geq b \text{ ou } a \leq -b$$

Pour représenter des intervalles sur la droite des nombres réels, on peut utiliser une notation appelée **notation des intervalles**, qui est résumée dans le tableau ci-dessous. Notons qu'un point noir (•) sur la droite, à la borne d'un intervalle, indique que la borne est incluse dans l'intervalle, alors qu'un point blanc (○) indique qu'elle est exclue. Un intervalle est **borné** si ses deux bornes sont des nombres réels. Un intervalle borné est **ouvert** s'il ne contient aucune de ses bornes, il est **semi-ouvert** s'il en contient seulement une et il est **fermé** s'il contient ses deux bornes. On utilise le symbole « ∞ » (qui se prononce « infini ») pour les intervalles qui sont illimités dans un sens ou dans l'autre. En particulier, l'intervalle $]-\infty, +\infty[$ désigne toute la droite des nombres réels.

La notation des intervalles servira à écrire les solutions des équations et des inéquations comportant des valeurs absolues.

Nom de l'intervalle	Notation des inégalités	Notation des intervalles	Graphe
Intervalle fermé	$a \leq x \leq b$	$[a, b]$	
Intervalle ouvert	$a < x < b$	$]a, b[$	
	$a < x$	$]a, +\infty[$	
	$x < b$	$]-\infty, b[$	
Intervalle semi-ouvert	$a < x \leq b$	$]a, b]$	
	$a \leq x < b$	$[a, b[$	
	$a \leq x$	$[a, +\infty[$	
	$x \leq b$	$]-\infty, b]$	
Droite des nombres réels	Tous les nombres réels	$]-\infty, +\infty[$	

Équations comportant des valeurs absolues

La propriété 7 des valeurs absolues permet de résoudre facilement les équations comportant des valeurs absolues. C'est pourquoi elle porte le nom de **propriété des équations comportant des valeurs absolues**.

4   Chapitre 1 ■ Fonctions et graphes

> **EXEMPLE 1** Équation dont l'un des membres contient une valeur absolue

Résoudre $|2x - 6| = x$.

Solution Si $2x - 6 \geq 0$, alors $\quad 2x - 6 = x \quad$ Propriété 7
$$x = 6$$

Si $2x - 6 < 0$, alors $\quad -(2x - 6) = x$
$$-3x = -6$$
$$x = 2$$

Les solutions sont $x = 6$ et $x = 2$.

L'expression $|x - a|$ peut être interprétée comme la distance entre x et a sur la droite des nombres réels. Une équation de la forme

$$|x - a| = b$$

est satisfaite par deux valeurs de x qui sont à une distance b de a lorsqu'on les représente sur la droite des nombres réels. Par exemple, $|x - 5| = 3$ indique que x est à 3 unités de 5 sur la droite des nombres réels. Par conséquent, x est soit 2, soit 8.

Représentation géométrique	Représentation algébrique
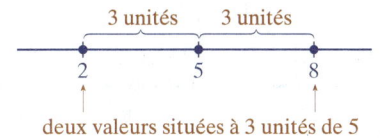 deux valeurs situées à 3 unités de 5	$\|x - 5\| = 3$ $x - 5 = \pm 3$ $x = 5 \pm 3$ $x = 8$ ou $x = 2$

Inéquations comportant des valeurs absolues

Comme $|x - 5| = 3$ indique que la distance de x à 5 est égale à 3 unités, l'inéquation $|x - 5| < 3$ signifie que la distance de x à 5 est inférieure à 3 unités, alors que $|x - 5| > 3$ signifie que la distance de x à 5 est supérieure à 3 unités.

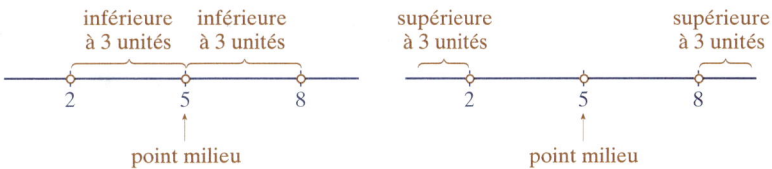

> **EXEMPLE 2** Inéquations comportant une valeur absolue

a. Résoudre $|2x - 3| \leq 4$.

Solution

Solution algébrique :
$$-4 \leq 2x - 3 \leq 4 \quad \text{Propriété 8}$$
$$-4 + 3 \leq 2x - 3 + 3 \leq 4 + 3$$
$$-1 \leq 2x \leq 7$$
$$-\frac{1}{2} \leq \frac{2x}{2} \leq \frac{7}{2}$$
$$-\frac{1}{2} \leq x \leq \frac{7}{2}$$

La solution est l'intervalle $\left[-\frac{1}{2}, \frac{7}{2}\right]$.

1.1 ■ Notions préliminaires

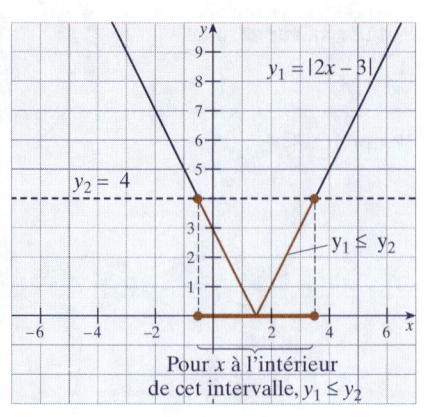

Pour x à l'intérieur de cet intervalle, $y_1 \leq y_2$.

Solution géométrique : Traçons d'abord les graphes de $y_1 = |2x - 3|$ et $y_2 = 4$. Comme on cherche les solutions de $|2x - 3| \leq 4$, on marque sur la droite des nombres réels les valeurs de x pour lesquelles le graphe de y_1 est en dessous du graphe de y_2. On constate que l'intervalle est $\left[-\frac{1}{2}, \frac{7}{2}\right]$.

b. Résoudre $|t^2 - 3t| > 4$.

Solution

Solution algébrique : $\quad t^2 - 3t < -4 \quad$ ou $\quad t^2 - 3t > 4 \quad$ *Propriété 9*

Premier cas :
$$t^2 - 3t < -4$$
$$t^2 - 3t + 4 < 0$$

Cette inéquation n'a aucune solution réelle. En effet, la parabole d'équation $y = t^2 - 3t + 4$ est concave vers le haut $(a > 0)$ et son discriminant $b^2 - 4ac = -7 < 0$, ce qui signifie qu'elle n'a pas de racine réelle. Donc, $y > 0$ pour tout $t \in \mathbb{R}$.

Deuxième cas :
$$t^2 - 3t > 4$$
$$t^2 - 3t - 4 > 0$$
$$(t - 4)(t + 1) > 0$$

Dressons un tableau de valeurs pour étudier les changements de signe de l'expression $(t - 4)(t + 1)$:

t	$]-\infty$	-1		4	$+\infty[$
$(t - 4)$	$-$	-5	$-$	0	$+$
$(t + 1)$	$-$	0	$+$	$+5$	$+$
$(t - 4)(t + 1)$	$+$	0	$-$	0	$+$

On conserve toutes les valeurs de t pour lesquelles $(t - 4)(t + 1) > 0$. La solution de l'inéquation est donc l'intervalle $]-\infty, -1[\cup]4, +\infty[$.

Lorsque la valeur absolue est appliquée à une mesure, on l'appelle **tolérance**. La tolérance est l'écart autorisé par rapport à une valeur standard. Par exemple, dans le cas d'un sac de ciment dont la masse m (en kilogrammes) est « 50 kg plus ou moins 1 kg », on peut dire que sa masse est donnée par $|m - 50| \leq 1$. Prise comme une tolérance, l'expression $|x - a| \leq b$ peut être interprétée comme la comparaison entre x et a avec une **erreur absolue** de b unités sur la mesure. Étudions l'exemple suivant.

EXEMPLE 3 **La valeur absolue prise comme tolérance**

Supposons que l'on achète un sac de ciment de 50 kg. Sa masse ne sera pas exactement 50 kg. La quantité de matériau qu'il contient doit être mesurée et la mesure est approximative. Certains sacs auront jusqu'à 1 kg de plus que la masse annoncée et d'autres jusqu'à 1 kg de moins. Ainsi, la masse du sac sera au maximum de 51 kg et au minimum de 49 kg. Exprimer cet énoncé sous la forme d'une inégalité comportant une valeur absolue.

UN PEU D'HISTOIRE

Le théorème du philosophe grec Pythagore est l'un des théorèmes les plus connus en mathématiques. On dispose de peu d'information sur la vie de Pythagore. Mais on sait qu'il est né sur l'île de Samos et qu'il a fondé une fraternité secrète, les Pythagoriciens, qui continua d'exister pendant plus d'un siècle après le meurtre de Pythagore pour des raisons politiques. Malgré la dénomination de « fraternité », les femmes étaient admises dans cette société. D'après Lynn Osen, qui a écrit l'ouvrage intitulé *Women in Mathematics*, l'ordre fut repris en main à la mort de Pythagore par sa femme et ses filles. En fait, avant notre époque, c'est probablement dans la Grèce ancienne que les femmes étaient le mieux accueillies dans les cercles d'intellectuels.

PYTHAGORE
vers 500 avant J.-C.

Solution Soit m, la masse du sac de ciment (en kilogrammes). On a donc

$$50 - 1 \leq m \leq 50 + 1$$
$$-1 \leq m - 50 \leq 1$$
$$|m - 50| \leq 1$$

DISTANCE DANS LE PLAN

La valeur absolue sert à déterminer la distance entre deux points sur la droite des nombres réels. Pour trouver la distance entre deux points dans un plan cartésien, on utilise la *formule de la distance,* qui est établie à partir du théorème de Pythagore.

THÉORÈME 1.1 Distance entre deux points dans le plan

La distance d entre les points $P_1(x_1, y_1)$ et $P_2(x_2, y_2)$ dans le plan est donnée par

$$d = \sqrt{(\Delta x)^2 + (\Delta y)^2} = \sqrt{(x_2 - x_1)^2 + (y_2 - y_1)^2}$$

où Δx (lire « delta x ») est la **variation horizontale** (ou le déplacement horizontal) $x_2 - x_1$ et Δy (lire « delta y ») est la **variation verticale** (ou le déplacement vertical) $y_2 - y_1$.

Démonstration À partir des deux points, on forme un triangle rectangle tel que le montre la figure 1.3. La longueur du côté horizontal du triangle est $|x_2 - x_1| = |\Delta x|$ et la longueur du côté vertical est $|y_2 - y_1| = |\Delta y|$. On a alors

$$d^2 = |\Delta x|^2 + |\Delta y|^2 \qquad \text{Théorème de Pythagore}$$
$$d^2 = (\Delta x)^2 + (\Delta y)^2 \qquad \text{Propriété 3 de la valeur absolue}$$
$$d = \sqrt{(\Delta x)^2 + (\Delta y)^2}$$

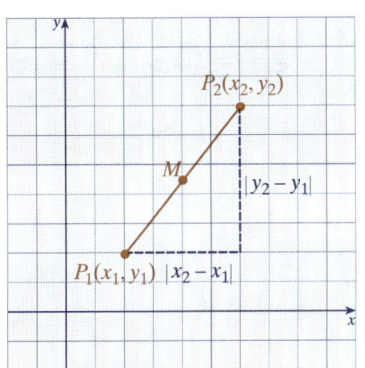

FIGURE 1.3
Formule de la distance

Formule du point milieu

La formule donnant le **point milieu** d'un segment de droite est reliée à la formule donnant la distance entre deux points, comme on le voit à la figure 1.3.

Formule du point milieu

Le **point milieu** M du segment qui a pour extrémités les points $P_1(x_1, y_1)$ et $P_2(x_2, y_2)$ a pour coordonnées

$$M\left(\frac{x_1 + x_2}{2}, \frac{y_1 + y_2}{2}\right)$$

On remarquera que l'on trouve les coordonnées du point milieu d'un segment en calculant les moyennes respectives des premières et des deuxièmes composantes des coordonnées des extrémités.

PROBLÈMES 1.1

A

1. Compléter le tableau.

Notation des inégalités	Notation des intervalles
a.	$]-\infty, -2[$
b.	$\left[\frac{\pi}{4}, \sqrt{2}\right]$
$x > -3$	c.
$-1 \leq x \leq 5$	d.

2. Représenter chacune des expressions suivantes sur la droite des nombres réels.
   a. $x > 2$
   b. $x \leq 4$
   c. $]-\infty, 2[\cup]2, +\infty[$
   d. $-2 < x \leq 3$ ou $x \geq 5$

3. Représenter les points P et Q donnés dans un plan cartésien. Donner la distance entre ces points ainsi que les coordonnées du point milieu du segment de droite $\overline{PQ}$.
   a. $P(2,3), Q(-2,5)$
   b. $P(-2,3), Q(4,1)$

Problèmes 4 à 12 : Résoudre chaque équation. On suppose que a, b et c sont des constantes connues.

4. $x^2 - x = 0$
5. $2y^2 + y - 3 = 0$
6. $y^2 - 5y + 3 = 17$
7. $x^2 + 5x + a = 0$
8. $3x^2 - bx = c$
9. $4x^2 + 20x + 25 = 0$
10. $|2x + 4| = 16$
11. $|3x + 1| = -4$
12. $|3 - 2w| = 7$

Problèmes 13 à 22 : Résoudre chaque inéquation. Donner la réponse en utilisant la notation des intervalles.

13. $3x + 7 < 2$
14. $5(3 - x) > 3x - 1$
15. $-5 < 3x < 0$
16. $-3 < y - 5 \leq 2$
17. $3 \leq -y < 8$
18. $-5 \leq 3 - 2x < 18$
19. $t^2 - 2t \leq 3$
20. $s^2 + 3s - 4 > 0$
21. $|x - 8| \leq 0{,}001$
22. $|x - 5| < 0{,}01$

B

23. **Autrement dit?** Décrire une méthode permettant de résoudre une équation du second degré.

24. **Autrement dit?** Décrire une méthode permettant de résoudre les équations comportant des valeurs absolues.

25. **Autrement dit?** Décrire une méthode permettant de résoudre les inéquations comportant des valeurs absolues.

---

* De nombreux problèmes, dans ce manuel, sont intitulés **Autrement dit?** Ils comportent une question à laquelle l'étudiant doit répondre en ses propres termes ou un énoncé qu'il doit reformuler à sa manière. Ces problèmes sont les pendants des encadrés intitulés **En d'autres termes** dans le texte.

* Les réponses aux problèmes sont données dans l'annexe B.

1.2 Fonctions

DANS CETTE SECTION : définition d'une fonction, notation des fonctions, fonctions algébriques, fonctions trigonométriques, domaine d'une fonction, composition de fonctions, fonctions définies par parties

Les scientifiques, les économistes et d'autres chercheurs étudient les relations entre différentes variables. Un ingénieur a parfois besoin de savoir quel est le lien entre l'éclairage d'un objet par une source lumineuse et la distance entre l'objet et la source. Un biologiste peut vouloir étudier comment varie dans le temps la population d'une colonie de bactéries en présence d'une toxine. Un économiste peut vouloir déterminer la relation entre la demande des consommateurs pour un certain produit et son prix sur le marché. L'étude mathématique de ces relations fait intervenir la notion de *fonction*.

DÉFINITION D'UNE FONCTION

⚠️ Les parenthèses de $f(x)$ sont dites fonctionnelles, car elles réfèrent à une fonction. Toutefois, il n'y a aucune différence dans la forme avec les parenthèses habituelles. La nature des parenthèses est donc d'abord une question de contexte.

Fonction

Une **fonction** f est une relation qui à chaque élément x d'un ensemble X associe un élément unique y d'un ensemble Y. L'élément y est appelé **élément image** de x par la fonction f et on le note $f(x)$ (lire « f de x »). L'ensemble X est appelé **domaine** de f et l'ensemble de tous les éléments images des éléments de X est appelé **image** de la fonction.

Une fonction dont le *nom* est f peut être considérée comme l'ensemble des paires ordonnées de nombres (x, y) pour lesquelles chaque élément x du domaine est associé à un seul élément $y = f(x)$. On dit aussi que la fonction est une relation qui associe une valeur de sortie unique dans l'ensemble Y à chaque valeur d'entrée de l'ensemble X.

La représentation visuelle d'une fonction est donnée à la figure 1.4. On remarque qu'il est tout à fait possible que deux éléments différents du domaine X correspondent au même élément de l'image et que Y comprenne des éléments qui n'appartiennent pas à l'image de f. Si l'image de f comprend tous les éléments de Y, alors on dit que f est une **fonction surjective**. De plus, si chaque élément de l'image est l'élément image d'un et d'un seul élément du domaine, alors on dit que f est une **fonction injective**. Ces termes seront étudiés de façon plus détaillée dans la section 1.5. Une fonction f est dite **bornée** sur $[a, b]$ s'il existe un nombre B tel que $|f(x)| \leq B$ pour tout $x \in [a, b]$.

Nous allons surtout étudier les fonctions à valeurs réelles d'une variable réelle, c'est-à-dire les fonctions dont le domaine et l'image sont tous les deux des ensembles de nombres réels.

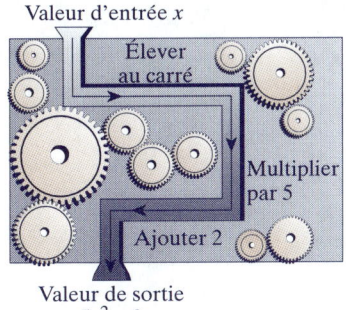

Valeur d'entrée x
Élever au carré
Multiplier par 5
Ajouter 2
Valeur de sortie $5x^2 + 2$

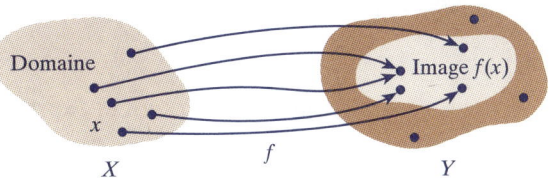

FIGURE 1.4
Correspondance entre le domaine et l'image d'une fonction

NOTATION DES FONCTIONS

On peut représenter les fonctions de diverses façons, mais on utilise généralement une formule mathématique. Il est courant, mais pas essentiel, de désigner par x la variable d'entrée et par y la variable de sortie correspondante et d'écrire une équation reliant x et y. Les lettres x et y qui apparaissent dans une telle équation sont appelées **variables**. Comme la valeur de la variable y est déterminée par celle de la variable x, nous dirons que y est la **variable dépendante** et que x est la **variable indépendante**.

Dans cet ouvrage, lorsqu'on définit des fonctions par des expressions telles que
$$f(x) = 2x + 3 \quad \text{ou} \quad g(x) = x^2 + 4x + 5$$
cela signifie que les fonctions f et g sont les ensembles de toutes les paires ordonnées de nombres réels (x, y) qui vérifient respectivement les équations $y = 2x + 3$ et $y = x^2 + 4x + 5$. **Évaluer** une fonction f consiste à trouver la valeur de f pour une valeur particulière appartenant au domaine. Par exemple, évaluer f pour $x = 2$ consiste à déterminer la valeur de $f(2)$.

EXEMPLE 1 — Utilisation de la notation des fonctions

On donne $f(x) = 2x^2 - x$. Trouver $f(-1), f(0), f(2), f(\pi), f(x+h)$ et $\dfrac{f(x+h) - f(x)}{h}$, où x et h sont des nombres réels et $h \neq 0$.

Solution La définition de la fonction f indique qu'il faut soustraire la variable indépendante x du double de son carré. On a donc

$$f(-1) = 2(-1)^2 - (-1) = 3$$
$$f(0) = 2(0)^2 - (0) = 0$$
$$f(2) = 2(2)^2 - 2 = 6$$
$$f(\pi) = 2\pi^2 - \pi$$

Dans le dernier cas, on notera l'absence de résultat décimal. L'énoncé constitue en effet la manière exacte d'exprimer le résultat.

Pour trouver $f(x + h)$, commençons par écrire la formule pour f de façon plus neutre, par exemple sous la forme

$$f(\Box) = 2(\Box)^2 - (\Box)$$

Ensuite, en insérant l'expression $x + h$, on obtient

$$f(\boxed{x+h}) = 2(\boxed{x+h})^2 - (\boxed{x+h})$$
$$= 2(x^2 + 2xh + h^2) - (x + h)$$
$$= 2x^2 + 4xh + 2h^2 - x - h$$

Enfin, si $h \neq 0$,

$$\frac{f(x+h) - f(x)}{h} = \frac{[2x^2 + 4xh + 2h^2 - x - h] - [2x^2 - x]}{h}$$
$$= \frac{4xh + 2h^2 - h}{h}$$
$$= 4x + 2h - 1$$

L'expression $\dfrac{f(x+h) - f(x)}{h}$ est appelée **taux de variation** et elle servira à calculer la *dérivée* au chapitre 3.

FONCTIONS ALGÉBRIQUES

Nous allons maintenant décrire quelques types courants de fonctions utilisées dans ce manuel.

Fonction polynomiale

Une **fonction polynomiale** est une fonction de la forme

$$f(x) = a_n x^n + a_{n-1} x^{n-1} + \cdots + a_2 x^2 + a_1 x + a_0$$

où n est un entier non négatif et $a_n, \ldots, a_2, a_1, a_0$ des constantes. Si $a_n \neq 0$, l'entier n est appelé **degré** du polynôme. La constante a_n est appelée **coefficient dominant** et la constante a_0 est appelée **terme constant** de la fonction polynomiale. Plus précisément :

Une **fonction constante** est de degré zéro : $f(x) = a$

Une **fonction linéaire** est de premier degré : $f(x) = ax + b$

Une **fonction quadratique** est de second degré : $f(x) = ax^2 + bx + c$

Une **fonction cubique** est de troisième degré : $f(x) = ax^3 + bx^2 + cx + d$

Exemples de fonctions polynomiales :

$f(x) = 5$

$f(x) = 2x - \sqrt{2}$

$f(x) = 3x^2 + 5x - \frac{1}{2}$

$f(x) = \sqrt{2}x^3 - \pi x$

Fonction rationnelle

Une **fonction rationnelle** est le quotient de deux fonctions polynomiales $p(x)$ et $d(x)$:

$$f(x) = \frac{p(x)}{d(x)}, \ d(x) \neq 0$$

Exemples de fonctions rationnelles :

$f(x) = x^{-1} = \dfrac{1}{x}$

$f(x) = \dfrac{x - 5}{x^2 + 2x - 3}$

Si r est un nombre réel non nul, la fonction $f(x) = x^r$ est appelée **fonction de puissance** d'exposant r. Nous connaissons déjà les cas suivants :

Puissances entières (r est un entier positif) : $f(x) = x^r = \underbrace{x \cdot x \cdots \cdot x}_{r \text{ facteurs}}$

Puissances inverses (r est un entier négatif) : $f(x) = x^{-r} = \dfrac{1}{x^r}$ pour $x \neq 0$

Racines ($r = m/n$ est un rationnel tel que m et n n'ont pas de facteurs communs) :

$$f(x) = x^{m/n} = \sqrt[n]{x^m} = \left(\sqrt[n]{x}\right)^m \text{ pour } x \geq 0 \text{ si } n \text{ est pair, } n \neq 0$$

Exemples de fonctions de puissance :

$f(x) = x^6$

$f(x) = x^{-4} = \dfrac{1}{x^4}$

$f(x) = x^{3/4} = \sqrt[4]{x^3}$, pour $x \geq 0$

$f(x) = \sqrt[3]{x^2} = x^{2/3}$

Les fonctions de puissance peuvent aussi avoir des exposants irrationnels (comme $\sqrt{2}$ ou π), mais elles doivent alors être définies de manière spéciale.

Une fonction est dite **algébrique** si on peut la construire à l'aide d'opérations algébriques (comme l'addition, la soustraction, la multiplication, la division ou l'extraction de racines) à partir de polynômes. Les fonctions qui ne sont pas algébriques sont dites **transcendantes**. Les fonctions trigonométriques, que nous abordons tout de suite, ainsi que les fonctions exponentielles et les fonctions logarithmiques, qui seront abordées dans la section 1.6, sont des fonctions transcendantes.

FONCTIONS TRIGONOMÉTRIQUES

⚠️ En calcul différentiel et intégral, la mesure des angles en radians, on le verra, est généralement préférable à la mesure en degrés. Par exemple, au chapitre 2, on utilisera la formule donnant l'aire d'un secteur, pour laquelle l'angle doit être en radians. Dans les expressions telles que $\sin x$, $\cos x$ et $\tan x$, on supposera que l'angle x est en radians, à moins d'une indication contraire sous la forme d'un symbole de degré.

Les angles se mesurent couramment en degrés et en radians. Par définition, un **degré** correspond à $\frac{1}{360}$ d'une révolution et un **radian** à $\frac{1}{2\pi}$ de cette révolution. Ainsi, pour convertir mutuellement les angles en degrés et en radians, on utilise la formule suivante :

$$\frac{\theta \text{ mesuré en degrés}}{360} = \frac{\theta \text{ mesuré en radians}}{2\pi}$$

EXEMPLE 2   Conversion en radians d'un angle exprimé en degrés

Convertir 255° en radians.

Solution
$$\frac{255}{360} = \frac{\theta}{2\pi}$$
$$\theta = \left(\frac{\pi}{180}\right)(255) \approx 4{,}45 \text{ rad}$$

EXEMPLE 3   Conversion en degrés d'un angle exprimé en radians

Exprimer 1 radian en degrés.

Solution
$$\frac{\theta}{360} = \frac{1}{2\pi}$$
$$\theta = \left(\frac{180}{\pi}\right)(1)$$
$$\approx 57{,}3°$$

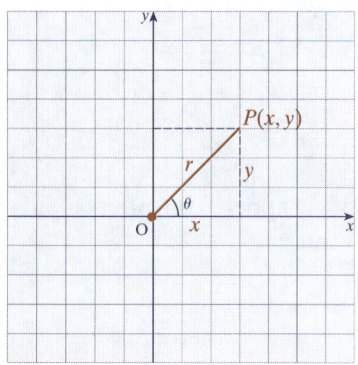

FIGURE 1.5

Triangle de référence pour les fonctions trigonométriques

Fonctions trigonométriques

Soit θ, un angle quelconque, mesuré entre la partie positive de l'axe des x et le segment de droite $\overline{OP}$, $P(x,y)$ étant un point quelconque du plan se situant à une distance r de l'origine $(r \neq 0)$, comme à la figure 1.5. Alors :

le cosinus de l'angle θ est $\cos \theta = x/r$ le sinus de l'angle θ est $\sin \theta = y/r$
la tangente de l'angle θ est $\tan \theta = y/x$ la cotangente de l'angle θ est $\cot \theta = x/y$
la sécante de l'angle θ est $\sec \theta = r/x$ la cosécante de l'angle θ est $\csc \theta = r/y$

Le cercle unitaire $(r = 1)$ centré à l'origine est appelé **cercle trigonométrique**. Si $P(x,y)$ est un point quelconque du cercle, comme à la figure 1.6, alors :

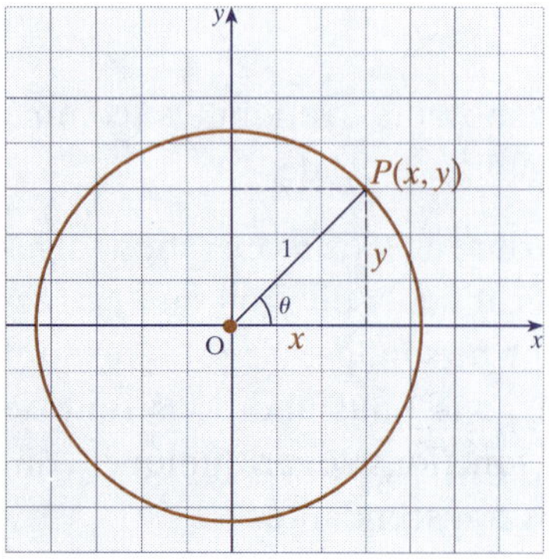

$\cos \theta = x$ $\sin \theta = y$
$\tan \theta = y/x = \sin \theta / \cos \theta$ $\cot \theta = x/y = \cos \theta / \sin \theta$
$\sec \theta = 1/x = 1/\cos \theta$ $\csc \theta = 1/y = 1/\sin \theta$

FIGURE 1.6

Cercle trigonométrique

Résolution d'équations trigonométriques

En calcul différentiel et intégral, il faudra souvent résoudre des équations trigonométriques. Rappelons que résoudre une équation trigonométrique revient à évaluer la relation trigonométrique inverse. Les fonctions trigonométriques inverses sont

12   Chapitre 1 ■ Fonctions et graphes

UN PEU D'HISTOIRE

La division d'une révolution en 360 parties égales (appelées degrés) est due sans aucun doute au système de numération sexagésimal (à base 60) utilisé par les Babyloniens. Plusieurs hypothèses ont été avancées pour expliquer ce chiffre de 360 (voir par exemple Howard Eve's dans *Mathematical Circles*). L'une des explications possibles vient d'Otto Neugebauer, universitaire faisant autorité en histoire des mathématiques et de l'astronomie des premiers Babyloniens. Au début de l'époque sumérienne, il existait un mille babylonien qui était pratiquement égal à sept de nos milles actuels. Au cours du premier millénaire avant J.-C., l'astronomie des Babyloniens ayant atteint un stade permettant de conserver systématiquement les relevés des étoiles, le mille fut adapté pour mesurer des durées. On s'était aperçu qu'un jour complet était égal à 12 milles temporels. Sachant que le jour complet était équivalent à une révolution du ciel, on divisa un circuit complet en 12 parties égales. Ensuite, pour des raisons pratiques, le mille babylonien fut divisé en 30 parties égales. Un circuit complet comportait alors $12 \times 30 = 360$ parties égales.

présentées à la section 1.7. Pour l'instant, nous allons résoudre des équations trigonométriques dont les solutions font intervenir les valeurs exactes du tableau 1.2.

TABLEAU 1.2 Valeurs trigonométriques exactes

Fonction	\multicolumn{5}{c	}{Angle θ}
	0	$\frac{\pi}{6}$	$\frac{\pi}{4}$	$\frac{\pi}{3}$	$\frac{\pi}{2}$
$\cos \theta$	1	$\frac{\sqrt{3}}{2}$	$\frac{\sqrt{2}}{2}$	$\frac{1}{2}$	0
$\sin \theta$	0	$\frac{1}{2}$	$\frac{\sqrt{2}}{2}$	$\frac{\sqrt{3}}{2}$	1
$\tan \theta$	0	$\frac{\sqrt{3}}{3}$	1	$\sqrt{3}$	indéfinie

En général, on utilise si possible les valeurs du tableau 1.2. Les approximations de la calculatrice ne seront données que lorsque c'est nécessaire.

EXEMPLE 4 Évaluation d'un sinus, d'un cosinus, d'une tangente, d'une sécante, d'une cosécante et d'une cotangente

Évaluer $\cos\left(\frac{\pi}{3}\right)$; $\sin\left(\frac{5\pi}{6}\right)$; $\tan\left(-\frac{5\pi}{4}\right)$; $\sec(1,2)$; $\csc(-4,5)$ et $\cot(180°)$.

Solution
$\cos\left(\frac{\pi}{3}\right) = \frac{1}{2}$ Valeur exacte ; premier quadrant

$\sin\left(\frac{5\pi}{6}\right) = \frac{1}{2}$ Valeur exacte ; deuxième quadrant

$\tan\left(-\frac{5\pi}{4}\right) = -1$ Valeur exacte ; deuxième quadrant

$\sec(1,2) \approx 2,76$ Valeur approximative de la calculatrice

$\csc(-4,5) \approx 1,02$ Valeur approximative de la calculatrice

$\cot(180°)$ Indéfinie

EXEMPLE 5 Résolution d'une équation trigonométrique à l'aide de la factorisation

Résoudre $2 \cos \theta \sin \theta = \sin \theta$ sur $[0, 2\pi[$.

Solution $2 \cos \theta \sin \theta - \sin \theta = 0$

$\sin \theta (2 \cos \theta - 1) = 0$

$\sin \theta = 0$ ou $2 \cos \theta - 1 = 0$

$\theta = 0$ ou $\theta = \pi$ $\cos \theta = \frac{1}{2}$

$\theta = \frac{\pi}{3}$ ou $\theta = \frac{5\pi}{3}$

⚠ Ne pas diviser les deux membres par $\sin \theta$, parce que l'on risque de perdre une solution. Notons que si $\theta = 0$ ou π, alors $\sin \theta = 0$. On ne peut pas diviser par 0.

Donc, $\theta \in \left\{0, \frac{\pi}{3}, \pi, \frac{5\pi}{3}\right\}$.

EXEMPLE 6 Résolution d'une équation trigonométrique à l'aide des identités

Résoudre $\sin x + \sqrt{3} \cos x = 1$ sur $[0, 2\pi[$.

Solution

$$\sqrt{3} \cos x = 1 - \sin x$$
$$3 \cos^2 x = 1 - 2 \sin x + \sin^2 x \quad \text{On élève chaque membre de l'équation au carré.}$$
$$3(1 - \sin^2 x) = 1 - 2 \sin x + \sin^2 x \quad \text{Car } \cos^2 x + \sin^2 x = 1$$
$$2 \sin^2 x - \sin x - 1 = 0$$
$$(2 \sin x + 1)(\sin x - 1) = 0$$

$$\sin x = -\frac{1}{2} \quad \text{ou} \quad \sin x = 1$$

$$x \in \left\{\frac{7\pi}{6}, \frac{11\pi}{6}\right\} \quad\quad x = \frac{\pi}{2}$$

Toutefois, comme on a élevé les deux membres de l'équation au carré, on doit vérifier s'il n'y a pas de racines étrangères, en substituant à x, dans l'équation originale, les valeurs trouvées. Ce faisant, on voit que $x = \frac{7\pi}{6}$ ne vérifie pas l'équation. La solution est donc $x \in \left\{\frac{\pi}{2}, \frac{11\pi}{6}\right\}$.

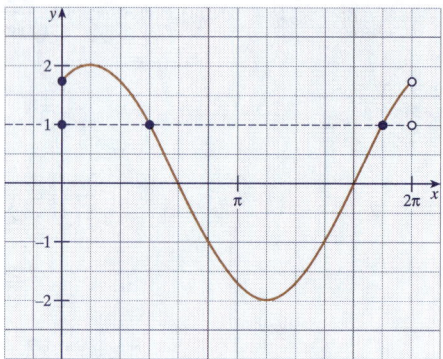

Il y a deux points d'intersection entre les graphes de $y = \sin x + \sqrt{3} \cos x$ et de $y = 1$, sur l'intervalle $[0, 2\pi[$, soit en $x = \frac{\pi}{2}$ et en $x = \frac{11\pi}{6}$.

DOMAINE D'UNE FONCTION

⚠ Cette convention relative au domaine sera utilisée tout au long du manuel.

Dans ce manuel, sauf indication contraire, le domaine d'une fonction est l'ensemble des nombres réels pour lesquels la fonction est définie. C'est ce qu'on appelle la **convention relative au domaine**. Si une fonction f est **indéfinie** en x, cela signifie que x n'appartient pas au domaine de f. Les exclusions les plus fréquentes du domaine sont les valeurs qui entraînent la division par zéro ou les valeurs négatives sous une racine carrée. Dans les applications, le domaine est souvent précisé par le contexte. Par exemple, si x est le nombre de personnes qui se trouvent dans un ascenseur, le contexte exige d'exclure du domaine les nombres négatifs et non entiers; par conséquent, x doit être un nombre entier tel que $0 \leq x \leq c$, où c est la capacité maximale de l'ascenseur.

EXEMPLE 7 Domaine de différentes fonctions

Trouver le domaine des fonctions données.

a. $f(x) = 2x - 1$ **b.** $g(x) = 2x - 1$, $x \neq -3$ **c.** $h(x) = \dfrac{(2x-1)(x+3)}{x+3}$

d. $F(x) = \sqrt{x+2}$ **e.** $G(x) = \dfrac{4}{5 - \cos x}$

Solution

a. Tous les nombres réels ou $x \in \mathbb{R}$.

b. Tous les nombres réels sauf -3 ou $x \in \mathbb{R} \setminus \{-3\}$.

c. L'expression étant définie pour tout $x \neq -3$, le domaine est formé de tous les nombres réels sauf -3 ou $x \in \mathbb{R} \setminus \{-3\}$.

d. F est définie si et seulement si $x + 2$ n'est pas négatif ; par conséquent, le domaine est $x \geq -2$ ou $x \in [-2, +\infty[$.

e. G est définie si $5 - \cos x \neq 0$. Ceci n'impose aucune restriction sur x, puisque $|\cos x| \leq 1$. Le domaine de G est donc l'ensemble de tous les nombres réels ou $x \in \mathbb{R}$.

Égalité de fonctions

Deux fonctions f et g sont **égales** si et seulement si

1. f et g ont le même domaine.
2. $f(x) = g(x)$ pour tout x appartenant au domaine.

Dans l'exemple 7, les fonctions g et h sont égales. Une faute courante consiste à « simplifier » la fonction h pour obtenir la fonction f.

FAUX : $h(x) = \dfrac{(2x-1)(x+3)}{x+3} = 2x - 1 = f(x)$

JUSTE : $h(x) = \dfrac{(2x-1)(x+3)}{x+3} = 2x - 1$, $x \neq -3$; donc $h(x) = g(x)$.

COMPOSITION DE FONCTIONS

Il arrive souvent qu'une grandeur soit donnée par une fonction d'une variable qui à son tour peut s'écrire comme une fonction d'une seconde variable. Supposons par exemple que l'on doive expédier x paquets d'un produit à différentes adresses. Soit x, le nombre de paquets à expédier, f, le poids de ces x objets et g, le coût total de l'envoi. Alors :

Le poids est une fonction $f(x)$ du nombre d'objets x.

Le coût est une fonction $g[f(x)]$ du poids.

Nous avons donc exprimé le coût en fonction du nombre de paquets. Ce processus qui consiste à évaluer une fonction de fonction est appelé **composition de fonctions**.

Composition de fonctions

La **fonction composée** $f \circ g$ est définie par

$$(f \circ g)(x) = f[g(x)] \text{ (lire «} f \text{ de } [g \text{ de } x]\text{»)}$$

pour chaque x appartenant au domaine de g pour lequel $g(x)$ appartient au domaine de f.

En d'autres termes

Pour bien comprendre ce qu'est une fonction composée, on peut faire un parallèle entre $f \circ g$ et une « chaîne de montage » dans laquelle g et f sont en série, la sortie $g(x)$ devenant l'entrée de f, comme à la figure 1.7.

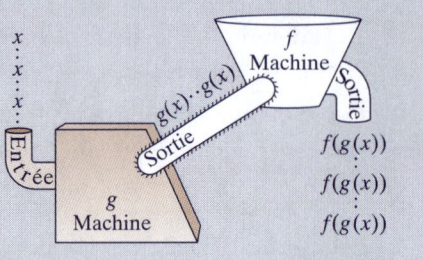
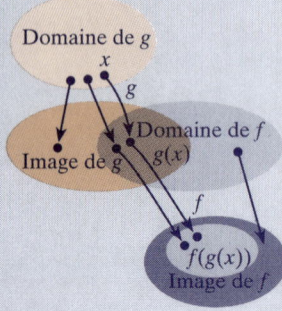

Explication d'une fonction composée à l'aide d'une chaîne de montage.

FIGURE 1.7
Composition de fonctions

EXEMPLE 8   **Écriture de fonctions composées**

Si $f(x) = 3x + 5$ et $g(x) = \sqrt{x}$, trouver les fonctions composées $f \circ g$ et $g \circ f$.

Solution   La fonction $f \circ g$ est définie par $f[g(x)]$:

$$(f \circ g)(x) = f[g(x)] = f(\sqrt{x}) = 3\sqrt{x} + 5$$

La fonction $g \circ f$ est définie par $g[f(x)]$:

$$(g \circ f)(x) = g[f(x)] = g(3x + 5) = \sqrt{3x + 5}$$

⚠ L'exemple 8 illustre le fait que *la composition de fonctions n'est pas commutative*. Autrement dit, $f \circ g$ n'est pas, en général, identique à $g \circ f$.

EXEMPLE 9   **Une application des fonctions composées**

La pollution atmosphérique est un problème dans de nombreuses zones métropolitaines. Supposons que la concentration C du monoxyde de carbone dans l'atmosphère (en parties par million) soit donnée en fonction du nombre d'habitants h (en centaines de milliers) à partir des renseignements suivants :

16   Chapitre 1 ▪ Fonctions et graphes

Nombre d'habitants (en centaines de milliers)	Concentration du monoxyde de carbone (ppm)
1	1,41
2	1,83
3	2,43
4	3,05
5	3,72

Les études montrent que le niveau quotidien moyen du monoxyde de carbone dans l'air est donné plus précisément par la formule

$$C(h) = 0{,}70\sqrt{h^2 + 3}$$

On suppose en outre que la population d'une zone métropolitaine donnée augmente selon la formule $h(t) = 1 + 0{,}02t^3$, où t est le temps à partir de maintenant (en années) et h le nombre d'habitants (en centaines de milliers). Selon ces hypothèses, à quel niveau de pollution atmosphérique peut-on s'attendre dans 4 ans ?

Solution Le niveau de pollution est $C(h) = 0{,}70\sqrt{h^2 + 3}$, où $h(t) = 1 + 0{,}02t^3$. Le niveau de pollution à un instant t est donc donné par la fonction composée

$$(C \circ h)(t) = C[h(t)] = C(1 + 0{,}02t^3) = 0{,}70\sqrt{(1 + 0{,}02t^3)^2 + 3}$$

En particulier, lorsque $t = 4$, on a

$$(C \circ h)(4) = 0{,}70\sqrt{[1 + 0{,}02(4)^3]^2 + 3} \approx 2{,}00 \text{ ppm}$$

En calcul différentiel et intégral, il est souvent nécessaire d'exprimer une fonction sous la forme d'une composition de deux fonctions plus simples.

EXEMPLE 10 Expression de diverses fonctions sous la forme d'une composition de deux fonctions

Exprimer chacune des fonctions suivantes sous la forme d'une fonction composée de deux fonctions u et g telles que $f(x) = g[u(x)]$.

a. $f(x) = (x^2 + 5x + 1)^5$ **b.** $f(x) = \cos^3 x$
c. $f(x) = \sin(x^3)$ **d.** $f(x) = \sqrt{5x^2 - x}$

Solution Il existe souvent de nombreuses façons d'exprimer $f(x)$ sous la forme d'une fonction composée $g[u(x)]$. La plus naturelle est peut-être celle qui consiste à choisir u telle qu'elle représente la partie « intérieure » de f et g telle qu'elle représente la partie « extérieure ». Ces choix sont indiqués dans le tableau ci-dessous.

On remarque que les fonctions composées sont formées d'une fonction « intérieure » et d'une fonction « extérieure ».

Fonction donnée $f(x) = g[u(x)]$	Fonction intérieure $u(x)$	Fonction extérieure $g[u(x)]$
a. $f(x) = (x^2 + 5x + 1)^5$	$u(x) = x^2 + 5x + 1$	$g[u(x)] = [u(x)]^5$
b. $f(x) = \cos^3 x$	$u(x) = \cos x$	$g[u(x)] = [u(x)]^3$
c. $f(x) = \sin(x^3)$	$u(x) = x^3$	$g[u(x)] = \sin[u(x)]$
d. $f(x) = \sqrt{5x^2 - x}$	$u(x) = 5x^2 - x$	$g[u(x)] = \sqrt{u(x)}$

FONCTIONS DÉFINIES PAR PARTIES

Parfois, les fonctions doivent être définies par parties, parce que leur domaine est discontinu. Ces fonctions sont définies par plusieurs formules, et sont donc appelées **fonctions définies par parties**.

EXEMPLE 11 Évaluation d'une fonction définie par parties

Si $f(x) = \begin{cases} x \sin x & \text{si } x < 2 \\ 3x^2 + 1 & \text{si } x \geq 2 \end{cases}$, trouver $f\left(-\frac{1}{2}\right)$, $f\left(\frac{\pi}{2}\right)$ et $f(2)$.

Solution Pour trouver $f\left(-\frac{1}{2}\right)$, on utilise la première ligne de la fonction, parce que $-\frac{1}{2} < 2$:

$$f\left(-\tfrac{1}{2}\right) = -\tfrac{1}{2} \sin\left(-\tfrac{1}{2}\right) = \tfrac{1}{2} \sin\left(\tfrac{1}{2}\right) \quad \text{Cette valeur est la valeur exacte.}$$
$$\approx 0{,}2397 \quad \text{Cette valeur est la valeur approximative.}$$

Pour trouver $f\left(\frac{\pi}{2}\right)$, on utilise la première ligne de la fonction, parce que $\frac{\pi}{2} \approx 1{,}57 < 2$:

$$f\left(\tfrac{\pi}{2}\right) = \tfrac{\pi}{2} \sin\left(\tfrac{\pi}{2}\right) = \tfrac{\pi}{2}$$

Enfin, puisque $2 \geq 2$, on utilise la deuxième ligne de la fonction pour trouver $f(2)$:

$$f(2) = 3(2)^2 + 1 = 13$$

PROBLÈMES 1.2

Problèmes 1 à 10 : Trouver le domaine de f et calculer les valeurs indiquées ou dire si la valeur de x correspondante n'appartient pas au domaine. Préciser si l'une ou l'autre des valeurs est un zéro de la fonction, c'est-à-dire si elle annule la fonction.

A

1. $f(x) = 2x + 3$; $f(-2), f(1), f(0)$
2. $f(x) = -x^2 + 2x + 3$; $f(0), f(1), f(-2)$
3. $f(x) = x + \dfrac{1}{x}$; $f(-1), f(1), f(2)$
 4. $f(x) = \dfrac{(x+3)(x-2)}{x+3}$; $f(2), f(0), f(-3)$
5. $f(x) = (2x - 1)^{-3/2}$; $f(1), f\left(\tfrac{1}{2}\right), f(13)$

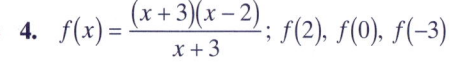 6. $f(x) = \sqrt{x^2 + 5x + 6}$; $f(0), f(1), f(-2)$
7. $f(x) = \sin(1 - 2x)$; $f(-1), f\left(\tfrac{1}{2}\right), f(1)$
8. $f(x) = \sin x - \cos x$; $f(0), f\left(-\tfrac{\pi}{2}\right), f(\pi)$
9. $f(x) = \begin{cases} -2x + 4 & \text{si } x \leq 1 \\ x + 1 & \text{si } x > 1 \end{cases}$

$f(3), f(1), f(0)$

10. $f(x) = \begin{cases} 3 & \text{si } x < -5 \\ x + 1 & \text{si } -5 \leq x \leq 5 \\ \sqrt{x} & \text{si } x > 5 \end{cases}$

$f(-6), f(-5), f(16)$

Problèmes 11 à 15 : Évaluer le taux de variation $\dfrac{f(x+h)-f(x)}{h}$ pour la fonction donnée.

11. $f(x) = 9x + 3$
12. $f(x) = 3x^2 + 2x$
13. $f(x) = |x|$ si $x < -1$ et $0 < h < 1$
14. $f(x) = |x|$ si $x > 1$ et $0 < h < 1$
15. $f(x) = \dfrac{1}{x}$

Problèmes 16 à 19 : Résoudre chaque équation.

16. $\sin x = -\dfrac{1}{2}$ sur $[0, 2\pi[$
17. $(\sin x)(\cos x) = 0$ sur $[0, 2\pi[$
18. $(2\cos x + \sqrt{2})(2\cos x - 1) = 0$ sur $[0, 2\pi[$
19. $(3\tan x + \sqrt{3})(3\tan x - \sqrt{3}) = 0$ sur $[0, 2\pi[$

20. **Autrement dit ?** Décrire une méthode permettant de résoudre les équations trigonométriques.

Problèmes 21 à 23 : Indiquer si les fonctions f et g sont égales.

21. $f(x) = \dfrac{2x^2 + x}{x}$; $g(x) = 2x + 1$
22. $f(x) = \dfrac{2x^2 + x}{x}$; $g(x) = 2x + 1$, $x \neq 0$
23. $f(x) = \dfrac{2x^2 - x - 6}{x - 2}$; $g(x) = 2x + 3$, $x \neq 2$

Problèmes 24 à 27 : Trouver les fonctions composées $f \circ g$ et $g \circ f$.

24. $f(x) = x^2 + 1$ et $g(x) = 2x$
25. $f(x) = \sin x$ et $g(x) = 1 - x^2$
26. $f(t) = \sqrt{t}$ et $g(t) = t^2$
27. $f(x) = \dfrac{1}{x}$ et $g(x) = \tan x$

Problèmes 28 à 32 : Exprimer f sous la forme d'une composition de deux fonctions u et g telles que $f(x) = g[u(x)]$.

28. $f(x) = (2x^2 - 1)^4$
29. $f(x) = |2x + 3|$
30. $f(x) = \sqrt{5x - 1}$
31. $f(x) = \sin(\sqrt{x})$
32. $f(x) = \sqrt{\sin x}$

33. On suppose que le coût total de fabrication C (en dollars) de q unités d'un certain produit est donné par
$$C(q) = q^3 - 30q^2 + 400q + 500$$
    a. Calculer le coût de fabrication de 20 unités.
    b. Calculer le coût de fabrication de la 20e unité.

34. En physique, on dit qu'une source lumineuse d'intensité K (en candelas, noté cd) a, sur une surface plane située à une distance s (en mètres), une *luminance* $I = K/s^2$. Supposons qu'une petite lampe émettant dans toutes les directions et ayant une intensité de 30 cd soit reliée à une corde qui permet de la faire monter et descendre entre le plancher et le plafond de 3 m de hauteur. On suppose que la lampe monte et descend de telle sorte qu'à un instant t (en minutes) elle se trouve à $s = 6t - t^2$ mètres au-dessus du sol.

    a. Exprimer la luminance sur le plancher sous la forme d'une fonction composée de t pour $0 < t < 6$ min.
    b. Quelle est la luminance lorsque $t = 1$ min ? Lorsque $t = 4$ min ?

35. Les biologistes ont découvert que la vitesse du sang dans une artère est fonction de la distance du sang par rapport à l'axe central de l'artère. Selon la *loi de Poiseuille*, la vitesse v (en centimètres par seconde) du sang situé à une distance r (en centimètres) de l'axe central d'une artère est donnée par la fonction
$$v(r) = C(R^2 - r^2)$$
où C est une constante et R le rayon de l'artère. On suppose que, pour une certaine artère, $C = 1{,}76 \times 10^5$ (cm·s)$^{-1}$ et $R = 1{,}2 \times 10^{-2}$ cm.

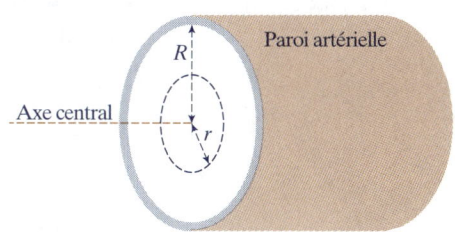

    a. Calculer la vitesse du sang sur l'axe central de cette artère.
    b. Calculer la vitesse du sang à mi-chemin entre la paroi de l'artère et l'axe central.

36. Une personne nage à une profondeur de d unités sous la surface de l'eau.

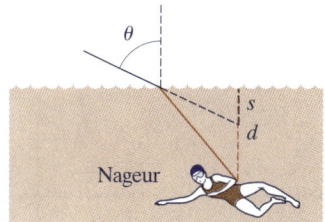

À cause de la réfraction de la lumière par l'eau, un spectateur se tenant debout au-dessus de la ligne de flottaison voit le nageur à une profondeur apparente de s unités. En physique, on montre que si la personne est observée sous un angle d'incidence θ, sa profondeur apparente est donnée de façon approximative par
$$s = \dfrac{3d \cos \theta}{\sqrt{7 + 9\cos^2 \theta}}$$

    a. Si $d = 5{,}0$ m et $\theta = 37°$, quelle est la profondeur apparente du nageur ?
    b. Si la profondeur réelle est $d = 5{,}0$ m, quel angle d'incidence donne une profondeur apparente $s = 2{,}5$ m ?

1.2 ■ Fonctions 19

37. **Problème de revue de mathématiques** *The Mathematics Student Journal*[*]. Sachant que

$$f(11) = 11 \text{ et } f(x+3) = \frac{f(x)-1}{f(x)+1}$$

pour tout x, trouver $f(2000)$.

[*] La plupart des revues de mathématiques comportent des sections où figurent des problèmes intéressants avec leurs solutions. Nous reproduirons, à l'occasion, un problème tiré d'une revue de mathématiques. Si vous éprouvez des difficultés à résoudre un problème de revue de mathématiques, vous pouvez essayer de trouver en bibliothèque l'énoncé et la solution tels qu'ils apparaissent dans la revue. Le problème est accompagné du titre de la revue et d'une référence en bas de page. Ce problème-ci se trouve dans le numéro 3, volume 28 (1980), p. 2. Soulignons que, dans sa version originale, il demandait de calculer $f(1979)$, qui correspondait probablement à la date de parution. Nous avons pris la liberté de mettre à jour la valeur de l'énoncé.

1.3 Droites dans le plan

DANS CETTE SECTION : pente d'une droite, formes de l'équation d'une droite, droites parallèles et droites perpendiculaires

PENTE D'UNE DROITE

L'une des caractéristiques d'une droite est que son *inclinaison* par rapport à l'horizontale est constante. Pour parler de l'inclinaison, on a souvent recours au concept de *pente*. Un charpentier dira par exemple d'une toiture qui monte de 1 m pour un déplacement horizontal de 3 m qu'elle a une pente ou une chute de 1 sur 3.

Soit Δx et Δy qui, comme précédemment, représentent respectivement la variation des variables x et y. Lorsqu'une droite non verticale D monte (ou descend) de Δy unités (mesurées de bas en haut) pour chaque déplacement horizontal de Δx unités (mesurées de gauche à droite), on dit qu'elle a une *pente* $m = \Delta y / \Delta x$. (Si Δy est négatif, le déplacement vertical est en réalité une chute ; et si Δx est négatif, le déplacement horizontal est en réalité de droite à gauche.) En particulier, si $P(x_1, y_1)$ et $Q(x_2, y_2)$ sont deux points distincts sur D, alors les variations en x et y sont données par $\Delta x = x_2 - x_1$ et $\Delta y = y_2 - y_1$ et la pente de D est

$$m = \frac{\Delta y}{\Delta x} = \frac{y_2 - y_1}{x_2 - x_1} \text{ pour } \Delta x \neq 0 \qquad \text{Voir la figure 1.8.}$$

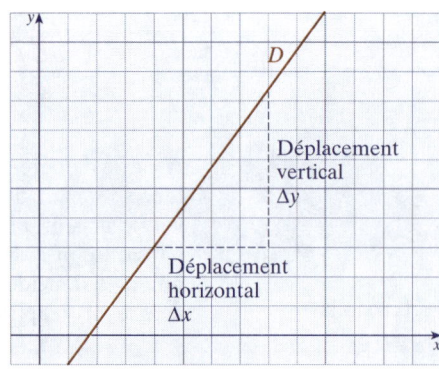

a. La pente de D est $m = \frac{\Delta y}{\Delta x}$.

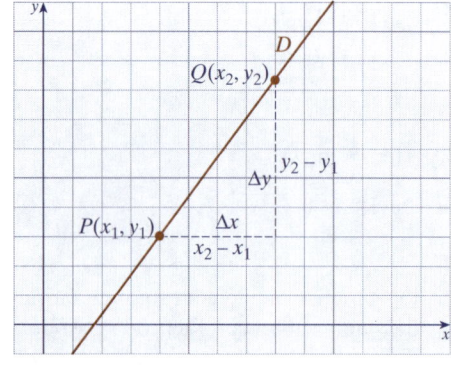

b. La pente de D est donnée par $m = \frac{y_2 - y_1}{x_2 - x_1}$.

FIGURE 1.8

Pente d'une droite

Pente d'une droite

Une droite non verticale qui contient les points $P(x_1, y_1)$ et $Q(x_2, y_2)$ a pour **pente**

$$m = \frac{\Delta y}{\Delta x} = \frac{y_2 - y_1}{x_2 - x_1}$$

On dit qu'une droite de pente m est *ascendante* (de gauche à droite) si $m > 0$, *descendante* si $m < 0$ et *horizontale* si $m = 0$.

Il existe une formulation trigonométrique de la pente qui peut être utile. L'**angle d'inclinaison** d'une droite D est par définition l'angle non négatif ϕ ($0 \leq \phi < \pi$) que forme D avec la partie positive de l'axe des x.

Angle d'inclinaison

L'**angle d'inclinaison** d'une droite D est l'angle ϕ ($0 \leq \phi < \pi$) formé par la droite D et la partie positive de l'axe des x. La **pente** de D d'inclinaison ϕ est donc $m = \tan \phi$

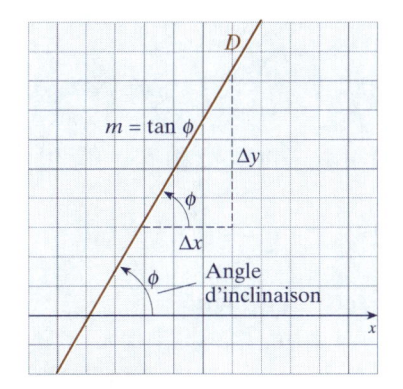

On voit que la droite D est *ascendante* si $0 < \phi < \frac{\pi}{2}$ et *descendante* si $\frac{\pi}{2} < \phi < \pi$. La droite est *horizontale* si $\phi = 0$ et *verticale* si $\phi = \frac{\pi}{2}$. Notons que si $\phi = \frac{\pi}{2}$, $\tan \phi$ n'est pas définie ; par conséquent, m n'est pas définie pour une droite verticale. Une droite **verticale** n'a **pas de pente**.

Pour obtenir la représentation trigonométrique de la pente, il faut déterminer la pente de la droite passant par $P(x_1, y_1)$ et $Q(x_2, y_2)$, ϕ étant l'angle d'inclinaison. D'après la définition de la tangente, on a

$$\tan \phi = \frac{y_2 - y_1}{x_2 - x_1} = \frac{\Delta y}{\Delta x} = m \qquad \text{Voir la figure 1.9.}$$

La figure 1.10 représente des droites de pentes diverses.

En calcul différentiel, on demande parfois de trouver la pente d'une droite qui passe par deux points *très* proches l'un de l'autre sur le graphe d'une fonction, comme dans l'exemple 1.

⚠ Dire qu'une droite n'a *pas de pente* (droite verticale) ne revient pas à dire qu'elle a une *pente nulle* (droite horizontale). On dit parfois qu'une droite verticale a une **pente infinie**.

FIGURE 1.9

Forme trigonométrique de la pente d'une droite

FIGURE 1.10

Exemples de pentes

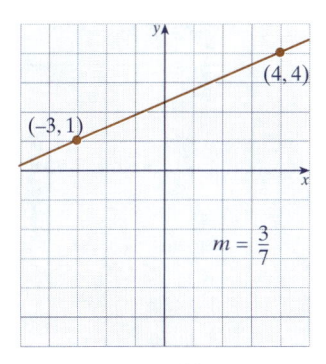

Pente positive : la droite monte. $m = \frac{3}{7}$, points $(-3, 1)$ et $(4, 4)$

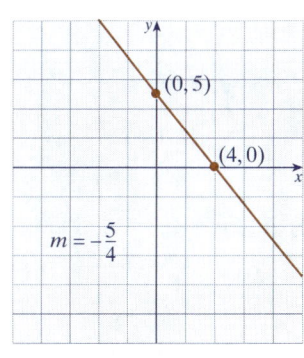

Pente négative : la droite descend. $m = -\frac{5}{4}$, points $(0, 5)$ et $(4, 0)$

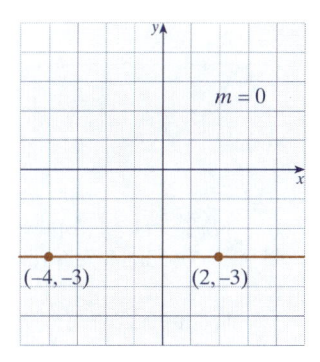

Pente nulle ($\Delta y = 0$) : la droite est horizontale. $m = 0$, points $(-4, -3)$ et $(2, -3)$

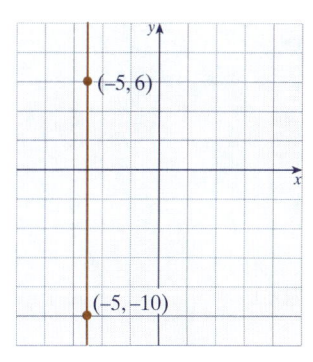

Pente indéfinie ($\Delta x = 0$) : la droite est verticale. Points $(-5, 6)$ et $(-5, -10)$

1.3 ■ Droites dans le plan

EXEMPLE 1 — Pente d'une droite passant par deux points d'une courbe donnée

Soit $f(x) = x^2 - 3x - 4$. Déterminer la pente de la droite passant par les points donnés du graphe de f.

a. $x_1 = 2$ et $x_2 = 3$ **b.** $x_1 = 2$ et $x_3 = 2{,}001$ **c.** $x_1 = 2$ et $x_4 = 2 + h$

Solution Rappelons la formule donnant la pente de la droite passant par $(x, f(x))$ et $(x + h, f(x + h))$:

$$m = \frac{f(x+h) - f(x)}{(x+h) - x} = \frac{f(x+h) - f(x)}{h}$$

$f(2) = (2)^2 - 3(2) - 4 = -6$; le point sur le graphe de f est $(2, -6)$, comme à la figure 1.11.

a. $f(3) = (3)^2 - 3(3) - 4 = -4$; le point est donc $(3, -4)$.

$$m = \frac{-4 - (-6)}{3 - 2} = 2$$

b. $f(2{,}001) = (2{,}001)^2 - 3(2{,}001) - 4 = -5{,}998999$; le point est donc $(2{,}001, -5{,}998999)$.

$$m = \frac{-5{,}998999 - (-6)}{2{,}001 - 2} = 1{,}001$$

c. $f(2+h) = (2+h)^2 - 3(2+h) - 4 = h^2 + h - 6$; le point est donc $(2+h, h^2 + h - 6)$.

$$m = \frac{(h^2 + h - 6) - (-6)}{(2+h) - 2} = \frac{h^2 + h}{h} = h + 1,\ \text{car } h \neq 0$$

Les parties b et c concordent : si $h = 0{,}001$, alors $m = 0{,}001 + 1 = 1{,}001$.

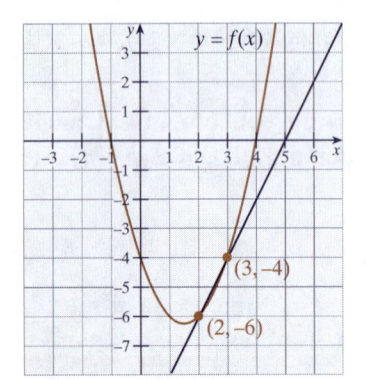

FIGURE 1.11
Graphe de f avec une droite sécante

FORMES DE L'ÉQUATION D'UNE DROITE

Nous avons vu en algèbre que l'équation d'une droite peut s'écrire sous plusieurs formes. Dans les problèmes, on vous demandera d'en établir certaines. Le tableau ci-dessous présente celles qui sont le plus souvent utilisées en calcul différentiel et intégral.

Formes d'une équation linéaire		
Forme standard ou cartésienne	$Ax + By + C = 0$	Constantes A, B, C (A et B n'étant pas toutes les deux nulles)
Forme faisant intervenir la pente et l'ordonnée à l'origine	$y = mx + b$	Pente m Ordonnée à l'origine b
Forme faisant intervenir la pente et un point de la droite	$y - k = m(x - h)$	Pente m La droite passe par le point (h, k)
Droite horizontale	$y = k$	Pente 0
Droite verticale	$x = h$	Pente indéfinie

Chapitre 1 ■ Fonctions et graphes

EXEMPLE 2 — Forme de l'équation d'une droite faisant intervenir ses deux points d'intersection avec les axes

Établir l'équation de la droite coupant les axes en $(a, 0)$ et $(0, b)$, avec $a \neq 0$ et $b \neq 0$.

Solution La pente de la droite passant par les points donnés est
$$m = \frac{b-0}{0-a} = -\frac{b}{a}$$

Utilisons la forme faisant intervenir la pente et un point de la droite avec $h = 0$ et $k = b$. (On peut utiliser l'un ou l'autre des points donnés.)

$$y - b = -\frac{b}{a}(x - 0)$$
$$ay - ab = -bx$$
$$bx + ay = ab$$
$$\frac{x}{a} + \frac{y}{b} = 1 \qquad \text{On divise les deux membres de l'équation par } ab.$$

Lorsque deux variables x et y satisfont à une équation linéaire $Ax + By + C = 0$ (où les constantes A et B ne sont pas toutes les deux nulles), on dit qu'elles sont *linéairement dépendantes*. Cette terminologie est illustrée par l'exemple 3.

EXEMPLE 3 — Variables linéairement dépendantes

Lorsqu'on attache une masse à un ressort hélicoïdal placé verticalement, le ressort s'allonge. D'après la loi de Hooke, la longueur d (en centimètres) du ressort est liée linéairement au poids P (en Newton) de cette masse[*]. Si $d = 4$ cm lorsque $P = 3$ N et si $d = 6$ cm lorsque $P = 6$ N, quelle est la longueur initiale du ressort et quel poids provoquera un allongement de 5 cm ?

Solution Puisque d est linéairement dépendante de P, on sait que les points de coordonnées (P, d) sont situés sur une droite. Les données du problème indiquent que deux de ces points sont $(3, 4)$ et $(6, 6)$, comme on le voit à la figure 1.12.

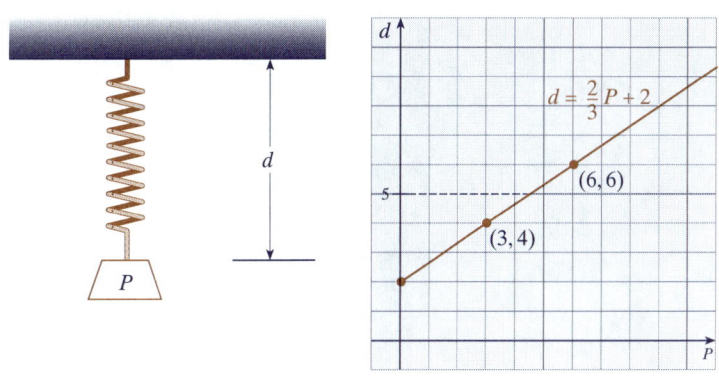

FIGURE 1.12

Relation linéaire entre la longueur d du ressort et le poids P de l'objet attaché

---

[*] La loi de Hooke est valable pour les petits déplacements, mais elle ne constitue pas un bon modèle pour les déplacements plus grands.

On trouve d'abord la pente de la droite, puis on utilise la formule faisant intervenir la pente et un point de la droite pour déterminer l'équation de cette dernière.

$$m = \frac{6-4}{6-3} = \frac{2}{3}$$

En remplaçant ensuite h par 3 et k par 4 dans la formule, on obtient

$$d - 4 = \frac{2}{3}(P - 3)$$

$$d = \frac{2}{3}P + 2$$

La longueur initiale du ressort correspond à $P = 0$:

$$d = \frac{2}{3}(0) + 2 = 2$$

La longueur initiale est donc égale à 2 cm. Pour trouver le poids qui correspond à $d = 5$ cm, on résout l'équation

$$5 = \frac{2}{3}P + 2$$

$$\frac{9}{2} = P$$

Le poids qui correspond à une longueur de 5 cm est donc égal à 4,5 N.

DROITES PARALLÈLES ET DROITES PERPENDICULAIRES

Il est souvent utile de savoir si deux droites données sont parallèles ou perpendiculaires. Une droite verticale ne peut être parallèle qu'à d'autres droites verticales et ne peut être perpendiculaire qu'à des droites horizontales. Dans les cas faisant intervenir des droites non verticales, on peut utiliser les critères donnés par le théorème suivant pour savoir si elles sont parallèles ou perpendiculaires.

> **THÉORÈME 1.2 Critères de pente de droites parallèles et de droites perpendiculaires**
>
> Si D_1 et D_2 sont des droites non verticales de pentes m_1 et m_2, alors
>
> D_1 et D_2 sont **parallèles** si et seulement si $m_1 = m_2$;
>
> D_1 et D_2 sont **perpendiculaires** si et seulement si $m_1 m_2 = -1$ ou $m_1 = -\dfrac{1}{m_2}$.
>
> **En d'autres termes**
>
> Deux droites sont parallèles si et seulement si leurs pentes sont égales et elles sont perpendiculaires si et seulement si leurs pentes ont des valeurs inverses multiplicatives et des signes opposés.
>
> **Démonstration**   Les principes de base de ces deux critères sont illustrés à la figure 1.13.
>
> Le critère des droites parallèles découle du fait que des droites sont parallèles si leurs angles d'inclinaison sont égaux (voir la figure 1.13a). Par ailleurs, si D_1 et D_2 sont perpendiculaires (voir la figure 1.13b), l'un des deux angles d'inclinaison, disons ϕ_2, doit être un angle aigu et satisfaire à
>
> $$\phi_1 = \phi_2 + \frac{\pi}{2}$$

Alors

$$m_1 = \tan \phi_1$$
$$= \tan\left(\phi_2 + \frac{\pi}{2}\right)$$
$$= \tan\left[\frac{\pi}{2} - (-\phi_2)\right]$$
$$= \cot(-\phi_2)$$
$$= -\cot \phi_2$$
$$= \frac{-1}{\tan \phi_2}$$
$$= \frac{-1}{m_2}$$

Donc $m_1 m_2 = -1$. Nous vous laissons le soin de montrer que D_1 et D_2 sont perpendiculaires si $m_1 m_2 = -1$.

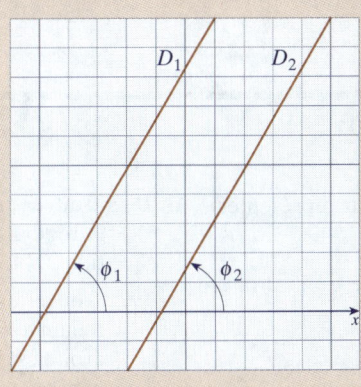

a. Des droites parallèles ont des pentes égales : $m_1 = m_2$.

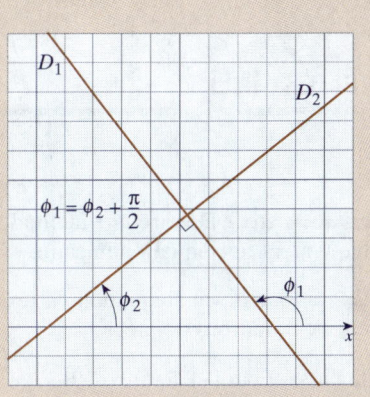

b. Des droites perpendiculaires ont des pentes inverses multiplicatives et des signes opposés : $m_1 m_2 = -1$.

FIGURE 1.13
Droites parallèles et droites perpendiculaires

EXEMPLE 4   **Équations d'une droite parallèle et d'une droite perpendiculaire à une droite d'équation donnée**

Soit D, la droite d'équation $3x + 2y = 5$.

a. Trouver une équation de la droite parallèle à D et passant par $P(4, 7)$.

b. Trouver une équation de la droite perpendiculaire à D et passant par $P(4, 7)$.

Solution   En écrivant l'équation de D sous la forme $y = -\frac{3}{2}x + \frac{5}{2}$, on voit que la pente de D est $m = -\frac{3}{2}$.

a. Toute droite parallèle à D doit avoir la même pente que D, donc une pente $m_1 = -\frac{3}{2}$. La droite recherchée contient le point $P(4, 7)$. Utilisons la formule faisant intervenir la pente et un point de la droite pour trouver l'équation, puis écrivons la réponse sous la forme standard :

$$y - 7 = -\frac{3}{2}(x - 4)$$
$$2y - 14 = -3x + 12$$
$$3x + 2y - 26 = 0$$

1.3 ■ Droites dans le plan

b. Toute droite perpendiculaire à D doit avoir une pente de valeur inverse multiplicative et de signe opposé par rapport à la valeur de la pente de D, donc une pente $m_2 = \frac{2}{3}$. À nouveau, la droite recherchée contient le point $P(4, 7)$ et on obtient

$$y - 7 = \tfrac{2}{3}(x - 4)$$
$$3y - 21 = 2x - 8$$
$$2x - 3y + 13 = 0$$

Ces droites sont représentées à la figure 1.14.

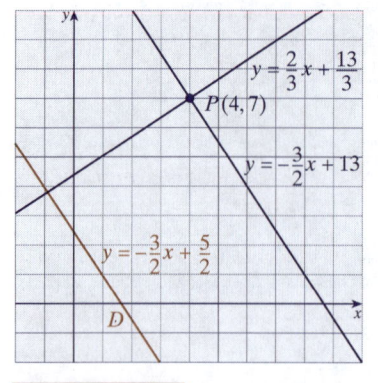

FIGURE 1.14

Graphes d'une droite parallèle et d'une droite perpendiculaire à la droite d'équation $3x + 2y = 5$

Problèmes 1.3

A

1. **Autrement dit?** Décrire une méthode pour représenter graphiquement une équation linéaire.

Problèmes 2 à 10, trouver l'équation cartésienne de la droite satisfaisant aux conditions données.

2. Droite passant par $(-1, 7)$ et $(-2, 9)$
3. Droite horizontale passant par $(-2, -5)$
4. Droite passant par le point $(1, \tfrac{1}{2})$ et de pente 0
5. Droite verticale passant par $(-2, -5)$
6. Droite de pente -3 et coupant l'axe des x en $(5, 0)$
7. Droite coupant l'axe des x en $(7, 0)$ et d'ordonnée à l'origine -8
8. Droite passant par $(-1, 8)$ et parallèle à la droite d'équation $3x + y = 7$
9. Droite passant par $(3, -2)$ et perpendiculaire à la droite d'équation $4x - 3y + 2 = 0$
10. Droite perpendiculaire à la droite d'équation $x - 4y + 5 = 0$ au point d'intersection avec la droite d'équation $2x + 3y - 1 = 0$

Problèmes 11 à 17 : Trouver si possible la pente, l'ordonnée à l'origine et l'abscisse à l'origine de la droite dont l'équation est donnée. Tracer le graphe de chaque équation.

11. $y = \dfrac{2}{3}x - 8$
12. $5x + 3y - 15 = 0$
13. $6x - 10y - 3 = 0$
14. $\dfrac{x}{2} - \dfrac{y}{3} = 1$
15. $x = 5y$
16. $y - 5 = 0$
17. $x + 3 = 0$

B

18. Trouver une équation pour une droite verticale D telle que la région délimitée par D, l'axe des x et la droite d'équation $2y - 3x = 6$ ait une aire égale à 3.

19. Trouver une équation de la médiatrice du segment de droite reliant $(-3, 7)$ et $(4, -1)$. La médiatrice d'un segment de droite est la droite perpendiculaire à ce segment et passant par son point milieu.

20. Trois des sommets d'un parallélogramme ont pour coordonnées $(1, 3)$, $(4, 11)$ et $(3, -2)$. Si les sommets de coordonnées $(1, 3)$ et $(3, -2)$ appartiennent au même côté, quelles sont les coordonnées du quatrième sommet?

21. Sur l'échelle de température Fahrenheit, l'eau gèle à 32° et bout à 212°. Les températures correspondantes de l'échelle Celsius sont 0° et 100°. Sachant que les températures Fahrenheit et Celsius sont linéairement dépendantes, trouver les nombres r et s tels que $T_F = rT_C + s$ puis répondre aux questions suivantes.
    a. Le mercure se solidifie à -39 °C. Quelle est la température Fahrenheit correspondante?
    b. Pour quelle valeur de T_C a-t-on $T_F = 0$?
    c. Quelle température a une valeur identique sur les deux échelles?

22. Une agence de location de voitures facture 40 $ par jour en accordant 100 km gratuits. Chaque kilomètre supplémentaire coûte 34 ¢. Exprimer d'abord le coût de location d'une voiture pour une journée en fonction du nombre de kilomètres parcourus. Tracer ensuite le graphe et l'utiliser pour vérifier les réponses aux questions suivantes.
    a. Combien coûte la location d'une voiture pendant une journée pour une excursion de 50 km?
    b. Combien de kilomètres ont été parcourus si le coût de location est de 92,36 $?

23. Soit $P_1(2, 6)$, $P_2(-1, 3)$, $P_3(0, -2)$ et $P_4(a, b)$, les points du plan qui forment un parallélogramme $P_1P_2P_3P_4$.
    a. Il y a trois choix possibles pour P_4, l'un étant $A(3, 1)$. Quels sont les autres, que nous appellerons B et C?

26 Chapitre 1 ■ Fonctions et graphes

b. Le centre d'un triangle est le point où se coupent ses trois médianes. Une médiane est un segment de droite reliant un sommet au point milieu du côté opposé. Trouver le centre des triangles ABC et $P_1P_2P_3$. Quelle remarque intéressante peut-on faire ?

24. Autrement dit ? L'alcool éthylique est métabolisé par l'organisme à un taux constant (indépendant de la concentration) que l'on suppose égal à 10 ml par heure.
  a. Exprimer le temps t (en heures) requis pour métaboliser les effets produits par la consommation d'alcool éthylique en fonction de la quantité V_A (en millilitres) d'alcool consommé.
  b. Combien de temps faut-il pour éliminer les effets d'un litre de bière contenant 3 % d'alcool éthylique (en volume) ?
  c. Expliquer comment on peut utiliser l'équation de la question **a** pour déterminer une valeur limite raisonnable de la quantité d'alcool éthylique V_A qui peut être servie à chaque invité lors d'une soirée.

25. Depuis le début du mois, l'un des réservoirs de la ville perd de l'eau à un taux constant (la quantité d'eau dans le réservoir et le temps sont en relation linéaire). Le 12 du mois, le réservoir contenait 200 millions de litres d'eau ; le 21, il n'en contenait plus que 164 millions. Combien d'eau contenait le réservoir le 8 du mois ?

C

26. Montrer qu'en général une droite de pente m passant par $P(h, k)$ a pour équation
$$y - k = m(x - h)$$

27. Si $A(x_1, y_1)$ et $B(x_2, y_2)$ tels que $x_1 \neq x_2$ sont deux points du graphe de la droite d'équation $y = mx + b$, montrer que
$$m = \frac{y_2 - y_1}{x_2 - x_1}$$
En déduire que le graphe de $y = mx + b$ est une droite de pente m, puis montrer que la droite a pour ordonnée à l'origine b.

28. Soit D_1 et D_2, deux droites dont les pentes sont respectivement m_1 et m_2, et soit ϕ, l'angle formé par D_1 et D_2, comme à la figure 1.15. Montrer que
$$\tan \phi = \frac{m_2 - m_1}{1 + m_1 m_2}$$

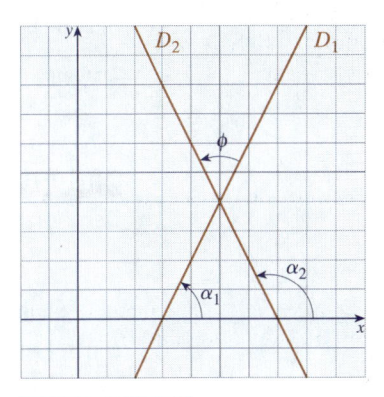

FIGURE 1.15
Angle ϕ formé par les droites données

1.4 Graphes de fonctions

DANS CETTE SECTION : graphe d'une fonction, transformations de fonctions

Graphe d'une fonction

Les graphes sont les représentations visuelles de fonctions. Ils fournissent des renseignements qu'on a plus de mal à saisir à partir des descriptions verbales ou algébriques des fonctions. La figure 1.16 (p. 28) représente deux graphes correspondant à des relations utilisées dans la pratique.

Pour représenter géométriquement une fonction $y = f(x)$ par un graphe, il est courant d'utiliser un système de coordonnées cartésien dans lequel les unités de la variable indépendante x se retrouvent sur l'axe horizontal (en abscisse) et les unités de la variable dépendante y sur l'axe vertical (en ordonnée).

> **Graphe d'une fonction**
> Le **graphe** d'une fonction f est composé des points dont les coordonnées (x, y) satisfont $y = f(x)$ pour tout x appartenant au domaine de f.

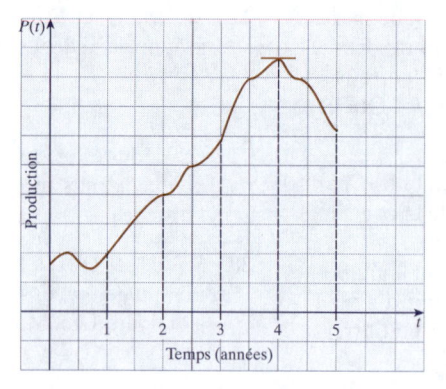

a. Une fonction de production
Ce graphe décrit la variation de la production industrielle totale d'un pays sur une période de cinq ans. Le sommet de la fonction correspond au temps t où la production est maximale.

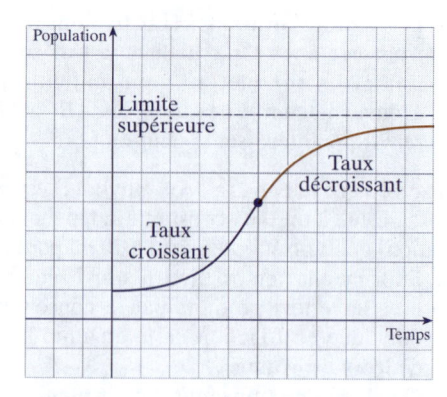

b. Croissance bornée d'une population
Ce graphe représente la croissance d'une population lorsque les facteurs environnementaux imposent une limite supérieure à la taille possible de la population. Il indique que le taux de croissance de la population augmente d'abord, puis diminue au fur et à mesure que la taille de la population se rapproche de la limite supérieure.

FIGURE 1.16
Deux graphes avec leurs interprétations pratiques

Au chapitre 4, nous étudierons des techniques qui font intervenir le calcul différentiel et qui peuvent être utilisées pour tracer efficacement des graphes de fonctions. En algèbre, après être parti de points pour tracer des droites, on découvre vite que ce n'est pas très efficace pour tracer des graphes plus compliqués, en particulier sans l'aide d'une calculatrice graphique ou d'un ordinateur. Le tableau 1.3 présente quelques graphes courants qui ont sans doute déjà été rencontrés dans les cours précédents. Leur forme générale de même que la manière de les tracer, soit à main levée, soit avec l'aide d'une calculatrice graphique, sont supposées connues.

Test de la droite verticale

D'après la définition d'une fonction, à une valeur donnée x du domaine correspond un seul nombre y de l'image. Géométriquement, cela signifie qu'une droite verticale quelconque $x = a$ coupe le graphe d'une fonction une fois ou moins. Cette observation conduit à énoncer le principe suivant.

> **Test de la droite verticale**
> Une courbe dans le plan est le graphe d'une fonction si et seulement si elle ne coupe aucune droite verticale plus d'une seule fois.

La figure 1.17 (p. 30) donne des exemples du test de la droite verticale.

Points d'intersection avec les axes

Si le nombre zéro appartient au domaine de f et si $f(0) = b$, alors le point $(0, b)$ est le **point d'intersection** de f avec **l'axe des y** et b est appelé **ordonnée à l'origine** du graphe de f.

TABLEAU 1.3 Répertoire de courbes

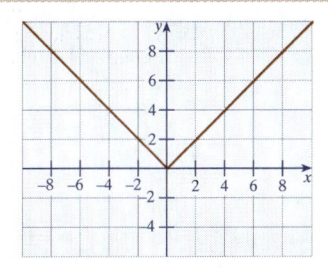

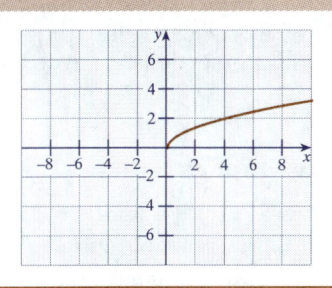

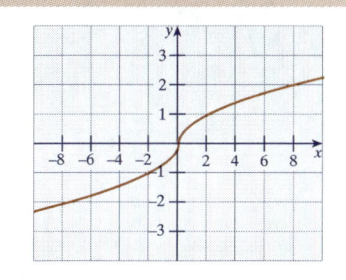

Fonction identité $y = x$ 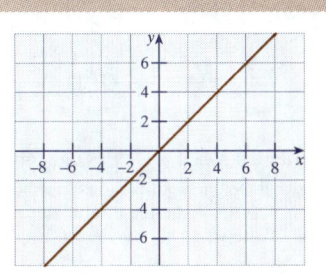	Fonction quadratique élémentaire $y = x^2$ 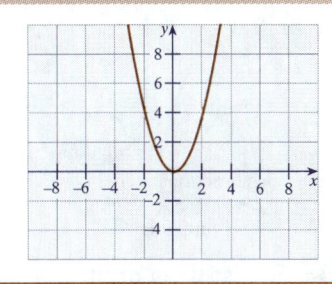	Fonction cubique élémentaire $y = x^3$ 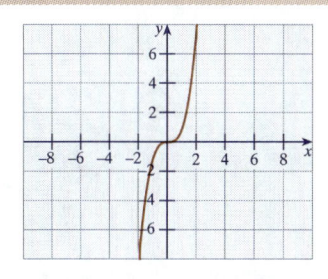
Fonction valeur absolue $y = |x| = \sqrt{x^2}$	Fonction racine carrée $y = \sqrt{x}$	Fonction racine cubique $y = \sqrt[3]{x}$
Fonction inverse multiplicative élémentaire $y = \dfrac{1}{x}$ 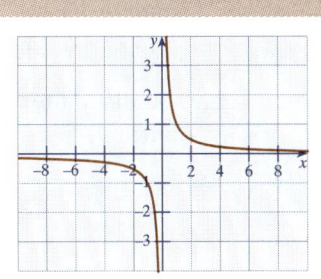	Fonction inverse multiplicative élémentaire au carré $y = \dfrac{1}{x^2}$ 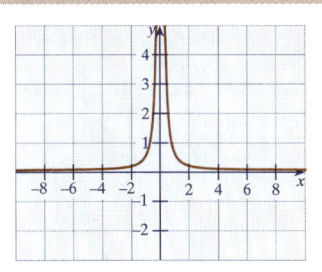	Fonction inverse multiplicative de la racine carrée $y = \dfrac{1}{\sqrt{x}}$ 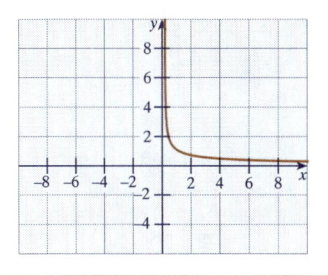
Fonction cosinus $y = \cos x$ 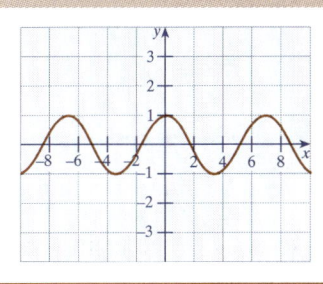	Fonction sinus $y = \sin x$ 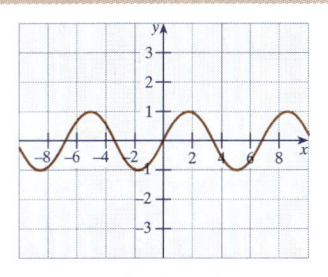	Fonction tangente $y = \tan x$ 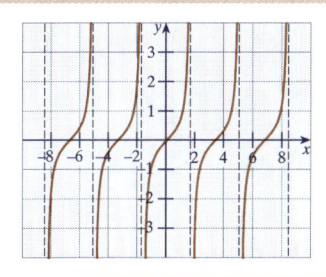
Fonction sécante $y = \sec x$ 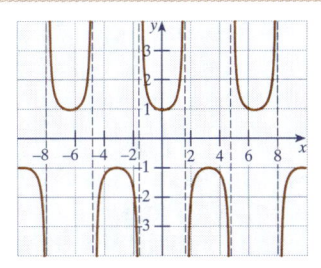	Fonction cosécante $y = \csc x$ 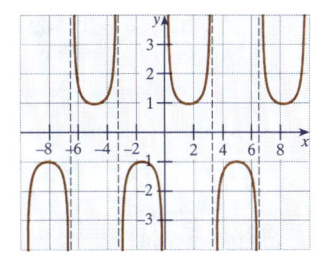	Fonction cotangente $y = \cot x$ 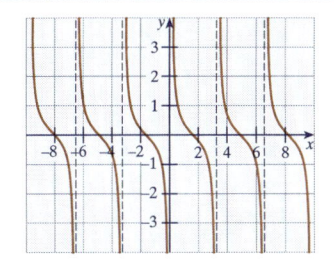

| Fonction | Fonction | Pas une fonction | Pas une fonction |

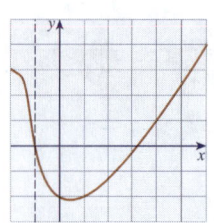

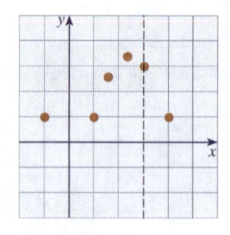

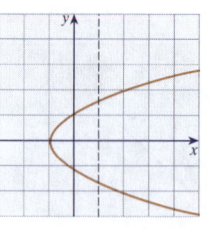

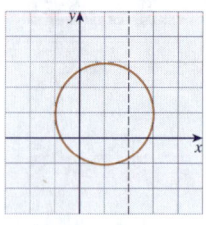

a. Graphes des fonctions : aucune droite verticale ne coupe la courbe plus d'une fois.

b. Ces courbes ne sont pas des graphes de fonctions : la coube coupe au moins une droite verticale plusieurs fois.

FIGURE 1.17 Test de la droite verticale

Si a est un nombre réel appartenant au domaine de f et tel que $f(a) = 0$, alors $(a, 0)$ est un **point d'intersection** de f avec **l'axe des x** et a est appelé **abscisse à l'origine** du graphe de f.

En d'autres termes

Pour trouver les points d'intersection avec l'axe des x, on pose y égal à 0 et on résout l'équation pour obtenir x. Pour trouver l'ordonnée à l'origine, on pose x égal à 0 et on résout l'équation pour obtenir y.

EXEMPLE 1 **Points d'intersection d'une fonction avec les axes**

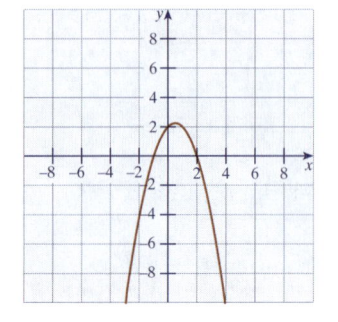

Trouver tous les points d'intersection de la fonction $f(x) = -x^2 + x + 2$ avec les axes.

Solution L'ordonnée à l'origine est $f(0) = 2$. Pour trouver les points d'intersection avec l'axe des x, on résout l'équation $f(x) = 0$. En factorisant, on trouve

$$-x^2 + x + 2 = 0$$
$$x^2 - x - 2 = 0$$
$$(x + 1)(x - 2) = 0$$
$$x = -1 \text{ ou } x = 2$$

Les points d'intersection avec les axes sont donc $(0, 2)$, $(-1, 0)$ et $(2, 0)$.

Symétrie

Il existe deux types de symétries qui aident à tracer le graphe d'une fonction, comme le montre la figure 1.18. Leur définition est donnée ci-dessous.

Symétrie

Le graphe de $y = f(x)$ est **symétrique par rapport à l'axe des y** si, lorsque $P(x, y)$ est un point du graphe, alors le point $(-x, y)$, qui est l'image réfléchie de P par rapport à l'axe des y, est lui aussi un point du graphe. Il y a donc symétrie par rapport à l'axe des y si et seulement si $f(-x) = f(x)$ pour tout x appartenant au domaine de f. Une fonction ayant cette propriété est appelée **fonction paire**.

Le graphe de $y = f(x)$ est **symétrique par rapport à l'origine** si, lorsque $P(x, y)$ est un point du graphe, alors le point $(-x, -y)$, qui est l'image réfléchie de P par rapport à l'origine, est lui aussi un point du graphe. Il y a symétrie par rapport à l'origine lorsque $f(-x) = -f(x)$ pour tout x appartenant au domaine de f. Une fonction qui satisfait à cette condition est appelée **fonction impaire**.

30 Chapitre 1 ■ Fonctions et graphes

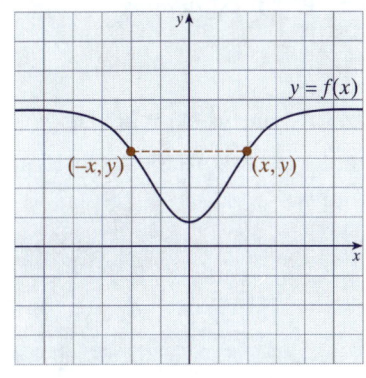

a. Graphe d'une fonction **paire** f.
Symétrie par rapport à l'axe des y :
$$f(-x) = f(x)$$

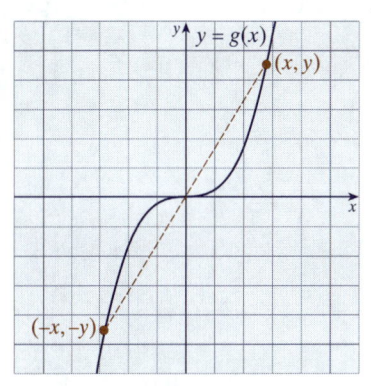

b. Graphe d'une fonction **impaire** g.
Symétrie par rapport à l'origine :
$$g(-x) = -g(x)$$

FIGURE 1.18 Graphes d'une fonction paire et d'une fonction impaire

De nombreuses fonctions ne sont ni paires ni impaires. Prenons par exemple $h(x) = x^2 + x$. On a

$$h(-x) = (-x)^2 + (-x) = x^2 - x$$

qui n'est égal ni à $h(x)$ ni à $-h(x)$.

⚠ Le graphe d'une fonction non nulle ne peut pas être symétrique par rapport à l'axe des x.

Si rien n'a été dit concernant la symétrie par rapport à l'axe des x, c'est parce qu'une telle symétrie exigerait $f(x) = -f(x)$, ce qui est en contradiction avec le test de la droite verticale (pouvez-vous dire pourquoi ?).

EXEMPLE 2 **Fonctions paires et fonctions impaires**

Indiquer si les fonctions données sont paires, impaires ou ni l'un ni l'autre.

a. $f(x) = x^2$ **b.** $g(x) = x^3$ **c.** $h(x) = x^2 + 5x$

Solution

a. $f(x) = x^2$ est *paire* parce que

$$f(-x) = (-x)^2 = x^2 = f(x)$$

La figure ci-dessous montre que le graphe de la fonction paire $f(x) = x^2$ est symétrique par rapport à l'axe des y.

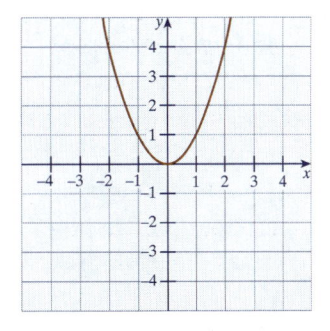

b. $g(x) = x^3$ est *impaire* parce que

$$g(-x) = (-x)^3 = -x^3 = -g(x)$$

La figure ci-dessous montre que le graphe de la fonction impaire $g(x) = x^3$ est symétrique par rapport à l'origine.

1.4 ▪ Graphes de fonctions   **31**

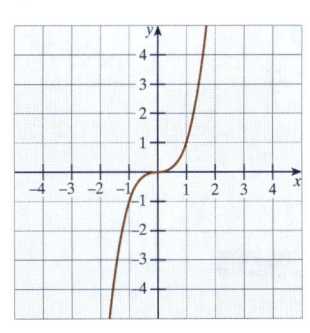

c. $h(x) = x^2 + 5x$ n'est *ni paire ni impaire,* parce que

$$h(-x) = (-x)^2 + 5(-x) = x^2 - 5x$$

Soulignons que $h(-x) \neq h(x)$ et $h(-x) \neq -h(x)$.

Le graphe ci-dessous n'est symétrique ni par rapport à l'axe des *y* ni par rapport à l'origine.

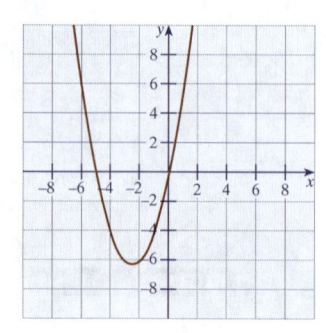

TRANSFORMATIONS DE FONCTIONS

On peut parfois obtenir le graphe d'une fonction en modifiant le graphe d'une autre fonction soit par translation, soit par réflexion. Ces translations et réflexions sont appelées **transformations** d'une fonction. Cette méthode est illustrée à la figure 1.19, où le graphe de $y = x^2$ subit des translations et une réflexion.

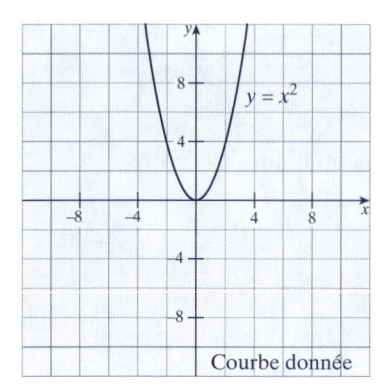

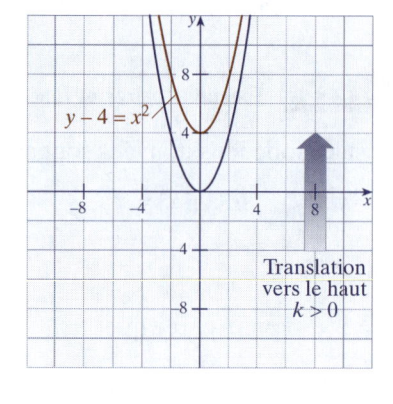

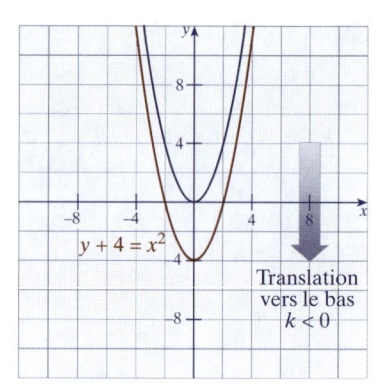

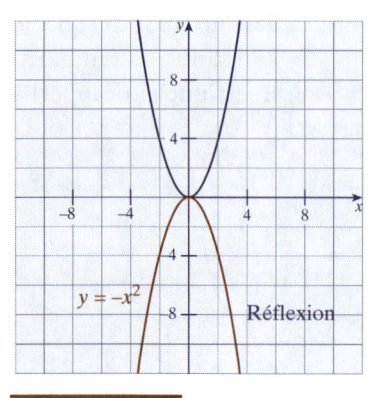

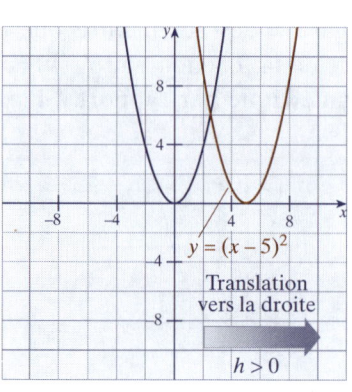

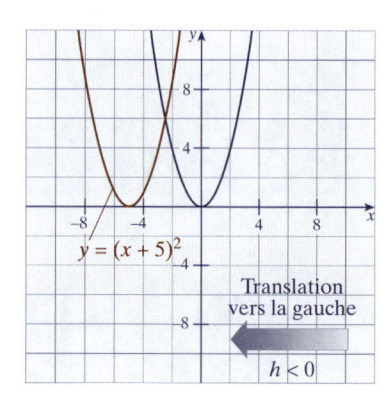

FIGURE 1.19

Transformations de $y = x^2$

32 Chapitre 1 ■ Fonctions et graphes

Transformations de fonctions

On dit que le graphe défini par l'équation

$$y - k = f(x - h)$$

est une **translation** du graphe défini par $y = f(x)$.

La translation (qui est un déplacement, comme le montre la figure 1.19) est

vers la droite si $h > 0$ vers le haut si $k > 0$

vers la gauche si $h < 0$ vers le bas si $k < 0$

Une **réflexion par rapport à l'axe des x** du graphe de $y = f(x)$ correspond au graphe de

$$y = -f(x)$$

Une **réflexion par rapport à l'axe des y** du graphe de $y = f(x)$ correspond au graphe de

$$y = f(-x)$$

En d'autres termes

Si l'on remplace x par $x - h$ et y par $y - k$, le graphe subit une translation telle que l'origine $(0, 0)$ se déplace jusqu'au point (h, k). De même, le graphe subit une réflexion par rapport à l'axe des x si l'on remplace y par $-y$ dans son équation et il subit une réflexion par rapport à l'axe des y si l'on remplace x par $-x$.

EXEMPLE 3   Tracé d'un graphe avec translation

Tracer le graphe de $y + 2 = \sin(x - 1)$.

Solution Le graphe voulu est celui de la fonction sinus $y = \sin x$ qui a subi une translation jusqu'au point $(h, k) = (1, -2)$. Le graphe est représenté à la figure 1.20.

EXEMPLE 4   Tracé d'un graphe avec réflexion

Tracer le graphe de $y = -\sqrt{x}$.

Solution Le graphe de cette fonction est une réflexion par rapport à l'axe des x du graphe de $y = \sqrt{x}$, comme à la figure 1.21.

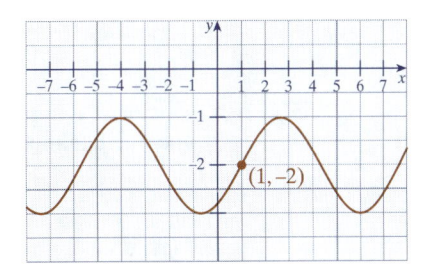

FIGURE 1.20

Translation de $y = \sin x$ de $(0, 0)$ à $(h, k) = (1, -2)$

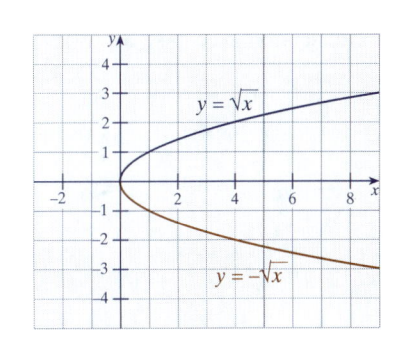

FIGURE 1.21

Réflexion par rapport à l'axe des x de $y = \sqrt{x}$

1.4 ■ Graphes de fonctions

PROBLÈMES 1.4

Problèmes 1 à 5 : Dire si les fonctions définies sont paires, impaires ou ni l'un ni l'autre.

A

1. $f_1(x) = x^2 + 1$
2. $f_2(x) = \sqrt{x^2}$
3. $f_3(x) = \dfrac{1}{3x^3 - 4}$
4. $f_4(x) = x^3 + x$
5. $f_5(x) = |x|$

Problèmes 6 à 15 : Utiliser le répertoire des courbes (tableau 1.3) et les notions de translation et de réflexion pour tracer les graphes des fonctions données.

6. $f(x) = x^2 + 4$
7. $f(x) = (x + 4)^2$
8. $y = \sqrt{x - 1} + 2$
9. $y = -|x|$
10. $y = \dfrac{1}{x - 3}$
11. $y + 1 = \dfrac{1}{x}$
12. $y = \cos(x - 1)$
13. $y = \cos x - 1$
14. $y = \sin(x + 2)$
15. $y = \sin x + 2$

16. Si le point A de la figure 1.22 a pour coordonnées $(2, f(2))$, quelles sont les coordonnées de P et de Q ?

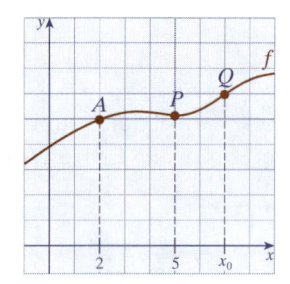

Problème 16 / **Problème 17**

FIGURE 1.22

17. Si le point B de la figure 1.22 a pour coordonnées $(3, g(3))$, quelles sont les coordonnées de R et de S ?

Problèmes 18 à 24 : Déterminer, le cas échéant, les points d'intersection avec l'axe des x des fonctions données.

18. $f(x) = 3x^2 - 5x - 2$
19. $f(x) = (x - 15)(2x + 25)(3x - 65)(4x + 1)$
20. $f(x) = (x^2 - 10)(x^2 - 12)(x^2 - 20)$
21. $f(x) = 5x^3 - 3x^2 + 2x$
22. $f(x) = x^4 - 41x^2 + 400$
23. $f(x) = \dfrac{x^2 - 1}{x^2 + 2}$
24. $f(x) = \dfrac{x(x^2 - 3)}{x^2 + 5}$

B

25. Selon la loi de Charles, si la pression appliquée à un volume de gaz est constante, alors

$$V(T) = V_0\left(1 + \dfrac{T}{273}\right)$$

où V est le volume de gaz (en cm^3), V_0 le volume initial et T la température (en degrés Celsius).
   a. Tracer le graphe de $V(T)$ pour $V_0 = 100$ cm^3 et $T \geq -273\,°C$.
   b. Quelle valeur doit atteindre la température pour que le volume de gaz double ?

26. Une particule se met en mouvement au point $P(0, 0)$ et ses coordonnées varient chaque seconde de $\Delta x = 3$ m, $\Delta y = 5$ m. Trouver sa nouvelle position après trois secondes. Écrire l'équation de la droite décrite dans ce problème.

27. On lance une balle à la verticale à partir du bord d'une falaise de sorte qu'après un temps t (en secondes) elle se trouve à

$$s = -4{,}9t^2 + 30t + 100$$

mètres au-dessus du sol, en bas de la falaise. Tracer le graphe de cette fonction (en prenant l'axe horizontal comme axe des t) puis répondre aux questions suivantes.
   a. Quelle est la hauteur de la falaise ?
   b. À quel instant (au dixième de seconde près) la balle touche-t-elle le sol, au pied de la falaise ?
   c. Estimer le temps que met la balle pour atteindre sa hauteur maximale. Quelle est sa hauteur maximale ?

Problèmes 28 à 30 : Un boulet de canon est tiré à partir du sol, en un point qui est à l'origine d'un système d'axes, avec une vitesse initiale v et un angle d'inclinaison initial α (mesuré par rapport au sol horizontal). Sa trajectoire est donnée par l'équation

$$y = mx - 4{,}9v^{-2}(1 + m^2)x^2$$

où $m = \tan \alpha$. On prendra $v = 60$ m/s.

28. Si l'angle d'inclinaison initial est $42°$, estimer quel est le point d'impact du boulet de canon avec le sol.

29. Déterminer la hauteur maximale du boulet de canon.

30. Si $\alpha = 47°$, tracer la trajectoire du boulet. À quel graphe du répertoire des courbes (tableau 1.3) correspond la forme de celui-ci ?

31. On estime qu'au bout d'un temps t (en années) la population d'une banlieue sera de

$$P(t) = 20 - \dfrac{6}{t + 1}$$

milliers d'habitants.
   a. Quelle sera la population de la banlieue dans 9 ans ?
   b. De combien de milliers d'individus aura augmenté la population durant la 9e année ?
   c. Quelle sera la taille de la population à long terme ?

32. Pour étudier la vitesse d'apprentissage des animaux, un étudiant en psychologie réalise une expérience consistant à envoyer à plusieurs reprises un rat dans un labyrinthe de laboratoire. On suppose que le temps t (en minutes) que met le rat pour traverser le labyrinthe au $n^{\text{ième}}$ essai est environ

$$t(n) = 3 + \frac{12}{n}$$

   a. Trouver le domaine de la fonction

$$t(x) = 3 + \frac{12}{x}$$

   b. Pour quelles valeurs de n la fonction $t(n)$ est-elle définie dans le contexte de l'expérience ?

   c. Combien de temps met le rat pour traverser le labyrinthe au troisième essai ?

   d. Au cours de quel essai le rat traverse-t-il le labyrinthe en 4 minutes ou moins pour la première fois ?

   e. D'après la fonction t, que devient le temps que met le rat pour traverser le labyrinthe au fur et à mesure que le nombre d'essais augmente ? Le rat est-il capable, à un moment donné, de traverser le labyrinthe en moins de 3 minutes ?

33. Le graphe d'une fonction est *symétrique par rapport à l'axe des y* si, lorsque (x, y) satisfait à l'équation, alors $(-x, y)$ y satisfait aussi.

   a. Montrer que le graphe d'une fonction paire doit être symétrique par rapport à l'axe des y.

   b. Énoncer un critère analogue pour la symétrie par rapport à l'axe des x.

   c. Quel type de symétrie caractérise le graphe d'une fonction impaire ?

34. Les courbes des marées lunaire et solaire sont représentées ici[*]. Durant la nouvelle lune, les ventres des marées solaire et lunaire sont centrés sur la même longitude, de sorte que leurs effets s'additionnent pour produire des marées hautes maximales et des marées basses minimales. Cette situation implique que la distance entre la marée basse et la marée haute, que l'on nomme « amplitude », est maximale.

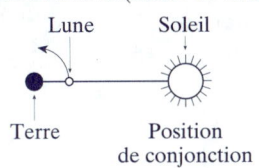

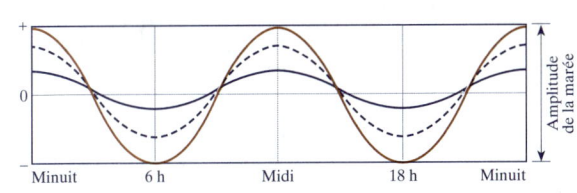

Écrire les équations possibles pour la courbe de marée solaire, la courbe de marée lunaire et la courbe combinée. On suppose l'amplitude de chaque marée égale à 3 m et sa période égale à 12 heures.

[*] Tiré de H. V. Thurman, *Introductory Oceanography*, 5ᵉ éd., p. 253. Reproduit avec l'autorisation de Merrill, marque de Macmillan Publishing Company. Copyright © 1988 Merrill Publishing Company, Columbus, Ohio.

1.5 Fonctions réciproques

DANS CETTE SECTION : fonctions réciproques, critères d'existence d'une fonction réciproque f^{-1}, graphe de f^{-1}

FONCTIONS RÉCIPROQUES

⚠ Ne pas confondre le symbole f^{-1}, qui désigne la *fonction réciproque* de f, avec $1/f$, qui désigne la fonction inverse multiplicative de f.

Pour une fonction f donnée, on écrit $y_0 = f(x_0)$ pour indiquer que f fait correspondre au nombre x_0 du domaine le nombre y_0 de l'image. Si f admet une fonction réciproque f^{-1}, celle-ci est la fonction qui inverse l'effet de f au sens où

$$f^{-1}(y_0) = x_0$$

Par exemple, si

$$f(x) = 2x - 3, \text{ alors } f(0) = -3, \ f(1) = -1, \ f(2) = 1$$

et la fonction réciproque f^{-1} inverse l'effet de f de telle sorte que

$f(0) = -3$ $\mathbf{f^{-1}(-3) = 0}$ c'est-à-dire $f^{-1}[f(0)] = 0$
$f(1) = -1$ $\mathbf{f^{-1}(-1) = 1}$ c'est-à-dire $f^{-1}[f(1)] = 1$
$f(2) = 1$ $\mathbf{f^{-1}(1) = 2}$ c'est-à-dire $f^{-1}[f(2)] = 2$

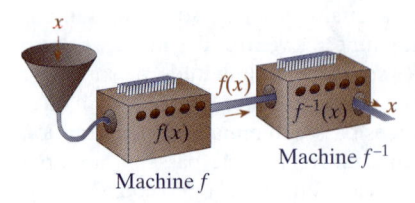

La fonction réciproque f^{-1} inverse l'effet de la fonction f. On peut représenter cette relation par des « machines » de fonctions.

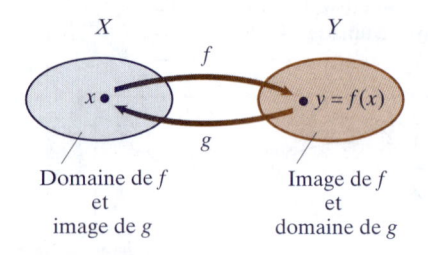

FIGURE 1.23

Fonctions réciproques f et g

Dans le cas où la réciproque d'une fonction est elle-même une fonction, elle est définie comme suit.

Fonction réciproque

Soit f, une fonction de domaine D et d'image I. La fonction f^{-1} de domaine I et d'image D est alors la **fonction réciproque de f** si

$$f^{-1}[f(x)] = x \text{ pour tout } x \text{ appartenant à } D$$

$$f[f^{-1}(y)] = y \text{ pour tout } y \text{ appartenant à } I$$

En d'autres termes

Soit une fonction définie par $y = f(x)$. L'image de x est y, comme on le voit à la figure 1.23. Si y fait partie du domaine de la fonction $g = f^{-1}$, alors $g(y) = x$. Cela signifie que f fait correspondre à chaque élément x un seul élément y et que g fait correspondre à ce même élément y l'élément initial x. Lorsqu'on représente une fonction par l'ensemble des paires ordonnées (x, y), la réciproque de f est l'ensemble des paires ordonnées de composantes (y, x).

Cette définition suggère qu'il n'existe qu'une seule fonction réciproque de f. On peut effectivement démontrer que si f admet une réciproque, alors la réciproque est unique.

EXEMPLE 1 Réciproque d'une fonction définie comme un ensemble de paires ordonnées

Soit $f = \{(0, 3), (1, 5), (3, 9), (5, 13)\}$; déterminer f^{-1} si elle existe.

Solution La réciproque inverse simplement les paires ordonnées :

$$f^{-1} = \{(3, 0), (5, 1), (9, 3), (13, 5)\}$$

EXEMPLE 2 Réciproque d'une fonction définie par une équation

Soit $f(x) = 2x - 3$; déterminer f^{-1} si elle existe.

Solution Pour trouver f^{-1}, on pose $y = f(x)$ et on intervertit les variables x et y. Puis on résout l'équation pour y.

Fonction donnée : $y = 2x - 3$ Fonction réciproque : $x = 2y - 3$
$$2y = x + 3$$
$$y = \tfrac{1}{2}(x + 3)$$

On représente donc la fonction réciproque par $f^{-1}(x) = \tfrac{1}{2}(x + 3)$. On peut vérifier que f et f^{-1} sont mutuellement réciproques de la façon suivante :

$$f[f^{-1}(x)] = f[\tfrac{1}{2}(x + 3)] = 2[\tfrac{1}{2}(x + 3)] - 3 = x + 3 - 3 = x$$

et

$$f^{-1}[f(x)] = f^{-1}(2x - 3) = \tfrac{1}{2}[(2x - 3) + 3] = \tfrac{1}{2}(2x) = x$$

pour tout x.

36   Chapitre 1 ■ Fonctions et graphes

CRITÈRES D'EXISTENCE D'UNE FONCTION RÉCIPROQUE f^{-1}

Parfois, la réciproque d'une fonction n'existe pas. Par exemple,

$$f = \{(0, 0), (1, 1), (-1, 1), (2, 4), (-2, 4)\} \text{ et } g(x) = x^2$$

n'ont pas de réciproque. En effet, si l'on cherche à trouver les fonctions réciproques, on obtient des relations qui ne sont pas des fonctions. Dans le premier cas, on trouve

$$\text{Réciproque possible de } f: \{(0, 0), (1, 1), (1, -1), (4, 2), (4, -2)\}$$

Or ce n'est pas une fonction, car chaque élément du domaine ne correspond pas à un seul élément de l'image : $(1, 1)$ et $(1, -1)$ par exemple.

Dans le second cas, si l'on intervertit les variables x et y dans l'équation définissant la fonction g, où $y = x^2$, et si l'on résout ensuite l'équation pour y, on trouve :

$$x = y^2 \quad \text{ou} \quad y = \pm\sqrt{x} \quad \text{pour } x \geq 0$$

Or ce n'est pas une fonction de x, car, pour toute valeur positive de x, il existe deux valeurs correspondantes de y, qui sont $\sqrt{x}$ et $-\sqrt{x}$.

Une fonction f admet une réciproque f^{-1} sur l'intervalle I lorsqu'une seule valeur du domaine correspond à chaque valeur de l'image. Autrement dit, f^{-1} existe si $f(x_1)$ et $f(x_2)$ sont égaux uniquement lorsque $x_1 = x_2$. Une fonction ayant cette propriété est dite **injective**. Graphiquement, cela se traduit par le critère de la droite horizontale, comme le montre la figure 1.24.

> **Test de la droite horizontale**
> Une fonction f a une réciproque si et seulement si aucune droite horizontale ne coupe le graphe de $y = f(x)$ en plus d'un point.

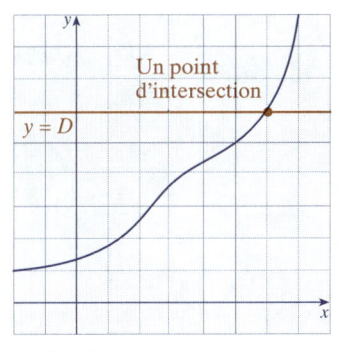

a. Fonction ayant une réciproque

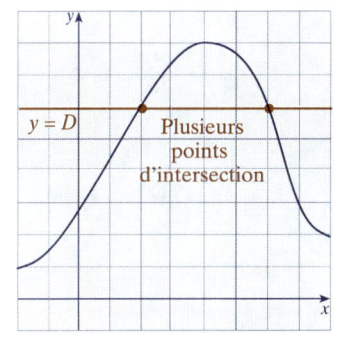

b. Fonction n'ayant pas de réciproque

FIGURE 1.24
Test de la droite horizontale

1.5 ■ Fonctions réciproques

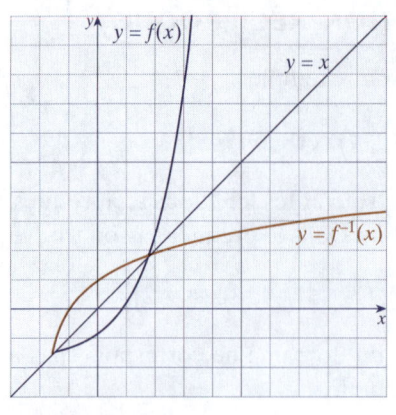

Graphe de f^{-1}

Les graphes de f et de sa fonction réciproque f^{-1} sont étroitement liés. En particulier, si (a, b) est un point du graphe de f, alors $b = f(a)$ et $a = f^{-1}(b)$; de sorte que (b, a) est sur le graphe de f^{-1}. On peut montrer que (a, b) et (b, a) sont symétriques par rapport à la droite $y = x$ (voir la figure 1.25). Ces observations conduisent à définir une méthode particulière pour tracer le graphe d'une fonction réciproque.

> **Méthode pour tracer le graphe de f^{-1}**
>
> Si f^{-1} existe, on peut tracer son graphe en prenant le symétrique du graphe de f par rapport à la droite $y = x$.

FIGURE 1.25
Les graphes de f et f^{-1} sont symétriques par rapport à la droite $y = x$.

PROBLÈMES 1.5

A

Problèmes 1 à 5 : Déterminer quelles paires de fonctions sont des fonctions mutuellement réciproques.

1. $f(x) = 5x + 3$; $g(x) = \dfrac{x - 3}{5}$
2. $f(x) = \tfrac{2}{3}x + 2$; $g(x) = \tfrac{3}{2}x + 3$
3. $f(x) = \dfrac{1}{x}$, $x \neq 0$; $g(x) = \dfrac{1}{x}$, $x \neq 0$
4. $f(x) = x^2$, $x < 0$; $g(x) = \sqrt{x}$, $x > 0$
5. $f(x) = x^2$, $x \geq 0$; $g(x) = \sqrt{x}$, $x \geq 0$

Problèmes 6 à 11 : Trouver la fonction réciproque (si elle existe) de chaque fonction donnée.

6. $f = \{(4, 5), (6, 3), (7, 1), (2, 4)\}$
7. $g = \{(3, 9), (-3, 9), (4, 16), (-4, 16)\}$
8. $f(x) = 2x + 3$
9. $f(x) = x^2 - 5$, $x \geq 0$
10. $F(x) = \sqrt{x} + 5$
11. $h(x) = \dfrac{2x - 6}{3x + 3}$

B

Problèmes 12 à 17 : Tracer le graphe de f puis utiliser le test de la droite horizontale pour déterminer si f admet une réciproque. Si f^{-1} existe, tracer son graphe.

12. $f(x) = x^2$, pour tout x
13. $f(x) = x^2$, $x \leq 0$
14. $f(x) = \sqrt{1 - x^2}$, sur $]-1, 1[$
15. $f(x) = x(x - 1)(x - 2)$, sur $[1, 2]$
16. $f(x) = \cos x$, sur $[0, \pi]$
17. $f(x) = \tan x$, sur $\left]-\tfrac{\pi}{2}, \tfrac{\pi}{2}\right[$

1.6 Fonctions exponentielles et fonctions logarithmiques

DANS CETTE SECTION : fonctions exponentielles, fonctions logarithmiques, base naturelle *e*, logarithmes naturels, calcul de l'intérêt composé continu

FONCTIONS EXPONENTIELLES

Fonction exponentielle

La fonction *f* est une fonction **exponentielle** si

$$f(x) = b^x$$

où *b* est une constante positive différente de 1 et *x* un nombre réel quelconque.

Rappelons que si *n* est un nombre naturel, alors

$$b^n = \underbrace{b \cdot b \cdot b \cdot \cdots \cdot b}_{n \text{ facteurs}}$$

De plus, si $b \neq 0$, alors

$$b^0 = 1, \quad b^{-n} = \frac{1}{b^n} \quad \text{et} \quad b^{1/n} = \sqrt[n]{b}$$

En outre, si *m* et *n* sont des entiers quelconques et si *m/n* est une fraction réduite, alors

$$b^{m/n} = \left(b^{1/n}\right)^m = \left(\sqrt[n]{b}\right)^m$$

Cette définition indique ce que signifie b^x pour des valeurs rationnelles de *x*. Toutefois, nous voulons maintenant étendre le domaine de la fonction à tous les nombres réels. Pour comprendre en quoi consiste le problème, examinons le cas particulier où $b = 2$. À la figure 1.26, plusieurs points de coordonnées $(r, 2^r)$, où *r* est un nombre rationnel, ont été tracés. Nous devons maintenant donner un sens à b^x lorsque *x* n'est pas un nombre rationnel. Pour étendre le domaine de la fonction à tous les nombres réels, nous avons besoin du théorème suivant.

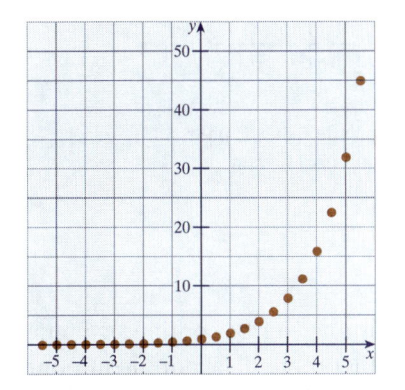

FIGURE 1.26

Graphe de $y = 2^x$ pour des exposants rationnels

THÉORÈME 1.3 | **Théorème d'encadrement pour les exposants**

Supposons que *b* soit un nombre réel supérieur à 1. Pour tout nombre réel *x*, il existe alors un nombre réel unique b^x. De plus, si *p* et *q* sont deux nombres réels quelconques tels que $p < x < q$, alors

$$b^p < b^x < b^q$$

La démonstration formelle de ce théorème ne sera pas faite ici, car elle n'entre pas dans le cadre de ce cours.

Le théorème d'encadrement donne un sens aux expressions telles que $2^{\sqrt{3}}$, puisque

$$1{,}732 < \sqrt{3} < 1{,}733$$

implique

$$2^{1{,}732} < 2^{\sqrt{3}} < 2^{1{,}733}$$

EXEMPLE 1 Graphe d'une fonction exponentielle

Tracer le graphe de $f(x) = 2^x$.

Solution On commence par placer les points correspondant à des valeurs rationnelles de x. Comme on le voit, le graphe a une forme assez bien définie (figure 1.27a), mais il est entrecoupé de « trous » correspondant aux points dont les abscisses sont des nombres irrationnels.

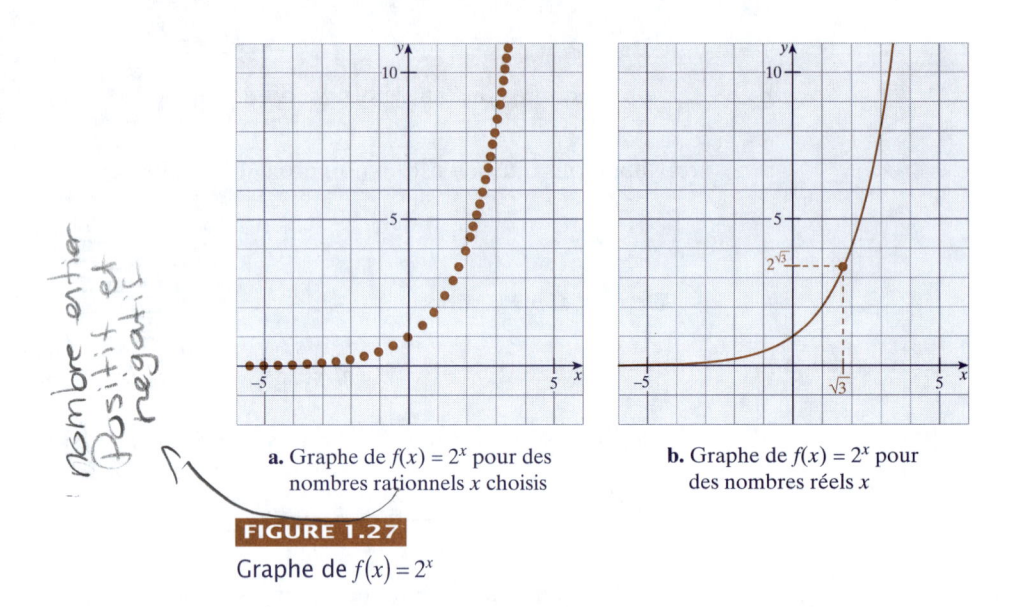

a. Graphe de $f(x) = 2^x$ pour des nombres rationnels x choisis

b. Graphe de $f(x) = 2^x$ pour des nombres réels x

FIGURE 1.27
Graphe de $f(x) = 2^x$

On complète ensuite le graphe en reliant les points par une courbe continue, comme à la figure 1.27b. Prenons soin toutefois d'utiliser le théorème d'encadrement pour les exposants, afin de faire le lien entre le graphe et la définition de 2^x pour une valeur irrationnelle de x. Considérons le point $(x, 2^x)$ pour $x = \sqrt{3}$. Comme $\sqrt{3}$ est un nombre irrationnel, sa représentation décimale est non finie et non périodique. Autrement dit, $\sqrt{3}$ est la limite d'une suite de nombres rationnels; en particulier de la suite

$$1,\ 1{,}7,\ 1{,}73,\ 1{,}732,\ 1{,}7320,\ 1{,}73205,\ 1{,}732050,\ 1{,}7320508,\ \ldots$$

$2^{\sqrt{3}}$ est donc la limite de la suite de nombres

$$2^1,\ 2^{1{,}7},\ 2^{1{,}73},\ 2^{1{,}732},\ 2^{1{,}7320},\ 2^{1{,}73205},\ 2^{1{,}732050},\ 2^{1{,}7320508},\ \ldots$$

Graphiquement, cela signifie que lorsque les nombres rationnels $1, 1{,}7, 1{,}73, \ldots$ tendent vers $\sqrt{3}$, les points $(1, 2), (1{,}7, 2^{1{,}7}), (1{,}73, 2^{1{,}73}) \ldots$ tendent vers le « point » du graphe de $y = 2^x$ qui correspond à $x = \sqrt{3}$.

La forme du graphe de $y = b^x$ pour tout $b > 1$ est essentiellement la même que celle du graphe de $y = 2^x$. Le graphe de $y = b^x$ pour une base typique $b > 1$ est représenté à la figure 1.28a. Le cas où $0 < b < 1$ est représenté à la figure 1.28b.

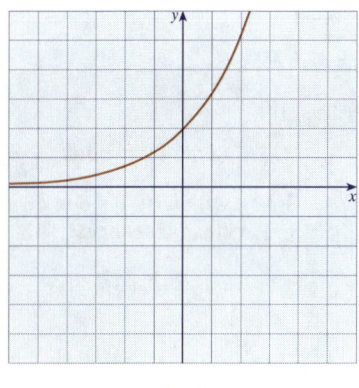

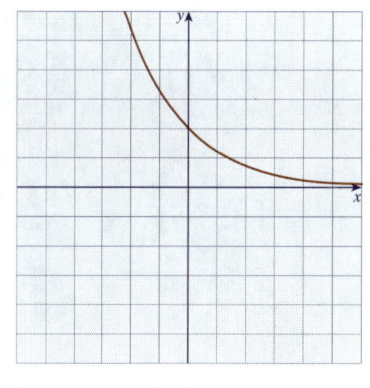

a. $b > 1$ **b.** $0 < b < 1$

FIGURE 1.28
Graphe de $y = b^x$

Le théorème suivant résume les propriétés fondamentales des fonctions exponentielles. La plupart de ces propriétés ont été démontrées dans les cours précédents sur les exposants rationnels.

THÉORÈME 1.4 — Propriétés des fonctions exponentielles

Soit x et y, des nombres réels, et a et b, des nombres réels positifs.

Règle d'égalité   Si $b \neq 1$, alors $b^x = b^y$ si et seulement si $x = y$.

Règles d'inégalité   Si $x > y$ et $b > 1$, alors $b^x > b^y$
Si $x > y$ et $0 < b < 1$, alors $b^x < b^y$

Règle du produit $b^x b^y = b^{x+y}$

Règle du quotient $\dfrac{b^x}{b^y} = b^{x-y}$

Règles des puissances $\left(b^x\right)^y = b^{xy}$; $(ab)^x = a^x b^x$; $\left(\dfrac{a}{b}\right)^x = \dfrac{a^x}{b^x}$

Propriétés graphiques Le graphe de la fonction $y = b^x$ est toujours situé au-dessus de l'axe des x ($b^x > 0$). La fonction est croissante si $b > 1$ et décroissante si $0 < b < 1$.

L'exemple qui suit fait intervenir plusieurs parties de ce théorème.

EXEMPLE 2 — Équations exponentielles

Résoudre chacune des équations suivantes.

a. $2^{x^2+3} = 16$ **b.** $2^x 3^{x+1} = 108$ **c.** $\left(\sqrt{2}\right)^{x^2} = \dfrac{8^x}{4}$

Solution

a. $2^{x^2+3} = 16$

$2^{x^2+3} = 2^4$ On écrit 16 sous la forme 2^4 pour pouvoir utiliser la règle d'égalité.

$x^2 + 3 = 4$

$x = \pm 1$

b. $2^x 3^{x+1} = 108$

$2^x 3^x 3 = 3 \cdot 36$ Règle du produit

$(2 \cdot 3)^x = 36$ On divise les deux membres par 3, puis on utilise la règle des puissances.

$6^x = 6^2$

$x = 2$ Règle d'égalité

c. $(\sqrt{2})^{x^2} = \dfrac{8^x}{4}$

$(2^{1/2})^{x^2} = \dfrac{(2^3)^x}{2^2}$

$2^{x^2/2} = 2^{3x-2}$

$\dfrac{x^2}{2} = 3x - 2$ Règle d'égalité

$x^2 - 6x + 4 = 0$

$x = \dfrac{6 \pm \sqrt{36 - 4(1)(4)}}{2} = 3 \pm \sqrt{5}$

UN PEU D'HISTOIRE

Propriétaire terrien écossais, John Napier est surtout connu en tant qu'inventeur des logarithmes, qui étaient régulièrement utilisés pour les calculs compliqués avant l'apparition de la calculatrice. Les logarithmes de Napier ne sont pas identiques aux logarithmes que nous utilisons aujourd'hui. L'inventeur avait choisi d'utiliser $1 - 10^{-7}$ comme nombre de référence. Il multipliait ensuite celui-ci par 10^7. Autrement dit, si

$$N = 10^7(1 - 10^{-7})^L$$

alors L est le logarithme népérien (de Napier) du nombre N; c'est-à-dire $L = \text{nog } N$ est l'exposant qu'il faut assigner à $1 - 10^{-7}$ pour obtenir $\dfrac{N}{10^7}$.

La différence entre les logarithmes népériens et les logarithmes modernes apparaît lorsqu'on énonce les règles du produit, du quotient et des puissances pour les logarithmes.

Heureusement, en 1614, l'article rédigé par Napier sur les logarithmes attira l'attention du mathématicien Henry Briggs (1561-1631). Les deux hommes décidèrent ensemble qu'il était beaucoup plus logique d'utiliser la base 10. L'année du décès de Napier, Briggs publia une table des logarithmes décimaux (de base 10), ce qui, à l'époque, constituait une réalisation majeure.

JOHN NAPIER
1550-1617

FONCTIONS LOGARITHMIQUES

On peut démontrer que si $b > 0$ et $b \neq 1$, la fonction exponentielle $f(x) = b^x$ admet une fonction réciproque. Nous appelons cette fonction réciproque le **logarithme de x dans la base b**. La définition et la notation de la fonction logarithmique sont données ci-dessous.

Fonction logarithmique

Si $b > 0$ et $b \neq 1$, le **logarithme de x dans la base b** est la fonction $y = \log_b x$ qui satisfait à $b^y = x$; autrement dit,

$$y = \log_b x \text{ signifie } b^y = x$$

En d'autres termes

On peut associer le logarithme à un exposant. Autrement dit, considérons les interprétations suivantes:

$y = \log_b x$

y est le logarithme dans la base b de x.

y est l'**exposant auquel il faut élever la base b pour obtenir x**.

$b^y = x$

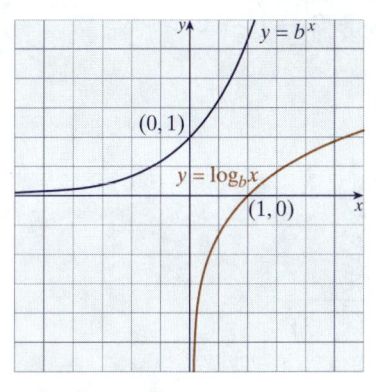

FIGURE 1.29

Graphe de $y = \log_b x$ pour $b > 1$

Soulignons que $y = \log_b x$ est défini seulement pour $x > 0$, parce que $b^y > 0$ pour tout y. À la figure 1.29 a été tracé le graphe de $y = \log_b x$ pour $b > 1$ par réflexion du graphe de $y = b^x$ par rapport à la droite $y = x$.

Comme $y = b^x$ est une fonction croissante ($b > 1$) et continue qui satisfait à $b^x > 0$ pour tout x, la fonction $y = \log_b x$ doit également être continue et croissante et son graphe doit se trouver entièrement à droite de l'axe des y.

De plus, comme $b^0 = 1$ et $b^1 = b$, on a

$$\log_b 1 = 0 \text{ et } \log_b b = 1$$

de sorte que les points $(1, 0)$ et $(b, 1)$ se trouvent sur la courbe logarithmique.

Le théorème 1.5 énonce plusieurs propriétés générales des logarithmes.

⚠ Ne pas oublier que $\log_b x$ est défini seulement pour $x > 0$.

THÉORÈME 1.5 **Propriétés fondamentales des fonctions logarithmiques**

On suppose que $b > 0$ et $b \neq 1$.

Règle d'égalité $\log_b x = \log_b y$ si et seulement si $x = y$

Règles d'inégalité Si $x > y$ et $b > 1$, alors $\log_b x > \log_b y$

Si $x > y$ et $0 < b < 1$, alors $\log_b x < \log_b y$

Règle du produit $\log_b (xy) = \log_b x + \log_b y$

Règle du quotient $\log_b \left(\dfrac{x}{y}\right) = \log_b x - \log_b y$

Règle des puissances $\log_b x^p = p \log_b x$ pour tout nombre réel p

Règles d'inversion $b^{\log_b x} = x$ et $\log_b b^x = x$

Valeurs particulières $\log_b b = 1$ et $\log_b 1 = 0$

Démonstration On peut démontrer chaque partie de ce théorème à l'aide de la définition du logarithme et de l'une des propriétés des fonctions exponentielles (voir les problèmes 44 et 45).

EXEMPLE 3 Évaluation d'une expression logarithmique

Évaluer $\log_2\left(\dfrac{1}{8}\right) + \log_2 128$.

Solution En utilisant le théorème 1.5, on obtient :

$$\log_2\left(\tfrac{1}{8}\right) + \log_2 128 = \log_2 16 \quad \text{Règle du produit}$$

$$= 4 \quad \text{4 est l'exposant auquel il faut élever la base 2 pour obtenir 16.}$$

EXEMPLE 4 Résolution d'une équation logarithmique

Résoudre l'équation $\log_3 (2x + 1) - 2 \log_3 (x - 3) = 2$.

1.6 ▪ Fonctions exponentielles et fonctions logarithmiques

Solution On utilise le théorème 1.5, sans oublier que $2x+1 > 0$ et $x-3 > 0$.

$$\log_3(2x+1) - 2\log_3(x-3) = 2$$
$$\log_3(2x+1) - \log_3(x-3)^2 = 2$$
$$\log_3\left[\frac{2x+1}{(x-3)^2}\right] = 2$$
$$3^2 = \frac{2x+1}{(x-3)^2}$$
$$9(x-3)^2 = 2x+1$$
$$9x^2 - 56x + 80 = 0$$
$$(x-4)(9x-20) = 0$$
$$x \in \left\{\frac{20}{9}, 4\right\}$$

On remarque que $x - 3 < 0$ si $x = \frac{20}{9}$. L'équation logarithmique donnée n'admet donc que $x = 4$ comme solution, parce que le logarithme d'un nombre négatif n'est pas défini.

EXEMPLE 5 Résolution d'une équation exponentielle de base 10

Résoudre $10^{5x+3} = 195$.

Solution
$$10^{5x+3} = 195$$
$$5x + 3 = \log_{10} 195 \quad \text{Rappelons que } 5x+3 \text{ est l'exposant auquel il faut}$$
$$5x = \log_{10} 195 - 3 \quad \text{élever la base 10 pour obtenir 195.}$$
$$x = \frac{\log_{10} 195 - 3}{5}$$
$$\approx -0{,}1419930777 \quad \text{D'après la calculatrice}$$

BASE NATURELLE e

En algèbre élémentaire, on utilise les bases exponentielles 2 ou 10. En calcul différentiel et intégral, on utilise comme base le nombre irrationnel e dont le développement décimal s'écrit

$$e \approx 2{,}71828182845\ldots$$

Ce nombre, que l'on appelle **base exponentielle naturelle**, peut se définir de la façon suivante :

e est la valeur limite de $\left(1 + \dfrac{1}{x}\right)^x$ lorsque x devient très grand

Nous étudierons le calcul de limites au chapitre 2.

UN PEU D'HISTOIRE

Leonhard Euler est l'un des plus grands mathématiciens de l'histoire. Son nom est cité dans presque toutes les branches des mathématiques. Il fut très prolifique et ses manuels de mathématiques étaient remarquablement écrits. Totalement aveugle pendant les 17 dernières années de sa vie, il continua néanmoins à travailler au même rythme. Il avait une mémoire phénoménale, se souvenait de presque tout et pouvait mentalement trouver des solutions à des problèmes longs et compliqués. La notion de base du calcul différentiel et intégral ainsi que de l'analyse moderne est celle de *fonction*. L'ouvrage d'Euler *Introductio in analysin infinitorum* (1748) fut le premier à utiliser le concept de fonction comme notion de base. C'est l'identification des fonctions, à la place de celle des courbes, comme sujet principal d'étude qui permit de faire progresser les mathématiques en général et le calcul différentiel et intégral en particulier.

LEONHARD EULER
1707-1783

La lettre e a été choisie en hommage au grand mathématicien suisse Leonhard Euler (1707-1783), qui a étudié cette limite et plusieurs applications dans lesquelles elle joue un rôle important.

La fonction $f(x) = e^x$ est appelée **fonction exponentielle naturelle**. Elle obéit à toutes les règles de base du théorème 1.4 concernant les fonctions exponentielles de base $b > 1$.

On note parfois $e^{f(x)}$ par $\exp(f(x))$. Cette notation est en particulier utilisée dans plusieurs logiciels de calcul symbolique.

LOGARITHMES NATURELS

Les deux bases les plus fréquemment utilisées pour les logarithmes sont la base 10 et la base e. Si on utilise la base 10, le logarithme est appelé **logarithme décimal** et si l'on utilise la base e, il est appelé **logarithme naturel**. Une notation spéciale est utilisée pour chacun de ces logarithmes.

> **Logarithme décimal**
>
> Le **logarithme décimal** $\log_{10} x$ s'écrit **log x**.
>
> **Logarithme naturel**
>
> Le **logarithme naturel** $\log_e x$ s'écrit **ln x**.

EXEMPLE 6 Résolution d'une équation exponentielle de base e

Résoudre $\frac{1}{2} = e^{-0,000425t}$.

Solution
$$\frac{1}{2} = e^{-0,000425t}$$
$$-0,000425t = \ln 0,5 \quad \text{Rappelons que } -0,000425t \text{ est l'exposant auquel il faut élever la base } e \text{ pour obtenir } \frac{1}{2} = 0,5.$$
$$t = \frac{\ln 0,5}{-0,000425}$$
$$\approx 1\,630,934542 \quad \text{D'après la calculatrice}$$

Si une équation logarithmique a une base différente de 10 ou de e, on peut la résoudre à l'aide de la règle d'égalité du théorème 1.5. Le théorème qui suit donne une formule utile pour la conversion d'une base à une autre.

> **THÉORÈME 1.6** **Théorème du changement de base**
>
> $$\log_b x = \frac{\log_a x}{\log_a b}$$

Rappelons que la définition des logarithmes exige que $b > 0$, $b \neq 1$.

En particulier, lorsque $a = e$,

$$\log_b x = \frac{\ln x}{\ln b} \quad \text{pour tout } b > 0 \ (b \neq 1)$$

1.6 ▪ Fonctions exponentielles et fonctions logarithmiques

Démonstration Soit $y = \log_b x$. On a donc

$$b^y = x \qquad \text{Définition du logarithme}$$
$$\log_a b^y = \log_a x \qquad \text{Règle d'égalité des logarithmes}$$
$$y \log_a b = \log_a x \qquad \text{Règle des puissances des logarithmes}$$
$$y = \frac{\log_a x}{\log_a b} \qquad \text{Division des deux membres par } \log_a b, \text{ où } \log_a b \neq 0 \text{ (car } b \neq 1)$$

EXEMPLE 7 Utilisation du théorème du changement de base dans la résolution d'une équation exponentielle

Résoudre $6^{3x+2} = 200$.

Solution
$$6^{3x+2} = 200$$
$$\log_6(6^{3x+2}) = \log_6 200$$
$$(3x+2)\log_6 6 = \log_6 200 \qquad \text{Règle des puissances des logarithmes}$$
$$3x = \log_6 200 - 2$$
$$x = \frac{\log_6 200 - 2}{3} \qquad \text{Pour calculer } \log_6 200, \text{ on utilise } \log_6 200 = \frac{\ln 200}{\ln 6}$$
$$\approx 0{,}3190157417 \qquad \text{D'après la calculatrice}$$

Comme la base e est la plus fréquemment utilisée, il convient d'énoncer quelques propriétés utiles des logarithmes naturels.

THÉORÈME 1.7 **Propriétés fondamentales des logarithmes naturels**

a. $\ln 1 = 0$ **b.** $\ln e = 1$
c. $e^{\ln x} = x$ pour tout $x > 0$ **d.** $\ln e^y = y$ pour tout y
e. $b^x = e^{x \ln b}$ pour tout $b > 0$ $(b \neq 1)$

Démonstration Les parties **a** et **b** découlent directement des définitions de $\ln x$ et e^x. Les parties **c** et **d** sont simplement les règles d'inversion (théorème 1.5) pour la base e. Quant à la partie **e**, en voici la démonstration :

Soit $y = b^x$, alors

$$b^x = e^{\ln y} \qquad \text{Propriété c de ce théorème}$$
$$= e^{x \ln b} \qquad \text{Si } y = b^x, \text{ alors } \ln y = \ln b^x = x \ln b$$

EXEMPLE 8 Croissance exponentielle et biologie cellulaire

Une culture cellulaire croît de telle sorte qu'à l'instant t (en minutes) la population (ou le nombre de cellules) est

$$P(t) = P_0 e^{kt}$$

où P_0 est le nombre initial de cellules et k une constante positive. On suppose que la colonie compte 5 000 cellules au départ et 7 000 au bout de 20 minutes. Trouver k et déterminer la population (arrondie à la centaine de cellules près) au bout de 30 minutes.

Solution   Comme $P_0 = 5\,000$, la population au bout de t minutes s'écrit

$$P(t) = 5\,000 e^{kt}$$

En particulier, comme la population est de 7 000 au bout de 20 minutes,

$$P(20) = 5\,000 e^{k(20)}$$

$$\frac{7}{5} = e^{20k}$$

$$20k = \ln\left(\frac{7}{5}\right)$$

$$k = \frac{1}{20}\ln\left(\frac{7}{5}\right)$$

$$\approx 0{,}0168236$$

Enfin, pour déterminer la population au bout de 30 minutes, on remplace k par la valeur qu'on vient de trouver :

$$P(30) = 5\,000 e^{30k}$$

$$\approx 8\,282{,}5117$$

La population prévue est voisine de 8 300 cellules.

CALCUL DE L'INTÉRÊT COMPOSÉ CONTINU

L'une des raisons pour lesquelles e s'appelle base exponentielle naturelle est liée au fait que de nombreux phénomènes de croissance naturelle peuvent s'exprimer en fonction de e^x. Pour illustrer cette remarque, nous allons terminer cette section en montrant comment utiliser e^x pour décrire la méthode comptable qui porte le nom d'*intérêt composé continu*.

Si l'on désigne par P une somme d'argent appelée **valeur actuelle** ou **principale** qu'on investit à un taux annuel r pendant le temps t (en années), alors la **valeur future** est désignée par A et s'écrit

$$A = P + I$$

où I désigne le montant des intérêts. L'**intérêt** est un montant que l'on paie pour pouvoir utiliser l'argent d'autrui. L'**intérêt simple** se calcule par une simple multiplication : $I = Prt$. Par exemple, une somme de 1 000 $ investie pendant 3 ans à un taux d'intérêt annuel simple de 15 % donne $I = 1\,000 \times 0{,}15 \times 3 = 450$ $. Ainsi, sa valeur dans 3 ans est $A = 1\,000 + 450 = 1\,450$ $.

La plupart des entreprises paient toutefois de l'intérêt non seulement sur le capital, mais aussi sur l'intérêt ; c'est ce qu'on appelle l'**intérêt composé**. Par exemple, la valeur future d'une somme de 1 000 $ investie au taux d'intérêt annuel composé de 15 % pendant 3 ans se calcule de la manière suivante :

Première année :

$A = P + I$ $I = Prt$ et $t = 1$
$= P \cdot 1 + Pr$
$= P(1 + r)$ Pour cet exemple, $A = 1\,000\,(1 + 0{,}15)$
                                           $= 1\,150$ $

1.6 • Fonctions exponentielles et fonctions logarithmiques   **47**

Deuxième année:

$$A = P(1+r) + I$$

Le montant total obtenu au bout de la première année devient le capital pour la deuxième année.

$$A = P(1+r) \cdot 1 + P(1+r) \cdot r$$
$$= P(1+r)(1+r)$$
$$= P(1+r)^2$$

Pour cet exemple, $A = 1\,000\,(1 + 0{,}15)^2$
$= 1\,322{,}50\,\$$

Troisième année:

$$A = P(1+r)^2 + P(1+r)^2 \cdot r$$
$$= P(1+r)^2(1+r)$$
$$= P(1+r)^3$$

Pour cet exemple, $A = 1\,000\,(1 + 0{,}15)^3$
$\approx 1\,520{,}88\,\$$

Soulignons qu'avec un intérêt simple le montant au bout de 3 ans est de 1 450 $, alors qu'il est de 1 520,88 $ avec un intérêt composé annuellement.

Cette explication nous amène à la **formule de la valeur future de l'intérêt composé**. Si un capital P est investi à un taux d'intérêt i par période pendant un total de N périodes, alors le montant futur A est donné par la formule

$$A = P(1+i)^N$$

L'intérêt composé s'énonce généralement sous la forme d'un taux d'intérêt annuel r et d'un nombre d'années donné t. La fréquence de calcul de l'intérêt composé (c'est-à-dire le nombre de calculs par an) est désignée par n. Par conséquent, $i = \dfrac{r}{n}$ et $N = nt$ dans la formule donnant A.

Les deux premiers graphes de la figure 1.30 représentent l'augmentation dans le temps, sur une période d'un an, d'une somme d'argent déposée dans un compte. Dans le premier cas, l'intérêt composé est calculé chaque trimestre; dans le deuxième, il est calculé chaque mois. On remarque que ce sont des graphes « par paliers », qui comportent des sauts à la fin de chaque période.

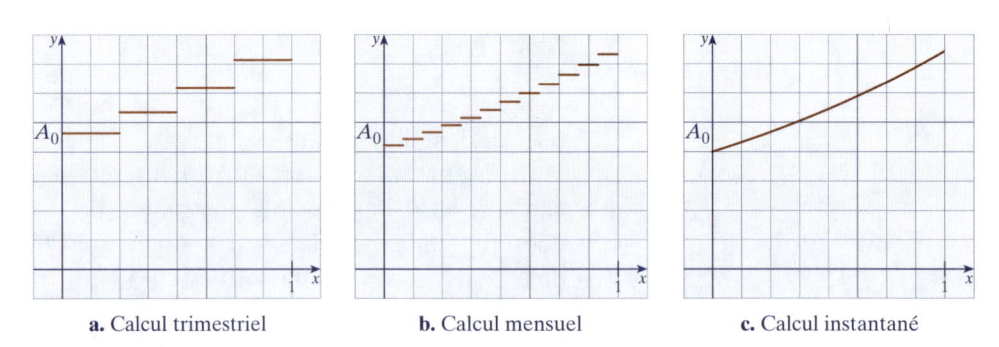

a. Calcul trimestriel **b.** Calcul mensuel **c.** Calcul instantané

FIGURE 1.30

Croissance d'un compte sur une période d'un an pour différentes fréquences de calcul de l'intérêt composé

Dans le cas de l'intérêt composé continu, le calcul ne se fait pas chaque trimestre, ni chaque mois, ni même chaque jour ou chaque seconde, mais *instantanément*.

Ainsi, le montant futur A dans le compte augmente de façon continue, comme à la figure 1.30c. Autrement dit, la valeur de A correspond à la valeur limite de

$$P\left(1+\frac{r}{x}\right)^x$$

au fur et à mesure que le nombre de périodes x tend vers l'infini. Au chapitre 2, nous utiliserons les propriétés des limites pour établir la formule donnée dans l'encadré ci-dessous.

> **Valeur future avec intérêt composé continu**
>
> Si on investit P dollars à un taux d'intérêt **composé continu** r, la valeur future au bout de t (en années) est
>
> $$A = Pe^{rt}$$

EXEMPLE 9   Calcul de l'intérêt composé

On investit 12 000 $ pendant 5 ans à un taux d'intérêt annuel de 18 %. Trouver la valeur future au bout de 5 ans si l'intérêt composé est :

a. mensuel

b. continu

Solution   On a $P = 12\ 000\ \$$, $t = 5$ et $r = 18\ \% = 0{,}18$.

a. $n = 12$; $A = P(1+i)^N = 12\ 000\left(1+\dfrac{0{,}18}{12}\right)^{12\times 5} \approx 29\ 318{,}64\ \$$

b. $A = 12\ 000\,e^{(0{,}18)(5)} \approx 29\ 515{,}24\ \$$

PROBLÈMES 1.6

A

Problèmes 1 à 4 : Tracer le graphe des fonctions données.

1. $y = 3^x$
2. $y = 4^{-x}$
3. $y = -e^{-x}$
4. $y = -e^x$

Problèmes 5 à 12 : Évaluer les expressions données.

5. $\log_2 4 + \log_3 \dfrac{1}{9}$
6. $2^{\log_2 3 - \log_2 5}$
7. $5\log_3 9 - 2\log_2 16$
8. $(\log_2 \tfrac{1}{8})(\log_3 27)$
9. $(3^{\log_7 1})(\log_5 0{,}04)$
10. $e^{5\ln 2}$
11. $\log_3 3^4 - \ln e^{0{,}5}$
12. $\ln(\log 10^e)$

Problèmes 13 à 27 : Résoudre les équations logarithmiques et exponentielles avec la précision de la calculatrice.

13. $\log_x 16 = 2$
14. $\ln(x^2) = 9$
15. $7^{-x} = 15$
16. $e^{2x} = \ln(4+e)$
17. $\dfrac{1}{2}\log_3 x = \log_2 8$
18. $\log_2\left(x^{\log_2 x}\right) = 4$
19. $3^{x^2-x} = 9$
20. $4^{x^2+x} = 16$
21. $2^x 5^{x+2} = 25\ 000$
22. $\left(\sqrt[3]{2}\right)^{x+10} = 2^{x^2}$
23. $e^{2x+3} = 1$
24. $\dfrac{e^{x^2}}{e^{x+6}} = 1$
25. $2^{3\log_2 x} = 4\log_3 9$
26. $\log_3 x + \log_3(2x+1) = 1$
27. $\ln\left(\dfrac{x^2}{1-x}\right) = \ln x + \ln\left(\dfrac{2x}{1+x}\right)$

B

28. Si $\log_b 1\ 296 = 4$, que vaut $\left(\dfrac{3}{2}b\right)^{3/2}$?
29. Si $\log_{\sqrt{b}} 106 = 2$, que vaut $\sqrt{b-25}$?
30. Résoudre graphiquement $\log_2 x + \log_5(2x+1) = \ln x$ au dixième près.
31. Résoudre graphiquement $\log_x 2 = \log_3 x$ au dixième près.
32. Selon la *loi de Bouguer-Lambert*, un faisceau lumineux qui frappe la surface d'un plan d'eau avec une intensité I_0 (en W/m²) aura une intensité I à une profondeur x (en mètres), avec

$$I = I_0 e^{kx}$$

1.6 ■ Fonctions exponentielles et fonctions logarithmiques

La constante k, appelée *coefficient d'absorption*, dépend notamment de la longueur d'onde du faisceau lumineux et de la pureté de l'eau. Supposons que l'intensité d'un faisceau lumineux à une profondeur de 2 m ne soit plus que 5 % de l'intensité à la surface. Trouver k et déterminer à quelle profondeur (au mètre près) l'intensité est égale à 1 % de l'intensité à la surface.

33. Si une somme d'argent est investie à un taux d'intérêt annuel composé continu r, combien de temps lui faut-il pour doubler ?

34. La Banque Royale paie 7 % d'intérêt composé mensuel et la Banque Nationale paie 6,95 % d'intérêt composé continu. Quelle banque offre un meilleur placement ?

35. En 1626, Peter Minuit échangea 24 \$ de breloques contre des terres sur l'île de Manhattan. On suppose qu'en 1990 ces mêmes terres valaient 25,2 milliards de dollars. Trouver le taux d'intérêt annuel composé continu auquel il aurait fallu investir les 24 \$ durant tout ce temps pour obtenir le même montant.

36. Les biologistes estiment que la population d'une culture bactérienne est
$$P(t) = P_0 2^{kt}$$
à l'instant t (en minutes). Soit une population contenant 1 000 bactéries au bout de 20 minutes et doublant toutes les heures.
   a. Trouver P_0 et k.
   b. À quel instant (à la minute près) la population sera-t-elle égale à 5 000 bactéries ?

37. Un *décibel* (nommé d'après Alexander Graham Bell) est le plus petit accroissement de puissance sonore détectable par l'oreille humaine. En physique, on définit que lorsque deux sons d'intensité I_1 et I_2 (en watts par mètre carré) sont produits, la différence de puissance sonore entre ces deux sons est D (en décibels), avec
$$D = 10 \log\left(\frac{I_1}{I_2}\right)$$
Lorsqu'on compare la puissance d'un son au seuil d'audibilité humaine ($I_0 = 10^{-12}$ W/m²), le niveau d'une conversation normale est de 50 décibels, alors que celui d'un concert de rock est de 110 décibels. Montrer que la différence en nombre de décibels de ces deux sons se traduit par un facteur de 1 million dans l'intensité sonore.

38. L'*échelle de Richter* mesure l'intensité des séismes. Plus précisément, si E est l'énergie libérée par un séisme (en joules), on dit alors que le séisme a une magnitude M, avec
$$M = \frac{\log E - 11,4}{1,5}$$
   a. Exprimer E en fonction de M.
   b. Quelle quantité d'énergie un séisme de magnitude $M = 8,5$ (comme le séisme dévastateur survenu en Alaska en 1964) libère-t-il de plus qu'un séisme moyen de magnitude $M = 6,5$ (comme le séisme de Los Angeles en 1994) ?

39. **Problème de réflexion** Dans la définition de la fonction exponentielle $f(x) = b^x$, il faut que b soit une constante positive. Qu'arrive-t-il si $b < 0$, par exemple si $b = -2$? Pour quelles valeurs de x la fonction f est-elle définie ? Décrire le graphe de f dans ce cas.

40. On sort une boisson fraîche d'un réfrigérateur et on la place dans une pièce où la température est de 20 °C. D'après un résultat de physique qui porte le nom de *loi de refroidissement de Newton*, la température de la boisson au bout d'un temps t (en minutes) sera
$$T(t) = 20 - Ae^{-kt}$$
où A et k sont des constantes positives. On suppose que la température de la boisson (en degrés Celsius) était de 2 °C à la sortie du réfrigérateur et de 10 °C 30 minutes plus tard (c'est-à-dire $T(0) = 2$ °C et $T(30) = 10$ °C).
   a. Trouver A et e^{-30k}.
   b. Quelle sera la température de la boisson (au degré près) au bout d'une heure ?
   c. Que devient la température lorsque $t \to +\infty$?

41. **Problème d'espion** Un célèbre espion international apprend par courrier électronique que son meilleur ami Sigmund (« Siggy ») Leiter a été assassiné. Le cadavre, qui avait été dissimulé dans un congélateur, vient d'être découvert. Après avoir séché ses larmes, l'espion se souvient qu'au bout d'un temps t (en heures) après le décès la température du corps (en degrés Celsius) est
$$T = A + (B - A)e^{-0,03t}$$
où A est la température de l'air et B la température du corps à l'instant du décès. La police l'informe qu'au moment de la macabre découverte, jeudi à 13 h, la température du corps était de 4,4 °C et celle du congélateur de −12,2 °C. L'espion sait que le meurtre a été commis soit par Coldfinger, soit par André Scélérat. Si Coldfinger était en prison du lundi au mercredi midi et si Scélérat se trouvait à un rassemblement de la pègre à Las Vegas de mercredi midi à vendredi, qui a « congelé » Siggy et quand ? (Au fait, avant sa mort, Siggy avait une température à peu près normale, soit de 37 °C.)

42. Pour $b > 0$ et pour tous les entiers positifs m et n, montrer que :
   a. $b^m b^n = b^{m+n}$
   b. $\dfrac{b^m}{b^n} = b^{m-n}$

43. Pour $b > 0$ et pour tous les entiers positifs m et n, montrer que :
   a. $(b^m)^n = b^{mn}$
   b. $\left(\sqrt[n]{b}\right)^m = \sqrt[n]{b^m}$

44. Démontrer :
   a. $\log_b x + \log_b y = \log_b(xy)$
   b. $\log_b x - \log_b y = \log_b\left(\dfrac{x}{y}\right)$

45. Soit b, un nombre positif quelconque différent de 1. Montrer que
$$x^x = b^{x \log_b x}$$

46. Soit a et b, des nombres positifs quelconques différents de 1. Montrer que :
   a. $\log_a x = \dfrac{\log_b x}{\log_b a}$
   b. $(\log_a b)(\log_b a) = 1$

1.7 Fonctions trigonométriques inverses*

DANS CETTE SECTION : fonctions trigonométriques inverses, identités des fonctions trigonométriques inverses

FONCTIONS TRIGONOMÉTRIQUES INVERSES

Les fonctions trigonométriques n'étant pas injectives, elles n'ont pas de fonction réciproque. Cependant, si l'on impose des restrictions à leur domaine, leur réciproque existe.

Considérons d'abord la fonction sinus. Si l'on restreint la fonction $\sin x$ à l'intervalle fermé $\left[-\frac{\pi}{2}, \frac{\pi}{2}\right]$, elle admet bien une réciproque, comme le montre la figure 1.31.

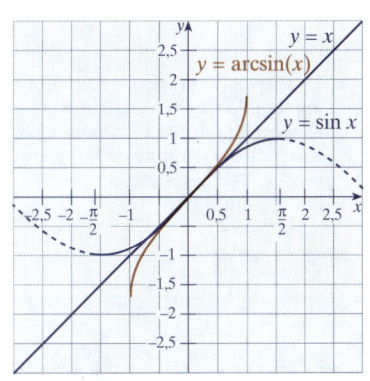

a. Le graphe de $\arcsin(x)$ s'obtient en appliquant une réflexion par rapport à la droite d'équation $y = x$ à la partie du graphe de $\sin x$ qui se trouve à l'intérieur de l'intervalle $\left[\frac{\pi}{2}, \frac{\pi}{2}\right]$.

b. Graphe de la fonction $y = \arcsin(x)$.

FIGURE 1.31
Fonction $y = \arcsin(x)$, réciproque de la fonction $y = \sin x$

⚠️ La fonction $\arcsin(x)$ *N'EST PAS* l'inverse multiplicative de la fonction $\sin x$. Pour désigner l'inverse multiplicative, on écrit $(\sin x)^{-1}$.

Fonction arcsinus

$$y = \arcsin(x) \text{ si et seulement si } x = \sin y \text{ et } -\frac{\pi}{2} \leq y \leq \frac{\pi}{2}$$

La fonction $\arcsin(x)$ s'écrit parfois $\sin^{-1} x$.

On peut construire les réciproques des cinq autres fonctions trigonométriques de la même manière. Par exemple, en restreignant la fonction $\tan x$ à l'intervalle ouvert $\left]-\frac{\pi}{2}, \frac{\pi}{2}\right[$, dans lequel elle est injective, on peut définir la fonction arctangente de la façon suivante.

---

* Dans cette expression, le terme « inverse » est utilisé dans le sens de « réciproque ».

Fonction arctangente

$$y = \arctan(x) \text{ si et seulement si } x = \tan y \text{ et } -\frac{\pi}{2} < y < \frac{\pi}{2}$$

La fonction arctan(x) s'écrit parfois tan^{-1}x.

Le graphe de $y = \arctan(x)$ est représenté à la figure 1.32.

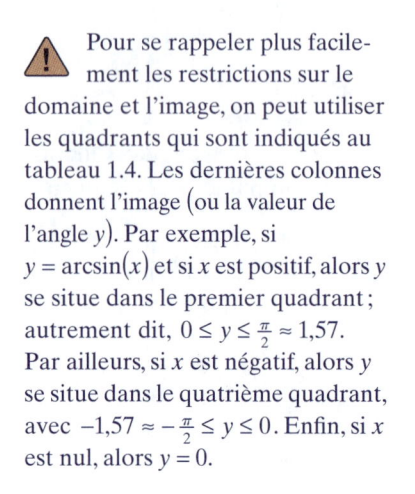

⚠️ Pour se rappeler plus facilement les restrictions sur le domaine et l'image, on peut utiliser les quadrants qui sont indiqués au tableau 1.4. Les dernières colonnes donnent l'image (ou la valeur de l'angle y). Par exemple, si $y = \arcsin(x)$ et si x est positif, alors y se situe dans le premier quadrant ; autrement dit, $0 \leq y \leq \frac{\pi}{2} \approx 1{,}57$. Par ailleurs, si x est négatif, alors y se situe dans le quatrième quadrant, avec $-1{,}57 \approx -\frac{\pi}{2} \leq y \leq 0$. Enfin, si x est nul, alors $y = 0$.

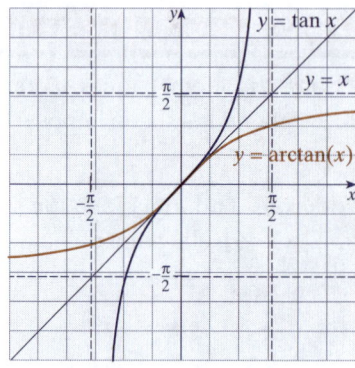

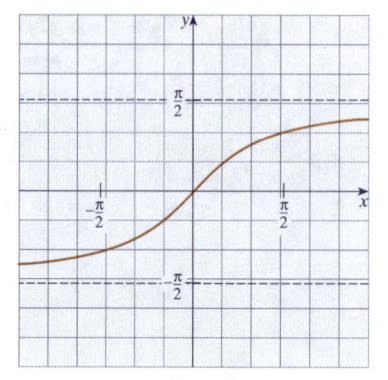

a. Le graphe de arctan(x) s'obtient en appliquant une réflexion par rapport à la droite d'équation $y = x$ à la partie du graphe de tan x qui se trouve à l'intérieur de l'intervalle $\left]-\frac{\pi}{2}, \frac{\pi}{2}\right[$.

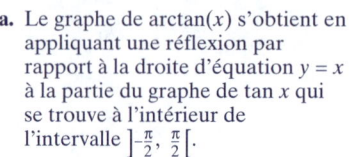

b. Le graphe de la fonction $y = \arctan(x)$.

FIGURE 1.32

Graphe de la fonction $y = \arctan(x)$

Le tableau 1.4 et la figure 1.33 présentent respectivement les définitions des fonctions trigonométriques inverses et les graphes des quatre autres fonctions trigonométriques inverses fondamentales.

TABLEAU 1.4 Définition des fonctions trigonométriques inverses

Fonction trigonométrique inverse	Domaine	Image	Pos. (Quadrant)	Nég. (Quadrant)	Nulle
$y = \arcsin(x)$	$-1 \leq x \leq 1$	$-\frac{\pi}{2} \leq y \leq \frac{\pi}{2}$ (Quadrants I et IV)	I	IV	0
$y = \arccos(x)$	$-1 \leq x \leq 1$	$0 \leq y \leq \pi$ (Quadrants I et II)	I	II	$\frac{\pi}{2}$
$y = \arctan(x)$	$-\infty < x < +\infty$	$-\frac{\pi}{2} < y < \frac{\pi}{2}$ (Quadrants I et IV)	I	IV	0
$y = \text{arcsec}(x)$	$x \geq 1$ ou $x \leq -1$	$0 \leq y \leq \pi, y \neq \frac{\pi}{2}$ (Quadrants I et II)	I	II	indéfinie
$y = \text{arccsc}(x)$	$x \geq 1$ ou $x \leq -1$	$-\frac{\pi}{2} \leq y \leq \frac{\pi}{2}, y \neq 0$ (Quadrants I et IV)	I	IV	indéfinie
$y = \text{arccot}(x)$	$-\infty < x < +\infty$	$0 < y < \pi$ (Quadrants I et II)	I	II	$\frac{\pi}{2}$

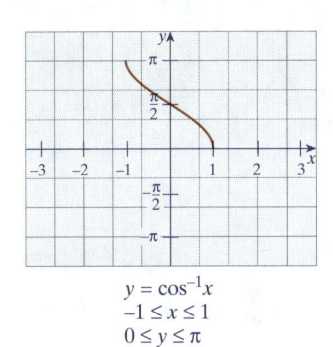

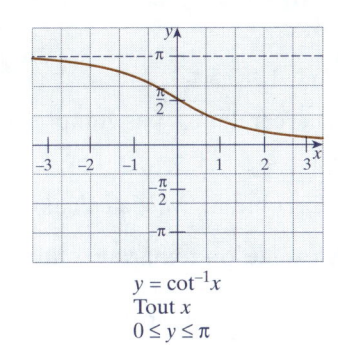

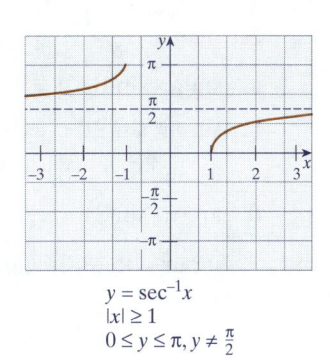

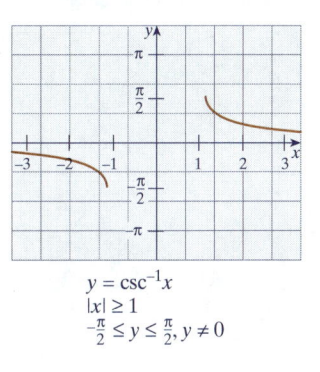

$y = \cos^{-1} x$	$y = \cot^{-1} x$	$y = \sec^{-1} x$	$y = \csc^{-1} x$
$-1 \leq x \leq 1$	Tout x	$|x| \geq 1$	$|x| \geq 1$
$0 \leq y \leq \pi$	$0 \leq y \leq \pi$	$0 \leq y \leq \pi, y \neq \frac{\pi}{2}$	$-\frac{\pi}{2} \leq y \leq \frac{\pi}{2}, y \neq 0$

FIGURE 1.33

Graphes de quatre fonctions trigonométriques inverses

EXEMPLE 1 Calcul de fonctions trigonométriques inverses

Évaluer :

a. $\arcsin\left(\frac{-\sqrt{2}}{2}\right)$ **b.** $\arcsin(0{,}21)$ **c.** $\arccos(0)$ **d.** $\arctan\left(\frac{1}{\sqrt{3}}\right)$

Solution

a. $\arcsin\left(\frac{-\sqrt{2}}{2}\right) = -\frac{\pi}{4}$ Raisonnement : $x = \frac{-\sqrt{2}}{2}$ est négatif, donc y est dans le quatrième quadrant ; l'angle de référence est l'angle dont le sinus est égal à $\frac{\sqrt{2}}{2}$, c'est-à-dire $\frac{\pi}{4}$; dans le quatrième quadrant, l'angle est donc $-\frac{\pi}{4}$.

b. $\arcsin(0{,}21) \approx 0{,}2115750$ À l'aide de la calculatrice ; ne pas oublier d'utiliser le mode radian.

c. $\arccos(0) = \frac{\pi}{2}$ Valeur exacte connue.

d. $\arctan\left(\frac{1}{\sqrt{3}}\right) = \frac{\pi}{6}$ Raisonnement : $x = \frac{1}{\sqrt{3}}$ est positif, donc y est dans le premier quadrant ; l'angle de référence est celui dont la tangente est égale à $\frac{1}{\sqrt{3}}$, c'est-à-dire $\frac{\pi}{6}$.

IDENTITÉS DES FONCTIONS TRIGONOMÉTRIQUES INVERSES

La définition des fonctions trigonométriques inverses donne quatre formules appelées **formules d'inversion** pour le sinus et la tangente.

Formules d'inversion

$\sin[\arcsin(x)] = x$ pour $-1 \leq x \leq 1$
$\arcsin[\sin(y)] = y$ pour $-\frac{\pi}{2} \leq y \leq \frac{\pi}{2}$

$\tan[\arctan(x)] = x$ pour tout x
$\arctan[\tan(y)] = y$ pour $-\frac{\pi}{2} < y < \frac{\pi}{2}$

⚠ Les formules d'inversion pour les fonctions arcsinus et arctangente sont valables uniquement sur les domaines précisés.

EXEMPLE 2 Formule d'inversion pour x à l'intérieur et à l'extérieur du domaine

Évaluer :

a. $\sin[\arcsin(0{,}5)]$ **b.** $\sin[\arcsin(2)]$ **c.** $\arcsin[\sin(0{,}5)]$ **d.** $\arcsin[\sin(2)]$

1.7 ■ Fonctions trigonométriques inverses

Solution

a. $\sin[\arcsin(0{,}5)] = 0{,}5$, car $-1 \leq 0{,}5 \leq 1$.

b. $\sin[\arcsin(2)]$ n'existe pas, car 2 n'est pas compris entre -1 et 1.

c. $\arcsin[\sin(0{,}5)] = 0{,}5$, car $-\frac{\pi}{2} \leq 0{,}5 \leq \frac{\pi}{2}$.

d. $\arcsin[\sin(2)] = 1{,}1415927$, obtenu avec la calculatrice.

Pour obtenir la valeur exacte, on remarque que :

$$\sin(2) = \sin(\pi - 2) \quad (\text{de sorte que } -\tfrac{\pi}{2} \leq \pi - 2 \leq \tfrac{\pi}{2})$$

On a alors $\arcsin[\sin(2)] = \arcsin[\sin(\pi - 2)] = \pi - 2$.

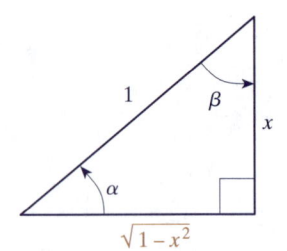

EXEMPLE 3 Démonstration d'une identité des fonctions trigonométriques inverses

Pour $0 \leq x \leq 1$, montrer que :

$$\cos[\arcsin(x)] = \sqrt{1 - x^2}$$

Solution

Soit $\alpha = \arcsin(x)$ de sorte que $\sin \alpha = x$ avec $0 \leq \alpha \leq \frac{\pi}{2}$. Construisons un triangle rectangle ayant un angle aigu α et une hypoténuse de longueur 1, comme à la figure 1.34. Ce triangle est appelé **triangle de référence**. Le côté opposé à l'angle α est x (puisque $\sin \alpha = x$) et, d'après le théorème de Pythagore, le côté adjacent est $\sqrt{1 - x^2}$. On a donc

$$\cos[\arcsin(x)] = \cos \alpha$$
$$= \frac{\sqrt{1 - x^2}}{1}$$
$$= \sqrt{1 - x^2}$$

FIGURE 1.34
Triangle de référence

Les triangles de référence, comme celui qui est représenté à la figure 1.34, sont extrêmement utiles pour obtenir les identités des fonctions trigonométriques inverses. Par exemple, soit α et β, les angles d'un triangle rectangle d'hypoténuse 1. Si le côté opposé à α est x (de sorte que $\sin \alpha = x$), alors

$$\arccos(x) + \arcsin(x) = \alpha + \beta = \tfrac{\pi}{2} \text{ pour } 0 \leq x \leq 1$$

puisque la somme des angles aigus d'un triangle rectangle doit être égale à $\frac{\pi}{2}$. Le même raisonnement permet de démontrer que

$$\arctan(x) + \text{arccot}(x) = \tfrac{\pi}{2}$$

et que

$$\text{arcsec}(x) + \text{arccsc}(x) = \tfrac{\pi}{2}$$

PROBLÈMES 1.7

A

1. **Autrement dit?** Décrire les restrictions sur le domaine et sur l'image qui interviennent dans la définition des fonctions trigonométriques inverses.

2. **Autrement dit?** Décrire l'utilisation des triangles de référence en ce qui concerne les fonctions trigonométriques inverses.

Problèmes 3 à 9 : Trouver les valeurs exactes des expressions données.

3. **a.** $\arccos(\frac{1}{2})$ **b.** $\arcsin(-\frac{\sqrt{3}}{2})$

4. **a.** $\arcsin(-\frac{1}{2})$ **b.** $\arccos(-\frac{1}{2})$

5. **a.** $\arctan(-1)$ **b.** $\text{arccot}(-\sqrt{3})$

6. $\cos[\arcsin(\frac{1}{2})]$

7. $\sin[\arccos(\frac{1}{\sqrt{2}})]$

8. $\cos[\arcsin(\frac{1}{5}) + 2\arccos(\frac{1}{5})]$

   [*Conseil*: Utiliser la loi de l'addition
   $\cos(\alpha + \beta) = \cos(\alpha)\cos(\beta) - \sin(\alpha)\sin(\beta)$]

9. $\sin[\arcsin(\frac{1}{5}) + \arccos(\frac{1}{4})]$

   [*Conseil*: Utiliser la loi de l'addition
   $\sin(\alpha + \beta) = \sin(\alpha)\cos(\beta) + \cos(\alpha)\sin(\beta)$]

10. On suppose que α est un angle aigu d'un triangle rectangle avec
    $$\sin\alpha = \frac{s^2 - t^2}{s^2 + t^2} \quad (s > t > 0)$$
    Montrer que $\alpha = \arctan\left(\dfrac{s^2 - t^2}{2st}\right)$

11. Si $\sin\alpha + \cos\alpha = s$ et $\sin\alpha - \cos\alpha = t$, montrer que
    $$\alpha = \arctan\left(\frac{s+t}{s-t}\right)$$

B

Problèmes 12 à 16 : Simplifier chaque expression.

12. $\sin[2\arctan(x)]$ 13. $\tan[\arccos(x)]$

14. $\cos[2\arcsin(x)]$ 15. $\sin[\arcsin(x) + \arccos(x)]$

16. $\cos[2(\arcsin(x) + \arccos(x))]$

17. Une toile de 1 m de hauteur est accrochée à un mur et son bord inférieur est à 2,5 m du sol. Un observateur dont les yeux sont à 1,7 m du sol se tient debout à une distance x (en mètres) du mur. Exprimer l'angle θ sous-tendu par la toile depuis l'œil de l'observateur en fonction de x.

18. Pour déterminer la hauteur d'un bâtiment (voir la figure 1.35), on choisit un point P, d'où l'angle d'élévation est égal à α. On se déplace ensuite d'une distance de x unités (sur un plan horizontal) jusqu'au point Q, d'où l'angle d'élévation est alors β. Trouver la hauteur h du bâtiment en fonction de x, α et β.

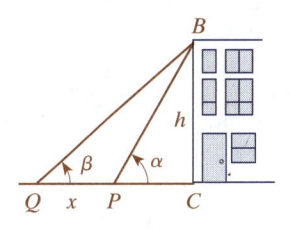

FIGURE 1.35

Détermination de la hauteur d'un bâtiment

C

19. Démontrer que $\arctan(1) + \arctan(2) + \arctan(3) = \pi$. On peut utiliser le schéma représenté à la figure 1.36; on suppose que les triangles ABC, ABD, et DEF sont tous les trois des triangles rectangles. Les longueurs de certains côtés sont indiquées sur la figure.

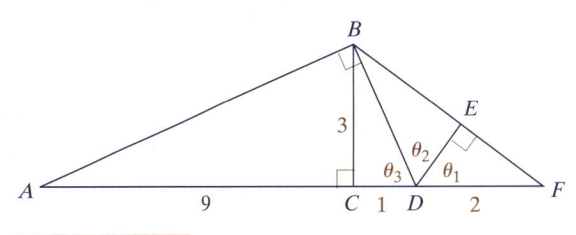

FIGURE 1.36

$\theta_1 + \theta_2 + \theta_3 = \pi$

20. On suppose que le triangle ABC n'est *pas* un triangle rectangle mais qu'il a un angle obtus en B. Tracer $\overline{BD}$ perpendiculaire à $\overline{AC}$ pour former les triangles rectangles ABD et BDC (dont les angles droits sont en D). Montrer que
    $$\frac{\sin A}{a} = \frac{\sin C}{c}$$

PROBLÈMES RÉCAPITULATIFS

Contrôle des connaissances

Problèmes théoriques

1. Définir la valeur absolue.
2. Énoncer la formule de la distance entre les points $P(x_1, y_1)$ et $Q(x_2, y_2)$.
3. Définir la pente d'une droite en fonction de l'angle d'inclinaison.
4. Donner la forme de l'équation d'une droite correspondant à chaque cas :
   a. Forme standard ou cartésienne
   b. Forme faisant intervenir la pente et l'ordonnée à l'origine
   c. Forme faisant intervenir un point de la droite et la pente
   d. Droite horizontale
   e. Droite verticale
5. Énoncer le critère de pente pour les droites parallèles et pour les droites perpendiculaires.
6. Définir la notion de fonction.
7. Définir la composition de fonctions.
8. Qu'entend-on par « graphe d'une fonction » ?
9. Dessiner un croquis rapide illustrant un exemple de chaque fonction.
   a. Fonction identité
   b. Fonction quadratique élémentaire
   c. Fonction cubique élémentaire
   d. Fonction valeur absolue
   e. Fonction racine cubique
   f. Fonction inverse multiplicative élémentaire
   g. Fonction inverse multiplicative élémentaire au carré
   h. Fonction cosinus
   i. Fonction sinus
   j. Fonction tangente
   k. Fonction exponentielle $(b > 1)$
   l. Fonction exponentielle $(0 < b < 1)$
   m. Fonction logarithmique $(b > 1)$
   n. Fonction logarithmique $(0 < b < 1)$
   o. Fonction arccosinus
   p. Fonction arcsinus
   q. Fonction arctangente
10. Qu'est-ce qu'une fonction polynomiale ?
11. Qu'est-ce qu'une fonction rationnelle ?
12. a. Qu'est-ce qu'une fonction exponentielle ?
    b. Quel est le lien entre une fonction exponentielle et une fonction logarithmique ?
13. a. Qu'est-ce qu'une fonction logarithmique ?
    b. Qu'est-ce qu'un logarithme décimal ?
    c. Qu'est-ce qu'un logarithme naturel ?
14. a. Définir une fonction réciproque.
    b. Quelle est la méthode à utiliser pour tracer le graphe de la fonction réciproque d'une fonction donnée ?
15. Qu'est-ce que le test de la droite horizontale ?
16. Énoncer le théorème du changement de base pour les logarithmes.

Problèmes pratiques

Problèmes 17 à 22 : Tracer le graphe de chacune des équations.

17. $3x + 2y - 12 = 0$
18. $y - 3 = -2(x-1)^2$
19. $y = 2\cos(x-1)$
20. $y = \arcsin(2x)$
21. $y = e^{-x} + e^x$
22. $y = e^{2x} + \ln x$
23. Si $f(x) = \sin x$ et $g(x) = \sqrt{1-x^2}$, trouver les fonctions composées $f \circ g$ et $g \circ f$.
24. Résoudre l'équation $\log_2 x + \log_3 x^2 = 5$.

Problèmes supplémentaires*

1. Soit $f(x) = x^2 + 5x - 9$. Pour quelles valeurs de x l'identité $f(2x) = f(3x)$ est-elle vraie ?
2. Trouver la valeur exacte de :
   a. $e^{\ln \pi}$
   b. $\ln(\sqrt{e})$
   c. $\sin[\arccos(\frac{\sqrt{5}}{4})]$
3. Trouver la valeur exacte de $\sin[2\arctan(3)]$.

Problèmes 4 à 7 : Résoudre chaque équation.

4. $4^{x-1} = 8$
5. $\log_2 2^{x^2} = 4$
6. $\log_2 x + \log_2(x-15) = 4$
7. $3^{2x-1} = 6^x 3^{1-x}$

Problèmes 8 et 9 : Trouver f^{-1} si elle existe.

8. $f(x) = 2x^3 - 7$
9. $f(x) = \sqrt[7]{2x+1}$, $x \geq -\frac{1}{2}$
10. Montrer que pour toute valeur de $a \neq 1$ la fonction $f(x) = \dfrac{x+a}{x-1}$ est sa propre réciproque.
11. Soit $f(x) = \dfrac{ax+b}{cx+d}$. Trouver $f^{-1}(x)$ en fonction de a, b, c et d. Dans quelles conditions f^{-1} existe-t-elle ?
12. Tracer d'abord le graphe de $y = -x^2 + 5x - 6$. Ensuite, utiliser celui-ci pour obtenir les graphes des fonctions suivantes :
    a. $y = -x^2 + 5x$
    b. $y = x^2 - 5x + 6$
    c. $y = -(x+1)^2 + 5(x+1) - 6$
13. Un fabricant d'ampoules estime que la fraction $F(t)$ d'ampoules qui continuent de fonctionner au bout d'un temps t (en semaines) est donnée par
$$F(t) = e^{-kt}$$
où k est une constante positive. On suppose que les ampoules qui durent plus de 5 semaines sont deux fois plus nombreuses que celles qui durent plus de 9 semaines.
    a. Trouver k et déterminer la fraction d'ampoules qui durent plus de 7 semaines.
    b. Quelle est la fraction d'ampoules qui brûlent avant 10 semaines ?
    c. Quelle est la fraction d'ampoules qui devraient brûler entre la quatrième et la cinquième semaine ?

* Les problèmes supplémentaires sont présentés dans un ordre relativement aléatoire, pas forcément par ordre croissant de difficulté.

14. Une entreprise de location d'autobus offre les conditions suivantes à une agence de voyages : si 100 personnes ou moins partent en excursion, le coût par personne sera de 500 $. Mais il sera réduit de 4 $ pour chaque personne au-delà de 100 qui s'inscrit à l'excursion.
   a. Exprimer la recette totale R obtenue par l'entreprise de location en fonction du nombre de personnes qui partent en excursion.
   b. Tracer le graphe de R. Estimer le nombre de personnes qui donne la recette totale maximale pour l'entreprise de location.

15. Trouver une constante c qui garantisse que le graphe de l'équation
$$x^2 + xy + cy = 4$$
ait pour ordonnée à l'origine $(0, -5)$. Quels sont les points d'intersection du graphe avec l'axe des x ?

16. On suspend à un mur un tableau de 2 m de haut de sorte que son bord inférieur soit 1,5 m plus haut que l'œil d'un observateur qui se tient debout à 3,5 m du mur (voir la figure 1.37). Trouver l'angle θ sous-tendu par le tableau depuis l'œil de l'observateur.

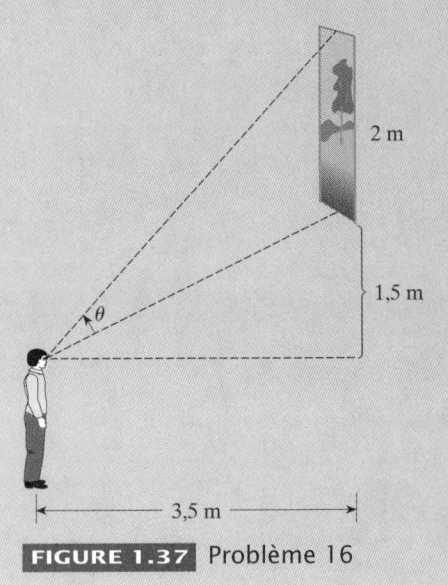

FIGURE 1.37 Problème 16

17. À la figure 1.38, le navire A est au point P à midi et met le cap sur l'est à 9 km/h. Le navire B arrive au point P à 13 h et navigue à une vitesse de 7 km/h sur une route qui forme un angle de 60° avec celle du navire A. Trouver une formule donnant la distance $s(t)$ séparant les navires au bout d'un temps t (en heures) après midi. Quelle distance approximative (au kilomètre près) sépare les navires à 16 h ?

(*Rappel :* Tout triangle ABC satisfait à la *loi des cosinus*, c'est-à-dire $a^2 = b^2 + c^2 - 2bc \cos A$)

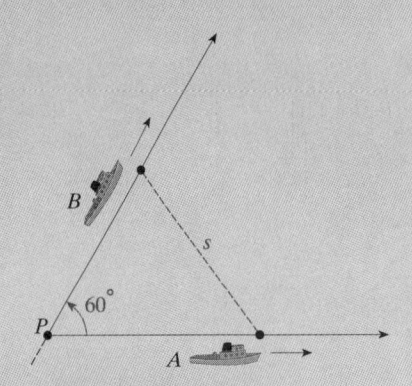

FIGURE 1.38 Problème 17

CHAPITRE 2
Limites et continuité

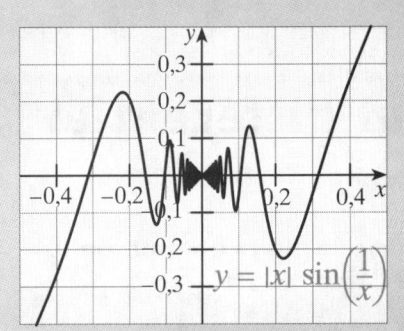

SOMMAIRE

2.1 Qu'est-ce que le calcul différentiel et intégral ?
La limite : le paradoxe de Zénon
La dérivée : le problème de la tangente
L'intégrale : le problème de l'aire

2.2 Limite d'une fonction
Définition intuitive de la limite
Évaluation graphique des limites
Évaluation des limites à l'aide de tableaux de valeurs
Limites infinies
Limites à l'infini

2.3 Propriétés des limites
Calcul des limites
Évaluation algébrique des limites (formes indéterminées et cas particuliers)
Deux limites trigonométriques particulières
Limites des fonctions définies par parties

2.4 Continuité
Définition intuitive de la continuité
Définition formelle de la continuité
Continuité sur un intervalle
Théorème de la valeur intermédiaire

Problèmes récapitulatifs

Collaboration spéciale
« L'invention du calcul différentiel et intégral était inévitable », de John Troutman

INTRODUCTION

Le changement est une réalité quotidienne dont l'étude s'appuie sur des modèles mathématiques. Les scientifiques étudient des phénomènes comme le mouvement des planètes, la désintégration des substances radioactives, la vitesse des réactions chimiques, les courants océaniques et les systèmes météorologiques à l'aide de modèles mathématiques. Les économistes et les chefs d'entreprise examinent les tendances de la consommation, les psychologues étudient les courbes d'apprentissage et les écologistes explorent les profils de pollution et les changements démographiques dans lesquels interviennent des relations complexes entre les espèces. Même les sciences politiques et la médecine sont confrontées à divers changements qu'elles expliquent en utilisant des modèles mathématiques.

L'aspect essentiel du calcul différentiel et intégral est qu'il étudie les variations « infiniment petites » de quantité. Or celles-ci font justement partie de ces changements quotidiens qui se produisent dans tous les domaines de la vie. La signification précise d'une variation infiniment petite est présentée à travers l'étude de la *limite d'une fonction* ainsi que de la notion correspondante de *continuité*.

Ces deux notions sont d'une importance capitale. Elles sont au cœur des définitions de la dérivée et de l'intégrale.

2.1 Qu'est-ce que le calcul différentiel et intégral ?

DANS CETTE SECTION : la limite : le paradoxe de Zénon ; la dérivée : le problème de la tangente ; l'intégrale : le problème de l'aire

Le développement presque simultané du calcul différentiel et intégral par Newton et Leibniz au XVIIe siècle a certainement beaucoup contribué à l'essor des mathématiques dans la culture occidentale[*]. Avant cette remarquable synthèse, les mathématiques étaient souvent considérées comme une discipline étrange à laquelle s'intéressaient des intellectuels qui avaient beaucoup de temps libre. Avec le développement du calcul différentiel et intégral, elles devinrent pratiquement le seul langage acceptable pour décrire l'univers physique. Le recours aux mathématiques pour expliquer les phénomènes naturels est devenu si incontournable qu'il nous est pratiquement impossible d'imaginer comment les cultures antérieures expliquaient le monde qui les entourait.

MATHÉMATIQUES ÉLÉMENTAIRES

1. Pente d'une droite

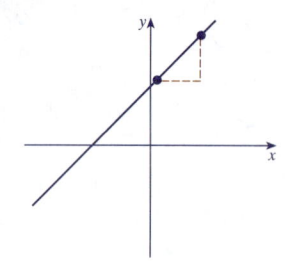

2. Droite tangente à un cercle

3. Aire d'une région délimitée par des segments de droite

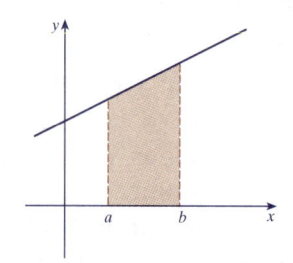

4. Variations moyennes de position et de vitesse

5. Moyenne d'un ensemble fini de nombres

FIGURE 2.1
Sujets propres aux mathématiques élémentaires

Le calcul différentiel et intégral se distingue de l'algèbre, de la géométrie et de la trigonométrie par le passage des applications statiques ou discrètes (voir la figure 2.1) aux applications dynamiques ou continues (voir la figure 2.2). En mathématiques élémentaires, nous savons, par exemple, comment trouver la pente d'une droite. Le calcul différentiel et intégral nous permet de calculer la pente d'une courbe non linéaire. Nous savons aussi comment déterminer les variations moyennes de quantités telles que la position et la vitesse d'un objet en mouvement. Le calcul différentiel et intégral nous permet de calculer les variations instantanées de ces mêmes quantités. Nous savons comment trouver la moyenne d'un ensemble fini de nombres. Le calcul différentiel et intégral nous permet de déterminer la valeur moyenne d'une fonction prenant un nombre infini de valeurs sur un intervalle.

Vous avez peut être l'impression que le calcul différentiel et intégral constitue l'aboutissement de toutes vos études en mathématiques. Cela est vrai dans une certaine mesure, mais il marque également le début de vos études en mathématiques appliquées au monde qui vous entoure.

Le calcul différentiel et intégral est l'étude mathématique du mouvement et du changement. Son élaboration au XVIIe siècle par Newton et Leibniz fut le fruit des travaux des deux hommes pour répondre à certaines questions fondamentales concernant la nature et son fonctionnement. Ces investigations ont mené aux concepts fondamentaux de *dérivée* et d'*intégrale*. La nouveauté dans le développement de ces concepts fut la formulation de l'outil mathématique qu'est la *limite*.

1. **Limite :** La limite permet d'étudier la *tendance* d'une fonction lorsque sa variable *s'approche* d'une valeur. Le calcul différentiel et intégral s'appuie sur la notion de limite. Nous présenterons la limite d'une fonction de manière informelle à la section 2.2.

2. **Dérivée :** La dérivée, qui est définie comme une limite, sert d'abord à calculer les taux de variation et les pentes des droites tangentes à des courbes. L'étude des dérivées est ce qu'on appelle le *calcul différentiel*. Les dérivées peuvent servir à tracer des graphes et à trouver les valeurs extrêmes (les plus grandes et les plus

---

[*] Voir l'article de la collaboration spéciale à la fin de ce chapitre.

CALCUL DIFFÉRENTIEL ET INTÉGRAL

1. Pente d'une courbe non linéaire

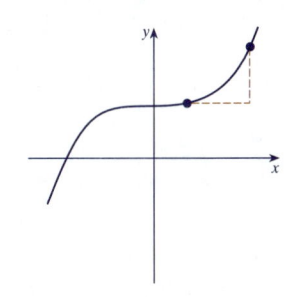

2. Droite tangente à une courbe

3. Aire d'une région délimitée par des courbes

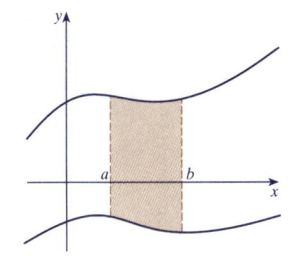

4. Variations instantanées de position et de vitesse

5. Moyenne d'un ensemble infini de nombres

FIGURE 2.2

Sujets propres au calcul différentiel et intégral

petites) des fonctions. Nous étudierons la dérivée au chapitre 3, puis nous examinerons ses applications aux chapitres 4 et 5.

3. **Intégrale :** L'intégrale est également définie comme une limite. Son étude est appelée le *calcul intégral*. L'aire, le volume, la longueur d'un arc, le travail mécanique sont quelques-unes des nombreuses quantités qui s'expriment sous la forme d'intégrales. Les intégrales et leurs applications sont abordées dans un autre manuel.

Les notions essentielles du calcul différentiel et intégral – la dérivée et l'intégrale – sont relativement simples et étaient déjà connues avant Newton et Leibniz. Leur contribution à tous les deux fut de reconnaître que l'idée de déterminer les tangentes (la dérivée) et l'idée de déterminer les aires (l'intégrale) sont liées et que cette relation peut servir à donner une description simple et unifiée des deux processus.

Commençons par examiner de manière intuitive chacun des trois concepts essentiels du calcul différentiel et intégral.

LA LIMITE : LE PARADOXE DE ZÉNON

Dans l'article de la collaboration spéciale qui figure à la fin de ce chapitre, John Troutman mentionne les paradoxes de Zénon, qui portent sur les processus infinis. Zénon (vers 500 av. J.-C.) était un philosophe grec surtout connu pour ses fameux paradoxes. L'un de ces paradoxes porte sur une course entre Achille, le héros grec de la légende, et une tortue. Au début de la course, la tortue (plus lente) part avec une certaine distance d'avance, comme le montre la figure 2.3.

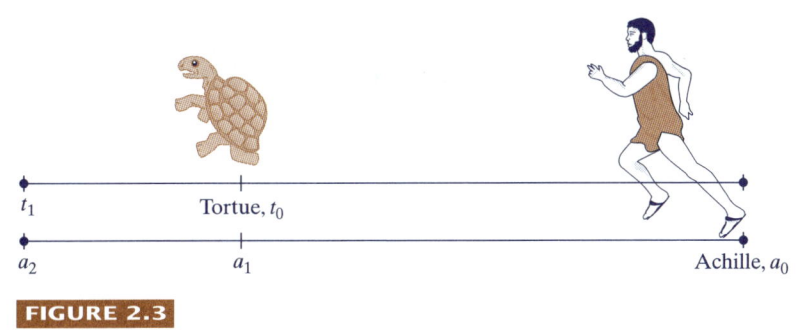

FIGURE 2.3

Position sur un axe de la tortue (t) et d'Achille (a)

Achille pourra-t-il rattraper la tortue ? Zénon fit remarquer qu'à l'instant où Achille atteindra le point de départ de la tortue, $a_1 = t_0$, la tortue aura atteint un nouveau point, t_1. Lorsque Achille arrivera en ce nouveau point, a_2, la tortue se trouvera en un autre point, t_2. Bien que beaucoup plus lente qu'Achille, la tortue continue d'avancer et bien que la distance entre Achille et la tortue devienne de plus en plus petite, la tortue semble toujours garder de l'avance.

Bien sûr, le simple bon sens nous fait penser qu'Achille rattrapera la tortue, qui est plus lente. Mais où est l'erreur dans ce raisonnement ? Elle est dans l'hypothèse que la somme d'un nombre infini d'intervalles de temps finis doit elle-même être infinie. Cette remarque soulève un point essentiel en calcul différentiel et intégral, qui est la notion de limite.

*Zénon s'intéressait à trois problèmes...
L'infinitésimal, l'infini et la continuité...
Entre son époque et la nôtre, les plus
grands penseurs de chaque génération
se sont attaqués à ces questions mais,
en général, n'ont abouti nulle part...
Le problème de l'infinitésimal a été
résolu par Weierstrass. Les deux autres
ont été résolus en partie par Dedekind
et définitivement par Cantor.*

BERTRAND RUSSELL
(*International Monthly*, 1901)

La notion de limite, que nous abordons dans ce chapitre, sert à définir les deux autres concepts fondamentaux du calcul différentiel et intégral : la dérivée et l'intégrale. Si la résolution du paradoxe de Zénon à l'aide des limites ne semble pas naturelle à première vue, il n'y a pas de quoi se décourager. Il a fallu 2 000 ans pour préciser les idées de Zénon et apporter des réponses concluantes aux questions soulevées par les limites.

EXEMPLE 1 Un aperçu intuitif de la notion de limite

On peut décrire la suite $\frac{1}{2}, \frac{2}{3}, \frac{3}{4}, \frac{4}{5}, \ldots$ en écrivant un *terme général* $\frac{n}{n+1}$, où $n = 1, 2, 3, 4, \ldots$ Peut-on deviner quelle est la limite L de cette suite ?

Solution Au fur et à mesure que n prend des valeurs de plus en plus grandes, on obtient une suite de fractions :

$$\frac{1}{2}, \frac{2}{3}, \frac{3}{4}, \ldots, \frac{1\,000}{1\,001}, \frac{1\,001}{1\,002}, \ldots, \frac{9\,999\,999}{10\,000\,000}, \ldots$$

Il est raisonnable de supposer que cette suite de fractions tend vers le nombre 1. En effet, si le numérateur et le dénominateur sont de plus en plus grands, ils sont aussi relativement de plus en plus proches l'un de l'autre.

🍁 LA DÉRIVÉE : LE PROBLÈME DE LA TANGENTE

Une **droite tangente** (ou plus simplement une **tangente**, si le contexte est clair) à un cercle en un point donné P est une droite qui coupe le cercle en P et seulement en P. Cette définition n'est pas valable, en général, pour les courbes, comme on le voit à la figure 2.4.

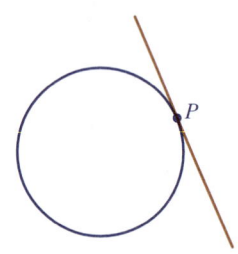

En chaque point P d'un cercle, il n'y a qu'une seule droite qui coupe le cercle une seule fois.

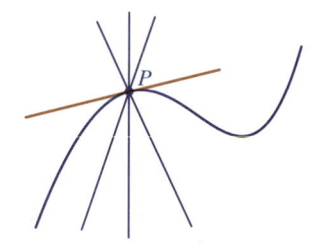

En chaque point P d'une courbe, il peut y avoir plusieurs droites qui coupent la courbe une seule fois.

FIGURE 2.4

Droite tangente

Pour trouver une droite tangente à une courbe, on prend d'abord une droite qui passe par deux points de la courbe, comme à la figure 2.5a. Cette dernière est appelée **droite sécante**.

a.   b.

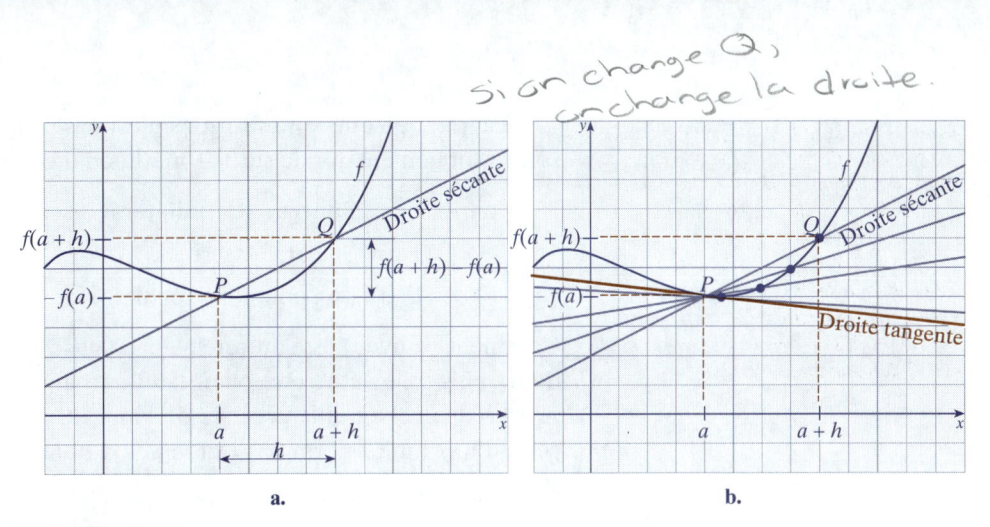

FIGURE 2.5

Droite sécante

Si on change Q, on change la droite.

Les coordonnées des deux points P et Q sont $P(a, f(a))$ et $Q(a+h, f(a+h))$. La pente de la droite sécante est

$$m = \frac{f(a+h) - f(a)}{h}$$

Nous avons vu en effet au chapitre 1 que la pente d'une droite quelconque est égale, par définition, au rapport du déplacement vertical sur le déplacement horizontal à l'intérieur d'un intervalle donné. Imaginons maintenant que Q se déplace sur la courbe en direction de P, comme à la figure 2.5b. On constate que la droite sécante s'approche d'une position *limite* au fur et à mesure que h s'approche de 0. À la section 3.1, nous verrons que cette position *limite* est la droite tangente. La pente de la droite tangente est définie comme la limite de la suite des pentes d'un ensemble de droites sécantes.

L'INTÉGRALE : LE PROBLÈME DE L'AIRE

Voici la formule bien connue qui donne l'aire d'un cercle de rayon r :

$$A = \pi r^2$$

Les Égyptiens furent les premiers, il y a plus de 5 000 ans, à calculer l'aire du cercle. Mais le Grec Archimède montra comment établir la formule donnant l'aire du cercle en utilisant le processus de la limite. Considérons l'aire des polygones inscrits de la figure 2.6.

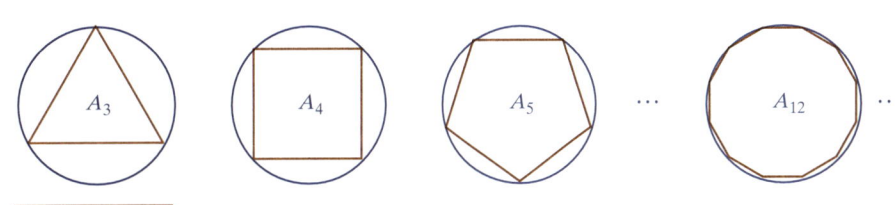

FIGURE 2.6

Approximation de l'aire d'un cercle

UN PEU D'HISTOIRE

Connu pour ses travaux sur les leviers, les corps flottants, les spirales et toutes sortes de figures géométriques à deux ou trois dimensions, Archimède fut l'un des plus grands mathématiciens de tous les temps. Nous nous intéressons ici au problème de l'approximation de l'aire d'un cercle. L'approche d'Archimède est fondée sur la méthode d'exhaustion ou de compression. Au lieu d'utiliser uniquement des polygones inscrits (comme à la figure 2.6), Archimède utilisa à la fois des polygones inscrits et des polygones circonscrits. L'aire du cercle se trouve alors « comprimée » entre les aires des polygones inscrits et circonscrits[*].

ARCHIMÈDE DE SYRACUSE (287-212 AV. J.-C.)

---

[*] Voir C. H. Edwards fils, *The Historical Development of Calculus*, Springer-Verlag, 1979, p. 31-35, où figure une description de cette méthode. Edwards cite un article de W. R. Knorr, qui déclare qu'Archimède trouva en fait une approximation plus exacte de π en partant de polygones inscrits et circonscrits à 640 côtés.

La notation que nous utilisons n'est pas celle d'Archimède, mais elle décrit bien son raisonnement, fondé sur la « méthode d'exhaustion ».

Soit A_3, l'aire du triangle équilatéral inscrit,

A_4, l'aire du carré inscrit et

A_5, l'aire du pentagone régulier inscrit.

Comment trouver l'aire du cercle de la figure 2.6 ? En prenant l'aire de A_3, puis celle de A_4, puis celle de A_5, etc., on obtient une suite d'aires telle que chaque aire est plus proche que celle qui la précède de l'aire du cercle. Ce processus, qui est tout à fait celui d'une limite, permit à Archimède d'obtenir la formule de l'aire d'un cercle.

Nous allons utiliser les limites de manière différente pour déterminer l'aire de régions délimitées par des courbes. Par exemple, considérons l'aire sous la courbe représentée à la figure 2.7. Nous pouvons en trouver une valeur approchée en partant de rectangles (voir la figure 2.8). Si R_n est l'aire du $n^{\text{ième}}$ rectangle, on obtiendra une approximation de l'aire totale en trouvant le résultat de la somme

$$R_1 + R_2 + R_3 + \ldots + R_{n-1} + R_n$$

Cette méthode est représentée à la figure 2.8.

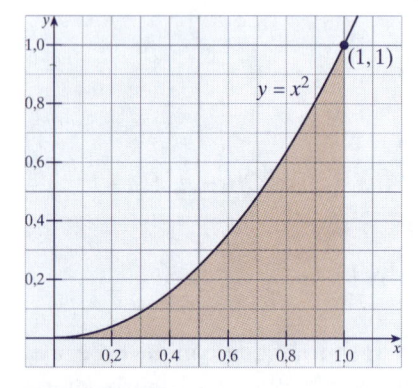

FIGURE 2.7
Aire située sous une courbe

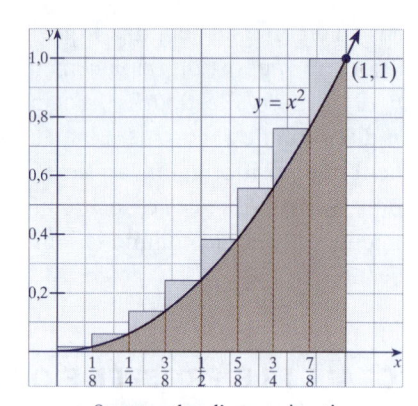

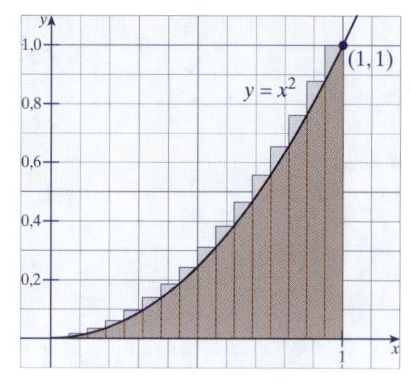

a. 8 rectangles d'approximation

b. 16 rectangles d'approximation

FIGURE 2.8
Approximation de l'aire à l'aide de rectangles circonscrits

Le problème de l'aire nous amène à un processus que l'on appelle **intégration**, dont l'étude constitue le **calcul intégral**. Un raisonnement similaire permet de calculer des volumes, la longueur d'une courbe, la valeur moyenne d'une fonction ou la quantité d'énergie nécessaire pour exécuter un travail donné.

PROBLÈMES 2.1

A

1. **Autrement dit ?** L'énoncé qui suit est un problème analogue au paradoxe de Zénon mettant en scène Achille et une tortue. Une femme debout dans une pièce ne peut pas marcher jusqu'au mur. Pour y parvenir, il lui faudrait parcourir la moitié de la distance, puis la moitié de la distance restante, et encore la moitié de la nouvelle distance qui reste. Ce processus peut se poursuivre indéfiniment et ne jamais prendre fin. Tracer une figure représentative de ce problème, puis présenter un raisonnement pour démontrer, à l'aide d'une suite de nombres, si cette femme finira quand même par atteindre le mur.

2. Soit la suite 0,3, 0,33, 0,333, 0,3333, ... Quelle est la limite de cette suite ?

3. Soit la suite 6, 6,6, 6,66, 6,666, 6,6666, ... Quelle est la limite de cette suite ?

4. Soit la suite 0,9, 0,99, 0,999, 0,9999, ... Quelle est la limite de cette suite ?

5. Soit la suite 9,9, 9,99, 9,999, 9,9999, ... Quelle est la limite de cette suite ?

6. Soit la suite 0,2, 0,27, 0,272, 0,2727, ... Quelle est la limite de cette suite ?

7. Soit la suite 0,4, 0,45, 0,454, 0,4545, ... Quelle est la limite de cette suite ?

8. Recopier les figures suivantes sur une feuille de papier. Tracer la droite tangente à chaque courbe au point *P*.

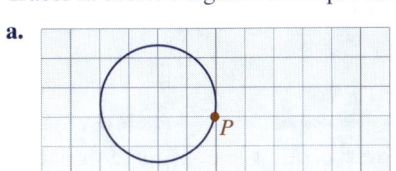

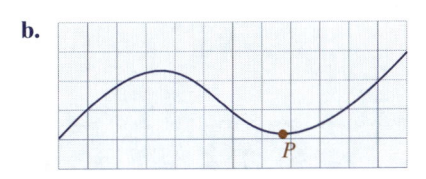

   a.

   b.

9. Recopier les figures suivantes sur une feuille de papier. Tracer la droite tangente à chaque courbe au point *P*.

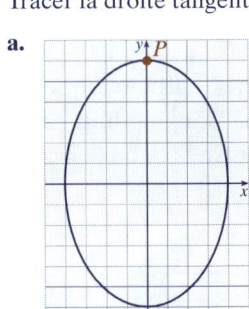

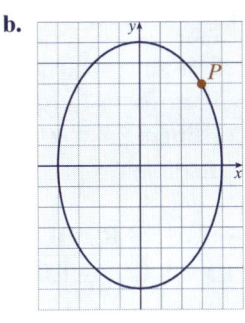

   a.   b.

10. Recopier les figures suivantes sur une feuille de papier. Tracer la droite tangente à chaque courbe au point *P*.

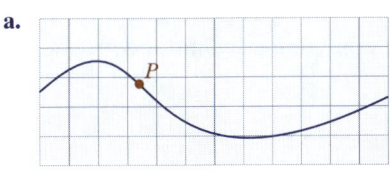

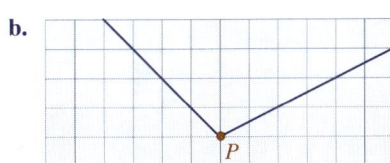

    a.

    b.

11. a. Tracer le graphe de $y = x^2$. Identifier les points de cette courbe où $x_0 = 1$ et $x_1 = 3$. Tracer la droite sécante passant par ces points et en calculer la pente.
    b. Trouver la pente de la droite sécante passant par les points où $x_0 = 1$ et $x_2 = 2$.

    c. Compléter le tableau suivant en indiquant la pente de diverses droites sécantes pour $x_0 = 1$ et x_n donné. Les réponses aux parties **a** et **b** ont été indiquées.

n	x_n	point	pente
1	3	(3, 9)	m = 4
2	2	(2, 4)	m = 3
3	1,5	(1,5, 2,25)	m = ?
4	1,1	(1,1, 1,21)	m = ?

    d. Tracer sur le graphe une droite tangente au point (1,1). En évaluer approximativement la pente. Comparer cette réponse avec les pentes trouvées à la partie **c**.

B

12. *Plusieurs papyrus égyptiens datent de plus de 5 millénaires. L'un des plus célèbres est le papyrus d'Ahmès, d'après le scribe égyptien qui le copia vers 1650 av. J.-C. Selon l'historien Carl B. Boyer, le scribe nous dit que le texte date du Moyen Empire, vers 2000 à 1800 av. J.-C. Ce parchemin est souvent appelé « papyrus de Rhind », parce qu'il fut découvert par Henri Rhind dans un village du bord du Nil.*

    Ce rouleau de papyrus décrit une méthode pour déterminer l'aire d'un cercle, ce qui était remarquable à l'époque. Cette méthode a été désignée problème 50 du papyrus. Dans ce problème, l'auteur suppose que l'aire d'un champ circulaire de 9 unités de diamètre est la même que l'aire d'un carré de 8 unités de côté.

    En utilisant les hypothèses de l'auteur du parchemin, qui constituent ce qu'on appelle aujourd'hui la « règle égyptienne de détermination de l'aire d'un cercle », expliquer à quelle approximation de π mène cette règle.

13. *La méthode égyptienne pour calculer l'aire d'un cercle (voir le problème 12) découle peut-être d'une méthode illustrée au problème 48 du papyrus de Rhind. Dans ce problème, le scribe forme un octogone à partir d'un carré de 9 unités de côté en divisant les côtés en 3 parties et en découpant les triangles isocèles des 4 coins, qui ont chacun une aire de 4,5 unités*[*].

    Comparer l'aire de cet octogone à l'aire d'un cercle inscrit dans le carré de 9 unités de côté et à l'aire d'un carré de 8 unités de côté.

14. On suppose que le cercle de la figure 2.6 (p. 63) a un rayon égal à 1. On sait que l'aire du cercle est $A = \pi(1)^2 = \pi$. Déterminer la suite des aires des polygones inscrits A_3, A_4, A_5, etc., et montrer que ces aires forment une suite de nombres qui semblent avoir pour limite π.

15. Calculer la somme des aires des rectangles représentés à la figure 2.8a (p. 64).

16. Calculer la somme des aires des rectangles représentés à la figure 2.8b (p. 64).

---

[*] Carl B. Boyer, *A History of Mathematics*, New York, John Wiley & Sons, 1968, p. 18.

2.2 Limite d'une fonction

DANS CETTE SECTION : définition intuitive de la limite, évaluation graphique des limites, évaluation des limites à l'aide de tableaux de valeurs, limites infinies, limites à l'infini

L'élaboration de la notion de limite fut une étape majeure dans l'évolution des mathématiques. Il n'est pas réaliste de s'attendre à comprendre immédiatement tout ce qui y a trait. Il faudra travailler avec patience, lire attentivement les exemples et faire autant de problèmes que possible. Ainsi, la notion de limite deviendra un outil mathématique particulièrement utile.

DÉFINITION INTUITIVE DE LA LIMITE

La limite d'une fonction f est un outil permettant d'étudier le comportement de $f(x)$ lorsque x devient très proche d'un nombre c donné. Pour visualiser ce concept, prenons un exemple.

EXEMPLE 1   Modélisation de la vitesse

La distance s (en mètres) parcourue par un corps en chute libre (sans résistance de l'air) en un temps t (en secondes) est donnée par $s(t) = 4{,}9t^2$. Exprimer la vitesse du corps à l'instant $t = 2$ s sous forme de limite.

Solution   On a besoin de définir une sorte d'« odomètre mathématique » pour mesurer la *vitesse instantanée* du corps à l'instant $t = 2$ s. Dans ce but, calculons d'abord la *vitesse moyenne*, représentée par $\bar{v}(t)$ du corps entre l'instant $t = 2$ s et un autre instant quelconque t à l'aide de la formule ci-dessous :

$$\bar{v}(t) = \frac{\text{DISTANCE PARCOURUE}}{\text{TEMPS ÉCOULÉ}} = \frac{s(t) - s(2)}{t - 2}$$

$$= \frac{4{,}9t^2 - 4{,}9(2)^2}{t - 2} = \frac{4{,}9t^2 - 19{,}6}{t - 2}$$

Il est raisonnable de s'attendre à ce que, au fur et à mesure que t se rapproche de 2, la vitesse moyenne $\bar{v}(t)$ tende vers la valeur de la vitesse instantanée recherchée à l'instant $t = 2$ s. On écrit

$$\lim_{t \to 2} \bar{v}(t) = \underbrace{\lim_{t \to 2} \frac{4{,}9t^2 - 19{,}6}{t - 2}}_{\text{Cette expression représente la vitesse instantanée à } t = 2 \text{ s.}}$$

Voici maintenant une définition intuitive de la limite.

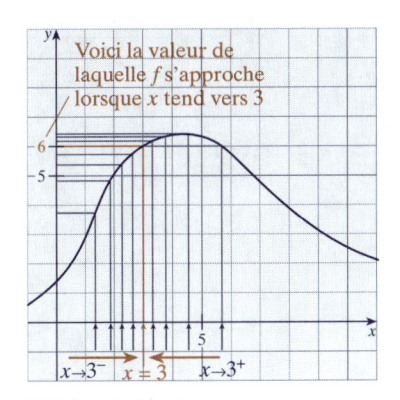

Limite d'une fonction (définition informelle)

La notation

$$\lim_{x \to c} f(x) = L$$

se lit : « La limite de $f(x)$ lorsque x tend vers c est L. » Elle signifie que les valeurs de la fonction $f(x)$ peuvent s'approcher arbitrairement de L si l'on choisit x suffisamment proche de c, sans être égal à c.

En d'autres termes

Si $f(x)$ devient arbitrairement proche d'un nombre L lorsque x tend vers c d'un côté ou de l'autre, on dit que L est la limite de $f(x)$ lorsque x tend vers c.

ÉVALUATION GRAPHIQUE DES LIMITES

La figure 2.9 représente le graphe d'une fonction f et son comportement lorsque x s'approche de la valeur $c = 3$. Les flèches servent à illustrer des suites possibles de nombres sur l'axe des x à partir de la gauche ou de la droite. Lorsque x tend vers $c = 3$, $f(x)$ est de plus en plus proche de 6. On écrit alors

$$\lim_{x \to 3} f(x) = 6$$

Pour indiquer que x s'approche de 3 par la gauche, on écrit $x \to 3^-$. Pour indiquer que x s'approche de 3 par la droite, on écrit $x \to 3^+$. On dit que la limite de $f(x)$ lorsque x tend vers 3 *existe* seulement si la valeur de la limite à gauche est la même que la valeur de la limite à droite.

FIGURE 2.9
Limite de $f(x)$ lorsque x tend vers c

Limite à droite et limite à gauche

Limite à droite : On écrit $\lim_{x \to c^+} f(x) = L$ si l'on peut rendre la valeur de $f(x)$ aussi proche de L que l'on veut en choisissant x suffisamment proche de c sur l'intervalle $]c, b[$, immédiatement à droite de c.

Limite à gauche : On écrit $\lim_{x \to c^-} f(x) = L$ si l'on peut rendre la valeur de $f(x)$ aussi proche de L que l'on veut en choisissant x suffisamment proche de c sur l'intervalle $]a, c[$, immédiatement à gauche de c.

On écrit $\lim_{x \to c} f(x) = L$ si et seulement si les limites

$$\lim_{x \to c^-} f(x) \quad \text{et} \quad \lim_{x \to c^+} f(x)$$

sont toutes les deux égales à L.

Ces notions de limites sont représentées à la figure 2.10 (p. 68).

UN PEU D'HISTOIRE

Dans la deuxième moitié du XVIIIe siècle, il était courant d'admettre que, sans assise logique, le calcul différentiel et intégral serait limité. Augustin-Louis Cauchy élabora une théorie acceptable des limites qui mit un terme à la plupart des doutes concernant la validité logique du calcul différentiel et intégral. Cauchy est présenté par l'historien Howard Eves non seulement comme un mathématicien de génie à la productivité spectaculaire, mais aussi comme un avocat (profession qu'il exerça pendant 14 ans), comme un alpiniste et comme un peintre (il réalisa des aquarelles). Il se distinguait aussi de ses contemporains par le fait qu'il était un ardent défenseur du respect de l'environnement.

En 1814, Cauchy écrivit un traité sur les intégrales qui est considéré comme un classique. En 1816, il reçut un prix de l'Académie française pour son article sur la propagation des ondes dans les liquides. Ses travaux ont marqué le début de l'analyse moderne. Cauchy rédigea au total plus de 700 articles, que l'on considère aujourd'hui comme une œuvre de génie.

AUGUSTIN-LOUIS CAUCHY (1789-1857)

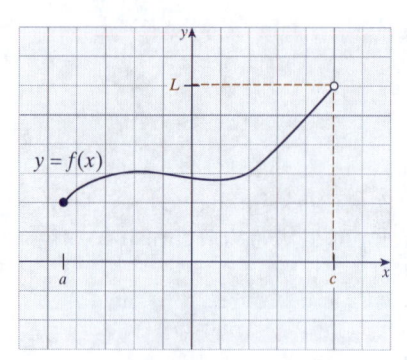

a. **Limite à gauche**
$$\lim_{x \to c^-} f(x) = L$$

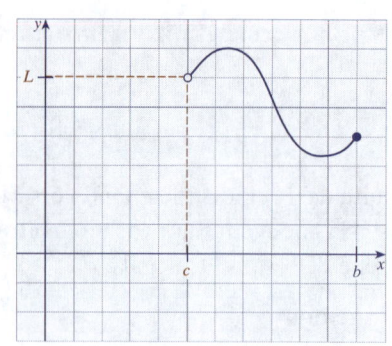

b. **Limite à droite**
$$\lim_{x \to c^+} f(x) = L$$

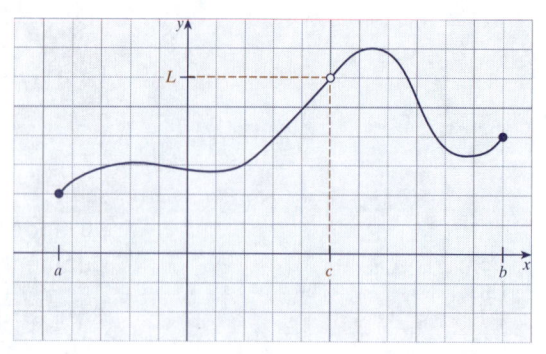

c. **Limite en** $x = c$
$$\lim_{x \to c} f(x) = L$$

FIGURE 2.10

On dit que $\lim_{x \to c} f(x) = L$ si et seulement si $\lim_{x \to c^-} f(x) = \lim_{x \to c^+} f(x) = L$.

EXEMPLE 2 — Évaluation des limites par la méthode graphique

Étant donné les fonctions définies par les graphes de la figure 2.11, déterminer les limites demandées, si elles existent, en observant le graphe correspondant.

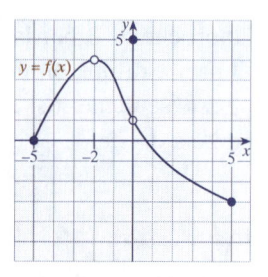

a. $\lim_{x \to 0} f(x)$

b. $\lim_{x \to 1} g(x)$

c. $\lim_{x \to 1} h(x)$

FIGURE 2.11
Détermination de limites à partir de graphes

Solution

a. En examinant attentivement le graphe donné, on remarque les points ouverts $(-2, 4)$ et $(0, 1)$ et on constate que $f(0) = 5$. Pour déterminer $\lim_{x \to 0} f(x)$, il faut trouver les limites à gauche et à droite de $x = 0$. En examinant la figure 2.11a, on trouve

$$\lim_{x \to 0^-} f(x) = 1 \quad \text{et} \quad \lim_{x \to 0^+} f(x) = 1$$

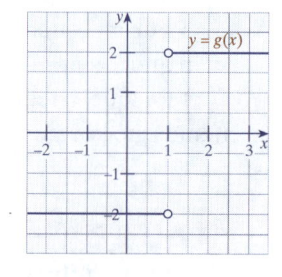

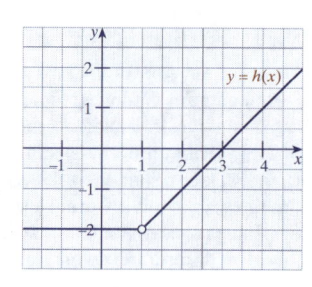

Donc $\lim_{x \to 0} f(x)$ existe et $\lim_{x \to 0} f(x) = 1$.

Soulignons ici que *la valeur de la limite de $f(x)$ lorsque $x \to 0$ n'est pas la même que la valeur de la fonction en $x = 0$*.

b. En examinant la figure 2.11b, on trouve

$$\lim_{x \to 1^-} g(x) = -2 \quad \text{et} \quad \lim_{x \to 1^+} g(x) = 2$$

Donc la limite de $g(x)$ lorsque $x \to 1$ n'existe pas.

c. En examinant la figure 2.11c, on trouve

$$\lim_{x \to 1^-} h(x) = -2 \text{ et } \lim_{x \to 1^+} h(x) = -2$$

Donc $\lim_{x \to 1} h(x) = -2$. Cependant, $h(1)$ n'existe pas.

EXEMPLE 3   **Détermination de la limite de l'exemple 1 par la méthode graphique**

Déterminer $\lim_{t \to 2} \dfrac{4,9t^2 - 19,6}{t - 2}$ par la méthode graphique.

Solution

$$\overline{v}(t) = \frac{4,9t^2 - 19,6}{t - 2} = \frac{4,9(t^2 - 4)}{t - 2} = \frac{4,9(t - 2)(t + 2)}{t - 2} = 4,9(t + 2), \; t \neq 2$$

Le graphe de $\overline{v}(t)$ est une droite dont un point a été supprimé, comme le montre la figure 2.12.

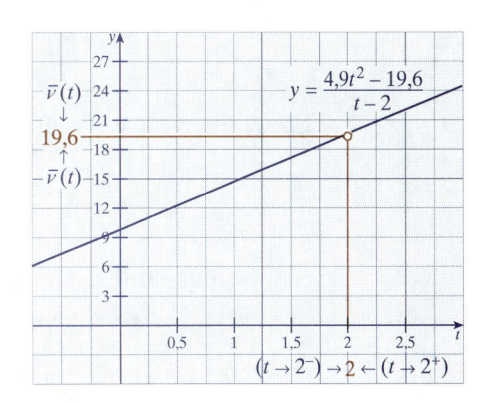

FIGURE 2.12 $\lim_{t \to 2} \dfrac{4,9t^2 - 19,6}{t - 2} = 19,6$

On peut maintenant évaluer la limite :

$$\lim_{t \to 2} \overline{v}(t) = 19,6$$

Autrement dit, la vitesse instantanée du corps qui tombe de l'exemple 1 est 19,6 m/s lorsque $t = 2$ s.

> ⚠ La limite d'une fonction lorsque la variable indépendante s'approche d'une valeur ne dépend pas de l'image de la fonction pour cette valeur.

Il est important de se rappeler que lorsqu'on écrit

$$\lim_{x \to c} f(x) = L$$

il n'est pas indispensable que c lui-même appartienne au domaine de f ni que $f(c)$, si elle est définie, soit égale à la limite. Les fonctions ayant cette propriété particulière de satisfaire à

$$\lim_{x \to c} f(x) = f(c)$$

sont dites **continues en** $x = c$. Nous étudierons la continuité à la section 2.4.

2.2 ■ Limite d'une fonction   **69**

ÉVALUATION DES LIMITES À L'AIDE DE TABLEAUX DE VALEURS

Il n'est pas toujours commode (ni même possible) de tracer un graphe pour déterminer des limites. On peut alors construire un tableau de valeurs pour $f(x)$ lorsque x tend vers c.

EXEMPLE 4 — Détermination d'une limite à partir d'un tableau de valeurs

Déterminer $\lim\limits_{t \to 2} \dfrac{4{,}9t^2 - 19{,}6}{t - 2}$ en utilisant un tableau de valeurs.

Solution On a déjà rencontré cette limite aux exemples 1 et 3. Commençons par choisir des suites de nombres pour $t \to 2^-$ et $t \to 2^+$:

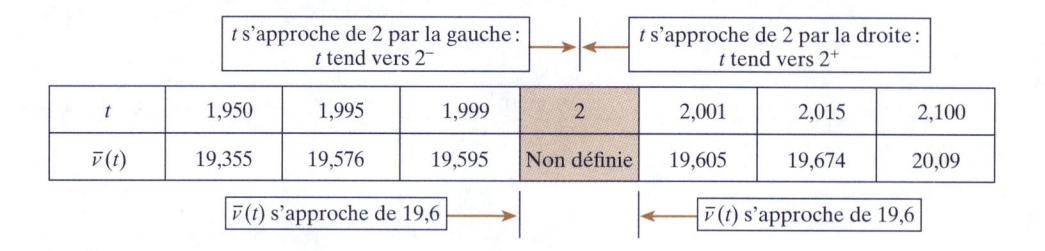

t s'approche de 2 par la gauche : t tend vers 2^- $\quad\longleftrightarrow\quad$ t s'approche de 2 par la droite : t tend vers 2^+

t	1,950	1,995	1,999	2	2,001	2,015	2,100
$\bar{v}(t)$	19,355	19,576	19,595	Non définie	19,605	19,674	20,09

$\bar{v}(t)$ s'approche de 19,6 $\quad\longrightarrow\quad\longleftarrow\quad$ $\bar{v}(t)$ s'approche de 19,6

Le comportement des nombres du tableau suggère que

$$\lim_{t \to 2} \frac{4{,}9t^2 - 19{,}6}{t - 2} = 19{,}6$$

comme on l'a trouvé à l'aide d'une approche graphique à l'exemple 3.

EXEMPLE 5 — Détermination des limites de fonctions trigonométriques

Évaluer $\lim\limits_{x \to 0} \sin x$ et $\lim\limits_{x \to 0} \cos x$.

Solution On peut évaluer ces limites à l'aide d'un tableau de valeurs ou par la méthode graphique.

À l'aide d'un tableau de valeurs :

x	−1	−0,5	−0,1	−0,01	0,01	0,1	0,5	1
$\sin x$	−0,84	−0,48	−0,0998	−0,0099998	0,0099998	0,0998	0,48	0,84
$\cos x$	0,54	0,88	0,9950	0,9999500	0,9999500	0,9950	0,88	0,54

Le comportement des nombres du tableau suggère que

$$\lim_{x \to 0} \sin x = 0 \quad \text{et} \quad \lim_{x \to 0} \cos x = 1$$

L'étude des graphes des fonctions permettrait facilement d'aboutir aux mêmes conclusions.

EXEMPLE 6 — **Évaluation d'une limite à l'aide d'un tableau de valeurs**

Évaluer $\lim_{x \to 0} \dfrac{\sin x}{x}$.

Solution $f(x) = \dfrac{\sin x}{x}$ est une fonction paire, parce que

$$f(-x) = \frac{\sin(-x)}{-x} = \frac{-\sin x}{-x} = \frac{\sin x}{x} = f(x)$$

Cela signifie qu'il suffit de déterminer la limite de $f(x)$ lorsque x tend vers 0 par la droite, car le comportement de la fonction lorsque x tend vers 0 par la gauche sera le même. On a donc le tableau :

x	0,1	0,05	0,01	0,001	0
$f(x)$	0,998334	0,999583	0,999833	0,999999833	Non définie

Le tableau suggère que $\lim_{x \to 0^+} \dfrac{\sin x}{x} = 1$ et donc que $\lim_{x \to 0} \dfrac{\sin x}{x} = 1$. Nous retrouverons cette limite à la section 2.3.

Il est possible qu'une fonction f n'ait pas de valeur limite lorsque x tend vers c. Lorsque $\lim_{x \to c} f(x)$ n'existe pas, on dit que la fonction f **diverge** lorsque x tend vers c.

EXEMPLE 7 — **Une limite qui diverge par oscillation**

Évaluer $\lim_{x \to 0} \sin\left(\dfrac{1}{x}\right)$.

Solution Notons que cette limite n'est pas la même que $\lim_{x \to 0} \dfrac{\sin x}{x}$. Les valeurs de $f(x) = \sin\left(\dfrac{1}{x}\right)$ oscillent indéfiniment entre -1 et 1 lorsque x s'approche de 0. Le graphe de $f(x)$ est représenté à la figure 2.13.

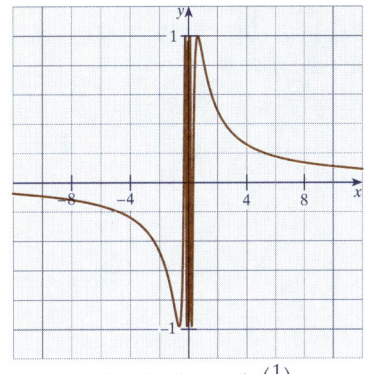

Graphe de $y = \sin\left(\dfrac{1}{x}\right)$ Détail du graphe sur $[-1, 1]$ Détail du graphe sur $[-0,1, 0,1]$

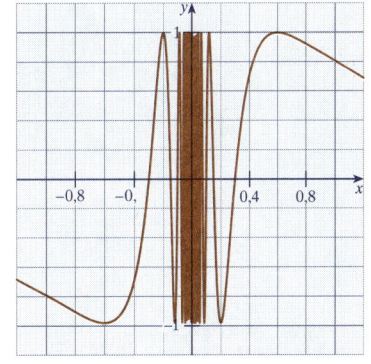

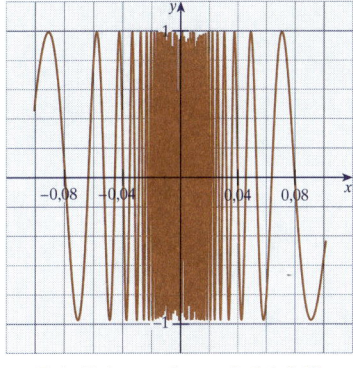

FIGURE 2.13 $f(x) = \sin\left(\dfrac{1}{x}\right)$ diverge par oscillation lorsque $x \to 0$.

Comme les valeurs de $f(x)$ ne s'approchent pas d'un nombre unique L lorsque x tend vers 0, la limite n'existe pas. Ce type de comportement d'une fonction est appelé **divergence par oscillation**.

LIMITES INFINIES

On dit d'une fonction f qui augmente ou diminue indéfiniment lorsque x s'approche de c qu'elle **tend vers l'infini** (∞) en c. Pour traduire ce comportement, on écrit

$$\lim_{x \to c} f(x) = +\infty \text{ si } f \text{ augmente indéfiniment}$$

et

$$\lim_{x \to c} f(x) = -\infty \text{ si } f \text{ diminue indéfiniment}$$

> ⚠ Il est important de rappeler que ∞ **n'est pas** un nombre. Il s'agit simplement d'un symbole représentant une croissance ou une décroissance illimitées d'une fonction.

EXEMPLE 8   Une limite infinie

Évaluer $\lim\limits_{x \to 0} \dfrac{1}{x^2}$.

Solution   Lorsque $x \to 0$, les valeurs correspondantes de la fonction $f(x) = \dfrac{1}{x^2}$ deviennent arbitrairement grandes, comme l'indique le tableau ci-dessous :

	\multicolumn{3}{c}{x s'approche de 0 par la gauche : x tend vers 0^-}		\multicolumn{3}{c}{x s'approche de 0 par la droite : x tend vers 0^+}
x	$-0{,}1$	$-0{,}05$	$-0{,}001$	0	$0{,}001$	$0{,}005$	$0{,}01$
$f(x) = \dfrac{1}{x^2}$	100	400	1×10^6	Non définie	1×10^6	4×10^4	1×10^4

Le graphe de f est représenté à la figure 2.14.

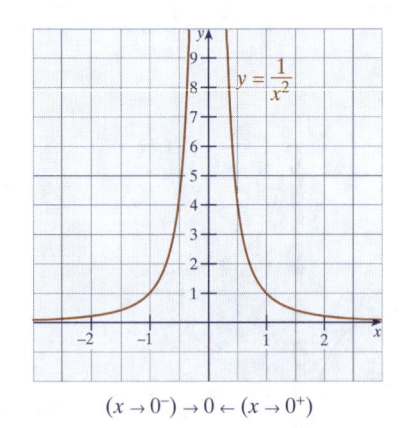

$(x \to 0^-) \to 0 \leftarrow (x \to 0^+)$

FIGURE 2.14

$\lim\limits_{x \to 0} \dfrac{1}{x^2}$ n'existe pas et le graphe montre que les valeurs de f augmentent sans valeur limite lorsque x s'approche de 0.

Ainsi, $\lim\limits_{x \to 0} \dfrac{1}{x^2}$ n'existe pas. On peut cependant écrire $\lim\limits_{x \to 0} \dfrac{1}{x^2} = +\infty$ afin d'expliciter le comportement de la fonction f lorsque x s'approche de 0.

LIMITES À L'INFINI

On s'intéresse parfois au comportement d'une fonction f lorsque les valeurs de x sont de plus en plus « positives » ($x \to +\infty$) ou de plus en plus « négatives » ($x \to -\infty$). Les limites ainsi étudiées sont appelées *limites à l'infini*. Pour les évaluer, on peut utiliser un tableau de valeurs.

EXEMPLE 9 Évaluation d'une limite à l'infini à l'aide d'un tableau de valeurs

Évaluer :

a. $\lim\limits_{x \to +\infty} \dfrac{1}{x^2}$ **b.** $\lim\limits_{x \to -\infty} \dfrac{x^3 + 1}{x^2}$

Solution

a. Lorsque $x \to +\infty$, les valeurs correspondantes de la fonction $f(x) = \dfrac{1}{x^2}$ sont de plus en plus proches de 0, comme l'indique le tableau ci-dessous.

x	10	100	1 000	10 000	100 000
$f(x)$	0,01	0,0001	1×10^{-6}	1×10^{-8}	1×10^{-10}

Le comportement des nombres du tableau suggère que $\lim\limits_{x \to +\infty} \dfrac{1}{x^2} = 0$. On peut confirmer ce résultat graphiquement à l'aide de la figure 2.14.

b. Lorsque $x \to -\infty$, les valeurs correspondantes de la fonction $f(x) = \dfrac{x^3 + 1}{x^2}$ deviennent de plus en plus petites, comme l'indique le tableau ci-dessous.

x	−10	−100	−1 000	−10 000	−100 000
$f(x)$	−9,99	−99,99	−999,99	−9 999,99	−99 999,99

Le comportement des nombres du tableau suggère que $\lim\limits_{x \to -\infty} \dfrac{x^3 + 1}{x^2} = -\infty$. Le graphe de f est représenté à la figure 2.15.

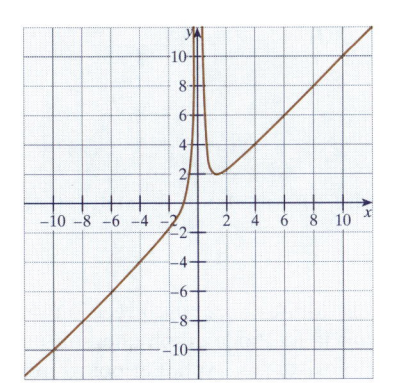

FIGURE 2.15

$f(x) = \dfrac{x^3 + 1}{x^2}$ diverge lorsque $x \to -\infty$.

Les limites infinies et les limites à l'infini permettent d'identifier, le cas échéant, les *asymptotes* d'une fonction (voir la définition au chapitre 4). Elles seront particulièrement utiles lorsqu'on fera l'analyse de fonctions dans le but de tracer leur graphe, au chapitre 4.

Dans la prochaine section, nous étudierons certaines propriétés des limites qui faciliteront leur calcul. Rappelons que, dans les problèmes qui suivent, on cherche à mettre l'accent sur une compréhension intuitive des limites, que ce soit par la méthode graphique ou à l'aide des tableaux de valeurs.

2.2 ■ Limite d'une fonction

PROBLÈMES 2.2

A

Problèmes 1 à 6 : Étant donné les fonctions définies par les graphes de la figure 2.16, déterminer les limites demandées.

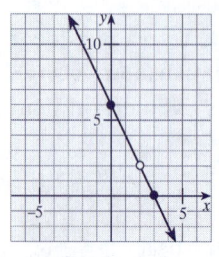

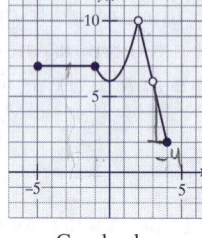

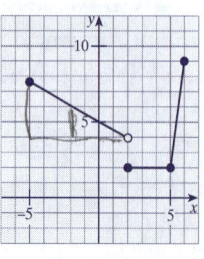

Graphe de f Graphe de g Graphe de t

FIGURE 2.16
Graphes des fonctions f, g et t

1. **a.** $\lim_{x \to 3} f(x)$ **b.** $\lim_{x \to 2} f(x)$ **c.** $\lim_{x \to 0} f(x)$
2. **a.** $\lim_{x \to -3} g(x)$ **b.** $\lim_{x \to -1} g(x)$ **c.** $\lim_{x \to 4^+} g(x)$
3. **a.** $\lim_{x \to 4} t(x)$ **b.** $\lim_{x \to -4} t(x)$ **c.** $\lim_{x \to -5^+} t(x)$
4. **a.** $\lim_{x \to 2^-} f(x)$ **b.** $\lim_{x \to 2^+} f(x)$ **c.** $\lim_{x \to 2} f(x)$
5. **a.** $\lim_{x \to 3^-} g(x)$ **b.** $\lim_{x \to 3^+} g(x)$ **c.** $\lim_{x \to 3} g(x)$
6. **a.** $\lim_{x \to 2^-} t(x)$ **b.** $\lim_{x \to 2^+} t(x)$ **c.** $\lim_{x \to 2} t(x)$

Problèmes 7 et 8 : Déterminer les limites probables en indiquant les valeurs manquantes dans les tableaux.

7. $\lim_{x \to 5^-} f(x)$, où $f(x) = 4x - 5$

		$x \to 5^-$				
x	2	3	4	4,5	4,9	4,99
$f(x)$	3					
		$f(x) \to ?$				

8. $\lim_{x \to 2} h(x)$, où $h(x) = \dfrac{3x^2 - 2x - 8}{x - 2}$

	$x \to 2^-$			$2^+ \leftarrow x$		
x	1	1,9	1,99	1,999	2,001	2,1	2,5	3
$h(x)$	7							
		$h(x) \to$	?	$\leftarrow h(x)$		

Problèmes 9 à 14 : Décrire chaque illustration à l'aide d'un énoncé sur la limite.

9. 10.

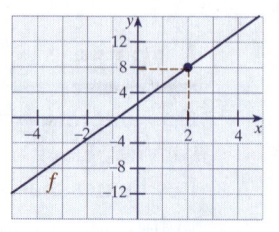

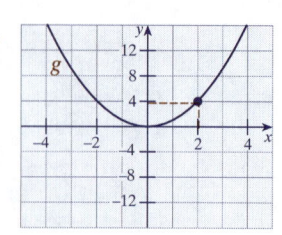

11. 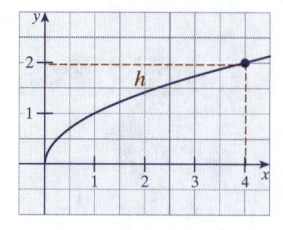 12.

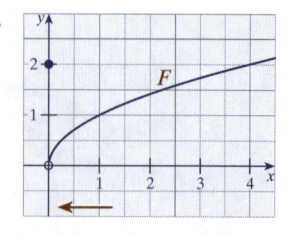

13. 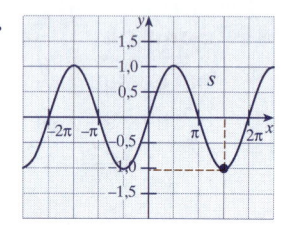 14.

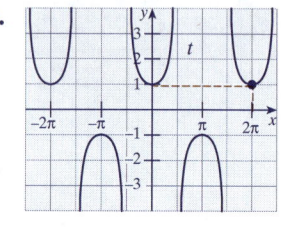

B

15. **Autrement dit ?** Décrire une méthode permettant de déterminer une limite.

Problèmes 16 à 32 : Évaluer les limites avec une précision de deux décimales, en utilisant soit la méthode graphique, soit un tableau de valeurs. Si la limite n'existe pas, expliquer pourquoi.

16. $\lim_{x \to 0^+} x^4$
17. $\lim_{x \to 0^+} \cos x$
18. $\lim_{x \to 2^-} (x^2 - 4)$
19. $\lim_{x \to \pi/2} \tan x$
20. **a.** $\lim_{x \to 0} \dfrac{\cos x}{x}$
    b. $\lim_{x \to \pi} \dfrac{\cos x}{x}$

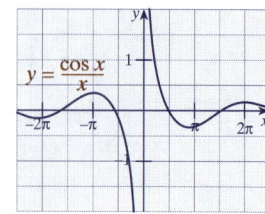

$y = \dfrac{\cos x}{x}$

74 Chapitre 2 ■ Limites et continuité

21. a. $\lim\limits_{x\to 1^+} \ln(x-1)$

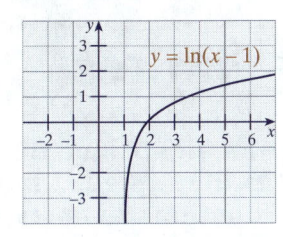

b. $\lim\limits_{x\to 2} \ln(x-1)$

22. a. $\lim\limits_{x\to 0,4} |x|\sin\left(\dfrac{1}{x}\right)$

b. $\lim\limits_{x\to 0} |x|\sin\left(\dfrac{1}{x}\right)$

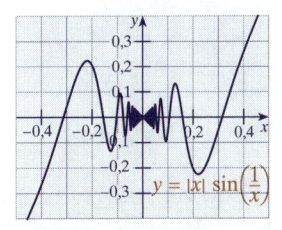

23. a. $\lim\limits_{x\to 0} \dfrac{1-\cos x}{x}$

b. $\lim\limits_{x\to \pi} \dfrac{1-\cos x}{x}$

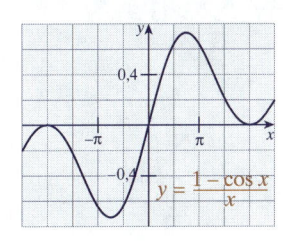

24. a. $\lim\limits_{x\to 3} \dfrac{x^2+3x-10}{x-2}$ **b.** $\lim\limits_{x\to 3} \dfrac{x^2+3x-10}{x-3}$

25. a. $\lim\limits_{x\to 0} x^2 e^{-x}$ **b.** $\lim\limits_{x\to 1} x^2 e^{-x}$

26. a. $\lim\limits_{x\to 0} e^{-x^3}$ **b.** $\lim\limits_{x\to 1} e^{-x^3}$

27. $\lim\limits_{x\to 2^-} \dfrac{-2x^2-x-1}{x-2}$ **28.** $\lim\limits_{x\to 3^-} \ln\left(\dfrac{3-x}{12}\right)$

29. $\lim\limits_{x\to +\infty} \dfrac{3x^2-4x+1}{2x^2-x+5}$ **30.** $\lim\limits_{x\to -\infty} \dfrac{2x^4-x^2+2}{x^5+8x}$

31. $\lim\limits_{x\to 2^+} \left(\dfrac{3}{(x-2)} - \dfrac{2}{(x-2)^2}\right)$

32. $\lim\limits_{x\to 0} \dfrac{x-3}{x^2}$

33. Problème de modélisation Bernard et Suzanne roulent sur une route droite et horizontale dans une voiture dont le compteur de vitesse est cassé mais qui est équipée d'un odomètre journalier mesurant la distance parcourue à partir d'un point de départ arbitraire au dixième de kilomètre près. À 14 h 50, Bernard déclare qu'il aimerait savoir à quelle vitesse ils rouleront à 15 h 00. Suzanne relève donc les valeurs indiquées par l'odomètre (voir le tableau ci-dessous), effectue quelques calculs et lui donne la réponse. Quel est son résultat ?

Instant t	14 h 50	14 h 55	14 h 59
Relevé de l'odomètre	33,9 km	38,2 km	41,5 km

Instant t	15 h 00	15 h 01	15 h 03	15 h 06
Relevé de l'odomètre	42,4 km	43,2 km	44,9 km	47,4 km

C

34. L'approche utilisant les tableaux de valeurs est commode pour étudier les limites de manière informelle, mais elle peut induire en erreur si l'on n'est pas très prudent. Par exemple, pour $x \neq 0$, soit

$$f(x) = \sin\left(\dfrac{1}{x}\right)$$

a. Construire un tableau indiquant les valeurs de $f(x)$ pour $x = \dfrac{-2}{\pi}, \dfrac{-2}{9\pi}, \dfrac{-2}{13\pi}, \dfrac{2}{19\pi}, \dfrac{2}{7\pi}, \dfrac{2}{3\pi}$. À partir de ce tableau, que peut-on dire de $\lim\limits_{x\to 0} f(x)$?

b. Construire un deuxième tableau, dans lequel figurent cette fois les valeurs de $f(x)$ pour

$$x = \dfrac{-1}{2\pi}, \dfrac{-1}{11\pi}, \dfrac{-1}{20\pi}, \dfrac{1}{50\pi}, \dfrac{1}{30\pi}, \dfrac{1}{5\pi}.$$

Maintenant, que peut-on dire de $\lim\limits_{x\to 0} f(x)$?

c. À partir des résultats des parties **a** et **b**, que peut-on conclure sur $\lim\limits_{x\to 0} \sin\left(\dfrac{1}{x}\right)$?

2.3 Propriétés des limites

DANS CETTE SECTION : calcul des limites, évaluation algébrique des limites (formes indéterminées et cas particuliers), deux limites trigonométriques particulières, limites des fonctions définies par parties

CALCUL DES LIMITES

Voici une liste de propriétés qui peuvent servir à évaluer toute une variété de limites.

Propriétés fondamentales et règles relatives aux limites

Pour tout nombre réel c, on suppose que les fonctions f et g ont toutes les deux des limites en $x = c$.

Règle de la fonction constante $\quad \lim\limits_{x \to c} k = k$ pour toute constante k

Règle de la fonction $f(x) = x$ $\quad \lim\limits_{x \to c} x = c$

Règle de la multiplication par une constante $\quad \lim\limits_{x \to c} [sf(x)] = s \lim\limits_{x \to c} f(x)$ pour toute constante s

La limite d'une fonction multipliée par une constante est égale à la constante multipliée par la limite de la fonction.

Règle de la somme $\quad \lim\limits_{x \to c} [f(x) + g(x)] = \lim\limits_{x \to c} f(x) + \lim\limits_{x \to c} g(x)$

La limite d'une somme est égale à la somme des limites.

Règle de la différence $\quad \lim\limits_{x \to c} [f(x) - g(x)] = \lim\limits_{x \to c} f(x) - \lim\limits_{x \to c} g(x)$

La limite d'une différence est égale à la différence des limites.

Règle du produit $\quad \lim\limits_{x \to c} [f(x)g(x)] = \left[\lim\limits_{x \to c} f(x)\right]\left[\lim\limits_{x \to c} g(x)\right]$

La limite d'un produit est égale au produit des limites.

Règle du quotient $\quad \lim\limits_{x \to c} \dfrac{f(x)}{g(x)} = \dfrac{\lim\limits_{x \to c} f(x)}{\lim\limits_{x \to c} g(x)}$ si $\lim\limits_{x \to c} g(x) \neq 0$

La limite d'un quotient est égale au quotient des limites, à condition que la limite du dénominateur ne soit pas nulle.

Règle des puissances $\quad \lim\limits_{x \to c} [f(x)]^n = \left[\lim\limits_{x \to c} f(x)\right]^n$, où n est un nombre rationnel et à condition que $[f(x)]^n$ soit définie dans le voisinage de c et que la limite située du côté droit de l'égalité existe.

La limite d'une fonction élevée à une puissance donnée est égale à la puissance de la limite de la fonction.

Il est assez facile de justifier graphiquement les règles des limites pour une fonction constante et pour la fonction $f(x) = x$, comme le montre la figure 2.17.

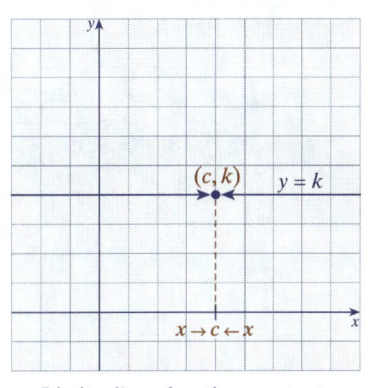

a. Limite d'une fonction constante :
$$\lim_{x \to c} k = k$$

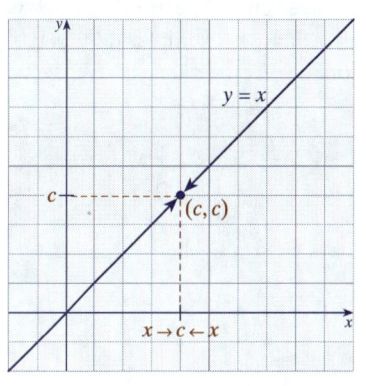

b. Limite de la fonction $f(x) = x$:
$$\lim_{x \to c} x = c$$

FIGURE 2.17

Deux limites fondamentales

EXEMPLE 1 Détermination de la limite d'une fonction polynomiale

Évaluer $\lim\limits_{x \to 2} \left(2x^5 - 9x^3 + 3x^2 - 11 \right)$.

Solution

$$\lim_{x \to 2} \left(2x^5 - 9x^3 + 3x^2 - 11 \right) = \lim_{x \to 2} \left(2x^5 \right) - \lim_{x \to 2} \left(9x^3 \right) + \lim_{x \to 2} \left(3x^2 \right) - \lim_{x \to 2} (11)$$

Règles de la somme et de la différence

$$= 2\left[\lim_{x \to 2} x^5 \right] - 9\left[\lim_{x \to 2} x^3 \right] + 3\left[\lim_{x \to 2} x^2 \right] - 11$$

Règles de la multiplication par une constante et de la fonction constante

$$= 2\left[\lim_{x \to 2} x \right]^5 - 9\left[\lim_{x \to 2} x \right]^3 + 3\left[\lim_{x \to 2} x \right]^2 - 11$$

Règle des puissances

$$= 2(2)^5 - 9(2)^3 + 3(2)^2 - 11 = -7$$

Règle de la fonction $f(x) = x$

Remarque En examinant attentivement l'exemple 1, on constate que si f est une fonction polynomiale quelconque, on peut alors déterminer la limite en $x = c$ en substituant x par c dans la formule donnant $f(x)$.

Limite d'une fonction polynomiale

Si P est une fonction polynomiale, alors

$$\lim_{x \to c} P(x) = P(c)$$

⚠ Le terme « limite » doit être utilisé avec circonspection, en particulier dans les exemples de cette section.

EXEMPLE 2   Détermination de la limite d'une fonction rationnelle

Évaluer $\lim\limits_{z \to -1} \dfrac{z^3 - 3z + 7}{5z^2 + 9z + 6}$.

Solution

$$\lim_{z \to -1} \dfrac{z^3 - 3z + 7}{5z^2 + 9z + 6} = \dfrac{\lim\limits_{z \to -1}(z^3 - 3z + 7)}{\lim\limits_{z \to -1}(5z^2 + 9z + 6)} \quad \text{Règle du quotient}$$

$$= \dfrac{(-1)^3 - 3(-1) + 7}{5(-1)^2 + 9(-1) + 6} \quad \text{Le numérateur et le dénominateur sont des fonctions polynomiales.}$$

$$= \dfrac{9}{2}$$

Soulignons que si le dénominateur d'une fonction rationnelle n'est pas nul, on peut trouver la limite par substitution.

Limite d'une fonction rationnelle

Si Q est une fonction rationnelle définie par $Q(x) = \dfrac{P(x)}{D(x)}$, alors

$$\lim_{x \to c} Q(x) = \dfrac{P(c)}{D(c)}$$

à condition que $D(c) \neq 0$.

EXEMPLE 3   Détermination de la limite d'une fonction élevée à une puissance donnée

Évaluer $\lim\limits_{x \to -2} \sqrt[3]{x^2 - 3x - 2}$.

Solution

$$\lim_{x \to -2} \sqrt[3]{x^2 - 3x - 2} = \lim_{x \to -2}(x^2 - 3x - 2)^{1/3}$$

$$= \left[\lim_{x \to -2}(x^2 - 3x - 2)\right]^{1/3} \quad \text{Règle des puissances}$$

$$= \left[(-2)^2 - 3(-2) - 2\right]^{1/3} = (8)^{1/3} = 2$$

Là encore, pour les valeurs de la fonction pour lesquelles $f(c)$ est définie, on peut déterminer la limite en $x = c$ par substitution.

À la section précédente, nous avons utilisé un tableau de valeurs pour trouver $\lim\limits_{x \to 0} \sin x = 0$ et $\lim\limits_{x \to 0} \cos x = 1$. Dans l'exemple qui suit, nous allons utiliser ces résultats ainsi que les propriétés des limites pour déterminer d'autres limites trigonométriques.

EXEMPLE 4 Détermination de limites trigonométriques de manière algébrique

Sachant que $\lim\limits_{x \to 0} \sin x = 0$ et $\lim\limits_{x \to 0} \cos x = 1$, évaluer :

a. $\lim\limits_{x \to 0} \sin^2 x$ **b.** $\lim\limits_{x \to 0} (1 - \cos x)$

Solution

a. $\lim\limits_{x \to 0} \sin^2 x = \left[\lim\limits_{x \to 0} \sin x\right]^2$ Règle des puissances

$\qquad\qquad\quad = (0)^2$

$\qquad\qquad\quad = 0$

b. $\lim\limits_{x \to 0} (1 - \cos x) = \lim\limits_{x \to 0} 1 - \lim\limits_{x \to 0} \cos x$ Règle de la différence

$\qquad\qquad\qquad\quad = 1 - 1$ Règle de la fonction constante

$\qquad\qquad\qquad\quad = 0$

D'après le théorème qui suit, on peut déterminer les limites des fonctions trigonométriques, exponentielles et logarithmiques par substitution directe, à condition que le nombre c duquel x s'approche soit dans le domaine de la fonction donnée.

THÉORÈME 2.1   **Limites des fonctions transcendantes**

Si c est un nombre quelconque appartenant au domaine de la fonction donnée, alors

$\lim\limits_{x \to c} \sin x = \sin c \qquad \lim\limits_{x \to c} \tan x = \tan c \qquad \lim\limits_{x \to c} \sec x = \sec c \qquad \lim\limits_{x \to c} b^x = b^c$

$\lim\limits_{x \to c} \cos x = \cos c \qquad \lim\limits_{x \to c} \cot x = \cot c \qquad \lim\limits_{x \to c} \csc x = \csc c \qquad \lim\limits_{x \to c} \ln x = \ln c$

Démonstration On va montrer que $\lim\limits_{x \to c} \sin x = \sin c$. Les autres formules peuvent se démontrer de manière analogue. Soit $h = x - c$. On a donc $x = h + c$, de sorte que $x \to c$ lorsque $h \to 0$. Par conséquent,

$$\lim\limits_{x \to c} \sin x = \lim\limits_{h \to 0} \sin(h + c)$$

À l'aide de l'identité trigonométrique $\sin(A + B) = \sin A \cos B + \cos A \sin B$ et des règles donnant les limites des sommes et des produits, on trouve

$\lim\limits_{x \to c} \sin x = \lim\limits_{h \to 0} \sin(h + c)$

$\qquad\quad = \lim\limits_{h \to 0} [\sin h \cos c + \cos h \sin c]$

$\qquad\quad = \lim\limits_{h \to 0} \sin h \cdot \lim\limits_{h \to 0} \cos c + \lim\limits_{h \to 0} \cos h \cdot \lim\limits_{h \to 0} \sin c$

$\qquad\quad = 0 \cdot \cos c + 1 \cdot \sin c \qquad$ Car $\lim\limits_{h \to 0} \sin h = 0$ et $\lim\limits_{h \to 0} \cos h = 1$

$\qquad\quad = \sin c$

Notons que $\sin c$ et $\cos c$ ne varient pas lorsque $h \to 0$, parce que ce sont des constantes par rapport à h.

EXEMPLE 5 Évaluation de limites de fonctions transcendantes

Évaluer les limites suivantes :

a. $\lim\limits_{x \to 1} \left[x^2 \cos(\pi x)\right]$ **b.** $\lim\limits_{x \to 2} \left[x + \ln(\sqrt{x})\right]$

c. $\lim\limits_{x \to 0} \dfrac{\sec x}{e^{-x} + 1}$ **d.** $\lim\limits_{x \to \pi/3} \left[e^{3x} \tan(2x)\right]$

Solution

a. $\lim\limits_{x \to 1} \left[x^2 \cos(\pi x)\right] = \left[\lim\limits_{x \to 1} x\right]^2 \left[\lim\limits_{x \to 1} \cos(\pi x)\right] = (1)^2 \cos(\pi) = -1$

b. $\lim\limits_{x \to 2} \left[x + \ln(\sqrt{x})\right] = \lim\limits_{x \to 2} x + \lim\limits_{x \to 2} \ln(\sqrt{x}) = 2 + \ln(\sqrt{2})$

c. $\lim\limits_{x \to 0} \dfrac{\sec x}{e^{-x} + 1} = \dfrac{\lim\limits_{x \to 0} \sec x}{\lim\limits_{x \to 0} (e^{-x} + 1)} = \dfrac{1}{e^0 + 1} = \dfrac{1}{2}$

d. $\lim\limits_{x \to \pi/3} \left[e^{3x} \tan(2x)\right] = \left[\lim\limits_{x \to \pi/3} e^{3x}\right]\left[\lim\limits_{x \to \pi/3} \tan(2x)\right] = e^{\pi} \tan\left(\dfrac{2\pi}{3}\right) = e^{\pi}(-\sqrt{3}) = -\sqrt{3}\,e^{\pi}$

ÉVALUATION ALGÉBRIQUE DES LIMITES (FORMES INDÉTERMINÉES ET CAS PARTICULIERS)

Forme indéterminée $\dfrac{0}{0}$

Parfois, la limite de $f(x)$ lorsque x tend vers c *ne peut pas* être évaluée par substitution directe, car elle génère une forme indéterminée $\dfrac{0}{0}$. Dans ce cas, on cherche une autre fonction qui est égale à f pour toutes les valeurs de x excepté la valeur *problématique* $x = c$. Prenons quelques exemples.

EXEMPLE 6 Évaluation d'une limite par la réduction de fraction

Évaluer $\lim\limits_{x \to 2} \dfrac{x^2 + x - 6}{x - 2}$.

⚠ Les formes indéterminées les plus courantes sont $\dfrac{0}{0}$, $\dfrac{\infty}{\infty}$ et $\infty - \infty$. Lorsque la substitution directe génère l'une de ces formes, on devra *lever l'indétermination* pour pouvoir évaluer la limite recherchée.

Solution Si l'on essaie de procéder par substitution, on obtient 0 au numérateur et 0 au dénominateur.

La forme $\dfrac{0}{0}$ est appelée **forme indéterminée**, parce que la valeur de la limite ne peut pas être déterminée à ce stade de l'analyse.

Si l'expression est une fonction rationnelle, l'étape suivante consiste à factoriser et à simplifier pour voir si la forme réduite est polynomiale.

$$\lim\limits_{x \to 2} \dfrac{x^2 + x - 6}{x - 2} = \lim\limits_{x \to 2} \dfrac{(x+3)(x-2)}{x-2} = \lim\limits_{x \to 2} (x + 3)$$

Cette simplification est valide seulement si $x \neq 2$. On peut maintenant faire l'évaluation de la limite de la fonction réduite par substitution directe. Cela ne pose pas de problème puisque $\lim\limits_{x \to 2} f(x)$ correspond aux valeurs de la fonction *lorsque x s'approche de* 2, et non pas à la valeur de la fonction lorsque $x = 2$.

$$\lim\limits_{x \to 2} \dfrac{x^2 + x - 6}{x - 2} = \lim\limits_{x \to 2} (x + 3) = 5$$

80 Chapitre 2 ▪ Limites et continuité

Une autre technique algébrique pour déterminer les limites consiste à rationaliser le numérateur ou le dénominateur afin d'obtenir une forme algébrique qui n'est pas indéterminée.

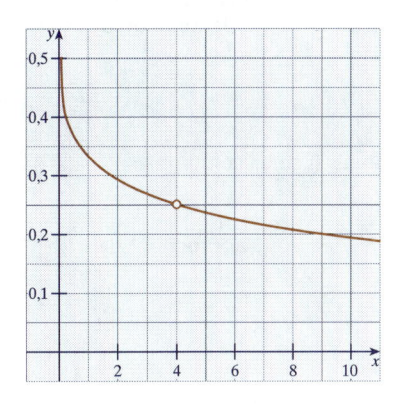

EXEMPLE 7 — Évaluation d'une limite par rationalisation

Évaluer $\lim\limits_{x \to 4} \dfrac{\sqrt{x} - 2}{x - 4}$.

Solution On remarque cette fois encore que le numérateur et le dénominateur de cette fonction rationnelle sont tous les deux égaux à 0 lorsque $x = 4$. On ne peut donc pas évaluer la limite par substitution directe. On va donc rationaliser le numérateur :

$$\lim_{x \to 4} \frac{\sqrt{x} - 2}{x - 4} = \lim_{x \to 4} \frac{\sqrt{x} - 2}{x - 4} \cdot \left[\frac{\sqrt{x} + 2}{\sqrt{x} + 2}\right] \quad \text{Multiplication et division par le conjugué du numérateur}$$

$$= \lim_{x \to 4} \frac{x - 4}{(x - 4)(\sqrt{x} + 2)}$$

$$= \lim_{x \to 4} \frac{1}{\sqrt{x} + 2}$$

$$= \frac{1}{\sqrt{4} + 2} = \frac{1}{4}$$

⚠ Cette méthode est valable uniquement si le numérateur obtenu permet de simplifier la fraction.

EXEMPLE 8 — Évaluation d'une limite faisant intervenir une fonction exponentielle

Évaluer $\lim\limits_{x \to 0} \dfrac{e^{2x} + e^x - 2}{e^x - 1}$.

Solution Par substitution directe, on obtient une forme indéterminée. Il faut alors chercher à factoriser le numérateur :

$$\lim_{x \to 0} \frac{e^{2x} + e^x - 2}{e^x - 1} = \lim_{x \to 0} \frac{(e^x + 2)(e^x - 1)}{e^x - 1} = \lim_{x \to 0} (e^x + 2) = e^0 + 2 = 3$$

Formes indéterminées $\frac{\infty}{\infty}$ et $\infty - \infty$

Dans le cas où la substitution directe génère une forme indéterminée $\frac{\infty}{\infty}$ ou $\infty - \infty$, on peut souvent lever l'indétermination en effectuant une mise en évidence forcée de la plus grande puissance de la variable.

EXEMPLE 9 — Évaluation de limites par la mise en évidence de la plus grande puissance de x

Évaluer :

a. $\lim\limits_{x \to +\infty} \dfrac{2x^2 - 1}{x^2 + 4}$ **b.** $\lim\limits_{x \to -\infty} \dfrac{x^3 + 4x + 2}{x^2}$ **c.** $\lim\limits_{x \to +\infty} 4x^2 - 2x + 3$

Solution

a. Par substitution directe, on obtient une forme indéterminée, car le numérateur et le dénominateur de cette fonction rationnelle augmentent indéfiniment lorsque

$x \to +\infty$. Pour lever l'indétermination, mettons en facteur la plus grande puissance de x au numérateur et au dénominateur.

$$\lim_{x \to +\infty} \frac{2x^2-1}{x^2+4} = \lim_{x \to +\infty} \frac{x^2\left(2-\dfrac{1}{x^2}\right)}{x^2\left(1+\dfrac{4}{x^2}\right)}$$ Mise en évidence de la plus grande puissance de x au numérateur et au dénominateur

$$= \lim_{x \to +\infty} \frac{\left(2-\dfrac{1}{x^2}\right)}{\left(1+\dfrac{4}{x^2}\right)}$$ Simplification du facteur commun

$$= 2$$ Les termes $\dfrac{1}{x^2}$ et $\dfrac{4}{x^2}$ s'approchent de 0 lorsque $x \to +\infty$.

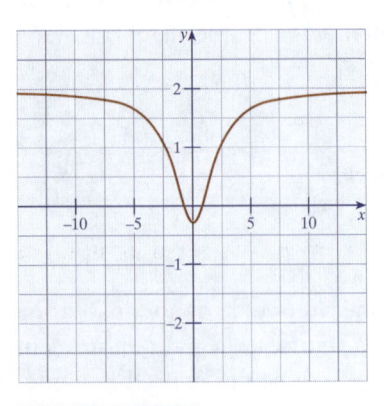

FIGURE 2.18
Graphe de $f(x)=\dfrac{2x^2-1}{x^2+4}$

Le graphe de la fonction est représenté à la figure 2.18.

b. Par substitution directe, on obtient une forme indéterminée, car le numérateur et le dénominateur de cette fonction rationnelle augmentent indéfiniment lorsque $x \to -\infty$. Pour lever l'indétermination, utilisons la même stratégie que dans la partie **a**.

$$\lim_{x \to -\infty} \frac{x^3+4x+2}{x^2} = \lim_{x \to -\infty} \frac{x^3\left(1+\dfrac{4}{x^2}+\dfrac{2}{x^3}\right)}{x^2}$$ Mise en évidence de la plus grande puissance de x au numérateur et au dénominateur

$$= \lim_{x \to -\infty} x\left(1+\dfrac{4}{x^2}+\dfrac{2}{x^3}\right)$$ Simplification du facteur commun

$$= -\infty$$ Les termes $\dfrac{4}{x^2}$ et $\dfrac{2}{x^3}$ s'approchent de 0 lorsque $x \to -\infty$.

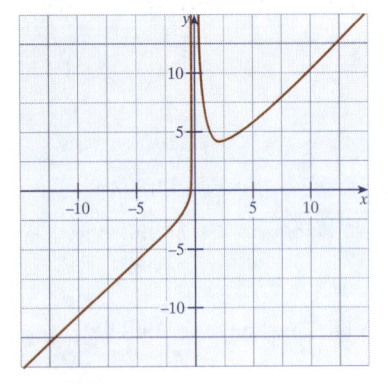

FIGURE 2.19
Graphe de $f(x)=\dfrac{x^3+4x+2}{x^2}$

Le graphe de la fonction est représenté à la figure 2.19.

c. Par substitution directe, on obtient une forme indéterminée $(\infty - \infty)$. L'indétermination peut encore une fois être levée par la mise en évidence de la plus grande puissance de x.

$$\lim_{x \to +\infty}(4x^2-2x+3) = \lim_{x \to +\infty} x^2\left(4-\dfrac{2}{x}+\dfrac{3}{x^2}\right)$$ Mise en évidence de la plus grande puissance de x

$$= +\infty$$ Les termes $\dfrac{2}{x}$ et $\dfrac{3}{x^2}$ s'approchent de 0 lorsque $x \to +\infty$.

Le graphe de la fonction est représenté à la figure 2.20.

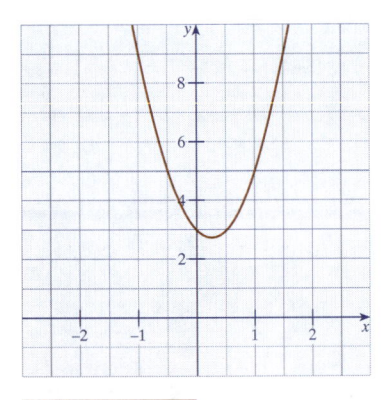

FIGURE 2.20
Graphe de $f(x)=4x^2-2x+3$

Cas particuliers

Dans le cas où la substitution directe génère l'expression $\sqrt[2n]{0}$ $(n \in \mathbb{N}^*)$, $\log_a 0$ $(a > 0$ et $a \neq 1)$ ou $\dfrac{b}{0}$ $(b \neq 0)$, il faut évaluer les limites à gauche et à droite.

EXEMPLE 10 Évaluation d'une limite lorsque la substitution directe génère $\sqrt{0}$

Évaluer $\lim_{x \to 3} \sqrt{x-3}$.

82 Chapitre 2 ■ Limites et continuité

FIGURE 2.21
Graphe de $f(x) = \sqrt{x-3}$

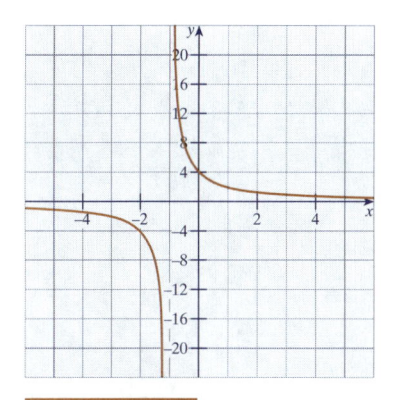

Solution Par substitution directe, on obtient $\sqrt{0}$. On pourrait alors être tenté de conclure que la limite recherchée est 0, ce qui est faux.

Examinons le comportement de la fonction autour de $x = 3$, en évaluant les limites à gauche et à droite de 3:

$$\lim_{x \to 3^+} \sqrt{x-3} = 0$$

$\lim_{x \to 3^-} \sqrt{x-3}$ n'existe pas, car on ne peut pas extraire la racine carrée d'un nombre négatif.

Puisque ces limites ne sont pas égales, $\lim_{x \to 3} \sqrt{x-3}$ n'existe pas. En fait, la fonction f n'est pas définie lorsque $x < 3$, comme le montre la figure 2.21.

EXEMPLE 11 Évaluation d'une limite lorsque la substitution directe génère une forme indéfinie $\dfrac{b}{0}$ ($b \neq 0$)

Évaluer $\lim_{x \to -1} \dfrac{4}{x+1}$.

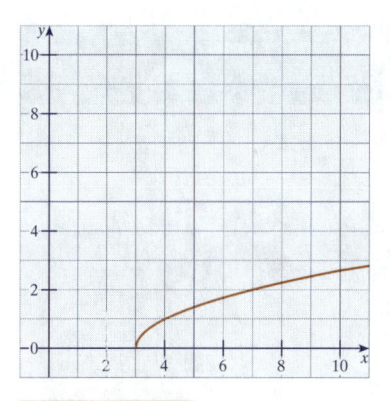

Solution Par substitution directe, on obtient une forme indéfinie. On doit alors étudier le comportement de la fonction à gauche et à droite de $x = -1$.

$$\lim_{x \to -1^-} \frac{4}{x+1} = -\infty$$

$$\lim_{x \to -1^+} \frac{4}{x+1} = +\infty$$

FIGURE 2.22
Graphe de $f(x) = \dfrac{4}{x+1}$

On peut donc conclure que $\lim_{x \to -1} \dfrac{4}{x+1}$ n'existe pas. Le graphe de la fonction, représenté à la figure 2.22, confirme d'ailleurs ce résultat.

DEUX LIMITES TRIGONOMÉTRIQUES PARTICULIÈRES

La règle suivante est une propriété qui sera particulièrement importante dans les calculs que nous effectuerons par la suite.

Règle de la compression

Si $g(x) \leq f(x) \leq h(x)$ sur un intervalle ouvert contenant c et si

$$\lim_{x \to c} g(x) = \lim_{x \to c} h(x) = L$$

alors $\lim_{x \to c} f(x) = L$.

En d'autres termes

Si une fonction peut être comprimée entre deux fonctions ayant des limites égales en un point donné, alors cette fonction a nécessairement la même limite en ce point.

2.3 ■ Propriétés des limites

THÉORÈME 2.2 — Limites particulières faisant intervenir les fonctions sinus et cosinus

$$\lim_{h \to 0} \frac{\sin h}{h} = 1 \qquad \lim_{h \to 0} \frac{\cos h - 1}{h} = 0$$

Démonstration Examinons la figure 2.23, dans laquelle AOC est le secteur, mesuré en radians, d'un cercle de rayon 1. Les segments de droite $\overline{AD}$ et $\overline{BC}$ sont perpendiculaires au segment $\overline{OC}$.

On suppose que $0 < h < \frac{\pi}{2}$, c'est-à-dire que h est dans le premier quadrant.

$$|\widehat{AC}| = h$$

$$|\overline{AD}| = \sin h$$

$$|\overline{BC}| = \tan h = \frac{\sin h}{\cos h}$$

$$|\overline{OD}| = \cos h$$

Comparons maintenant l'aire du secteur AOC avec celle des triangles AOD et BOC. En particulier, puisque l'aire du secteur circulaire de rayon r et d'angle au centre θ est $\frac{1}{2} r^2 \theta$, le secteur AOC doit avoir pour aire

$$\frac{1}{2}(1)^2 h = \frac{1}{2} h$$

On trouve également que le triangle AOD a une aire égale à

$$\frac{1}{2} |\overline{OD}||\overline{AD}| = \frac{1}{2} \cos h \sin h$$

et que le triangle BOC a une aire égale à

$$\frac{1}{2} |\overline{BC}||\overline{OC}| = \frac{1}{2} |\overline{BC}|(1) = \frac{1}{2} \frac{\sin h}{\cos h}$$

En comparant les aires (voir la figure 2.23), on obtient :

AIRE DU TRIANGLE AOD		AIRE DU SECTEUR AOC		AIRE DU TRIANGLE BOC	
$\frac{1}{2} \cos h \sin h$	$\leq$	$\frac{1}{2} h$	$\leq$	$\frac{\sin h}{2 \cos h}$	
$\cos h$	$\leq$	$\frac{h}{\sin h}$	$\leq$	$\frac{1}{\cos h}$	On divise par $\frac{1}{2} \sin h$.
$\frac{1}{\cos h}$	$\geq$	$\frac{\sin h}{h}$	$\geq$	$\cos h$	
$\cos h$	$\leq$	$\frac{\sin h}{h}$	$\leq$	$\frac{1}{\cos h}$	

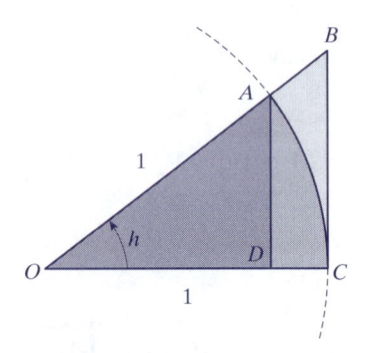

FIGURE 2.23

Relations trigonométriques intervenant dans la démonstration de $\lim\limits_{h \to 0} \frac{\sin h}{h} = 1$

Cette inéquation reste vraie dans l'intervalle $\left]-\frac{\pi}{2}, 0\right[$, qui est le quatrième quadrant pour l'angle h. On peut le démontrer en utilisant les identités trigonométriques $\cos(-h) = \cos h$ et $\sin(-h) = -\sin h$. Enfin, en prenant la limite de tous les membres lorsque $h \to 0$, on trouve

$$\lim_{h \to 0} \cos h \leq \lim_{h \to 0} \frac{\sin h}{h} \leq \lim_{h \to 0} \frac{1}{\cos h}$$

D'après le théorème 2.1, $\lim_{h \to 0} \cos h = \cos 0 = 1$. On a donc

$$1 \leq \lim_{h \to 0} \frac{\sin h}{h} \leq \frac{1}{1}$$

D'après la règle de la compression, on peut conclure que $\lim_{h \to 0} \frac{\sin h}{h} = 1$.

La démonstration de la deuxième partie de ce théorème fera l'objet d'un problème (problème 57).

EXEMPLE 12 Évaluation de limites de fonctions trigonométriques et de fonctions trigonométriques inverses

Déterminer les limites suivantes.

a. $\lim_{x \to 0} \dfrac{\sin(3x)}{5x}$ **b.** $\lim_{x \to 0} \dfrac{\arcsin(x)}{x}$

Solution

a. Pour évaluer la limite à l'aide du théorème 2.2, on écrit

$$\frac{\sin(3x)}{5x} = \frac{3}{5}\left(\frac{\sin(3x)}{3x}\right)$$

Comme $3x \to 0$ lorsque $x \to 0$, on peut poser $h = 3x$ dans le théorème 2.2 pour obtenir

$$\lim_{x \to 0} \frac{\sin(3x)}{5x} = \lim_{x \to 0} \frac{3}{5}\left(\frac{\sin(3x)}{3x}\right) = \frac{3}{5} \lim_{h \to 0} \frac{\sin h}{h} = \frac{3}{5}(1) = \frac{3}{5}$$

b. Soit $u = \arcsin(x)$, alors $\sin u = x$. Par conséquent, $u \to 0$ lorsque $x \to 0$ et

$$\lim_{x \to 0} \frac{\arcsin(x)}{x} = \lim_{u \to 0} \frac{u}{\sin u} = 1$$

LIMITES DES FONCTIONS DÉFINIES PAR PARTIES

À la section 1.2, nous avons défini ce qu'est une *fonction définie par parties*. Pour évaluer

$$\lim_{x \to c} f(x)$$

lorsque le domaine de f est divisé en parties, on regarde d'abord si c est une valeur qui sépare deux des parties. Si c'est le cas, il faut évaluer les limites à gauche et à droite de c, comme dans les exemples suivants.

EXEMPLE 13 — Évaluation d'une limite d'une fonction définie par parties

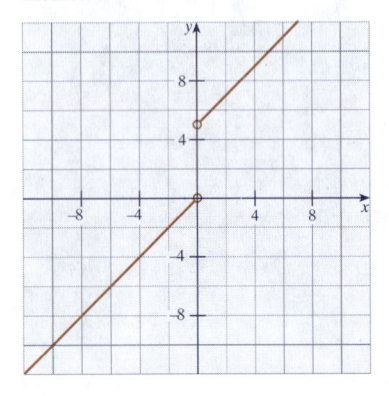

Déterminer $\lim_{x \to 0} f(x)$ lorsque $f(x) = \begin{cases} x & \text{si } x < 0 \\ x+5 & \text{si } x > 0 \end{cases}$

Solution Notons que $f(0)$ n'est pas définie et qu'il est nécessaire d'évaluer les limites à gauche et à droite de 0.

$$\lim_{x \to 0^-} f(x) = \lim_{x \to 0^-} x \qquad f(x) = x \text{ à gauche de } 0$$
$$= 0$$

$$\lim_{x \to 0^+} f(x) = \lim_{x \to 0^+} (x+5) \qquad f(x) = x+5 \text{ à droite de } 0$$
$$= 5$$

Comme les limites à gauche et à droite ne sont pas les mêmes, on en conclut que $\lim_{x \to 0} f(x)$ n'existe pas.

Il est facile de voir que les limites à gauche et à droite ne sont pas les mêmes.

Comparer ce graphe avec celui de l'exemple 13.

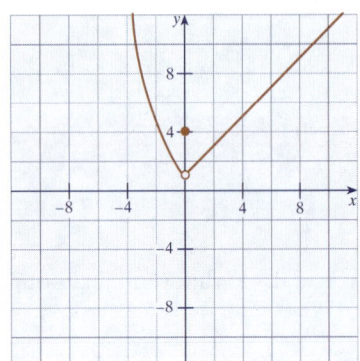

EXEMPLE 14 — Évaluation d'une limite d'une fonction définie par parties

Déterminer $\lim_{x \to 0} g(x)$ lorsque $g(x) = \begin{cases} x^2+1 & \text{si } x < 0 \\ 4 & \text{si } x = 0 \\ x+1 & \text{si } x > 0 \end{cases}$

Solution
$$\lim_{x \to 0^-} g(x) = \lim_{x \to 0^-} (x^2+1) = 1$$
$$\lim_{x \to 0^+} g(x) = \lim_{x \to 0^+} (x+1) = 1$$

Comme les limites à gauche et à droite sont égales, on en conclut que $\lim_{x \to 0} g(x) = 1$.

PROBLÈMES 2.3

A

Problèmes 1 à 40 : Évaluer chaque limite.

1. $\lim_{x \to -2} (x^2 + 3x - 7)$
2. $\lim_{x \to 3} (x+5)(2x-7)$
3. $\lim_{z \to 1} \dfrac{z^2 + z - 3}{z+1}$
4. $\lim_{x \to \pi/3} \sec x$
5. $\lim_{x \to 1/3} \dfrac{x \sin(\pi x)}{1 + \cos(\pi x)}$
6. $\lim_{x \to 2} \dfrac{x^2 - 4x + 4}{x^2 - x - 2}$
7. $\lim_{u \to -2} \dfrac{4 - u^2}{2 + u}$
8. $\lim_{x \to 0} \dfrac{(x+1)^2 - 1}{x}$
9. $\lim_{x \to 1} \dfrac{\left(\dfrac{1}{x} - 1\right)}{x - 1}$
10. $\lim_{x \to 3} \sqrt{\dfrac{x^2 - 2x - 3}{x - 3}}$
11. $\lim_{x \to 1} \left(\dfrac{x^2 - 3x + 2}{x^2 + x - 2}\right)^2$
12. $\lim_{y \to 2} \dfrac{\sqrt{y+2} - 2}{y - 2}$
13. $\lim_{x \to 1} \dfrac{\sqrt{x} - 1}{x - 1}$
14. $\lim_{x \to 2} \log\left(\dfrac{x-2}{x+2}\right)$
15. $\lim_{x \to -2} \sqrt{5x + 10}$
16. $\lim_{x \to 3} \ln\left[\dfrac{(x-3)^2}{3x}\right]$
17. $\lim_{x \to 1} (x-1)^{\frac{3}{2}}$
18. $\lim_{x \to 2} \dfrac{\sqrt{x^2 - 4}}{x}$
19. $\lim_{x \to 3} \sqrt[3]{x^3 - 27}$
20. $\lim_{x \to -1} \dfrac{2}{x+1}$
21. $\lim_{x \to -2} \dfrac{4x+5}{x+2}$
22. $\lim_{x \to 1} \dfrac{4x+5}{2x^2 - 11x + 9}$

23. $\lim_{x \to 1} \dfrac{6x+7}{x^2-2x+1}$

24. $\lim_{x \to -1} \dfrac{x-1}{\sqrt{x^2+2x+1}}$

25. $\lim_{x \to 3} \dfrac{2}{(x-3)^2}$

26. $\lim_{x \to -3} \dfrac{|5x|}{x+3}$

27. $\lim_{x \to 0} 2^{\frac{1}{x^2}}$

28. $\lim_{x \to 0} 2^{\frac{1}{x}}$

29. $\lim_{x \to -\infty} \dfrac{4x^2-x}{2x^3-5}$

30. $\lim_{x \to -\infty} (-4x^8+17x^3-3x+4)$

31. $\lim_{x \to +\infty} \dfrac{3x+5}{6x-8}$

32. $\lim_{x \to +\infty} (7x^5-4x^3+2x-9)$

33. $\lim_{x \to -\infty} \dfrac{\sqrt{9x^2+4}}{x+2}$

34. $\lim_{x \to 2^+} \left[\dfrac{1}{(x-2)} - \dfrac{7}{(x^2+3x-10)}\right]$

35. $\lim_{x \to -\infty} \dfrac{x^6+7}{x^3+3x+4}$

36. $\lim_{x \to 0^+} \left(\dfrac{1}{x} - \dfrac{1}{x^2}\right)$

37. $\lim_{x \to -\infty} \left(3x-2+\dfrac{5x+1}{x^2+1}\right)$

38. $\lim_{x \to +\infty} (2x^3-x+1)$

39. $\lim_{x \to 0} \dfrac{\sin(2x)}{x}$

40. $\lim_{x \to 0} \dfrac{\sin(4x)}{9x}$

41. **Autrement dit ?** Comment trouve-t-on la limite d'une fonction polynomiale ?

42. **Autrement dit ?** Comment trouve-t-on la limite d'une fonction rationnelle ?

43. **Autrement dit ?** Comment trouve-t-on $\lim_{x \to 0} \dfrac{\sin(ax)}{x}$ pour $a \neq 0$?

B

Problèmes 44 à 49 : Calculer chaque limite, si elle existe.

44. $\lim_{x \to 2^-} (x^2-2x)$

45. $\lim_{x \to 1^+} \dfrac{\sqrt{x-1}+x}{1-2x}$

46. $\lim_{x \to 2} |x-2|$

47. $\lim_{x \to 0} \dfrac{|x|}{x}$

48. $\lim_{x \to 2} f(x)$ où $f(x) = \begin{cases} 3-2x & \text{si } x \leq 2 \\ x^2-5 & \text{si } x > 2 \end{cases}$

49. $\lim_{s \to 1} g(s)$ où $g(s) = \begin{cases} \sqrt{1-s} & \text{si } s \leq 1 \\ \dfrac{s^2-s}{s-1} & \text{si } s > 1 \end{cases}$

Autrement dit ? Problèmes 50 à 56 : Expliquer pourquoi la limite donnée n'existe pas.

50. $\lim_{x \to 1} \dfrac{1}{x-1}$

51. $\lim_{x \to 2^-} \dfrac{1}{\sqrt{x-2}}$

52. $\lim_{x \to 3} \dfrac{x^2+4x+3}{x-3}$

53. $\lim_{x \to 1} f(x)$ où $f(x) = \begin{cases} -5 & \text{si } x < 1 \\ 2 & \text{si } x \geq 1 \end{cases}$

54. $\lim_{t \to -1} g(t)$ où $g(t) = \begin{cases} 5t^2 & \text{si } t < -1 \\ 2t+1 & \text{si } t \geq -1 \end{cases}$

55. $\lim_{x \to \pi/2} \tan x$

56. $\lim_{x \to 0} \ln x$

C

57. Démontrer la deuxième partie du théorème 2.2 :
$$\lim_{h \to 0} \dfrac{\cos h - 1}{h} = 0$$

58. Utiliser la règle de la somme pour montrer que si $\lim_{x \to c} [f(x)+g(x)]$ et $\lim_{x \to c} f(x)$ existent toutes les deux, alors $\lim_{x \to c} g(x)$ existe aussi.

2.4 Continuité

DANS CETTE SECTION : définition intuitive de la continuité, définition formelle de la continuité, continuité sur un intervalle, théorème de la valeur intermédiaire

DÉFINITION INTUITIVE DE LA CONTINUITÉ

La notion de **continuité** peut être décrite de manière informelle comme étant la propriété d'une fonction qui a des parties en relation immédiate les unes avec les autres, c'est-à-dire une fonction dont on peut tracer le graphe sans avoir à lever le crayon. À partir de l'idée vague ou intuitive d'une courbe « sans rupture ni saut », cette

Continuité en $x = c$:
$\lim_{x \to c} f(x)$ existe et est égale à $f(c)$.

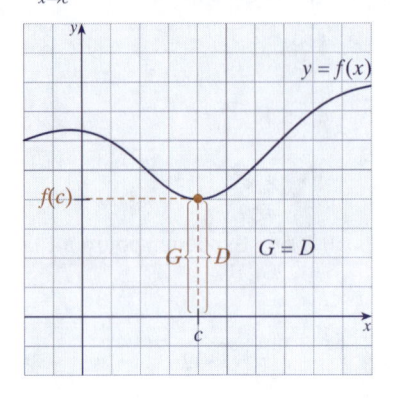

notion a évolué pour aboutir à une définition rigoureuse qui fut établie vers la fin du XIXe siècle.

Commençons par examiner la *continuité en un point*. Il peut sembler étrange de parler de *continuité en un point*, alors qu'il est naturel de dire d'une fonction qu'elle est «*discontinue en un point*». La figure 2.24 illustre quelques-unes de ces discontinuités.

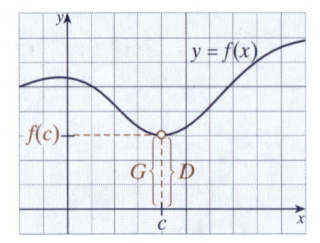

a. TROU : $\lim_{x \to c} f(x)$ existe, mais $f(c)$ n'est pas définie.

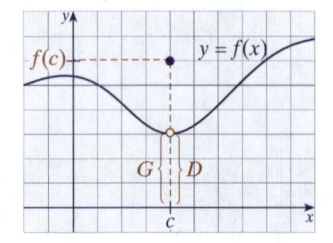

b. TROU : $f(c)$ est définie et $\lim_{x \to c} f(x)$ existe mais n'est pas égale à $f(c)$.

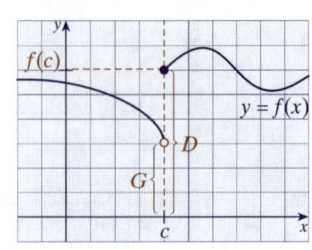

c. SAUT : $\lim_{x \to c^-} f(x) \neq \lim_{x \to c^+} f(x)$.

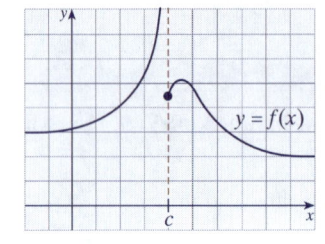

d. LIMITE INFINIE : $f(x)$ est définie en $x = c$, mais $\lim_{x \to c^-} f(x) = +\infty$.

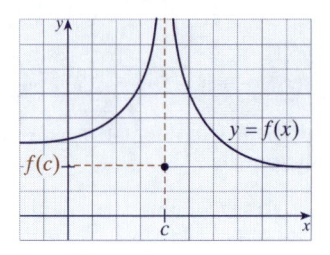

e. LIMITE INFINIE : $f(x)$ est définie en $x = c$, mais $\lim_{x \to c^-} f(x) = +\infty$ et $\lim_{x \to c^+} f(x) = +\infty$.

FIGURE 2.24

Types de discontinuités : trous, sauts et limites infinies

UN PEU D'HISTOIRE

La première formulation moderne de la notion de continuité apparut dans une brochure publiée par Bernhard Bolzano, un prêtre tchèque dont la plupart des travaux en mathématiques n'ont pas retenu l'attention de ses contemporains. Pour expliquer le concept de continuité, Bolzano disait qu'il fallait s'efforcer de comprendre la phrase suivante : « Une fonction $f(x)$ qui varie selon la loi de la continuité pour toutes les valeurs de x comprises à l'intérieur ou à l'extérieur de certaines limites est une fonction telle que, si x est une telle valeur, la différence $f(x + \omega) - f(x)$ peut être rendue aussi petite qu'un nombre donné si l'on rend ω aussi petit que l'on veut. »

BERNHARD BOLZANO (1781-1848)

Dans son livre *Cours d'analyse*, Cauchy introduit la notion de continuité pour une fonction définie sur un intervalle essentiellement de la même manière que Bolzano. Il fait remarquer que la continuité de nombreuses fonctions est facile à vérifier. À titre d'exemple, il prétend que $\sin x$ est continue sur tout intervalle parce que « la valeur numérique de $\sin(\frac{1}{2}\alpha)$ et par conséquent celle de la différence
$$\sin(x + \alpha) - \sin x = 2 \sin(\tfrac{1}{2}\alpha)\cos(x + \tfrac{1}{2}\alpha)$$
décroissent indéfiniment avec celle de α »[*].

DÉFINITION FORMELLE DE LA CONTINUITÉ

Considérons les conditions auxquelles doit satisfaire une fonction pour être continue en un point c. Tout d'abord, $f(c)$ doit être définie, sinon le graphe comporte un « trou », comme à la figure 2.24a. Ensuite, $\lim_{x \to c} f(x)$ doit avoir la même valeur lorsque $x \to c^-$ et lorsque $x \to c^+$, sinon $\lim_{x \to c} f(x)$ n'existe pas et il y aura un « saut » dans le graphe de f, comme à la figure 2.24c. Enfin, la fonction ne doit pas avoir de limite infinie ($-\infty$ ou $+\infty$), que ce soit à gauche de c, à droite de c ou des deux côtés, sinon il y a un point de discontinuité en $x = c$, comme aux figures 2.24d et 2.24e.

---

[*] Augustin-Louis Cauchy, *Œuvres*, sér. 2, vol. 3 : *Cours d'analyse de l'École royale polytechnique*, Paris, Gauthier-Villars, 1897, p. 44.

88   Chapitre 2 ■ Limites et continuité

Continuité d'une fonction en un point

Une fonction f est **continue en un point** $x = c$ si

1. $f(c)$ est définie

2. $\lim\limits_{x \to c} f(x)$ existe

3. $\lim\limits_{x \to c} f(x) = f(c)$

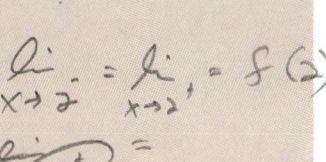

Si la fonction n'est pas continue en $x = c$, on dit qu'elle est **discontinue** en ce point.

En d'autres termes

La troisième condition, $\lim\limits_{x \to c} f(x) = f(c)$, résume l'idée de base de la continuité selon laquelle si x est proche de c, alors $f(x)$ doit être proche de $f(c)$.

Si f est continue en $x = c$, la différence entre $f(x)$ et $f(c)$ est petite lorsque x est proche de c, parce que $\lim\limits_{x \to c} f(x) = f(c)$. Géométriquement, cela signifie que les points $(x, f(x))$ du graphe de f convergent vers le point $(c, f(c))$ lorsque $x \to c$. Cette condition garantit que le graphe n'est pas interrompu en $(c, f(c))$ par un « saut » ou un « trou », comme le montre la figure 2.25.

Si f est continue en c, les points $(x, f(x))$ convergent vers $(c, f(c))$ lorsque $x \to c$.

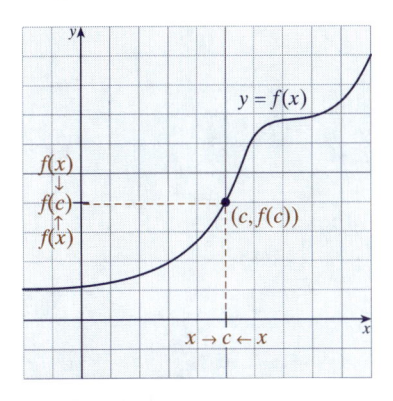

FIGURE 2.25
Interprétation géométrique de la continuité

EXEMPLE 1 Vérification de la continuité de différentes fonctions en un point donné

Vérifier la continuité de chacune des fonctions suivantes en $x = 1$. Si la fonction n'est pas continue en $x = 1$, expliquer pourquoi.

a. $f(x) = \dfrac{x^2 + 2x - 3}{x - 1}$

b. $g(x) = \begin{cases} \dfrac{x^2 + 2x - 3}{x - 1} & \text{si } x \neq 1 \\ 6 & \text{si } x = 1 \end{cases}$

c. $h(x) = \begin{cases} \dfrac{x^2 + 2x - 3}{x - 1} & \text{si } x \neq 1 \\ 4 & \text{si } x = 1 \end{cases}$

d. $F(x) = \begin{cases} \dfrac{x + 3}{x - 1} & \text{si } x \neq 1 \\ 4 & \text{si } x = 1 \end{cases}$

e. $G(x) = 7x^3 + 3x^2 - 2$

f. $H(x) = 2\sin x - \tan x$

Solution

a. La fonction f n'est pas continue en $x = 1$, parce qu'elle n'est pas définie en ce point.

b. 1. $g(1)$ est définie ; $g(1) = 6$.

2. $\lim\limits_{x \to 1} g(x) = \lim\limits_{x \to 1} \dfrac{x^2 + 2x - 3}{x - 1}$

$= \lim\limits_{x \to 1} \dfrac{(x - 1)(x + 3)}{x - 1}$

$= \lim\limits_{x \to 1} (x + 3) = 4$

3. $\lim\limits_{x \to 1} g(x) \neq g(1)$, de sorte que g n'est pas continue en $x = 1$.

2.4 ■ Continuité   **89**

c. En comparant h avec g à la partie **b**, on voit que les trois conditions de continuité sont remplies; h est donc continue en $x = 1$.

d. 1. $F(1)$ est définie; $F(1) = 4$.

2. $\lim_{x \to 1} F(x) = \lim_{x \to 1} \dfrac{x+3}{x-1}$; la limite n'existe pas, car $\lim_{x \to 1^+} \dfrac{x+3}{x-1} = +\infty$ et $\lim_{x \to 1^-} \dfrac{x+3}{x-1} = -\infty$.

La fonction F n'est pas continue en $x = 1$.

e. 1. $G(1)$ est définie; $G(1) = 8$.

2. $\lim_{x \to 1} G(x) = 7\left(\lim_{x \to 1} x\right)^3 + 3\left(\lim_{x \to 1} x\right)^2 - \lim_{x \to 1} 2 = 8$

3. $\lim_{x \to 1} G(x) = G(1)$

Comme les trois conditions de continuité sont remplies, G est continue en $x = 1$.

f. 1. $H(1)$ est définie; $H(1) = 2\sin(1) - \tan(1)$

2. $\lim_{x \to 1} H(x) = 2\lim_{x \to 1} \sin x - \lim_{x \to 1} \tan x = 2\sin(1) - \tan(1)$

3. $\lim_{x \to 1} H(x) = H(1)$

Comme les trois conditions de continuité sont remplies, H est continue en $x = 1$.

Continuité sur un intervalle

Avant de parler de la continuité d'une fonction sur un intervalle, il faut d'abord définir ce qu'est la continuité aux extrémités de l'intervalle.

> **Continuité à gauche et à droite d'un point**
>
> La fonction f est **continue à droite en** a si et seulement si
>
> $$\lim_{x \to a^+} f(x) = f(a)$$
>
> et elle est **continue à gauche en** b si et seulement si
>
> $$\lim_{x \to b^-} f(x) = f(b)$$

On dit alors que la fonction f est **continue sur un intervalle ouvert** $]a, b[$ si elle est continue en chaque point de cet intervalle. On dit qu'elle est **continue sur l'intervalle semi-ouvert** $[a, b[$ si elle est continue en chaque point compris entre a et b et à droite en a. De même, on dit qu'elle est **continue sur l'intervalle semi-ouvert** $]a, b]$ si elle est continue en chaque point compris entre a et b et à gauche en b. Enfin, on dit qu'elle est **continue sur l'intervalle fermé** $[a, b]$ si elle est continue en chaque point compris entre a et b et si elle est continue à droite en a et à gauche en b.

EXEMPLE 2   Détermination des intervalles de continuité de diverses fonctions

Déterminer les intervalles sur lesquels chacune des fonctions données est continue.

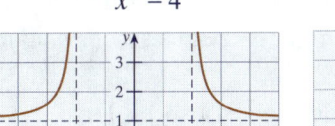

a. $f_1(x) = \dfrac{x^2 - 1}{x^2 - 4}$ **b.** $f_2(x) = |x^2 - 4|$ 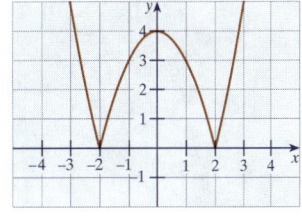   **c.** $f_3(x) = \csc x$

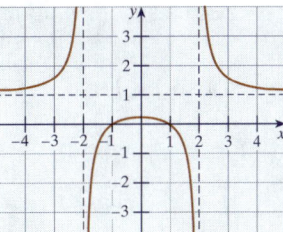

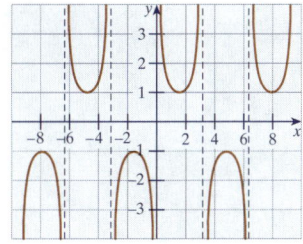

d. $f_4(x) = \sin\left(\dfrac{1}{x}\right)$ 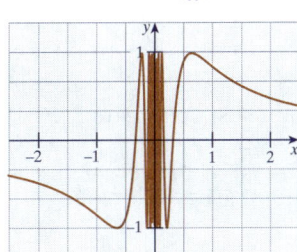   **e.** $f_5(x) = \begin{cases} x\sin\left(\dfrac{1}{x}\right) & \text{si } x \neq 0 \\ 0 & \text{si } x = 0 \end{cases}$

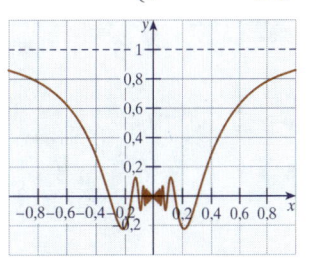

Solution

a. La fonction f_1 n'est pas définie lorsque $x^2 - 4 = 0$, c'est-à-dire lorsque $x = 2$ ou lorsque $x = -2$. La fonction est donc continue sur $]-\infty, -2[\ \cup\ ]-2, 2[\ \cup\ ]2, +\infty[$.

b. La fonction f_2 est continue sur $\mathbb{R}$.

c. La fonction cosécante n'est pas définie en $x = n\pi$, n étant un entier. Elle est continue sur $\mathbb{R} \setminus \{n\pi\}$, où n est un entier.

d. Comme la fonction $1/x$ est continue partout sauf en $x = 0$ et comme la fonction sinus est continue partout, il faut juste vérifier la continuité en $x = 0$:

$$f_4(0) \text{ n'existe pas.}$$

Par conséquent, $f_4(x) = \sin\left(\dfrac{1}{x}\right)$ est continue sur $]-\infty, 0[\ \cup\ ]0, +\infty[$.

e. On peut démontrer que

$$-|x| \leq x\sin\left(\dfrac{1}{x}\right) \leq |x| \quad x \neq 0$$

(voir l'illustration de cette inéquation à la figure 2.26). Utilisons maintenant la règle de la compression. Comme $\lim\limits_{x \to 0} |x| = 0$ et $\lim\limits_{x \to 0} (-|x|) = 0$, il s'ensuit que $\lim\limits_{x \to 0} x\sin\left(\dfrac{1}{x}\right) = 0$. Comme $f_5(0) = 0$, on conclut que cette fonction est continue en $x = 0$ et donc sur l'ensemble des réels.

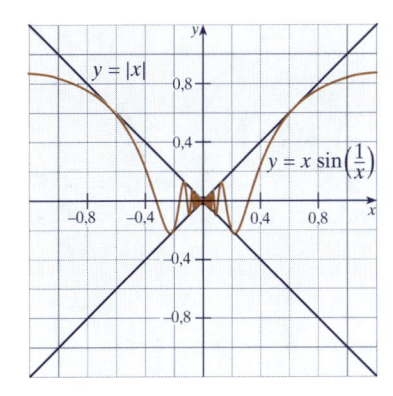

FIGURE 2.26

$-|x| \leq x\sin\left(\dfrac{1}{x}\right) \leq |x|$, $x \neq 0$

2.4 ▪ Continuité

En général, seuls quelques points du domaine d'une fonction donnée f peuvent être «suspectés» de discontinuité. On utilise l'expression **point suspect** pour un nombre c lorsque:

1. f est définie par parties; ou
2. la substitution de x par c entraîne une division par 0 dans la fonction.

On peut énumérer les points suspects pour l'exemple 2:

a. $\dfrac{x^2 - 1}{x^2 - 4}$ a des points suspects lorsque $x = 2$ et $x = -2$.

b. $|x^2 - 4| = \begin{cases} x^2 - 4 & \text{si } x^2 - 4 \geq 0 \\ -(x^2 - 4) & \text{si } x^2 - 4 < 0 \end{cases}$ Cela signifie que la définition de la fonction change lorsque $x^2 - 4 = 0$. La fonction a donc des points suspects lorsque $x = 2$ et $x = -2$.

c. Il y a une infinité de points suspects: ceux pour lesquels $\sin x = 0$ (division par 0), c'est-à-dire lorsque $x = n\pi$ où n est un entier.

d. $\sin\left(\dfrac{1}{x}\right)$ a un point suspect lorsque $x = 0$ (division par 0).

e. $x \sin\left(\dfrac{1}{x}\right)$ a un point suspect lorsque $x = 0$ (division par 0).

EXEMPLE 3   Vérification de la continuité aux points suspects

Soit $f(x) = \begin{cases} 3 - x & \text{si } -5 \leq x < 2 \\ x - 2 & \text{si } 2 \leq x < 5 \end{cases}$ et $g(x) = \begin{cases} 2 - x & \text{si } -5 \leq x < 2 \\ x - 2 & \text{si } 2 \leq x < 5 \end{cases}$

Trouver les intervalles sur lesquels f et g sont continues.

Solution   Le domaine des deux fonctions est $[-5, 5[$. Les deux fonctions sont continues partout sur cet intervalle, sauf peut-être aux points suspects. Le seul point suspect pour les deux fonctions est $x = 2$.

En examinant f, on voit que $f(2) = 0$ et que

$$\lim_{x \to 2^-} f(x) = \lim_{x \to 2^-} (3 - x) = 1 \text{ et } \lim_{x \to 2^+} f(x) = \lim_{x \to 2^+} (x - 2) = 0$$

de sorte que $\lim_{x \to 2} f(x)$ n'existe pas et que f est discontinue en $x = 2$. La fonction f est donc continue pour $-5 \leq x < 2$ et $2 < x < 5$.

Pour g, on a $g(2) = 0$ et

$$\lim_{x \to 2^-} g(x) = \lim_{x \to 2^-} (2 - x) = 0 \text{ et } \lim_{x \to 2^+} g(x) = \lim_{x \to 2^+} (x - 2) = 0$$

Par conséquent, $\lim_{x \to 2} g(x) = 0 = g(2)$ et g est continue en $x = 2$. La fonction g est donc continue sur tout l'intervalle $[-5, 5[$.

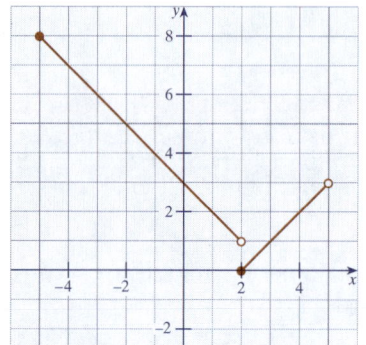

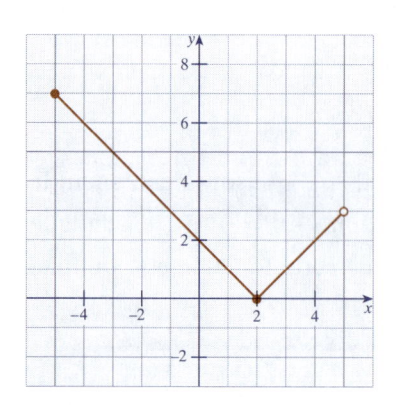

Le graphe d'une fonction est souvent utile pour trouver les points suspects. Le graphe ci-dessus est celui de la fonction f.

Le graphe de g, représenté ci-dessus, confirme-t-il nos conclusions?

THÉORÈME DE LA VALEUR INTERMÉDIAIRE

Intuitivement, si f est continue sur un intervalle, cela signifie qu'on peut tracer son graphe sur cet intervalle « sans lever le crayon ». Autrement dit, si $f(x)$ varie de manière continue de $f(a)$ à $f(b)$ lorsque x augmente de a à b, alors la fonction doit prendre toutes les valeurs L entre $f(a)$ et $f(b)$, comme à la figure 2.27.

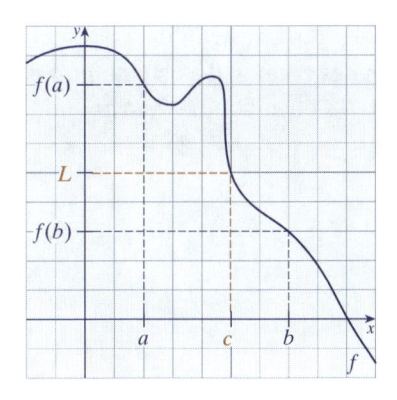

Pour illustrer la propriété présentée à la figure 2.27, supposons que la fonction f corresponde au poids d'une personne à l'âge x. Si le poids varie de façon continue dans le temps, une personne qui pèse 20 kg à 6 ans et 60 kg à 15 ans devrait peser 50 kg à un âge compris entre 6 et 15 ans.

THÉORÈME 2.3   Théorème de la valeur intermédiaire

Si f est une fonction continue sur un intervalle fermé $[a, b]$ et si L est un nombre strictement compris entre $f(a)$ et $f(b)$, alors il existe au moins un nombre c sur l'intervalle ouvert $]a, b[$ tel que $f(c) = L$.

Démonstration Ce théorème est intuitivement évident, mais il n'est pas du tout facile à démontrer. On peut en trouver une démonstration dans la plupart des manuels de calcul différentiel et intégral avancé.

En d'autres termes

Si f est une fonction continue (et l'on insiste sur le terme *continue*) sur un intervalle *fermé*, alors $f(x)$ doit prendre toutes les valeurs comprises entre $f(a)$ et $f(b)$.

FIGURE 2.27
Si L est compris entre $f(a)$ et $f(b)$, alors $f(c) = L$ pour un nombre c compris entre a et b.

Le théorème de la valeur intermédiaire peut servir à déterminer les racines d'une fonction f, c'est-à-dire les valeurs de x pour lesquelles $f(x) = 0$. Supposons que $f(a) > 0$ et $f(b) < 0$, de sorte que le graphe de f est situé au-dessus de l'axe des x en $x = a$ et en dessous en $x = b$. Si f est continue sur l'intervalle fermé $[a, b]$, il doit donc y avoir une valeur $x = c$ entre a et b où le graphe coupe l'axe des x, c'est-à-dire où $f(c) = 0$. On peut tirer la même conclusion si $f(a) < 0$ et $f(b) > 0$. La raison clé est que $f(x)$ change de signe entre $x = a$ et $x = b$. Ce raisonnement est illustré à la figure 2.28 et résumé dans le théorème qui suit.

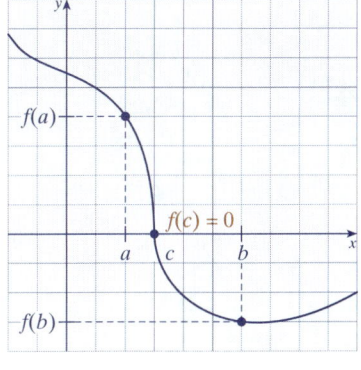

THÉORÈME 2.4   Théorème de la localisation des racines

Si f est continue sur l'intervalle fermé $[a, b]$ et si $f(a)$ et $f(b)$ ont des signes algébriques opposés (l'un positif et l'autre négatif), alors $f(c) = 0$ pour au moins un nombre c sur l'intervalle ouvert $]a, b[$.

Démonstration Ce théorème découle directement du théorème de la valeur intermédiaire (voir la figure 2.28). Les détails de la démonstration feront l'objet d'un problème (problème 36).

FIGURE 2.28
Comme $f(a) > 0$ et $f(b) < 0$, alors $f(c) = 0$ pour un nombre c compris entre a et b.

EXEMPLE 4   Utilisation du théorème de la localisation des racines

Démontrer que $e^{-x} \sin x = \ln x$ a au moins une solution sur l'intervalle $[1, 2]$.

Solution On peut utiliser un graphe pour trouver approximativement le point d'intersection entre les courbes $y = e^{-x} \sin x$ et $y = \ln x$, comme on le voit dans la

2.4 ■ Continuité   93

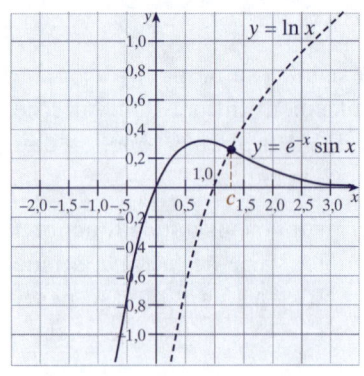

marge. Le théorème de la localisation des racines va confirmer cette observation. Soulignons que la fonction $f(x) = e^{-x}\sin x - \ln x$ est continue sur $[1, 2]$. On trouve :

$$f(1) = e^{-1}\sin(1) - \ln(1) \approx 0{,}31 > 0 \text{ et}$$
$$f(2) = e^{-2}\sin(2) - \ln(2) \approx -0{,}57 < 0$$

Par conséquent, d'après le théorème de la localisation des racines, il existe au moins un nombre c sur l'intervalle $]1, 2[$ pour lequel $f(c) = 0$. Il s'ensuit que $e^{-c}\sin c = \ln c$.

À l'aide de la calculatrice, on estime que $c \approx 1{,}3$.

PROBLÈMES 2.4

A

Problèmes 1 à 12 : Identifier tous les points suspects et déterminer tous les points de discontinuité.

1. $f(x) = x^3 - 7x + 3$
2. $f(x) = \dfrac{3x+5}{2x-1}$
3. $f(x) = \dfrac{3x}{x^2 - x}$
4. $f(t) = 3 - (5 + 2t)^3$
5. $h(x) = \sqrt{x} + \dfrac{3}{x}$
6. $f(u) = \sqrt[3]{u^2 - 1}$
7. $f(x) = \begin{cases} 2x - 3 & \text{si } x \leq 1 \\ x^2 - 2 & \text{si } x > 1 \end{cases}$
8. $g(t) = \begin{cases} 3t + 2 & \text{si } t \leq 1 \\ 5 & \text{si } 1 < t \leq 3 \\ 3t^2 - 1 & \text{si } t > 3 \end{cases}$
9. $f(x) = 3\tan x - 5\sin x \cos x$ 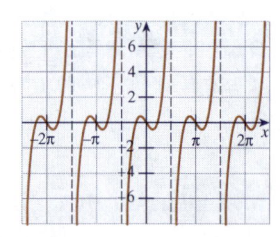
10. $g(x) = \dfrac{\cot x}{\sin x - \cos x}$ 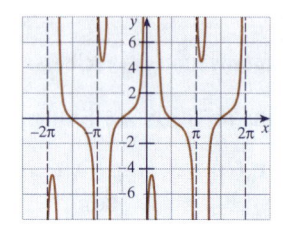
11. $f(x) = \dfrac{e^x}{x}$ 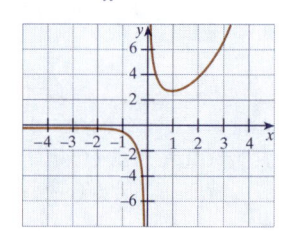
12. $g(x) = \dfrac{\ln x}{x - 1}$

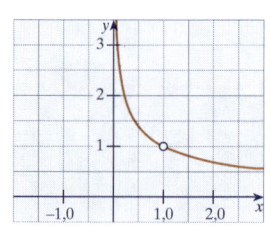

Problèmes 13 à 17 : La fonction donnée est définie partout sauf en $x = 2$. Dans chaque cas, déterminer, si possible, la valeur qui devrait être assignée à $f(2)$, le cas échéant, pour garantir que f soit continue en $x = 2$.

13. $f(x) = \dfrac{x^2 - x - 2}{x - 2}$
14. $f(x) = \sqrt{\dfrac{x^2 - 4}{x - 2}}$
15. $f(x) = \dfrac{\sin(\pi x)}{x - 2}$
16. $f(x) = \dfrac{\cos\left(\dfrac{\pi}{x}\right)}{x - 2}$
17. $f(x) = \begin{cases} 15 - x^2 & \text{si } x < 2 \\ 2x + 5 & \text{si } x > 2 \end{cases}$

Problèmes 18 à 20 : Déterminer si la fonction donnée est continue sur l'intervalle prescrit.

18. a. $f(x) = \dfrac{1}{x}$; sur $[1, 2]$ b. $f(x) = \dfrac{1}{x}$; sur $[0, 1]$
19. $f(x) = \begin{cases} x^2 & \text{si } 0 \leq x < 2 \\ 3x + 1 & \text{si } 2 \leq x < 5 \end{cases}$
20. $g(t) = \begin{cases} 15 - t^2 & \text{si } -3 < t \leq 0 \\ 2t & \text{si } 0 < t \leq 1 \end{cases}$

B

21. Soit $f(x) = \begin{cases} x & \text{si } x \neq 0 \\ 2 & \text{si } x = 0 \end{cases}$ et $g(x) = \begin{cases} 3x & \text{si } x \neq 0 \\ -2 & \text{si } x = 0 \end{cases}$

Montrer que $f + g$ est continue en $x = 0$ bien que f et g soient toutes les deux discontinues en ce point.

Problèmes 22 à 27 : Montrer que l'équation donnée admet au moins une solution sur l'intervalle indiqué.

22. $\sqrt[3]{x} = x^2 + 2x - 1$; sur $[0, 1]$

23. $\dfrac{1}{x+1} = x^2 - x - 1$; sur $[1, 2]$

24. $\tan x = 2x^2 - 1$; sur $\left[-\dfrac{\pi}{4}, 0\right]$

25. $\cos x - \sin x = x$; sur $\left[0, \dfrac{\pi}{2}\right]$

26. $e^{-x} = x^3$; sur $[0, 1]$

27. $\ln x = (x-2)^2$; sur $[1, 2]$

28. Déterminer les constantes a et b telles que f soit continue en $x = 1$.

$$f(x) = \begin{cases} x^2 + b & \text{si } x < 1 \\ 3 & \text{si } x = 1 \\ ax + b & \text{si } x > 1 \end{cases}$$

29. Autrement dit ? Le graphe de la figure 2.29 représente la variation du taux de croissance d'une colonie de bactéries en fonction de la température*.

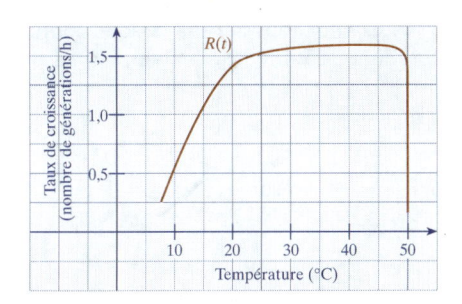

FIGURE 2.29

Taux de croissance d'une colonie de bactéries

Qu'arrive-t-il lorsque la température atteint 45 °C ?

Est-il logique de calculer $\lim\limits_{t \to 50} R(t)$?

Rédiger un paragraphe décrivant l'effet de la température sur le taux de croissance de cette colonie.

30. Problème de modélisation Un poisson remonte le courant à une vitesse constante v par rapport à l'eau, laquelle s'écoule à une vitesse constante v_e ($v_e < v$) par rapport au sol. L'énergie dépensée par le poisson pour se rendre en un point situé en amont est donnée par la formule

$$E(v) = \dfrac{Cv^k}{v - v_e}$$

---
* Michael D. La Grega, Philip L. Buckingham et Jeffery C. Evans, *Hazardous Waste Management*, New York, McGraw-Hill, 1994, p. 565-566.

où $C > 0$ est une constante physique et $k > 0$ un nombre qui dépend du type de poisson*.

Calculer $\lim\limits_{v \to v_e} E(v)$. Interpréter le résultat.

31. Au bout d'un délai t (en minutes) après l'introduction d'une toxine, la population P (en milliers) d'une colonie de bactéries est donnée par la fonction

$$P(t) = \begin{cases} t^2 + 1 & \text{si } 0 \leq t < 5 \\ -8t + 66 & \text{si } t \geq 5 \end{cases}$$

a. À quel instant la colonie va-t-elle disparaître ?
b. Montrer qu'à un instant compris entre $t = 2$ min et $t = 7$ min la population est de 9 000 bactéries.

Problèmes 32 à 34 : Déterminer les constantes a et b de telle sorte que la fonction donnée soit continue pour tout x.

32. $f(x) = \begin{cases} x^2 + bx + 1 & \text{si } x < 5 \\ 8 & \text{si } x = 5 \\ ax + 3 & \text{si } x > 5 \end{cases}$

33. $f(x) = \begin{cases} \dfrac{ax - 4}{x - 2} & \text{si } x \neq 2 \\ b & \text{si } x = 2 \end{cases}$

34. $f(x) = \begin{cases} b & \text{si } x \leq 1 \\ \dfrac{\sqrt{x} - a}{x - 1} & \text{si } x > 1 \end{cases}$

35. Soit f, une fonction continue. On suppose que $f(a)$ et $f(b)$ sont de signes opposés. D'après le théorème de la localisation des racines, au moins une racine de $f(x)$ est située entre $x = a$ et $x = b$.

a. Soit $c = (a + b)/2$, le milieu de l'intervalle $[a, b]$. Expliquer comment le théorème de la localisation des racines peut servir à déterminer si la racine est située dans l'intervalle $[a, c]$ ou dans l'intervalle $[c, b]$. Faut-il énoncer une condition spéciale dans le cas où l'intervalle $[a, b]$ contient plusieurs racines ?

b. À partir de l'observation faite à la partie **a**, décrire une méthode d'approximation de plus en plus précise d'une racine de $f(x)$. Il s'agit d'une *méthode de bissection* pour déterminer la localisation d'une racine.

c. Appliquer la méthode de bissection pour déterminer la localisation d'au moins une racine de $x^3 + x - 1 = 0$ sur $[0, 1]$. Vérifier la réponse à l'aide d'une calculatrice.

C

36. Démontrer le théorème de la localisation des racines en prenant pour hypothèse le théorème de la valeur intermédiaire.

37. Montrer que si f et g sont toutes les deux continues en $x = c$ et si $g(c) \neq 0$, alors f/g doit également être continue en c.

38. Soit $u(x) = x$ et $f(x) = \begin{cases} 0 & \text{si } x \neq 0 \\ 1 & \text{si } x = 0 \end{cases}$

Montrer que $\lim\limits_{x \to 0} f[u(x)] \neq f\left[\lim\limits_{x \to 0} u(x)\right]$.

---
* E. Batschelet, *Introduction to Mathematics for Life Scientists*, 2e éd., New York, Springer-Verlag, 1976, p. 280.

Problèmes récapitulatifs

Contrôle des connaissances

Problèmes théoriques

1. Quels sont les trois principaux sujets du calcul différentiel et intégral ?

2. Énoncer la définition informelle de la limite d'une fonction. Expliquer cette définition.

3. Énoncer la règle de la compression.

4. Quelles sont les valeurs des limites suivantes ?

   a. $\lim_{x \to 0} \dfrac{\sin x}{x}$
   b. $\lim_{x \to 0} \dfrac{\cos x - 1}{x}$

5. Définir la continuité d'une fonction en un point et l'expliquer.

6. Énoncer le théorème de la valeur intermédiaire.

Problèmes pratiques

Problèmes 7 à 12 : Évaluer la limite demandée.

7. $\lim_{x \to 3} \dfrac{x^2 - 4x + 9}{x^2 + x - 8}$
8. $\lim_{x \to 4} \dfrac{\sqrt{x} - 2}{x - 4}$
9. $\lim_{x \to 2} \dfrac{x^2 - 5x + 6}{x^2 - 4}$
10. $\lim_{x \to 2} \dfrac{3x + 5}{x^2 + 2x - 8}$
11. $\lim_{x \to 5} \ln\left(\dfrac{x - 5}{x + 5}\right)$
12. $\lim_{x \to +\infty} \dfrac{x + \sqrt{x^2 + 5}}{3x + 7}$

Problèmes 13 et 14 : Déterminer si les fonctions données sont continues sur l'intervalle $[-5, 5]$.

13. $f(t) = \dfrac{1}{t} - \dfrac{3}{t + 1}$
14. $g(x) = \dfrac{x^2 - 1}{x^2 + x - 2}$

15. Déterminer les constantes A et B de telle sorte que f soit continue pour tout x :

$$f(x) = \begin{cases} Ax + 3 & \text{si } x < 1 \\ 2 & \text{si } x = 1 \\ x^2 + B & \text{si } x > 1 \end{cases}$$

16. Montrer que l'équation
$$x + \sin x = \dfrac{1}{\sqrt{x} + 3}$$
admet au moins une solution sur l'intervalle $[0, \pi]$.

Problèmes supplémentaires

Problèmes 1 à 16 : Évaluer chaque limite.

1. $\lim_{x \to 2} \dfrac{3x^2 - 7x + 2}{x - 2}$
2. $\lim_{x \to 0} \dfrac{x^2 + 3x + 1}{x^4 + x^2}$
3. $\lim_{x \to 1^+} \sqrt{\dfrac{x^2 - x}{x - 1}}$
4. $\lim_{x \to 1} \dfrac{x^3 - 1}{x^2 - 1}$
5. $\lim_{x \to -\infty} (x^3 - 5x + 2)$
6. $\lim_{x \to +\infty} \dfrac{3x^2 + 4x + 1}{x^2 + 3}$
7. $\lim_{x \to 4} |4 - x|$
8. $\lim_{x \to 0^-} \dfrac{|x|}{x}$
9. $\lim_{x \to -\infty} \sqrt{x^2 + 4} + x^3$
10. $\lim_{x \to -\infty} \dfrac{4x + 1}{\sqrt{x^2 + 9}}$
11. $\lim_{x \to -\infty} \log\left(\dfrac{3 - x}{4}\right)$
12. $\lim_{x \to 2} \dfrac{(x + 1)(2x + 5)}{(x - 2)^2}$
13. $\lim_{x \to 1} \dfrac{x^5 - 1}{x - 1}$
14. $\lim_{x \to e^2} \dfrac{(\ln x)^3 - 8}{\ln x - 2}$
15. $\lim_{x \to 0} \dfrac{\sin(3x)}{\sin(2x)}$
16. $\lim_{x \to -\infty} \dfrac{2x + 1}{x^2 + 1}$

Problèmes 17 à 19 : Évaluer $\lim_{\Delta x \to 0} \dfrac{f(x + \Delta x) - f(x)}{\Delta x}$ pour la fonction f donnée.

17. $f(x) = 7$
18. $f(x) = 3x + 5$
19. $f(x) = \sqrt{2x}$

Problèmes 20 et 21 : Décider si chacune des fonctions est continue sur l'intervalle donné. Si elle ne l'est pas, redéfinir la fonction pour la rendre continue partout sur l'intervalle donné ou expliquer pourquoi cela n'est pas possible.

20. $f(x) = \dfrac{x + 4}{x - 8}$; sur $[-5, 5]$
21. $f(x) = \dfrac{x + 4}{x - 8}$; sur $[0, 10]$

22. Décider si les fonctions suivantes sont continues sur les intervalles donnés. Vérifier tous les points suspects.

   a. $f(x) = \dfrac{x^2 - x - 6}{x + 2}$; sur $[0, 5]$

   b. $f(x) = \dfrac{x^2 - x - 6}{x + 2}$; sur $[-5, 5]$

   c. $f(x) = \begin{cases} \dfrac{x^2 - x - 6}{x + 2} & \text{sur } [-5, 5],\ x \neq -2 \\ -4 & \text{pour } x = -2 \end{cases}$

   d. $f(x) = \begin{cases} \dfrac{x^2 - x - 6}{x + 2} & \text{sur } [-5, 5],\ x \neq -2 \\ -5 & \text{pour } x = -2 \end{cases}$

La fonction du plus grand nombre entier $f(x) = [x]$ est égale au plus grand nombre entier inférieur ou égal à x. Cette définition est utilisée aux problèmes 23 et 24.

23. a. Tracer le graphe de $f(x) = [x]$ sur $[-3, 6]$.
    b. Trouver $\lim_{x \to 3} f(x)$.
    c. Pour quelles valeurs de a $\lim_{x \to a} f(x)$ existe-t-elle ?

24. Reprendre le problème 23 pour $f(x) = \left[\dfrac{x}{2}\right]$.

25. Déterminer les constantes A et B de telle sorte que la fonction $f(x)$ suivante soit continue pour tout x :

$$f(x) = \begin{cases} x^2 + B & \text{si } x \leq 2 \\ \dfrac{x^2 - Ax - 6}{x - 2} & \text{si } x > 2 \end{cases}$$

26. Déterminer les nombres a et b de telle sorte que

$$\lim_{x \to 0} \frac{\sqrt{ax + b} - 1}{x} = 1$$

27. Si une fonction f n'est pas continue en $x = c$ mais si on peut la rendre continue en c en lui donnant une nouvelle valeur en ce point, on dit qu'il est possible de *lever la discontinuité* en $x = c$. Parmi les fonctions suivantes, indiquer celles pour lesquelles il est possible de lever la discontinuité en $x = c$.

   a. $f(x) = \dfrac{2x^2 + x - 15}{x + 3}$; en $x = -3$

   b. $f(x) = \dfrac{x - 2}{|x - 2|}$; en $x = 2$

28. **Problème d'espion** Animé par un désir de vengeance, l'espion confronte l'assassin de Siggy (voir le problème 41 de la section 1.6) et ne tarde pas à se faire capturer. Il tente de s'échapper en volant une camionnette. Roulant à 72 km/h, il a une avance de 40 minutes sur ses poursuivants, qui le pourchassent en Ferrari à 168 km/h. À ce moment précis, la distance entre le repaire des trafiquants et la frontière (c'est-à-dire la liberté) est de 83,3 km. L'espion va-t-il réussir à s'enfuir ?

29. a. Montrer que $\sin x < x$ si $0 < x < \dfrac{\pi}{2}$ à l'aide de la figure 2.30.

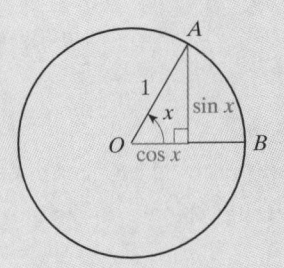

FIGURE 2.30

Figure du problème 29

Conseil : Comparer les aires d'un triangle et d'un secteur appropriés.

   b. Utiliser la définition de la continuité pour montrer que la fonction $\sin x$ est continue en $x = 0$.

30. Un polygone régulier à n côtés est inscrit dans un cercle de rayon R, comme à la figure 2.31.
    a. Montrer que le périmètre du polygone est donné par
    $$P(\theta) = \frac{4\pi R}{\theta} \sin\left(\frac{\theta}{2}\right), \text{ où } \theta = \frac{2\pi}{7} \text{ est l'angle au centre}$$
    sous-tendu par un côté du polygone.

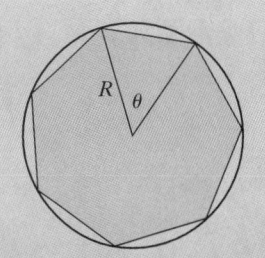

FIGURE 2.31

Polygone régulier à 7 côtés d'angle au centre θ (problème 30)

   b. Utiliser la formule de la partie **a** et le fait que $\displaystyle\lim_{x \to 0} \frac{\sin x}{x} = 1$ pour montrer qu'un cercle de rayon R a une circonférence égale à $2\pi R$.

   c. Modifier l'approche suggérée aux parties **a** et **b** pour montrer qu'un cercle de rayon R a une aire égale à πR^2. *Conseil :* Exprimer d'abord l'aire du polygone de la figure 2.31 en fonction de θ.

31. **Problème de modélisation** La température apparente associée au refroidissement par le vent r (en degrés Celsius) est fonction de la température réelle de l'air T (en degrés Celsius) et de la vitesse du vent v (en km/h)*. Si l'on garde T constant et si l'on suppose que la température apparente est fonction de v, on obtient :

$$r(v) = \begin{cases} T & \text{si } 0 \leq v \leq 6{,}436 \\ 33 + (33 - T)(0{,}01262v - 0{,}2397\sqrt{v} - 0{,}474) & \\ & \text{si } 6{,}436 < v < 72{,}405 \\ 1{,}6T - 19{,}8 & \text{si } v \geq 72{,}405 \end{cases}$$

   a. Si $T = -1\,°C$, quelle est la température apparente pour $v = 32$ km/h ? Quelle est-elle pour $v = 80$ km/h ?
   b. Pour $T = -1\,°C$, quelle vitesse du vent correspond à une température apparente de $-20\,°C$?
   c. Étudier la continuité de la fonction r sur son domaine de définition et montrer que la continuité de la fonction est dépendante de T.
   d. À quelle température T les valeurs de la température apparente et de la température réelle sont-elles toujours identiques ?

32. Partant de l'estimation selon laquelle il y a 10 milliards d'acres de terre arable sur la surface du globe et selon laquelle chaque acre peut produire suffisamment pour nourrir 4 personnes, des démographes estiment que la Terre peut nourrir au maximum 40 milliards d'habitants. La population de la Terre était d'environ 5 milliards en 1986 et 6 milliards en 1997. Si la croissance de la population de la Terre obéissait à la formule

$$P(t) = P_0 e^{rt}$$

où t (en années) est le temps écoulé depuis le moment où la population était de P_0 et r le taux de croissance, quand la population atteindrait-elle la limite théorique de 40 milliards d'individus ?

---

* D'après William Bosch et L. G. Cobb, « Windchill », *UMAP*, n° 658 (1984), p. 244-247.

COLLABORATION SPÉCIALE
L'invention du calcul différentiel et intégral était inévitable

par John L. Troutman,
professeur de mathématiques
à l'université de Syracuse

UN PEU D'HISTOIRE

Sir Isaac Newton fut l'un des plus grands mathématiciens de tous les temps. Il se considérait plus comme un théologien que comme un mathématicien ou un physicien. Il passa des années à chercher des indices sur la fin du monde et la géographie de l'enfer. Parlant de lui-même, il disait : « J'ai l'impression d'avoir passé mon temps à jouer sur une plage comme un gamin qui s'amuse à trouver de temps à autre un galet plus lisse que les autres ou un coquillage plus beau que d'ordinaire, avec, devant moi, le grand océan de la vérité qui reste à découvrir. »

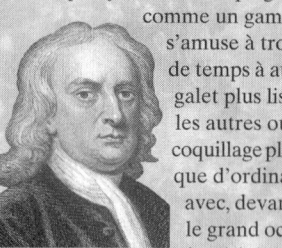

ISAAC NEWTON (1642-1727)

L'invention du calcul différentiel et du calcul intégral est maintenant attribuée à la fois à Isaac Newton (1642-1727) et à Gottfried Wilhelm Leibniz (1646-1716). Mais la publication séparée de leurs articles (vers 1685) suscita une amère controverse en Europe : il s'agissait de déterminer lequel des deux avait réalisé ses travaux le premier. Ce débat s'explique en partie par le fait que les deux hommes avaient effectué leurs travaux bien plus tôt (Newton en 1669 et Leibniz un peu plus tard) et en partie par la rivalité qui opposait les scientifiques d'Angleterre, qui défendaient Newton, et ceux d'Europe, qui soutenaient Leibniz. Mais plus simplement, cela nous montre à quel point le climat intellectuel était mûr pour ce genre d'invention. En fait, même si ni l'un ni l'autre de ces grands scientifiques n'avaient existé, il semble presque certain que les principes du calcul différentiel et intégral – y compris le théorème fondamental – auraient été énoncés avant la fin du XVIIe siècle.

C'était en effet inévitable, compte tenu de l'esprit philosophique de l'époque. Les philosophes étaient convaincus depuis longtemps que l'univers était construit selon des principes mathématiques logiques, bien qu'ils n'aient pu se mettre d'accord, ne serait-ce que pour dire quels étaient ces principes et comment les formuler. Ainsi, l'école de Pythagore (vers 600 av. J.-C.) maintenait que tout découlait des nombres (entiers) et de leurs rapports ; d'où sa consternation lorsqu'elle constata qu'on pouvait construire des entités différentes, comme $\sqrt{2}$. Ensuite, les astronomes annoncèrent que les corps célestes se déplaçaient sur des orbites circulaires dont le centre était la Terre. Plus tard, ils déclarèrent que la Terre elle-même devait être une sphère parfaite reflétant la main divine du Créateur. On sait aujourd'hui que ces deux affirmations sont fausses ; vers 1612, Kepler avait déjà conclu autrement. Galilée (1564-1642) énonça qu'un corps lourd initialement au repos tombe en parcourant une distance proportionnelle au carré du temps écoulé et Fermat énonça (en 1657) que la lumière se déplace sur des trajectoires qui minimisent la durée du parcours. La question était de savoir si ces lois pouvaient être formulées et justifiées mathématiquement et quels types de mathématiques conviendraient pour décrire ces phénomènes.

Dans l'Antiquité déjà, Zénon (vers 500 av. J.-C.) avait mis en garde, avec ses paradoxes, contre le danger qu'il y a à avancer hâtivement et imprudemment des hypothèses concernant des phénomènes dont l'analyse fait intervenir des processus infinis. Il « démontra » en particulier que le mouvement est impossible si le temps est composé d'instants distincts et, réciproquement, qu'il est impossible de parcourir une distance donnée si la longueur peut être subdivisée indéfiniment. Ainsi, bien que les scientifiques et les philosophes du XVIIe siècle aient pu proposer de tels principes, il était évident que ceux-ci devaient s'appuyer sur des mathématiques comportant des subtilités sous-jacentes (il fallut en fait attendre deux siècles pour obtenir une explication satisfaisante).

Pour mieux comprendre comment se sont élaborées les mathématiques, nous devons examiner certaines des tentatives visant à résoudre les deux problèmes classiques qui ont motivé l'émergence du calcul différentiel et intégral : celui qui consiste à trouver la droite tangente à une courbe géométrique plane et celui qui consiste à déterminer l'aire située sous cette courbe. Newton lui-même reconnaissait qu'il avait pu voir loin grâce aux géants qui l'avaient précédé et sur les épaules desquels il s'était hissé. Qui étaient ces géants et quelles ont été leurs contributions ? D'abord, il y eut les mathématiciens grecs, en particulier Eudoxe, Euclide et Archimède, qui ont formulé les concepts géométriques de la tangence et de l'aire entre 400 et 200 av. J.-C. en donnant des exemples de chacun, comme la construction des droites tangentes à un cercle et l'aire située sous une courbe parabolique. Les mathématiciens hindous et arabes ont de leur côté étendu le système numérique et le langage formel de l'algèbre vers l'an 1300. Mais il fallut attendre l'époque de Newton pour que les méthodes de l'algèbre et de la géométrie soient combinées de manière satisfaisante dans la géométrie analytique de René Descartes (1596-1650) et pour qu'on se rende compte qu'une courbe géométrique peut être considérée comme le lieu des points dont les coordonnées vérifient à une équation algébrique. Les constructions géométriques acquéraient alors une exactitude numérique et la démonstration géométrique de certains raisonnements algébriques relatifs aux limites devenait possible. Comme la géométrie euclidienne était à l'époque généralement considérée comme la seule mathématique fiable, c'est vers elle que les savants s'orientaient le plus fréquemment et c'est elle que choisirent au XVIIe siècle Roberval, Fermat, Cavalieri, Huygens, Wallis et d'autres, dont le professeur de Newton à Cambridge, Isaac Barrow (1630-1677). Ces géants, comme les appelait Newton, obtinrent les équations de droites tangentes à des courbes polynomiales d'équation $y = x^n$ pour $n = 1, 2, 3, \ldots, 9$, ainsi que les aires (exactes) situées sous ces courbes et d'autres courbes définies géométriquement, comme la spirale et la cycloïde.

Dans son analyse de la tangence, Barrow fit intervenir le triangle infinitésimal de côtés Δx, Δy, Δs, qu'on retrouve désormais dans tous les exposés sur le calcul différentiel et intégral. Cavalieri essaya de « compter » un nombre infini de droites parallèles équidistantes pour obtenir des aires. On savait que, dans certains cas particuliers, ces problèmes de tangence et d'aire étaient liés et qu'ils étaient respectivement équivalents aux problèmes de cinématique visant à déterminer la vitesse et la distance parcourue durant un mouvement, problèmes qui étaient en contradiction directe avec les paradoxes de Zénon.

Il ne restait plus aux mathématiciens qu'à déceler la possibilité de généraliser ces constructions spécifiques et à définir une notation utilisable pour présenter les résultats. Cela fut fait indépendamment par Newton, lequel, se méfiant à juste titre des raisonnements relatifs aux limites qu'il fallait faire intervenir, supprima ses propres contributions jusqu'à ce qu'il soit en mesure de les valider géométriquement, et par Leibniz, à peine moins prudent. Mais, répétons-le, à ce stade (vers 1670), il était presque inévitable que quelqu'un s'en charge.

Le calcul différentiel et intégral nous a fourni un langage mathématique qui, au moyen de la dérivée, peut décrire les taux de variation servant à caractériser divers processus physiques (comme la vitesse) et qui, au moyen de l'intégrale, peut montrer comment des entités macroscopiques (comme l'aire ou la distance) peuvent émerger d'éléments microscopiques convenablement assemblés. De plus, le théorème fondamental, selon lequel la dérivée et l'intégrale sont des opérations réciproques, nous fournit une méthode exacte pour passer de la description macroscopique à la description microscopique et vice versa. Enfin, la possibilité de relier les résultats des arguments relatifs aux limites par de simples formules algébriques permet d'utiliser correctement le calcul différentiel et intégral. Les applications ont ainsi pu évoluer tandis que les mathématiciens ont cherché une base axiomatique appropriée. L'époque technologique actuelle atteste du succès de cette entreprise et de la valeur du calcul différentiel et intégral.

UN PEU D'HISTOIRE

À l'âge de 14 ans, Gottfried Leibniz essaya de réformer la logique aristotélicienne. Il voulait créer une méthode générale de raisonnement par le calcul. À 20 ans, il posa sa candidature pour le doctorat de droit à l'université de Leipzig et fut refusé (on prétexta qu'il était trop jeune). Il obtint le grade l'année suivante, à l'université d'Altdorf, où il fit si bonne impression qu'on lui offrit un poste de professeur. Il déclina l'offre, expliquant qu'il avait d'autres projets. Leibniz inventa ensuite le calcul différentiel et le calcul intégral. Mais une amère controverse l'opposa à Newton. D'après de nombreux historiens, celle-ci a eu des répercussions sur l'histoire des mathématiques. J. S. Mill a déclaré : « Il serait difficile de citer un homme plus remarquable que Leibniz pour l'étendue et l'universalité de ses facultés intellectuelles. »

GOTTFRIED WILHELM LEIBNIZ (1646-1716)

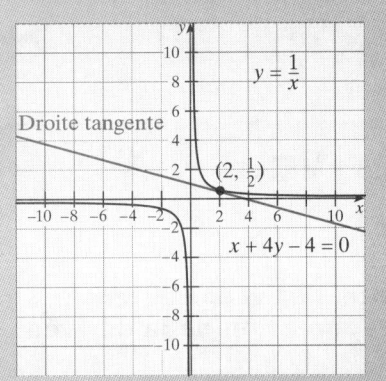

CHAPITRE 3
La dérivée

SOMMAIRE

3.1 Présentation de la dérivée : pente d'une tangente
Droites tangentes
Pente d'une tangente
Dérivée
Existence des dérivées
Continuité et dérivabilité
Notation de la dérivée

3.2 Techniques de dérivation et dérivées des fonctions algébriques
Dérivée d'une fonction constante
Dérivée d'une fonction de puissance
Règles de dérivation
Dérivées successives

3.3 Dérivées des fonctions trigonométriques, exponentielles et logarithmiques
Dérivées des fonctions sinus et cosinus
Dérivées des autres fonctions trigonométriques
Dérivées des fonctions exponentielles et logarithmiques

3.4 Règle de dérivation en chaîne
Présentation de la règle de dérivation en chaîne
Formules de dérivation généralisées

3.5 Dérivation implicite
Méthode générale de dérivation implicite
Formules de dérivation des fonctions trigonométriques inverses
Formules de dérivation des fonctions exponentielle et logarithmique de base b
Dérivation logarithmique

Problèmes récapitulatifs

INTRODUCTION

Les idées sur lesquelles s'appuie ce que nous appelons maintenant le calcul différentiel et intégral avaient fermenté dans les cercles intellectuels tout au long du XVIIe siècle. Le génie de Newton et de Leibniz (voir la collaboration spéciale à la fin du chapitre 2) réside non pas tant dans la découverte de ces idées que dans leur systématisation.

Dans ce chapitre, nous allons d'abord définir la *dérivée*, qui est le concept central du calcul différentiel. Nous donnerons ensuite une liste de règles et de formules permettant de trouver la dérivée de diverses expressions faisant intervenir des racines et des fonctions polynomiales et rationnelles, mais aussi des fonctions trigonométriques, exponentielles, logarithmiques et trigonométriques inverses.

3.1 Présentation de la dérivée : pente d'une tangente

DANS CETTE SECTION : droites tangentes, pente d'une tangente, dérivée, existence des dérivées, continuité et dérivabilité, notation de la dérivée

DROITES TANGENTES

En mathématiques élémentaires, une **tangente à un cercle** est, par définition, une droite du plan du cercle qui rencontre le cercle en un seul point. Cette définition est trop restreinte pour le calcul différentiel. Nous allons donc maintenant envisager le concept d'une tangente à une courbe donnée (pas forcément un cercle) en un point donné. En général, il n'est pas simple de trouver la pente d'une tangente en un point donné $P(x_0, y_0)$. En effet, pour utiliser la formule

$$\text{pente} = m = \frac{\Delta y}{\Delta x} = \frac{y_1 - y_0}{x_1 - x_0}$$

il faut connaître non seulement le point de tangence (x_0, y_0), mais également au moins un autre point (x_1, y_1) de la droite.

PENTE D'UNE TANGENTE

La méthode servant à déterminer la pente d'une tangente fut d'abord élaborée par Pierre de Fermat, avant d'être utilisée par Isaac Newton. La nouveauté de l'approche de Fermat-Newton réside dans le fait qu'elle utilisait un processus « dynamique », celui de la limite, pour s'attaquer à un problème « statique », celui de la détermination des tangentes.

Supposons que l'on veuille trouver la pente de la tangente à la courbe $y = f(x)$ au point $P(x_0, f(x_0))$. La stratégie consiste à travailler à partir de droites dont les pentes peuvent être calculées directement et à se rapprocher le plus possible de la tangente. Considérons la droite joignant le point donné P à un point voisin Q sur le graphe de f, comme à la figure 3.1. Cette droite est appelée **sécante** (c'est une droite qui coupe une courbe mais qui ne lui est pas tangente). Comparons les sécantes représentées à la figure 3.1.

UN PEU D'HISTOIRE

Dans l'article de la collaboration spéciale à la fin du chapitre 2, l'auteur indique qu'Isaac Newton, qui a inventé le calcul différentiel et intégral, considérait Fermat comme « l'un des géants » sur les épaules desquels il s'était hissé. Fermat était avocat de métier, mais il aimait faire des mathématiques pour le plaisir. Il a rédigé plus de 3 000 articles et notes de mathématiques. Fermat a notamment élaboré une méthode générale pour trouver des tangentes, qui précède les méthodes de Newton et de Leibniz.

PIERRE DE FERMAT (1601-1665)

⚠ Ne pas confondre la *droite sécante*, qui est une droite coupant une courbe en deux points ou plus, avec la *fonction sécante* en trigonométrie.

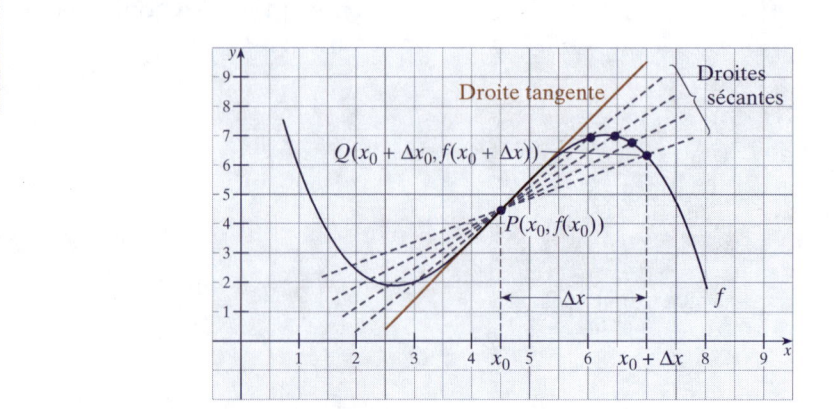

FIGURE 3.1

La sécante passant par P et Q

Soulignons qu'une sécante est une bonne approximation de la tangente au point P tant que Q est proche de P.

Pour calculer la pente d'une sécante, inscrivons d'abord les coordonnées du point voisin Q, comme à la figure 3.1. En particulier, désignons par Δx la variation de l'abscisse entre le point donné $P(x_0, f(x_0))$ et le point voisin $Q(x_0 + \Delta x, f(x_0 + \Delta x))$. La pente de cette sécante, $m_{\text{séc}}$, est facile à calculer :

$$m_{\text{séc}} = \frac{\Delta y}{\Delta x} = \frac{f(x_0 + \Delta x) - f(x_0)}{(x_0 + \Delta x) - x_0} = \frac{f(x_0 + \Delta x) - f(x_0)}{\Delta x}$$

⚠ Δx est un symbole unique qui ne signifie pas « delta fois x ». Rappelons que lorsque $\Delta x \to 0$, Δx s'approche de 0 sans lui être égal.

Pour rapprocher la sécante de la tangente, rapprochons Q de P sur le graphe de f en faisant tendre Δx vers 0. La pente de la sécante doit alors tendre vers la pente de la tangente en P. On désigne par m_{tan} la pente de la tangente pour la distinguer de la pente d'une sécante. Ces observations conduisent à la définition qui suit.

Pente d'une tangente à un graphe en un point

Au point $P(x_0, f(x_0))$, la tangente au graphe de f a une **pente** donnée par la formule

$$m_{\text{tan}} = \lim_{\Delta x \to 0} \frac{f(x_0 + \Delta x) - f(x_0)}{\Delta x}$$

à condition que cette limite existe.

EXEMPLE 1   Pente d'une tangente en un point particulier

Déterminer la pente de la tangente au graphe de $f(x) = x^2$ au point $P(-1, 1)$.

Solution   La figure 3.2a représente la tangente à la courbe de f en $x = -1$.

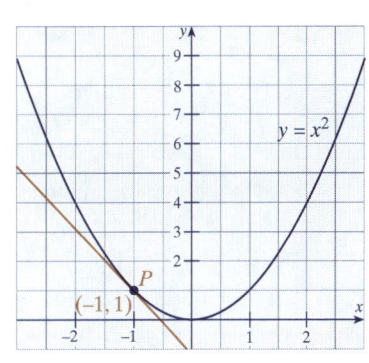

a. Tangente au point $(-1, 1)$ **b.** Tangente au point (x, x^2)

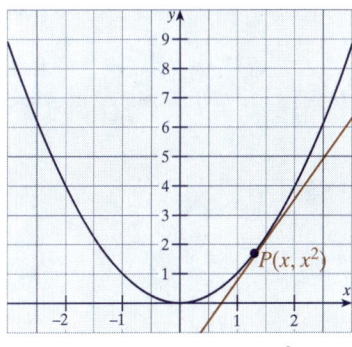

FIGURE 3.2

Tangentes au graphe de $y = x^2$

La pente de la tangente est donnée par

$$m_{\text{tan}} = \lim_{\Delta x \to 0} \frac{f(-1 + \Delta x) - f(-1)}{\Delta x}$$

$$= \lim_{\Delta x \to 0} \frac{(-1 + \Delta x)^2 - (-1)^2}{\Delta x} \quad \text{Comme } f(x) = x^2, \; f(-1 + \Delta x) = (-1 + \Delta x)^2.$$

$$= \lim_{\Delta x \to 0} \frac{1 - 2\Delta x + (\Delta x)^2 - 1}{\Delta x}$$

$$= \lim_{\Delta x \to 0} \frac{-2\Delta x + (\Delta x)^2}{\Delta x}$$

$$= \lim_{\Delta x \to 0} \frac{(-2 + \Delta x)\Delta x}{\Delta x} \quad \text{Factorisation}$$

$$= \lim_{\Delta x \to 0} (-2 + \Delta x) = -2 \quad \text{Simplification de } \Delta x \text{ et calcul de la limite}$$

Dans l'exemple 1, nous avons trouvé la pente de la tangente au graphe de $y = x^2$ au point $(-1, 1)$. Dans l'exemple 2, nous effectuons le même calcul, mais cette fois en représentant le point donné algébriquement par (x, x^2). La figure 3.2b (p. 103) illustre ce cas de la pente de la tangente à $y = x^2$ en un point *quelconque* (x, x^2).

EXEMPLE 2 Pente d'une tangente en un point arbitraire

Établir une formule donnant la pente de la tangente au graphe de $f(x) = x^2$, puis l'utiliser pour calculer la pente de la tangente au point $(4, 16)$.

Solution La figure 3.2b (p. 103) représente une tangente en un point arbitraire $P(x, x^2)$ de la courbe. D'après la définition de la pente de la tangente,

$$m_{\tan} = \lim_{\Delta x \to 0} \frac{f(x + \Delta x) - f(x)}{\Delta x}$$

$$= \lim_{\Delta x \to 0} \frac{(x + \Delta x)^2 - x^2}{\Delta x} \quad \text{Comme } f(x) = x^2, f(x + \Delta x) = (x + \Delta x)^2.$$

$$= \lim_{\Delta x \to 0} \frac{x^2 + 2x\Delta x + (\Delta x)^2 - x^2}{\Delta x}$$

$$= \lim_{\Delta x \to 0} \frac{2x\Delta x + (\Delta x)^2}{\Delta x}$$

$$= \lim_{\Delta x \to 0} \frac{(2x + \Delta x)\Delta x}{\Delta x} \quad \text{Factorisation}$$

$$= \lim_{\Delta x \to 0} (2x + \Delta x) = 2x \quad \text{Simplification de } \Delta x \text{ et calcul de la limite}$$

Au point $(4, 16)$, $x = 4$, de sorte que $m_{\tan} = 2(4) = 8$.

Note préliminaire

Le fait de connaître les tangentes en divers points de la courbe d'une fonction f donne une idée de la forme de la courbe, comme le montre la figure 3.3. Nous explorerons ce concept plus loin, au chapitre 4.

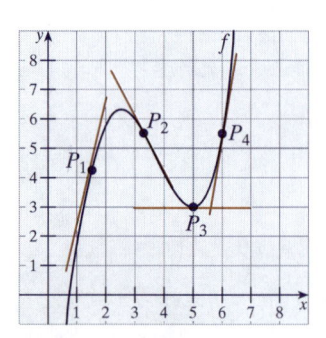

FIGURE 3.3

Tangentes à une courbe indiquant la forme de la courbe

DÉRIVÉE

L'expression

$$\frac{f(x + \Delta x) - f(x)}{\Delta x}$$

donne la pente d'une sécante du graphe d'une fonction f et est appelée **taux de variation moyen** de f. La limite du taux de variation moyen

$$\lim_{\Delta x \to 0} \frac{f(x + \Delta x) - f(x)}{\Delta x}$$

donne la pente de la tangente au graphe de f au point $(x, f(x))$ et est appelée **taux de variation instantané** ou **dérivée** de f. Elle est fréquemment désignée par le symbole $f'(x)$ (lire « f prime de x »). **Dériver** une fonction f en x signifie trouver sa dérivée au point $(x, f(x))$.

> **Dérivée**
>
> La **dérivée** de f en x est donnée par
>
> $$f'(x) = \lim_{\Delta x \to 0} \frac{f(x + \Delta x) - f(x)}{\Delta x}$$
>
> à condition que cette limite existe.

La dérivée est l'un des concepts fondamentaux du calcul différentiel, et il est important de faire deux observations au sujet de cette définition :

1. Si la limite du taux de variation moyen existe, on dit que la fonction f est **dérivable** en x.
2. La dérivée d'une fonction est elle-même une fonction.

Déterminer la pente d'une tangente n'est qu'une des nombreuses applications de la dérivée. Au chapitre 4, nous étudierons des applications plus complexes, comme le tracé des courbes et l'optimisation. Puis, au chapitre 5, nous aborderons le mouvement rectiligne et d'autres taux de variation, ainsi que la différentielle et le calcul d'incertitude.

EXEMPLE 3 Calcul de la dérivée à l'aide de la définition

Dériver $f(t) = \sqrt{t}$.

Solution

$$\begin{aligned}
f'(t) &= \lim_{\Delta t \to 0} \frac{f(t + \Delta t) - f(t)}{\Delta t} \\
&= \lim_{\Delta t \to 0} \frac{\sqrt{t + \Delta t} - \sqrt{t}}{\Delta t} \\
&= \lim_{\Delta t \to 0} \frac{\sqrt{t + \Delta t} - \sqrt{t}}{\Delta t} \left(\frac{\sqrt{t + \Delta t} + \sqrt{t}}{\sqrt{t + \Delta t} + \sqrt{t}} \right) \quad \text{Rationalisation du numérateur} \\
&= \lim_{\Delta t \to 0} \frac{(t + \Delta t) - t}{\Delta t \left(\sqrt{t + \Delta t} + \sqrt{t} \right)}
\end{aligned}$$

⚠️ Soulignons que $f(t) = \sqrt{t}$ est définie pour tout $t \geq 0$, alors que sa dérivée $f'(t) = \dfrac{1}{2\sqrt{t}}$ est définie pour tout $t > 0$. On voit donc qu'une fonction n'est pas nécessairement dérivable sur la totalité de son domaine.

$$= \lim_{\Delta t \to 0} \frac{\Delta t}{\Delta t(\sqrt{t + \Delta t} + \sqrt{t})}$$

$$= \lim_{\Delta t \to 0} \frac{1}{\sqrt{t + \Delta t} + \sqrt{t}}$$

$$= \frac{1}{2\sqrt{t}}$$

Note préliminaire

Nous savons maintenant que le concept de dérivée est l'un des principaux concepts du calcul différentiel. L'exemple qui précède montre que le calcul d'une dérivée peut être long et laborieux. Dans la section suivante, nous commencerons à simplifier le « processus » pour pouvoir déterminer rapidement la dérivée d'une fonction donnée (sans utiliser cette définition directement). Mais, pour l'instant, nous nous intéressons au *concept* et à la *définition* de la dérivée.

⚠️ L'expression $f'(x_0)$ désigne la dérivée $f'(x)$ évaluée en $x = x_0$.

THÉORÈME 3.1   Équation d'une tangente à une courbe en un point

Si f est une fonction dérivable en x_0, le graphe de $y = f(x)$ a une tangente au point $P(x_0, f(x_0))$ dont la pente est $f'(x_0)$ et dont l'équation s'écrit

$$y = f'(x_0)(x - x_0) + f(x_0)$$

Démonstration Pour déterminer l'équation de la tangente à la courbe $y = f(x)$ au point $P(x_0, f(x_0))$, on utilise le fait que la pente de la tangente en ce point est la dérivée $f'(x_0)$ et on applique la formule de l'équation d'une droite faisant intervenir un point de la droite et la pente de la droite :

$$y - k = m(x - h)$$
$$y - f(x_0) = f'(x_0)(x - x_0) \qquad \text{Car } m_{\tan} = f'(x_0)$$
$$y = f'(x_0)(x - x_0) + f(x_0)$$

EXEMPLE 4   Équation d'une tangente

Trouver l'équation de la tangente au graphe de $f(x) = \dfrac{1}{x}$ au point d'abscisse $x = 2$.

Solution Le graphe de la fonction $y = \dfrac{1}{x}$, le point d'abscisse $x = 2$ et la tangente en ce point sont représentés à la figure 3.4. Cherchons tout d'abord $f'(x)$:

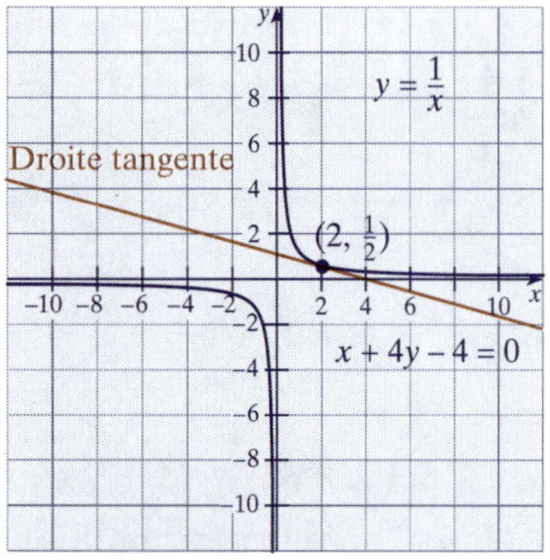

$$f'(x) = \lim_{\Delta x \to 0} \frac{f(x + \Delta x) - f(x)}{\Delta x} \qquad \text{Définition de la dérivée}$$

$$= \lim_{\Delta x \to 0} \frac{\left[\dfrac{1}{x + \Delta x} - \dfrac{1}{x}\right]}{\Delta x}$$

$$= \lim_{\Delta x \to 0} \frac{\left[\dfrac{x - (x + \Delta x)}{x(x + \Delta x)}\right]}{\Delta x}$$

FIGURE 3.4

Tangente à la courbe $y = \dfrac{1}{x}$ au point $\left(2, \dfrac{1}{2}\right)$

⚠️ La pente de la tangente au graphe de f en $x = x_0$ n'est pas la fonction dérivée f' mais la *valeur* de cette dérivée en x_0. Dans l'exemple 4, la fonction est définie par $f(x) = \frac{1}{x}$, sa dérivée est $f'(x) = -\frac{1}{x^2}$ et la pente de la tangente à la courbe en $x = 2$ est le nombre $f'(2) = -\frac{1}{4}$.

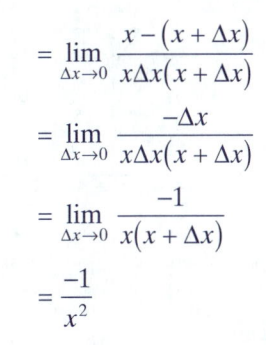

$$= \lim_{\Delta x \to 0} \frac{x - (x + \Delta x)}{x \Delta x (x + \Delta x)}$$

$$= \lim_{\Delta x \to 0} \frac{-\Delta x}{x \Delta x (x + \Delta x)}$$

$$= \lim_{\Delta x \to 0} \frac{-1}{x(x + \Delta x)}$$

$$= \frac{-1}{x^2}$$

Ensuite, trouvons la pente de la tangente en $x = 2$:

$$m_{\tan} = f'(2) = -\frac{1}{4}.$$

Comme $f(2) = \frac{1}{2}$, on peut maintenant écrire l'équation de la tangente à l'aide du théorème 3.1 :

$$y = -\tfrac{1}{4}(x - 2) + \tfrac{1}{2} \quad \text{ou, sous sa forme cartésienne,} \quad x + 4y - 4 = 0$$

EXEMPLE 5 **Droite perpendiculaire à une tangente**

Déterminer l'équation de la droite perpendiculaire à la tangente de $f(x) = \frac{1}{x}$ au point d'abscisse $x = 2$ et coupant celle-ci au point de tangence.

Solution D'après l'exemple 4, on sait que la pente de la tangente est $f'(2) = -\frac{1}{4}$ et que le point de tangence est $(2, \frac{1}{2})$. À la section 1.3, on a vu que deux droites sont perpendiculaires si et seulement si leurs pentes ont des valeurs inverses multiplicatives et des signes opposés. Ainsi, la droite perpendiculaire dont nous cherchons l'équation a une pente égale à 4 (valeur inverse multiplicative et signe opposé par rapport à $m = -\frac{1}{4}$), comme on le voit à la figure 3.5. L'équation recherchée est donc

$$y - \tfrac{1}{2} = 4(x - 2) \quad \text{Formule faisant intervenir la pente et un point de la droite}$$

Sous forme cartésienne, l'équation s'écrit $4x - y - \frac{15}{2} = 0$.

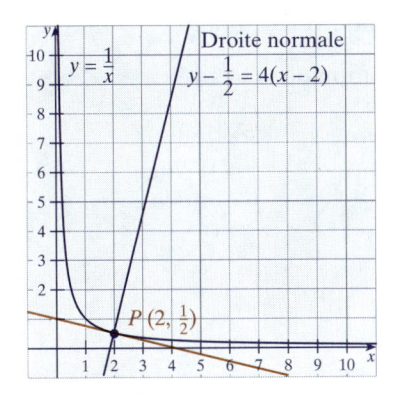

FIGURE 3.5
Droite normale à la courbe $y = \frac{1}{x}$ au point $(2, \frac{1}{2})$

La droite perpendiculaire dont nous venons de trouver l'équation dans l'exemple 5 est la droite *normale* au graphe de f au point $(2, \frac{1}{2})$.

> **Droite normale à un graphe**
>
> La **droite normale** au graphe de f au point P est la droite qui est perpendiculaire à la tangente au graphe en P.

EXISTENCE DES DÉRIVÉES

Nous avons remarqué qu'une fonction est dérivable uniquement si la limite qui constitue la définition de la dérivée existe. Lorsqu'une fonction f n'est pas dérivable en certains points, on dit que **la dérivée de f n'existe pas en ces points**. La figure 3.6 (p. 108) représente trois cas courants dans lesquels la dérivée n'existe pas en un point $(c, f(c))$ du domaine de f.

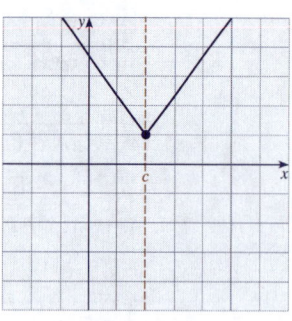

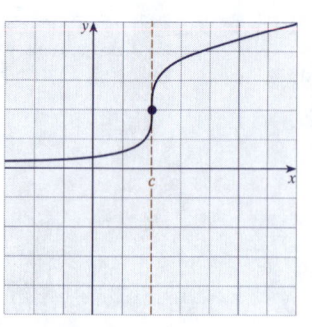

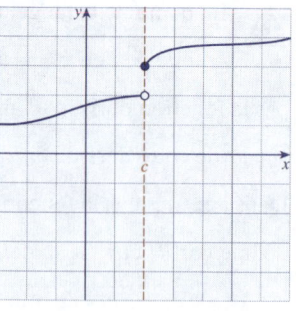

a. Point anguleux **b.** Tangente verticale **c.** Point de discontinuité

FIGURE 3.6

Cas courants où une dérivée n'existe pas

> **EXEMPLE 6** Fonction qui n'admet pas de dérivée à cause d'un changement brusque en un point

Montrer que la fonction valeur absolue $f(x) = |x|$ n'est pas dérivable en $x = 0$.

Solution Le graphe de $f(x) = |x|$ est représenté à la figure 3.7. La « pente de la tangente à gauche » de $x = 0$ est -1, tandis que la « pente de la tangente à droite » est $+1$. Il y a donc un changement brusque de la valeur de la pente de la tangente à la courbe à l'origine, ce qui empêche de tracer une tangente unique en ce point.

Ceci se démontre algébriquement à l'aide de la définition de la dérivée :

$$f'(0) = \lim_{\Delta x \to 0} \frac{f(0 + \Delta x) - f(0)}{\Delta x}$$

$$= \lim_{\Delta x \to 0} \frac{f(\Delta x) - f(0)}{\Delta x}$$

$$= \lim_{\Delta x \to 0} \frac{|\Delta x|}{\Delta x}$$

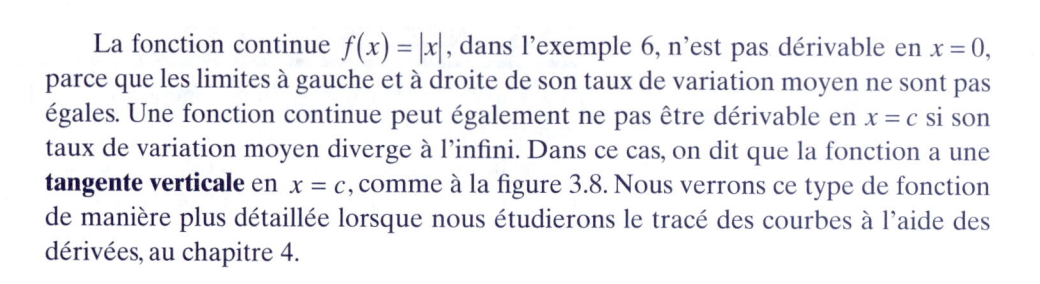

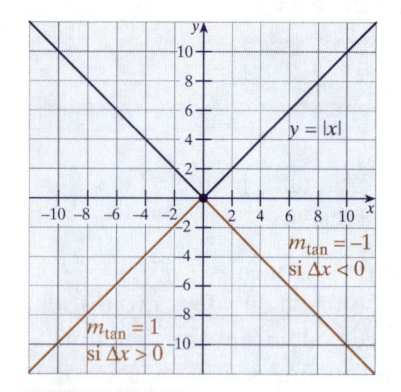

FIGURE 3.7

$f(x) = |x|$ n'est pas dérivable en $x = 0$, parce que la « pente de la tangente à gauche » n'est pas égale à la « pente de la tangente à droite ».

Il faut maintenant considérer les limites à gauche et à droite, parce que

$$|\Delta x| = \begin{cases} \Delta x \text{ lorsque } \Delta x > 0 \\ -\Delta x \text{ lorsque } \Delta x < 0 \end{cases}$$

$$\lim_{\Delta x \to 0^-} \frac{|\Delta x|}{\Delta x} = \lim_{\Delta x \to 0^-} \frac{-\Delta x}{\Delta x} = -1 \quad \text{Dérivée à gauche}$$

$$\lim_{\Delta x \to 0^+} \frac{|\Delta x|}{\Delta x} = \lim_{\Delta x \to 0^+} \frac{\Delta x}{\Delta x} = 1 \quad \text{Dérivée à droite}$$

Les limites à gauche et à droite ne sont pas les mêmes. Par conséquent, la limite n'existe pas. Cela signifie que la dérivée n'existe pas en $x = 0$.

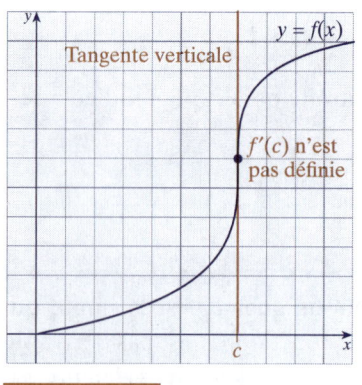

FIGURE 3.8

Tangente verticale en $x = c$

La fonction continue $f(x) = |x|$, dans l'exemple 6, n'est pas dérivable en $x = 0$, parce que les limites à gauche et à droite de son taux de variation moyen ne sont pas égales. Une fonction continue peut également ne pas être dérivable en $x = c$ si son taux de variation moyen diverge à l'infini. Dans ce cas, on dit que la fonction a une **tangente verticale** en $x = c$, comme à la figure 3.8. Nous verrons ce type de fonction de manière plus détaillée lorsque nous étudierons le tracé des courbes à l'aide des dérivées, au chapitre 4.

CONTINUITÉ ET DÉRIVABILITÉ

Si le graphe d'une fonction admet une tangente en un point, on doit s'attendre à pouvoir tracer le graphe de façon continue (sans lever le crayon). Autrement dit, le théorème suivant doit être vrai.

THÉORÈME 3.2 — La dérivabilité implique la continuité

Si une fonction f est dérivable en $x = c$, alors elle est également continue en $x = c$.

Démonstration Puisque f est une fonction dérivable en $x = c$, $f'(c)$ existe, donc

$$\lim_{\Delta x \to 0} \frac{f(c + \Delta x) - f(c)}{\Delta x} = f'(c)$$

Rappelons que pour que f soit continue en $x = c$:

1. $f(c)$ doit être définie ;
2. $\lim_{x \to c} f(x)$ doit exister ;
3. $\lim_{x \to c} f(x) = f(c)$.

On peut donc établir la continuité en démontrant que

$$\lim_{\Delta x \to 0} f(c + \Delta x) = f(c)$$

ou, ce qui est équivalent, que

$$\lim_{\Delta x \to 0} [f(c + \Delta x) - f(c)] = 0$$

En multipliant et divisant par Δx, puis en appliquant la règle du produit pour les limites, on trouve :

$$\lim_{\Delta x \to 0} [f(c + \Delta x) - f(c)] = \lim_{\Delta x \to 0} \left[\frac{f(c + \Delta x) - f(c)}{\Delta x} \cdot \Delta x \right]$$

$$= \left[\lim_{\Delta x \to 0} \frac{f(c + \Delta x) - f(c)}{\Delta x} \right] \left[\lim_{\Delta x \to 0} \Delta x \right]$$

$$= f'(c) \cdot 0 = 0 \quad \text{Car } f \text{ est dérivable en } x = c.$$

Ainsi, $\lim_{x \to c} f(x) = f(c)$, et les conditions de la continuité sont remplies.

⚠ Il est important de comprendre ce que nous venons de démontrer avec l'exemple 6 et le théorème 3.2 : si une fonction est dérivable en $x = c$, alors elle est nécessairement continue en ce point. L'inverse n'est pas vrai : si une fonction est continue en $x = c$, elle peut être ou ne pas être dérivable en ce point. Enfin, si une fonction est discontinue en $x = c$, elle ne peut pas avoir de dérivée en ce point (voir la figure 3.9c).

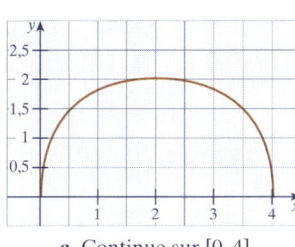

a. Continue sur $[0, 4]$, dérivable sur $]0, 4[$

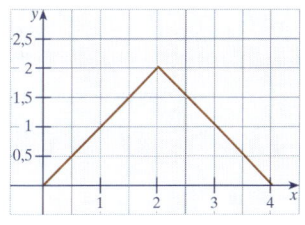

b. Continue en $x = 2$, mais non dérivable en $x = 2$

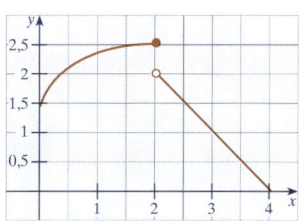

c. Discontinue en $x = 2$, donc non dérivable en $x = 2$

FIGURE 3.9

Une fonction continue en $x = 2$ peut être ou ne pas être dérivable en $x = 2$.
Une fonction discontinue en $x = 2$ ne peut pas être dérivable en $x = 2$.

3.1 ■ Présentation de la dérivée : pente d'une tangente

NOTATION DE LA DÉRIVÉE

Dans certains cas, il est commode de noter la dérivée de $y = f(x)$ par $\dfrac{dy}{dx}$ au lieu de $f'(x)$. Cette notation est appelée la **notation de Leibniz**, car Leibniz fut le premier à l'utiliser. Elle a l'avantage d'indiquer plus clairement la variable par rapport à laquelle on calcule la dérivée.

Par exemple, si $y = x^2$, la dérivée est $y' = 2x$. Avec la notation de Leibniz, on écrit $\dfrac{dy}{dx} = 2x$. Le symbole $\dfrac{dy}{dx}$ désigne la « dérivée de y par rapport à x ». Lorsqu'on souhaite désigner la valeur de la dérivée en $x = c$ avec la notation de Leibniz, on écrit

$$\left.\frac{dy}{dx}\right|_{x=c}$$

Supposons, par exemple, que $\dfrac{dy}{dx} = 4x^2$. Pour calculer cette dérivée en $x = 3$, on écrira

$$\left.\frac{dy}{dx}\right|_{x=3} = 4x^2\big|_{x=3} = 4(3)^2 = 36$$

Il existe une autre notation qui fait référence de façon explicite à la définition de la fonction et qui permet d'écrire

$$\frac{d}{dx}(x^2) = 2x$$

qui se lit : « La dérivée de x^2 par rapport à x est $2x$ ».

> ⚠ Malgré son apparence, $\dfrac{dy}{dx}$ est un symbole unique et n'est *pas* une fraction. Au chapitre 5, nous présenterons un concept appelé *différentielle* qui donne des significations indépendantes aux symboles dy et dx. Mais, pour l'instant, ces symboles n'ont de sens que dans la notation de Leibniz $\dfrac{dy}{dx}$.

EXEMPLE 7   Dérivée en un point avec la notation de Leibniz

Déterminer $\left.\dfrac{dy}{dx}\right|_{x=-1}$ si $y = x^3$.

Solution

$$\frac{dy}{dx} = \frac{d}{dx}(x^3)$$

$$= \lim_{\Delta x \to 0} \frac{(x+\Delta x)^3 - x^3}{\Delta x}$$

$$= \lim_{\Delta x \to 0} \frac{\left[x^3 + 3x^2\Delta x + 3x(\Delta x)^2 + (\Delta x)^3\right] - x^3}{\Delta x}$$

$$= \lim_{\Delta x \to 0} \frac{\Delta x\left[3x^2 + 3x(\Delta x) + (\Delta x)^2\right]}{\Delta x}$$

$$= \lim_{\Delta x \to 0} \left[3x^2 + 3x(\Delta x) + (\Delta x)^2\right]$$

$$= 3x^2$$

En $x = -1$, $\left.\dfrac{dy}{dx}\right|_{x=-1} = 3x^2\big|_{x=-1} = 3$.

PROBLÈMES 3.1

A

1. **Autrement dit?** Quelle est la définition de la dérivée d'une fonction f au point $(x_0, f(x_0))$?

2. **Autrement dit?** Décrire le processus qui consiste à déterminer la dérivée d'une fonction f au point $(x_0, f(x_0))$ à l'aide de la définition.

3. **Autrement dit?** Dire si les énoncés suivants sont vrais ou faux:

   Si une fonction f est continue sur $]a, b[$, elle est dérivable sur $]a, b[$.

   Si une fonction f est dérivable sur $]a, b[$, elle est continue sur $]a, b[$.

4. **Autrement dit?** Expliquer la relation entre la dérivée d'une fonction f au point $(x_0, f(x_0))$ et la tangente en ce même point.

Problèmes 5 à 7: On donne une fonction f avec un nombre c appartenant à son domaine.

a. Trouver le taux de variation moyen de f.

b. Trouver $f'(c)$ en calculant la limite du taux de variation moyen de f.

5. $f(x) = 3$ en $c = -5$
6. $f(x) = 2x$ en $c = 1$
7. $f(x) = 2 - x^2$ en $c = 0$

Problèmes 8 à 13: Utiliser la définition de la dérivée pour dériver la fonction donnée, puis indiquer sur quels intervalles la fonction est dérivable.

8. $f(x) = 5$
9. $f(x) = 3x - 7$
10. $g(x) = 3x^2$
11. $f(x) = x^2 - x$
12. $f(s) = (s-1)^2$
13. $f(x) = \sqrt{5x}$

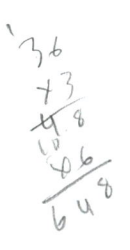

Problèmes 14 à 16: Trouver l'équation de la tangente au graphe de la fonction au point précisé.

14. $g(t) = 4 - t^2$; au point $(0, 4)$
15. $f(x) = \dfrac{1}{x+3}$; au point $\left(2, \dfrac{1}{5}\right)$
16. $g(x) = \sqrt{x-5}$; au point $(9, 2)$

Problèmes 17 à 19: Trouver une équation de la droite normale au graphe de la fonction au point précisé.

17. $g(x) = 4 - 5x$; au point $(0, 4)$

18. $f(x) = \dfrac{1}{x+3}$; au point $\left(3, \dfrac{1}{6}\right)$

19. $f(x) = \sqrt{5x}$; au point $(5, 5)$

Problèmes 20 et 21: Trouver $\left.\dfrac{dy}{dx}\right|_{x=c}$ pour la fonction et la valeur de c données.

20. $y = 2x$, $c = -1$
21. $y = \dfrac{4}{x}$, $c = 1$

B

22. Soit $f(x) = x^2$.

    a. Calculer la pente de la sécante joignant les points du graphe de f dont les abscisses sont $x = -2$ et $x = -1,9$.

    b. Utiliser le calcul différentiel pour calculer la pente de la droite qui est tangente au graphe lorsque $x = -2$ et comparer cette pente à la réponse obtenue à la partie **a**.

23. Tracer le graphe de la fonction $y = x^2 - x$. Déterminer la valeur de x pour laquelle la dérivée est égale à 0. Comment est le graphe en ce point?

24. **a.** Trouver la dérivée de $f(x) = 4 - 2x^2$.

    b. Le graphe de f a une tangente horizontale. Quelle est son équation?

    c. En quel point du graphe de f la tangente est-elle parallèle à la droite d'équation $8x + 3y = 4$?

25. Montrer que la fonction $f(x) = |x - 2|$ n'est pas dérivable en $x = 2$.

26. La fonction $f(x) = 2|x+1|$ est-elle dérivable en $x = 1$?

27. Soit $f(x) = \begin{cases} -x^2 & \text{si } x < 0 \\ x^2 & \text{si } x \geq 0 \end{cases}$

    La dérivée $f'(0)$ existe-t-elle? *Conseil:* Trouver le taux de variation moyen de f et calculer la limite lorsque $\Delta x \to 0$ à gauche et à droite.

28. **Problème de réflexion** Donner un exemple de fonction continue partout mais non dérivable en $x = 5$.

29. Montrer que la tangente à la parabole $y = Ax^2$ (pour $A \neq 0$) au point d'abscisse $x = c$ coupe l'axe des x au point $(c/2, 0)$. Où coupe-t-elle l'axe des y?

30. **Autrement dit?**

    a. Trouver la dérivée de $f(x) = x^2 + 3x$.

    b. Trouver séparément les dérivées des fonctions $g(x) = x^2$ et $h(x) = 3x$. Comment ces dérivées sont-elles liées à la dérivée de la partie **a**?

    c. En général, si $f(x) = g(x) + h(x)$, que peut-on dire de la relation entre la dérivée de f et celle de g et de h?

C

31. Si $f'(c) \neq 0$, quelle est l'équation de la droite normale à la courbe d'équation $y = f(x)$ au point $P(c, f(c))$? Quelle est l'équation si $f'(c) = 0$?

3.1 ■ Présentation de la dérivée: pente d'une tangente 111

3.2 Techniques de dérivation et dérivées des fonctions algébriques

DANS CETTE SECTION : dérivée d'une fonction constante, dérivée d'une fonction de puissance, règles de dérivation, dérivées successives

DÉRIVÉE D'UNE FONCTION CONSTANTE

Commençons par démontrer que la dérivée d'une fonction constante quelconque est égale à 0. Ceci est vrai parce que le graphe de la fonction constante $f(x) = k$ est une droite horizontale dont la pente est nulle en tout point. Ainsi, si $f(x) = 5$, alors $f'(x) = 0$.

> **THÉORÈME 3.3** **Règle de la fonction constante**
>
> Une fonction constante $f(x) = k$ a pour dérivée $f'(x) = 0$ ou, dans la notation de Leibniz,
>
> $$\frac{d}{dx}(k) = 0$$
>
> **Démonstration** Notons que si $f(x) = k$, alors $f(x + \Delta x) = k$ pour tout Δx. Par conséquent, le taux de variation moyen est
>
> $$\frac{f(x + \Delta x) - f(x)}{\Delta x} = \frac{k - k}{\Delta x} = 0$$
>
> et
>
> $$f'(x) = \lim_{\Delta x \to 0} \frac{f(x + \Delta x) - f(x)}{\Delta x} = \lim_{\Delta x \to 0} 0 = 0$$
>
> ce qu'il fallait démontrer.

⚠ Rappelons que $\Delta x \neq 0$ même si $\Delta x \to 0$.

DÉRIVÉE D'UNE FONCTION DE PUISSANCE

Rappelons qu'une **fonction de puissance** est une fonction de la forme $f(x) = x^n$, où n est un nombre réel. Ainsi, $f(x) = x^2$, $g(x) = x^{-3}$, $h(x) = x^{1/2}$ sont toutes des fonctions de puissance, de même que

$$F(x) = \frac{1}{x^2} = x^{-2} \text{ et } G(x) = \sqrt[3]{x^2} = x^{2/3}$$

Voici maintenant une règle simple pour trouver la dérivée d'une fonction de puissance quelconque.

THÉORÈME 3.4   Règle des puissances

Pour tout nombre réel n, la fonction de puissance $f(x) = x^n$ a pour dérivée $f'(x) = nx^{n-1}$ ou, dans la notation de Leibniz,

$$\frac{d}{dx}(x^n) = nx^{n-1}$$

Démonstration   Si l'exposant n est un entier positif, on peut démontrer la règle des puissances en utilisant le théorème du binôme et la définition de la dérivée. Partons du taux de variation moyen :

$$\frac{f(x+\Delta x) - f(x)}{\Delta x} = \frac{(x+\Delta x)^n - x^n}{\Delta x}$$

$$= \frac{\left[x^n + nx^{n-1}\Delta x + \frac{n(n-1)}{2}x^{n-2}(\Delta x)^2 + \cdots + (\Delta x)^n\right] - x^n}{\Delta x}$$

$$= \frac{nx^{n-1}\Delta x + \frac{n(n-1)}{2}x^{n-2}(\Delta x)^2 + \cdots + (\Delta x)^n}{\Delta x}$$

$$= nx^{n-1} + \frac{n(n-1)}{2}x^{n-2}\Delta x + \cdots + (\Delta x)^{n-1} \quad \text{Simplification de } \Delta x$$

Notons que Δx est un facteur de chaque terme de cette expression, à l'exception du premier. Par conséquent, lorsque $\Delta x \to 0$, on a

$$f'(x) = \lim_{\Delta x \to 0} \frac{f(x+\Delta x) - f(x)}{\Delta x}$$

$$= \lim_{\Delta x \to 0} \left[nx^{n-1} + \frac{n(n-1)}{2}x^{n-2}\Delta x + \cdots + (\Delta x)^{n-1}\right]$$

$$= nx^{n-1}$$

Si $n = 0$, alors $f(x) = x^0 = 1$ et $f'(x) = 0$. Nous démontrerons ce théorème pour les exposants entiers négatifs un peu plus loin dans cette section. Puis nous examinerons le cas où l'exposant est un nombre réel quelconque à la section 3.5. Rappelons toutefois que nous avons déjà vérifié la règle des puissances pour l'exposant rationnel $\frac{1}{2}$ dans l'exemple 3 de la section 3.1, lorsque nous avons démontré que la dérivée de $f(t) = \sqrt{t} = t^{1/2}$ est

$$f'(t) = \frac{1}{2}t^{-1/2} = \frac{1}{2\sqrt{t}} \quad \text{pour } t > 0$$

Pour les exemples qui suivent et pour les problèmes situés à la fin de cette section, on peut supposer que la règle des puissances est valable lorsque l'exposant n est un nombre réel quelconque.

EXEMPLE 1   Calcul de dérivées à l'aide de la règle des puissances

Dériver chacune des fonctions suivantes.

a. $f(x) = x^8$ **b.** $g(x) = x^{3/2}$ **c.** $h(x) = \dfrac{\sqrt[3]{x}}{x^2}$

Solution

a. En appliquant la règle des puissances avec $n = 8$, on trouve

$$\frac{d}{dx}(x^8) = 8x^{8-1} = 8x^7$$

b. En appliquant la règle des puissances avec $n = \frac{3}{2}$, on trouve

$$\frac{d}{dx}(x^{3/2}) = \tfrac{3}{2} x^{(3/2)-1} = \tfrac{3}{2} x^{1/2} = \tfrac{3}{2}\sqrt{x}$$

c. Pour ce cas-ci, on a besoin de savoir que $h(x) = \dfrac{x^{1/3}}{x^2} = x^{-5/3}$. En appliquant la règle des puissances avec $n = -\frac{5}{3}$, on trouve

$$\frac{d}{dx}\left(x^{-5/3}\right) = -\tfrac{5}{3} x^{(-5/3)-1} = -\tfrac{5}{3} x^{-8/3} = -\frac{5}{3\sqrt[3]{x^8}}$$

RÈGLES DE DÉRIVATION

Le théorème qui suit accroît le nombre de fonctions que l'on peut dériver facilement en donnant des règles de dérivation pour certaines combinaisons de fonctions, comme les sommes, les différences, les produits et les quotients. Nous allons voir que la dérivée d'une somme (ou d'une différence) est la somme (ou la différence) des dérivées, mais que la dérivée d'un produit (ou d'un quotient) n'a pas une forme aussi simple. Pour vérifier que la dérivée d'un produit n'est pas le produit des différentes dérivées, considérons par exemple les fonctions de puissance

$$f(x) = x \text{ et } g(x) = x^2$$

⚠ La dérivation d'un produit ou d'un quotient ne donne pas le résultat qu'on pourrait attendre.

et leur produit

$$p(x) = f(x)g(x) = x^3$$

Comme $f'(x) = 1$ et $g'(x) = 2x$, le produit des dérivées est

$$f'(x)g'(x) = (1)(2x) = 2x$$

alors que la dérivée de $p(x) = x^3$ est $p'(x) = 3x^2$.

THÉORÈME 3.5 — Règles fondamentales de dérivation

Si f et g sont des fonctions dérivables pour tout x et si a, b et c sont des nombres réels quelconques, alors les fonctions cf, $f + g$, fg et f/g (pour $g(x) \neq 0$) sont également dérivables et leurs dérivées obéissent aux formules suivantes :

Nom de la règle	Notation avec f' et g'	Notation de Leibniz
Règle de la multiplication par une constante	$[cf(x)]' = cf'(x)$	$\dfrac{d}{dx}(cf) = c\dfrac{df}{dx}$
Règle de la somme	$[f(x) + g(x)]' = f'(x) + g'(x)$	$\dfrac{d}{dx}(f + g) = \dfrac{df}{dx} + \dfrac{dg}{dx}$
Règle de la différence	$[f(x) - g(x)]' = f'(x) - g'(x)$	$\dfrac{d}{dx}(f - g) = \dfrac{df}{dx} - \dfrac{dg}{dx}$

Les règles de la multiplication par une constante, de la somme et de la différence peuvent être combinées en une seule règle appelée *règle de linéarité*.

Règle de linéarité	$[af(x) + bg(x)]' = af'(x) + bg'(x)$	$\dfrac{d}{dx}(af + bg) = a\dfrac{df}{dx} + b\dfrac{dg}{dx}$
Règle du produit	$[f(x)g(x)]' = f(x)g'(x) + g(x)f'(x)$	$\dfrac{d}{dx}(fg) = f\dfrac{dg}{dx} + g\dfrac{df}{dx}$
Règle du quotient	$\left[\dfrac{f(x)}{g(x)}\right]' = \dfrac{g(x)f'(x) - f(x)g'(x)}{[g(x)]^2}$	$\dfrac{d}{dx}\left(\dfrac{f}{g}\right) = \dfrac{g\dfrac{df}{dx} - f\dfrac{dg}{dx}}{g^2}$

Démonstration de la règle du produit Nous allons démontrer la règle du produit en détail, la démonstration des autres règles faisant l'objet de problèmes.

Soit $f(x)$ et $g(x)$, des fonctions dérivables de x, et soit $p(x) = f(x)g(x)$. Ajoutons et soustrayons le terme $f(x + \Delta x)g(x)$ au numérateur du taux de variation moyen de $p(x)$ pour faire apparaître les taux de variation moyens de $f(x)$ et $g(x)$. On a donc

$$\begin{aligned}
p'(x) = \dfrac{dp}{dx} &= \lim_{\Delta x \to 0} \dfrac{p(x + \Delta x) - p(x)}{\Delta x} \\
&= \lim_{\Delta x \to 0} \dfrac{f(x + \Delta x)g(x + \Delta x) - f(x)g(x)}{\Delta x} \\
&= \lim_{\Delta x \to 0} \dfrac{f(x + \Delta x)g(x + \Delta x) - f(x + \Delta x)g(x) + f(x + \Delta x)g(x) - f(x)g(x)}{\Delta x} \\
&= \lim_{\Delta x \to 0} \left\{ f(x + \Delta x) \left[\dfrac{g(x + \Delta x) - g(x)}{\Delta x} \right] + g(x) \left[\dfrac{f(x + \Delta x) - f(x)}{\Delta x} \right] \right\} \\
&= \lim_{\Delta x \to 0} f(x + \Delta x) \underbrace{\lim_{\Delta x \to 0} \left[\dfrac{g(x + \Delta x) - g(x)}{\Delta x} \right]}_{\text{Dérivée de } g} + \lim_{\Delta x \to 0} g(x) \underbrace{\lim_{\Delta x \to 0} \left[\dfrac{f(x + \Delta x) - f(x)}{\Delta x} \right]}_{\text{Dérivée de } f} \\
&= f(x)g'(x) + g(x)f'(x) \qquad \lim_{\Delta x \to 0} f(x + \Delta x) = f(x) \text{ parce que } f \text{ est continue.}
\end{aligned}$$

EXEMPLE 2 Utilisation des règles fondamentales pour trouver des dérivées

Dériver chacune des fonctions suivantes.

a. $f(x) = 2x^2 - 5\sqrt{x}$ **b.** $p(x) = (3x^2 - 1)(7 + 2x^3)$ **c.** $q(x) = \dfrac{4x - 7}{3 - x^2}$

d. $g(x) = (4x + 3)^2$ **e.** $F(x) = \dfrac{2}{3x^2} - \dfrac{x}{3} + \dfrac{4}{5} + \dfrac{x+1}{x}$

Solution

a. Appliquons la règle de linéarité et la règle des puissances :

$$f'(x) = 2(x^2)' - 5(x^{1/2})' = 2(2x) - 5\left(\tfrac{1}{2}\right)(x^{-1/2}) = 4x - \tfrac{5}{2}x^{-1/2} = 4x - \dfrac{5}{2\sqrt{x}}$$

b. Appliquons la règle du produit, puis la règle de linéarité et la règle des puissances :

$$\begin{aligned} p'(x) &= (3x^2 - 1)(7 + 2x^3)' + (3x^2 - 1)'(7 + 2x^3) \\ &= (3x^2 - 1)[0 + 2(3x^2)] + [3(2x) - 0](7 + 2x^3) \\ &= (3x^2 - 1)(6x^2) + (6x)(7 + 2x^3) \\ &= 6x(5x^3 - x + 7) \end{aligned}$$

c. Appliquons la règle du quotient, puis la règle de linéarité et la règle des puissances :

$$\begin{aligned} q'(x) &= \dfrac{(3 - x^2)(4x - 7)' - (4x - 7)(3 - x^2)'}{(3 - x^2)^2} \\ &= \dfrac{(3 - x^2)(4 - 0) - (4x - 7)(0 - 2x)}{(3 - x^2)^2} \\ &= \dfrac{12 - 4x^2 + 8x^2 - 14x}{(3 - x^2)^2} = \dfrac{4x^2 - 14x + 12}{(3 - x^2)^2} \end{aligned}$$

d. Appliquons la règle du produit :

$$\begin{aligned} g'(x) &= (4x + 3)(4x + 3)' + (4x + 3)'(4x + 3) \\ &= (4x + 3)(4) + (4)(4x + 3) = 8(4x + 3) \end{aligned}$$

Parfois, lorsque l'exposant est égal à 2, il est plus facile de développer avant de dériver :

$$g(x) = (4x + 3)^2 = 16x^2 + 24x + 9$$
$$g'(x) = 32x + 24$$

e. Écrivons la fonction à l'aide des exposants négatifs pour les expressions rationnelles :

$$F(x) = \tfrac{2}{3}x^{-2} - \tfrac{1}{3}x + \tfrac{4}{5} + 1 + x^{-1}$$

En dérivant ensuite terme par terme, on obtient

$$\begin{aligned} F'(x) &= \tfrac{2}{3}(-2x^{-3}) - \tfrac{1}{3} + 0 + 0 + (-1)x^{-2} \\ &= -\tfrac{4}{3}x^{-3} - \tfrac{1}{3} - x^{-2} \\ &= -\dfrac{4}{3x^3} - \dfrac{1}{3} - \dfrac{1}{x^2} \end{aligned}$$

Dans l'exemple 2, lorsqu'on a dérivé terme par terme, on a en fait généralisé la règle de linéarité. Cette généralisation constitue une nouvelle règle, présentée ci-dessous.

> **COROLLAIRE DU THÉORÈME 3.5** — **Règle de linéarité généralisée**
>
> Si $f_1, f_2, ..., f_n$ sont des fonctions dérivables et si $a_1, a_2, ..., a_n$ sont des constantes, alors
>
> $$\frac{d}{dx}[a_1 f_1 + a_2 f_2 + ... + a_n f_n] = a_1 \frac{df_1}{dx} + a_2 \frac{df_2}{dx} + \cdots + a_n \frac{df_n}{dx}$$
>
> **Démonstration** La démonstration est une généralisation directe (à l'aide d'un raisonnement par récurrence) de la démonstration de la règle de linéarité du théorème 3.5.

L'exemple 3 montre comment utiliser la règle de linéarité généralisée pour dériver une fonction polynomiale.

EXEMPLE 3 — Dérivée d'une fonction polynomiale

Dériver la fonction polynomiale $p(x) = 2x^5 - 3x^2 + 8x - 5$.

Solution
$$p'(x) = \frac{d}{dx}[2x^5 - 3x^2 + 8x - 5]$$
$$= 2\frac{d}{dx}(x^5) - 3\frac{d}{dx}(x^2) + 8\frac{d}{dx}(x) - \frac{d}{dx}(5)$$
$$= 2(5x^4) - 3(2x) + 8(1) - 0$$
$$= 10x^4 - 6x + 8$$

EXEMPLE 4 — Dérivée d'un produit de polynômes

Dériver $p(x) = (x^3 - 4x + 7)(3x^5 - x^2 + 6x)$.

Solution On pourrait développer la fonction $p(x)$ pour l'écrire sous la forme d'un polynôme et procéder comme dans l'exemple 3. Mais il est plus facile d'utiliser la règle du produit :

$$p'(x) = (x^3 - 4x + 7)(3x^5 - x^2 + 6x)' + (x^3 - 4x + 7)'(3x^5 - x^2 + 6x)$$
$$= (x^3 - 4x + 7)(15x^4 - 2x + 6) + (3x^2 - 4)(3x^5 - x^2 + 6x)$$

Cette forme est une réponse acceptable. Mais, avec un logiciel de calcul symbolique ou une calculatrice à affichage graphique, on a de fortes chances d'obtenir

$$p'(x) = 24x^7 - 72x^5 + 100x^4 + 24x^3 + 12x^2 - 62x + 42$$

EXEMPLE 5   **Équation d'une tangente**

Trouver l'équation, sous forme cartésienne, de la tangente au graphe de

$$f(x) = \frac{3x^2 + 5}{2x^2 + x - 3}$$

au point d'abscisse $x = -1$.

Solution   La valeur de $f(x)$ en $x = -1$ est $f(-1) = -4$. Par conséquent, le point de tangence est $(-1, -4)$. La pente de la tangente en $(-1, -4)$ est $f'(-1)$. Déterminons $f'(x)$ en appliquant la règle du quotient :

$$f'(x) = \frac{(2x^2 + x - 3)(3x^2 + 5)' - (3x^2 + 5)(2x^2 + x - 3)'}{(2x^2 + x - 3)^2}$$

$$= \frac{(2x^2 + x - 3)(6x) - (3x^2 + 5)(4x + 1)}{(2x^2 + x - 3)^2}$$

La pente de la tangente au point $(-1, -4)$ est

$$f'(-1) = \frac{(2 - 1 - 3)(-6) - (3 + 5)(-4 + 1)}{(2 - 1 - 3)^2} = \frac{(-2)(-6) - (8)(-3)}{(-2)^2} = 9$$

D'après la formule $y = f'(x_0)(x - x_0) + f(x_0)$ du théorème 3.1, l'équation de la tangente s'écrit

$$y = 9(x + 1) + (-4)$$

ou, sous forme cartésienne, $9x - y + 5 = 0$.

Le graphe de f et la tangente en $(-1, -4)$ sont représentés à la figure 3.10.

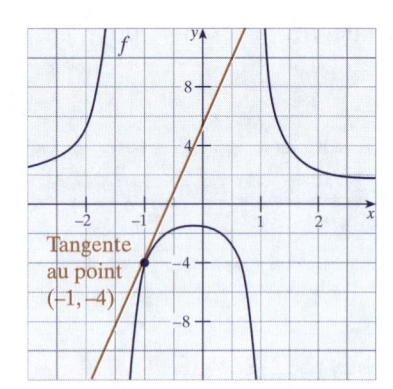

FIGURE 3.10

Graphe de f et tangente au point $(-1, -4)$

EXEMPLE 6   **Détermination des tangentes horizontales**

Soit $y = (x - 2)(x^2 + 4x - 7)$. Trouver tous les points de cette courbe où la tangente est horizontale.

Solution   La tangente est horizontale lorsque $dy/dx = 0$, parce que la dérivée dy/dx mesure la pente de la tangente à la courbe et que la pente d'une droite horizontale est nulle (voir la figure 3.11). En appliquant la règle du produit, on a

$$\frac{dy}{dx} = (x - 2)(x^2 + 4x - 7)' + (x - 2)'(x^2 + 4x - 7)$$

$$= (x - 2)(2x + 4) + (1)(x^2 + 4x - 7) = 2x^2 - 8 + x^2 + 4x - 7$$

$$= 3x^2 + 4x - 15 = (3x - 5)(x + 3)$$

Par conséquent, $\frac{dy}{dx} = 0$ lorsque $x = \frac{5}{3}$ ou lorsque $x = -3$. Les points correspondants $\left(\frac{5}{3}, \frac{-22}{27}\right)$ et $(-3, 50)$ sont les points de la courbe où la tangente est horizontale.

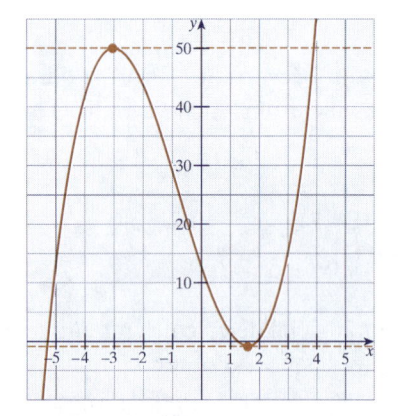

FIGURE 3.11

Graphe de f et tangentes horizontales

118   Chapitre 3 ■ La dérivée

Dans l'exemple qui suit, nous utilisons la règle du quotient pour généraliser la démonstration de la règle des puissances dans le cas où l'exposant n est un entier négatif.

EXEMPLE 7 Démonstration de la règle des puissances pour les exposants négatifs

Montrer que $\dfrac{d}{dx}(x^n) = nx^{n-1}$ si $n = -m$, lorsque m est un entier positif.

Solution On a $f(x) = x^n = x^{-m} = 1/x^m$. Puis on applique la règle du quotient :

$$\dfrac{d}{dx}(x^n) = \dfrac{d}{dx}\left(\dfrac{1}{x^m}\right) = \dfrac{x^m(1)' - (1)(x^m)'}{(x^m)^2} = \dfrac{x^m(0) - mx^{m-1}}{x^{2m}}$$

$$= -mx^{(m-1)-2m} = -mx^{-m-1} = nx^{n-1} \quad \text{On remplace } -m \text{ par } n.$$

DÉRIVÉES SUCCESSIVES

Il est parfois utile de dériver la dérivée d'une fonction. Dans ce contexte, la dérivée de f, f', est la **dérivée première** de f. La dérivée de f', que l'on note $(f')'$ ou plus souvent et plus simplement f'', est la **dérivée seconde** de f. Les dérivées d'ordre supérieur sont définies d'une manière similaire. Ainsi, la **dérivée troisième** de f est la dérivée de f'', que l'on désigne par f'''. En général, pour $n > 3$, la dérivée $n^{\text{ième}}$ de f est désignée par $f^{(n)}$, par exemple $f^{(4)}$ ou $f^{(5)}$. Dans la notation de Leibniz, les dérivées successives de $y = f(x)$ sont désignées de la manière suivante :

Notation de Leibniz		
Dérivée première:	$\dfrac{dy}{dx}$ ou	$\dfrac{d}{dx} f(x)$
Dérivée seconde:	$\dfrac{d}{dx}\left(\dfrac{dy}{dx}\right) = \dfrac{d^2y}{dx^2}$ ou	$\dfrac{d^2}{dx^2} f(x)$
Dérivée troisième:	$\dfrac{d}{dx}\left(\dfrac{d^2y}{dx^2}\right) = \dfrac{d^3y}{dx^3}$ ou	$\dfrac{d^3}{dx^3} f(x)$
...	...	...
Dérivée $n^{\text{ième}}$	$\dfrac{d^ny}{dx^n}$ ou	$\dfrac{d^n}{dx^n} f(x)$

En d'autres termes

Comme la dérivée d'une fonction est une fonction, on peut répéter la dérivation tant que la dérivée elle-même est une fonction dérivable.

Notons également que pour les dérivées d'ordre supérieur à 3, les parenthèses permettent de faire la distinction entre une dérivée et une puissance. Par exemple, $f^4 \neq f^{(4)}$.

Il faut également noter que toutes les dérivées successives d'une fonction polynomiale $p(x)$ seront également des fonctions polynomiales. De plus, si p est de degré n, alors $p^{(k)}(x) = 0$ pour $k \geq n+1$.

3.2 ■ Techniques de dérivation et dérivées des fonctions algébriques

EXEMPLE 8 Dérivées successives d'une fonction polynomiale

Trouver la dérivée première et toutes les dérivées d'ordre supérieur de la fonction

$$p(x) = -2x^4 + 9x^3 - 5x^2 + 7$$

Solution
$$p'(x) = -8x^3 + 27x^2 - 10x$$
$$p''(x) = -24x^2 + 54x - 10$$
$$p'''(x) = -48x + 54$$
$$p^{(4)}(x) = -48$$
$$p^{(5)}(x) = 0; \ldots; p^{(n)}(x) = 0 \ (n \geq 5)$$

PROBLÈMES 3.2

A

Problèmes 1 à 13 : Dériver les fonctions données. On suppose que C est une constante.

1. a. $f(x) = 3x^4 - 9$ b. $g(x) = 3(9)^4 - x$
2. a. $f(x) = x^3 + C$ b. $g(x) = C^2 + x$
3. a. $f(t) = 10t^{-1}$ b. $g(t) = \dfrac{7}{t}$
4. $r(t) = t^2 - \dfrac{1}{t^2} + \dfrac{5}{t^4}$
5. $f(x) = \pi^3 - 3\pi^2$
6. $f(x) = \dfrac{7}{x^2} + x^{2/3} + C$
7. $g(x) = \dfrac{1}{2\sqrt{x}} + \dfrac{x^2}{4} + C$
8. $f(x) = \dfrac{x^3 + x^2 + x - 7}{x^2}$
9. $g(x) = \dfrac{2x^5 - 3x^2 + 11}{x^3}$
10. $f(x) = (2x+1)(1-4x^3)$
11. $g(x) = (x+2)(2\sqrt{x} + x^2)$
12. $f(x) = \dfrac{3x+5}{x+9}$
13. $f(x) = \dfrac{x^2+3}{x^2+5}$

Problèmes 14 à 16 : Trouver f', f'', f''' et $f^{(4)}$.

14. $f(x) = x^5 - 5x^3 + x + 12$
15. $f(x) = \dfrac{-2}{x^2}$
16. $f(x) = \dfrac{4}{\sqrt{x}}$
17. Trouver $\dfrac{d^2y}{dx^2}$, où $y = 3x^3 - 7x^2 + 2x - 3$.
18. Trouver $\dfrac{d^2y}{dx^2}$, où $y = (x^2+4)(1-3x^3)$.

Problèmes 19 à 22 : Trouver, dans sa forme cartésienne, l'équation de la tangente à la courbe d'équation $y = f(x)$ au point indiqué.

19. $f(x) = x^2 - 3x - 5$; au point d'abscisse $x = -2$
20. $f(x) = (x^2+1)(1-x^3)$; au point d'abscisse $x = 1$
21. $f(x) = \dfrac{x+1}{x-1}$; au point d'abscisse $x = 0$
22. $f(x) = 1 - \dfrac{1}{x} + \dfrac{2}{\sqrt{x}}$; au point d'abscisse $x = 4$

Problèmes 23 à 27 : Trouver les coordonnées de chaque point du graphe de la fonction donnée où la tangente est horizontale.

23. $f(x) = 2x^3 - 7x^2 + 8x - 3$
24. $f(t) = t^4 + 4t^3 - 8t^2 + 3$
25. $g(x) = (3x-5)(x-8)$
26. $f(x) = \sqrt{x}(x-3)$
27. $h(u) = \dfrac{1}{\sqrt{u}}(u+9)$

B

28. a. Dériver la fonction $f(x) = 2x^2 - 5x - 3$.
    b. Factoriser la fonction de la partie **a** puis la dériver en utilisant la règle du produit. Montrer que les deux réponses sont identiques.

29. a. Utiliser la règle du quotient pour dériver
    $$f(x) = \dfrac{2x-3}{x^3}$$
    b. Récrire la fonction de la partie **a** sous la forme
    $$f(x) = x^{-3}(2x-3)$$
    puis la dériver en utilisant la règle du produit.

c. Récrire la fonction de la partie **a** sous la forme
$$f(x) = 2x^{-2} - 3x^{-3}$$
puis la dériver.

d. Montrer que les réponses obtenues aux parties **a**, **b** et **c** sont identiques.

30. Trouver les nombres a, b et c tels que le graphe de la fonction $f(x) = ax^2 + bx + c$ coupe l'axe des x aux points $(0, 0)$ et $(5, 0)$ et ait une tangente de pente 1 lorsque $x = 2$.

31. Trouver l'équation de la tangente à la courbe d'équation $y = x^4 - 2x + 1$ qui est parallèle à la droite d'équation $2x - y - 3 = 0$.

32. Trouver les équations des deux droites tangentes au graphe de la fonction
$$f(x) = \frac{3x+5}{1+x}$$
qui sont perpendiculaires à la droite d'équation $2x - y = 1$.

33. Trouver l'équation de la droite normale au graphe de $f(x) = (x^3 - 2x^2)(x + 2)$ qui est parallèle à la droite d'équation $x - 16y + 17 = 0$.

34. Trouver tous les points (x, y) du graphe de $y = 4x^2$ pour lesquels la tangente en (x, y) passe par le point $(2, 0)$.

Problèmes 35 et 36 : Dire si la fonction $y = f(x)$ donnée vérifie l'équation
$$y''' + y'' + y' = x + 1$$

35. $f(x) = \frac{1}{2}x^2 + 3$

36. $f(x) = 2x^2 + x$

C

37. Quelle est la relation entre le degré d'une fonction polynomiale P et la valeur de k pour laquelle $P^{(k)}(x)$ est la première dérivée égale à 0 ?

38. Démontrer la règle de la multiplication par une constante $(cf)' = cf'$.

39. Démontrer la règle de la somme $(f + g)' = f' + g'$.

40. Utiliser la définition de la dérivée pour trouver la dérivée de f^2, sachant que f est une fonction dérivable.

41. Démontrer la règle du produit en utilisant le résultat du problème 40 et l'identité
$$fg = \tfrac{1}{2}\left[(f+g)^2 - f^2 - g^2\right]$$

42. Démontrer la règle du quotient
$$\left(\frac{f}{g}\right)' = \frac{gf' - fg'}{g^2}$$
où $g(x) \neq 0$. *Conseil :* Montrer d'abord que le taux de variation pour f/g peut s'écrire
$$\frac{\frac{f}{g}(x + \Delta x) - \frac{f}{g}(x)}{\Delta x} = \frac{f(x + \Delta x)g(x) - f(x)g(x + \Delta x)}{(\Delta x)g(x + \Delta x)g(x)}$$
puis soustraire et ajouter le terme $g(x)f(x)$ au numérateur.

43. Montrer que la fonction inverse $r(x) = 1/f(x)$ a pour dérivée $r'(x) = -f'(x)/[f(x)]^2$ en chaque point x où f est dérivable et $f(x) \neq 0$.

44. Montrer que si f, g et h sont des fonctions dérivables, le produit fgh est également dérivable et que
$$(fgh)' = fgh' + fg'h + f'gh$$

3.3 Dérivées des fonctions trigonométriques, exponentielles et logarithmiques

DANS CETTE SECTION : dérivées des fonctions sinus et cosinus, dérivées des autres fonctions trigonométriques, dérivées des fonctions exponentielles et logarithmiques

DÉRIVÉES DES FONCTIONS SINUS ET COSINUS

En calcul différentiel et intégral, on suppose que les fonctions trigonométriques sont des fonctions de nombres réels ou d'angles mesurés en radians. Nous partons de cette hypothèse parce que les formules de dérivation trigonométrique s'appuient sur les formules des limites, qui deviennent compliquées si l'on utilise les mesures en degrés au lieu des mesures en radians.

⚠ À moins d'une indication contraire, les angles sont exprimés en radians dans les fonctions trigonométriques.

Avant d'énoncer le théorème qui donne la dérivée du sinus et du cosinus, déterminons le taux de variation moyen de la fonction $f(x) = \sin x$ pour $\Delta x = 0{,}01$:

$$\frac{\sin(x + \Delta x) - \sin x}{\Delta x} = \frac{\sin(x + 0{,}01) - \sin x}{0{,}01}$$

Puis examinons le graphe de ce taux de variation moyen, qui est représenté à la figure 3.12. Comme la valeur de Δx est petite, le graphe se rapproche de celui de la dérivée de $\sin x$. Dès lors, on constate que la dérivée de $f(x) = \sin x$ est $f'(x) = \cos x$. C'est ce que nous allons vérifier avec le théorème qui suit. Avant de voir comment établir ce théorème, il est bon de rappeler les limites suivantes, que nous avons établies au théorème 2.2 :

$$\lim_{h \to 0} \frac{\sin h}{h} = 1 \qquad \lim_{h \to 0} \frac{\cos h - 1}{h} = 0$$

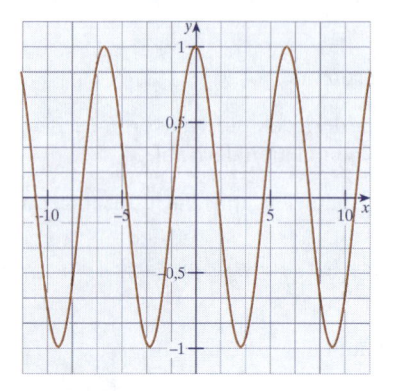

FIGURE 3.12

Graphe du taux de variation moyen $\dfrac{\sin(x + 0{,}01) - \sin x}{0{,}01}$

THÉORÈME 3.6   **Dérivées des fonctions sinus et cosinus**

Les fonctions $\sin x$ et $\cos x$ sont dérivables pour tout x et

$$\frac{d}{dx} \sin x = \cos x \qquad \frac{d}{dx} \cos x = -\sin x$$

Démonstration Les démonstrations de ces deux formules sont similaires. Nous allons démontrer la première à l'aide de l'identité trigonométrique

$$\sin(\alpha + \beta) = \sin \alpha \cos \beta + \cos \alpha \sin \beta$$

et la démonstration de la deuxième fera l'objet d'un problème (problème 39). D'après la définition de la dérivée,

$$\begin{aligned}
\frac{d}{dx} \sin x &= \lim_{\Delta x \to 0} \frac{\sin(x + \Delta x) - \sin x}{\Delta x} \\
&= \lim_{\Delta x \to 0} \frac{\sin x \cos \Delta x + \cos x \sin \Delta x - \sin x}{\Delta x} \\
&= \lim_{\Delta x \to 0} \left[\sin x \left(\frac{\cos \Delta x}{\Delta x} \right) + \cos x \left(\frac{\sin \Delta x}{\Delta x} \right) - \frac{\sin x}{\Delta x} \right] \\
&= (\sin x) \lim_{\Delta x \to 0} \left(\frac{\cos \Delta x - 1}{\Delta x} \right) + (\cos x) \lim_{\Delta x \to 0} \frac{\sin \Delta x}{\Delta x} \\
&= (\sin x)(0) + (\cos x)(1) \\
&= \cos x
\end{aligned}$$

EXEMPLE 1   **Dérivée d'une fonction comportant des fonctions trigonométriques**

Dériver $f(x) = 2x^4 + 3 \cos x + \sin a$, où a est une constante.

Solution

$$\begin{aligned}
f'(x) &= \frac{d}{dx}\left(2x^4 + 3\cos x + \sin a\right) \\
&= 2\frac{d}{dx}\left(x^4\right) + 3\frac{d}{dx}(\cos x) + \frac{d}{dx}(\sin a) \\
&= 2(4x^3) + 3(-\sin x) + 0 \\
&= 8x^3 - 3\sin x
\end{aligned}$$

> **EXEMPLE 2** Calcul de la dérivée d'une fonction à l'aide de la règle du produit

Dériver $f(x) = x^2 \sin x$.

Solution
$$f'(x) = \frac{d}{dx}(x^2 \sin x)$$
$$= x^2 \frac{d}{dx}(\sin x) + \sin x \frac{d}{dx}(x^2)$$
$$= x^2 \cos x + 2x \sin x$$

> **EXEMPLE 3** Calcul de la dérivée d'une fonction à l'aide de la règle du quotient

Dériver $h(t) = \dfrac{\sqrt{t}}{\cos t}$.

Solution On écrit $\sqrt{t}$ sous la forme $t^{1/2}$. Alors

$$h'(t) = \frac{d}{dt}\left[\frac{t^{1/2}}{\cos t}\right]$$
$$= \frac{\cos t \frac{d}{dt}(t^{1/2}) - t^{1/2} \frac{d}{dt}(\cos t)}{\cos^2 t}$$
$$= \frac{\frac{1}{2}t^{-1/2} \cos t - t^{1/2}(-\sin t)}{\cos^2 t}$$
$$= \frac{\frac{1}{2}t^{-1/2}(\cos t + 2t \sin t)}{\cos^2 t}$$
$$= \frac{\cos t + 2t \sin t}{2\sqrt{t} \cos^2 t}$$

DÉRIVÉES DES AUTRES FONCTIONS TRIGONOMÉTRIQUES

Nous avons besoin de savoir dériver non seulement les fonctions sinus et cosinus, mais aussi les autres fonctions trigonométriques. Pour trouver les dérivées de ces fonctions, nous devrons utiliser les identités suivantes :

$$\tan x = \frac{\sin x}{\cos x} \qquad \cot x = \frac{\cos x}{\sin x}$$

$$\sec x = \frac{1}{\cos x} \qquad \csc x = \frac{1}{\sin x}$$

Nous nous servirons aussi de celles-ci :

$$\cos^2 x + \sin^2 x = 1 \qquad 1 + \tan^2 x = \sec^2 x \qquad \cot^2 x + 1 = \csc^2 x$$

> **THÉORÈME 3.7** **Dérivées des fonctions trigonométriques**
>
> Les six fonctions trigonométriques de base, sin x, cos x, tan x, cot x, sec x et csc x, sont toutes dérivables lorsqu'elles sont définies et
>
> $$\frac{d}{dx}\sin x = \cos x \qquad \frac{d}{dx}\cos x = -\sin x$$
>
> $$\frac{d}{dx}\tan x = \sec^2 x \qquad \frac{d}{dx}\cot x = -\csc^2 x$$
>
> $$\frac{d}{dx}\sec x = \sec x \tan x \qquad \frac{d}{dx}\csc x = -\csc x \cot x$$
>
> **Démonstration** Les dérivées des fonctions sinus et cosinus ont été données au théorème 3.6. Toutes les autres dérivées se démontrent à l'aide de la règle du quotient et des formules donnant les dérivées du sinus et du cosinus. Nous allons maintenant établir la dérivée de la fonction tangente. La démonstration des autres dérivées fera l'objet de problèmes (problèmes 40 à 42).
>
> $$\frac{d}{dx}\tan x = \frac{d}{dx}\left[\frac{\sin x}{\cos x}\right]$$
>
> $$= \frac{\cos x \dfrac{d}{dx}(\sin x) - \sin x \dfrac{d}{dx}(\cos x)}{\cos^2 x}$$
>
> $$= \frac{\cos x(\cos x) - \sin x(-\sin x)}{\cos^2 x}$$
>
> $$= \frac{\cos^2 x + \sin^2 x}{\cos^2 x}$$
>
> $$= \frac{1}{\cos^2 x}$$
>
> $$= \sec^2 x$$

EXEMPLE 4 Calcul de la dérivée d'une fonction à l'aide de la règle du produit

Dériver $f(\theta) = 3\theta \sec \theta$

Solution
$$f'(\theta) = \frac{d}{d\theta}(3\theta \sec \theta)$$
$$= 3\theta \frac{d}{d\theta}(\sec \theta) + \sec \theta \frac{d}{d\theta}(3\theta)$$
$$= 3\theta \sec \theta \tan \theta + 3 \sec \theta$$

EXEMPLE 5 Dérivée d'un produit de fonctions trigonométriques

Dériver $f(x) = \sec x \tan x$.

Solution
$$f'(x) = \frac{d}{dx}(\sec x \tan x)$$
$$= \sec x \frac{d}{dx}(\tan x) + \tan x \frac{d}{dx}(\sec x)$$
$$= \sec x (\sec^2 x) + \tan x (\sec x \tan x)$$
$$= \sec^3 x + \sec x \tan^2 x$$

EXEMPLE 6 — Équation d'une tangente à la courbe d'une fonction trigonométrique

Trouver l'équation de la tangente à la courbe d'équation $y = \cot x - 2 \csc x$ au point d'abscisse $x = \frac{2\pi}{3}$.

Solution La pente de la tangente est la dérivée de y par rapport à x au point d'abscisse $x = \frac{2\pi}{3}$.

$$\frac{dy}{dx} = \frac{d}{dx}(\cot x - 2 \csc x)$$
$$= \frac{d}{dx}(\cot x) - 2\frac{d}{dx}(\csc x)$$
$$= -\csc^2 x - 2(-\csc x \cot x)$$
$$= 2 \csc x \cot x - \csc^2 x$$

En écrivant cette expression en fonction de sinus et de cosinus, on obtient

$$2 \csc x \cot x - \csc^2 x = 2\left(\frac{1}{\sin x}\right)\left(\frac{\cos x}{\sin x}\right) - \frac{1}{\sin^2 x}$$
$$= \frac{2 \cos x - 1}{\sin^2 x}$$

$$\left.\frac{dy}{dx}\right|_{x=2\pi/3} = \frac{2\cos\left(\frac{2\pi}{3}\right) - 1}{\sin^2\left(\frac{2\pi}{3}\right)} = \frac{2\left(-\frac{1}{2}\right) - 1}{\left(\frac{\sqrt{3}}{2}\right)^2} = -\frac{8}{3}$$

Lorsque $x = \frac{2\pi}{3}$, on a

$$y = \cot\left(\frac{2\pi}{3}\right) - 2\csc\left(\frac{2\pi}{3}\right) = -\frac{\sqrt{3}}{3} - 2\left(\frac{2\sqrt{3}}{3}\right) = \frac{-5\sqrt{3}}{3}$$

de sorte que le point de tangence est $\left(\frac{2\pi}{3}, \frac{-5\sqrt{3}}{3}\right)$. L'équation recherchée est donc

$$y + \frac{5\sqrt{3}}{3} = -\frac{8}{3}\left(x - \frac{2\pi}{3}\right)$$
$$24x + 9y + 15\sqrt{3} - 16\pi = 0$$

DÉRIVÉES DES FONCTIONS EXPONENTIELLES ET LOGARITHMIQUES

Le théorème qui suit, qui est facile à démontrer et à garder en mémoire, est l'un des résultats les plus importants du calcul différentiel.

THÉORÈME 3.8 — Règle de dérivation de la fonction exponentielle naturelle

La fonction exponentielle naturelle e^x est dérivable pour tout x et a pour dérivée

$$\frac{d}{dx}(e^x) = e^x$$

Démonstration Nous allons procéder de manière informelle. Rappelons d'abord la définition du nombre e :

$$\lim_{h \to \infty} \left(1 + \frac{1}{h}\right)^h = e$$

Soit $h = \frac{1}{\Delta x}$. Alors $\lim_{\Delta x \to 0}(1 + \Delta x)^{1/\Delta x} = e$. Cela signifie que lorsque Δx est très petit, $e \approx (1 + \Delta x)^{1/\Delta x}$ ou $e^{\Delta x} \approx 1 + \Delta x$, de sorte que $e^{\Delta x} - 1 \approx \Delta x$. Par conséquent, $\lim_{\Delta x \to 0} \frac{e^{\Delta x} - 1}{\Delta x} = 1$. Enfin, en utilisant la définition de la dérivée, on obtient

$$\frac{d}{dx}(e^x) = \lim_{\Delta x \to 0} \frac{e^{(x+\Delta x)} - e^x}{\Delta x}$$

$$= \lim_{\Delta x \to 0} \frac{e^x(e^{\Delta x} - 1)}{\Delta x}$$

$$= e^x \lim_{\Delta x \to 0} \frac{e^{\Delta x} - 1}{\Delta x}$$

$$= e^x(1)$$

$$= e^x$$

FIGURE 3.13
Le pente de la tangente à la courbe de $y = e^x$ en chaque point (a, e^a) est $m = e^a$.

Le fait que $\frac{d}{dx}(e^x) = e^x$ signifie que la pente de la tangente au graphe de la fonction $y = e^x$ en tout point $x = a$ est $m = e^a$, c'est-à-dire l'ordonnée du point, comme on le voit à la figure 3.13. Il s'agit là d'une caractéristique de la fonction exponentielle $y = e^x$ qui la rend « naturelle ».

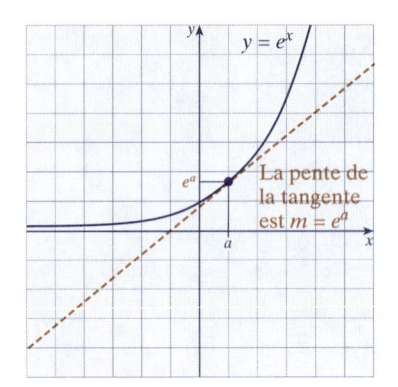

EXEMPLE 7 — Dérivée d'un produit faisant intervenir e^x

Pour $f(x) = e^x \sin x$, trouver $f'(x)$ et $f''(x)$.

Solution Appliquons deux fois la règle du produit :

$$f'(x) = e^x(\sin x)' + (e^x)' \sin x$$

$$= e^x(\cos x) + e^x(\sin x)$$

$$= e^x(\cos x + \sin x)$$

$$f''(x) = e^x(\cos x + \sin x)' + (e^x)'(\cos x + \sin x)$$
$$= e^x(-\sin x + \cos x) + e^x(\cos x + \sin x)$$
$$= 2e^x \cos x$$

> **Théorème 3.9**   **Règle de dérivation de la fonction logarithmique naturelle**

La fonction logarithmique naturelle ln x est dérivable pour tout $x > 0$ et a pour dérivée

$$\frac{d}{dx}(\ln x) = \frac{1}{x}$$

Démonstration Selon la définition de la dérivée, on a

$$\frac{d}{dx}(\ln x) = \lim_{\Delta x \to 0} \frac{\ln(x + \Delta x) - \ln x}{\Delta x}$$

$$= \lim_{\Delta x \to 0} \frac{1}{\Delta x} \ln\left(\frac{x + \Delta x}{x}\right)$$

$$= \lim_{\Delta x \to 0} \frac{1}{\Delta x} \ln\left(1 + \frac{\Delta x}{x}\right)$$

Soit $h = \dfrac{x}{\Delta x}$, alors $\Delta x = \dfrac{x}{h}$. Lorsque $\Delta x \to 0$, $h \to +\infty$, car $x > 0$. Alors,

$$\lim_{\Delta x \to 0} \frac{1}{\Delta x} \ln\left(1 + \frac{\Delta x}{x}\right) = \lim_{h \to +\infty} \frac{h}{x} \ln\left(1 + \frac{1}{h}\right)$$

$$= \frac{1}{x}\left[\lim_{h \to +\infty} h \ln\left(1 + \frac{1}{h}\right)\right]$$

$$= \frac{1}{x}\left[\lim_{h \to +\infty} \ln\left(1 + \frac{1}{h}\right)^h\right] \quad \text{Règle des puissances pour les logarithmes}$$

$$= \frac{1}{x} \ln\left[\lim_{h \to +\infty} \left(1 + \frac{1}{h}\right)^h\right] \quad \text{Comme ln x est continue, on utilise la règle de composition des limites.}$$

$$= \frac{1}{x} \ln e \quad \text{Définition de } e$$

$$= \frac{1}{x} \quad \text{Car ln } e = 1$$

3.3 ■ Dérivées des fonctions trigonométriques, exponentielles et logarithmiques

EXEMPLE 8 — Dérivée d'un quotient comportant un logarithme naturel

Dériver $f(x) = \dfrac{\ln x}{\sin x}$.

Solution Utilisons la règle du quotient :

$$f'(x) = \frac{(\sin x)\dfrac{d}{dx}(\ln x) - (\ln x)\dfrac{d}{dx}(\sin x)}{\sin^2 x}$$

$$= \frac{(\sin x)\left(\dfrac{1}{x}\right) - (\ln x)(\cos x)}{\sin^2 x}$$

$$= \frac{\sin x - x \ln x \cos x}{x \sin^2 x}$$

PROBLÈMES 3.3

A

Problèmes 1 à 22 : Dériver chacune des fonctions.

1. $f(x) = \sin x + \cos x$
2. $f(x) = 2\sin x + \tan x$
3. $g(t) = t^2 + \cos t + \cos\left(\dfrac{\pi}{4}\right)$
4. $g(t) = 2\sec t + 3\tan t - \tan\left(\dfrac{\pi}{3}\right)$
5. $f(t) = \sin^2 t$ (*Conseil* : Utiliser la règle du produit.)
6. $g(x) = \cos^2 x$ (*Conseil* : Utiliser la règle du produit.)
7. $f(x) = \sqrt{x}\cos x + x\cot x$
8. $f(x) = 2x^3 \sin x - 3x\cos x$
9. $q(x) = \dfrac{\sin x}{x}$
10. $r(x) = \dfrac{e^x}{\sin x}$
11. $f(x) = x^2 \ln x$
12. $g(x) = \dfrac{\ln x}{x^2}$
13. $h(x) = e^x(\cos x + \sin x)$
14. $f(x) = x^{-1} \ln x$
15. $f(x) = \dfrac{\sin x}{e^x}$
16. $f(x) = \dfrac{\tan x}{1 - 2x}$
17. $g(t) = \dfrac{1 + \sin t}{\sqrt{t}}$
18. $f(t) = \dfrac{2 + \sin t}{t + 2}$
19. $f(x) = \dfrac{\sin x}{1 - \cos x}$
20. $f(x) = \dfrac{1 + \sin x}{2 - \cos x}$
21. $f(x) = \dfrac{\sin x + \cos x}{\sin x - \cos x}$
22. $g(x) = \cos^2 x + \sin^2 x + \sin x$

Problèmes 23 à 32 : Trouver la dérivée seconde de chaque fonction.

23. $f(\theta) = \sin \theta$
24. $f(\theta) = \cos \theta$
25. $f(\theta) = \tan \theta$
26. $f(\theta) = \cot \theta$
27. $f(x) = \sin x + \cos x$
28. $f(x) = x \sin x$
29. $f(x) = e^x \cos x$
30. $g(t) = t^3 e^t$
31. $h(t) = \sqrt{t}\ln t$
32. $f(t) = \dfrac{\ln t}{t}$

B

Problèmes 33 à 36 : Pour chaque fonction, trouver l'équation de la tangente au point indiqué.

33. $f(\theta) = \tan \theta$; au point d'abscisse $\theta = \dfrac{\pi}{4}$
34. $f(x) = \sin x$; au point d'abscisse $x = \dfrac{\pi}{6}$
35. $f(x) = \cos x$; au point d'abscisse $x = \dfrac{\pi}{3}$
36. $y = x \ln x$; au point d'abscisse $x = 1$
37. Les fonctions suivantes vérifient-elles $y'' + y = 0$?
    a. $y_1 = 2\sin x + 3\cos x$
    b. $y_2 = 4\sin x - \pi \cos x$
    c. $y_3 = x \sin x$
    d. $y_4 = e^x \cos x$
38. Pour quelles valeurs de A et B la fonction
$$y = A\cos x + B\sin x$$
vérifie-t-elle $y'' + 2y' + 3y = 2\sin x$?

39. Terminer la démonstration du théorème 3.6 en démontrant :

$$\frac{d}{dx} \cos x = -\sin x$$

Conseil : Il est nécessaire d'utiliser l'identité

$$\cos(\alpha + \beta) = \cos \alpha \cos \beta - \sin \alpha \sin \beta$$

Problèmes 40 à 42 : Démontrer ces dérivées issues du théorème 3.7.

40. $\dfrac{d}{dx} \cot x = -\csc^2 x$

41. $\dfrac{d}{dx} \sec x = \sec x \tan x$

42. $\dfrac{d}{dx} \csc x = -\csc x \cot x$

3.4 Règle de dérivation en chaîne

DANS CETTE SECTION : présentation de la règle de dérivation en chaîne, formules de dérivation généralisées

PRÉSENTATION DE LA RÈGLE DE DÉRIVATION EN CHAÎNE

On suppose que la concentration en monoxyde de carbone de l'air varie selon un taux de 0,02 ppm (parties par million) pour chaque personne d'une ville dont la population augmente de 1 000 habitants par an. Pour trouver le taux d'augmentation du niveau de pollution par rapport au temps, on effectue le produit

$$(0{,}02 \text{ ppm/personne})(1\,000 \text{ personnes/an}) = 20 \text{ ppm/an}$$

Dans cet exemple, le niveau de pollution L est fonction de la population P qui est elle-même fonction du temps t. L est donc une fonction composée de t et on a

$$\begin{bmatrix} \text{TAUX DE VARIATION} \\ \text{DE } L \text{ PAR RAPPORT À } t \end{bmatrix} = \begin{bmatrix} \text{TAUX DE VARIATION} \\ \text{DE } L \text{ PAR RAPPORT À } P \end{bmatrix} \begin{bmatrix} \text{TAUX DE VARIATION} \\ \text{DE } P \text{ PAR RAPPORT À } t \end{bmatrix}$$

En exprimant chacun de ces taux de variation instantanés avec la notation de Leibniz, on obtient l'équation suivante :

$$\frac{dL}{dt} = \frac{dL}{dP} \frac{dP}{dt}$$

Ces observations nous amènent au théorème important qui suit.

⚠ Rappelons l'avertissement donné plus haut à la section 3.1 signalant que dy/dx n'est pas une fraction. Ceci dit, on peut parfois l'envisager comme une fraction en guise de procédé mnémotechnique. Par exemple, on peut imaginer « simplifier par du », comme ci-dessous, pour se rappeler plus facilement la règle de dérivation en chaîne :

$$\frac{dy}{dx} = \frac{dy}{\cancel{du}} \frac{\cancel{du}}{dx}$$

> **THÉORÈME 3.10** **Règle de dérivation en chaîne**
>
> Si $y = f(u)$ est une fonction dérivable de u et si u est elle-même une fonction dérivable de x, alors $y = f(u(x))$ est une fonction dérivable de x et sa dérivée est donnée par le produit
>
> $$\frac{dy}{dx} = \frac{dy}{du} \frac{du}{dx}$$

Démonstration Définissons la fonction g par

$$g(t) = \begin{cases} \dfrac{f[u(x)+t] - f[u(x)]}{t} - \dfrac{df}{du} & \text{si } t \neq 0 \\ 0 & \text{si } t = 0 \end{cases}$$

On peut vérifier que g est continue en $t = 0$. Notons que pour $t = \Delta u$ et $t \neq 0$,

$$g(\Delta u) = \frac{f[u(x) + \Delta u] - f[u(x)]}{\Delta u} - \frac{df}{du}$$

$$g(\Delta u) + \frac{df}{du} = \frac{f[u(x) + \Delta u] - f[u(x)]}{\Delta u}$$

$$\left[g(\Delta u) + \frac{df}{du}\right]\Delta u = f[u(x) + \Delta u] - f[u(x)]$$

Utilisons maintenant la définition de la dérivée pour f:

$$\frac{df}{dx} = \lim_{\Delta x \to 0} \frac{f[u(x + \Delta x)] - f[u(x)]}{\Delta x}$$

$$= \lim_{\Delta x \to 0} \frac{f[u(x) + \Delta u] - f[u(x)]}{\Delta x} \qquad \Delta u = u(x + \Delta x) - u(x)$$

$$= \lim_{\Delta x \to 0} \frac{\left[g(\Delta u) + \dfrac{df}{du}\right]\Delta u}{\Delta x} \qquad \text{Substitution de } \left[g(\Delta u) + \dfrac{df}{du}\right]\Delta u$$

$$\qquad\qquad\qquad\qquad\qquad\qquad\qquad \text{à } f[u(x) + \Delta u] - f[u(x)]$$

$$= \lim_{\Delta x \to 0} \left[g(\Delta u) + \frac{df}{du}\right]\frac{\Delta u}{\Delta x}$$

$$= \lim_{\Delta x \to 0} \left[g(\Delta u) + \frac{df}{du}\right] \lim_{\Delta x \to 0} \frac{\Delta u}{\Delta x}$$

$$= \left[\lim_{\Delta x \to 0} g(\Delta u) + \lim_{\Delta x \to 0} \frac{df}{du}\right] \lim_{\Delta x \to 0} \frac{\Delta u}{\Delta x}$$

$$= \left[0 + \frac{df}{du}\right]\frac{du}{dx} \qquad \text{Car } g \text{ est continue en } t = 0.$$

$$= \frac{df}{du}\frac{du}{dx}$$

EXEMPLE 1   Utilisation de la règle de dérivation en chaîne

Trouver dy/dx si $y = u^3 - 3u^2 + 1$ et $u = x^2 + 2$.

Solution   Comme $dy/du = 3u^2 - 6u$ et $du/dx = 2x$, il s'ensuit, d'après la règle de dérivation en chaîne, que

$$\frac{dy}{dx} = \frac{dy}{du}\frac{du}{dx} = (3u^2 - 6u)(2x)$$

Notons que cette dérivée est exprimée en fonction des variables x et u. Pour exprimer dy/dx en fonction de x seulement, il suffit de faire la substitution $u = x^2 + 2$, comme ci-dessous :

$$\frac{dy}{dx} = \left[3(x^2 + 2)^2 - 6(x^2 + 2)\right](2x) = 6x^3(x^2 + 2)$$

130   Chapitre 3 ■ La dérivée

La règle de dérivation en chaîne est en fait une règle de dérivation pour les fonctions composées. En particulier, si $y = f(u)$ et si $u = u(x)$, alors y est la fonction composée $y = (f \circ u)(x) = f[u(x)]$ et la règle de dérivation en chaîne peut s'écrire de la manière suivante :

Théorème 3.10a — Autre forme de la règle de dérivation en chaîne

Si u est dérivable en x et si f est dérivable en $u(x)$, alors la fonction composée $f \circ u$ est dérivable en x et

$$\frac{d}{dx} f[u(x)] = \frac{d}{du} f(u) \frac{du}{dx}$$

ou

$$(f \circ u)'(x) = f'[u(x)] u'(x)$$

En d'autres termes

Lorsque nous avons présenté les fonctions composées, dans la section 1.2, nous avons parlé de fonctions « intérieures » et « extérieures ». Avec cette terminologie, la règle de dérivation en chaîne énonce que la dérivée de la fonction composée $f[u(x)]$ est égale à la dérivée de la fonction extérieure f évaluée à la fonction intérieure u multipliée par la dérivée de la fonction intérieure u.

Exemple 2 — Application de la règle de dérivation en chaîne à une puissance

Dériver $y = (3x^4 - 7x + 5)^3$.

Solution Ici, la fonction « intérieure » est $u(x) = 3x^4 - 7x + 5$ et la fonction « extérieure » est u^3, de sorte qu'on a

$$\begin{aligned} y' &= (u^3)'[u(x)]' \\ &= (3u^2)(12x^3 - 7) \\ &= 3(3x^4 - 7x + 5)^2 (12x^3 - 7) \end{aligned}$$

Dans cet exemple, on pourrait trouver la dérivée sans utiliser la règle de dérivation en chaîne, soit en développant le polynôme, soit en utilisant la règle du produit. La réponse serait la même, mais le raisonnement serait laborieux et ferait intervenir beaucoup plus de calculs algébriques. La règle de dérivation en chaîne permet de trouver des dérivées qui seraient très difficiles à déterminer autrement.

Exemple 3 — Combinaison de la règle du quotient et de la règle de dérivation en chaîne

Dériver $g(x) = \sqrt[4]{\dfrac{x}{1 - 3x}}$.

Solution Écrivons $g(x) = \left(\dfrac{x}{1-3x}\right)^{1/4} = u^{1/4}$, où $u = \dfrac{x}{1-3x}$ est la fonction intérieure et $u^{1/4}$ la fonction extérieure. On a donc

$$g'(x) = \left(u^{1/4}\right)' u'(x) = \tfrac{1}{4} u^{-3/4} u'(x)$$

ce qui donne

$$g'(x) = \frac{1}{4}\left(\frac{x}{1-3x}\right)^{-3/4}\left(\frac{x}{1-3x}\right)'$$

$$= \frac{1}{4}\left(\frac{x}{1-3x}\right)^{-3/4}\left[\frac{(1-3x)(1) - x(-3)}{(1-3x)^2}\right]$$

$$= \frac{1}{4}\left(\frac{x}{1-3x}\right)^{-3/4}\left[\frac{1}{(1-3x)^2}\right] = \frac{1}{4x^{3/4}(1-3x)^{5/4}}$$

FORMULES DE DÉRIVATION GÉNÉRALISÉES

La règle de dérivation en chaîne permet d'obtenir des formules de dérivation généralisées pour les fonctions habituelles, comme on le voit dans l'encadré ci-dessous.

Si u est une fonction dérivable de x, alors :

Règle des puissances généralisée

$$\frac{d}{dx} u^n = n u^{n-1} \frac{du}{dx}$$

Règles généralisées pour les fonctions trigonométriques

$$\frac{d}{dx} \sin u = \cos u \frac{du}{dx} \qquad \frac{d}{dx} \cos u = -\sin u \frac{du}{dx}$$

$$\frac{d}{dx} \tan u = \sec^2 u \frac{du}{dx} \qquad \frac{d}{dx} \cot u = -\csc^2 u \frac{du}{dx}$$

$$\frac{d}{dx} \sec u = \sec u \tan u \frac{du}{dx} \qquad \frac{d}{dx} \csc u = -\csc u \cot u \frac{du}{dx}$$

Règles généralisées pour les fonctions exponentielle et logarithmique

$$\frac{d}{dx} e^u = e^u \frac{du}{dx} \qquad \frac{d}{dx} \ln u = \frac{1}{u} \frac{du}{dx}$$

EXEMPLE 4 Application de la règle de dérivation en chaîne dans le cas d'une fonction trigonométrique

Dériver $f(x) = \sin(3x^2 + 5x - 7)$.

Solution Cette fonction peut s'écrire $f(u) = \sin u$ avec $u = 3x^2 + 5x - 7$. On peut alors appliquer la règle de dérivation en chaîne :

$$f'(x) = \cos(3x^2 + 5x - 7) \cdot (3x^2 + 5x - 7)'$$
$$= (6x + 5) \cos(3x^2 + 5x - 7)$$

EXEMPLE 5   Combinaison de la règle de dérivation en chaîne avec d'autres règles

Dériver $g(x) = \cos(x^2) + 5\left(\dfrac{3}{x} + 4\right)^6$.

Solution
$$\dfrac{dg}{dx} = \dfrac{d}{dx}\cos(x^2) + 5\dfrac{d}{dx}(3x^{-1} + 4)^6$$

$$= -\sin(x^2)\dfrac{d}{dx}(x^2) + 5\left[6(3x^{-1} + 4)^5 \dfrac{d}{dx}(3x^{-1} + 4)\right]$$

$$= [-\sin(x^2)](2x) + 30(3x^{-1} + 4)^5(-3x^{-2})$$

$$= -2x\sin(x^2) - \dfrac{90}{x^2}\left(\dfrac{3}{x} + 4\right)^5$$

EXEMPLE 6   Application des règles de dérivation généralisées des puissances et de la fonction cosinus

Dériver $y = \cos^4[(3x+1)^2]$.

Solution
$$\dfrac{dy}{dx} = 4\cos^3[(3x+1)^2]\dfrac{d}{dx}\cos[(3x+1)^2]$$

$$= 4\cos^3[(3x+1)^2] \cdot \{-\sin[(3x+1)^2]\} \cdot \dfrac{d}{dx}(3x+1)^2$$

$$= -4\cos^3[(3x+1)^2] \cdot \sin[(3x+1)^2] \cdot 2(3x+1)\dfrac{d}{dx}(3x+1)$$

$$= -4\cos^3[(3x+1)^2] \cdot \sin[(3x+1)^2] \cdot 2(3x+1)(3)$$

$$= -24(3x+1)\cos^3[(3x+1)^2]\sin[(3x+1)^2]$$

EXEMPLE 7   Dérivation avec la règle des puissances généralisée à l'intérieur de la règle du quotient

Dériver $p(x) = \dfrac{\tan(7x)}{(1-4x)^5}$.

Solution
$$\dfrac{dp}{dx} = \dfrac{(1-4x)^5\left[\dfrac{d}{dx}\tan(7x)\right] - \tan(7x)\left[\dfrac{d}{dx}(1-4x)^5\right]}{\left[(1-4x)^5\right]^2}$$

$$= \dfrac{(1-4x)^5[\sec^2(7x)]\dfrac{d}{dx}(7x) - [\tan(7x)]\left[5(1-4x)^4\dfrac{d}{dx}(1-4x)\right]}{(1-4x)^{10}}$$

$$= \dfrac{(1-4x)^5[\sec^2(7x)](7) - [\tan(7x)](5)(1-4x)^4(-4)}{(1-4x)^{10}}$$

$$= \frac{(1-4x)^4 \left[7(1-4x)\sec^2(7x) + 20\tan(7x)\right]}{(1-4x)^{10}}$$

$$= \frac{7(1-4x)\sec^2(7x) + 20\tan(7x)}{(1-4x)^6}$$

EXEMPLE 8 — Combinaison de la règle de dérivation généralisée des exponentielles et de la règle du produit

Dériver $e^{-3x}\sin x$.

Solution Utilisons la règle du produit :

$$\frac{d}{dx}\left[e^{-3x}\sin x\right] = e^{-3x}\left[\frac{d}{dx}(\sin x)\right] + \left[\frac{d}{dx}(e^{-3x})\right]\sin x$$

$$= e^{-3x}(\cos x) + \left[e^{-3x}\frac{d}{dx}(-3x)\right]\sin x$$

$$= e^{-3x}(\cos x) + \left[e^{-3x}(-3)\right]\sin x$$

$$= e^{-3x}(\cos x - 3\sin x)$$

EXEMPLE 9 — Détermination de tangentes horizontales

Trouver l'abscisse de chaque point de la courbe d'équation

$$f(x) = (x+1)^3(2x+3)^2$$

où la tangente est horizontale.

Solution Comme les tangentes horizontales ont une pente nulle, il s'agit de résoudre l'équation $f'(x) = 0$. Utilisons d'abord la règle du produit et la règle de dérivation généralisée des puissances pour trouver la dérivée :

$$f'(x) = (x+1)^3\left[\frac{d}{dx}(2x+3)^2\right] + (2x+3)^2\left[\frac{d}{dx}(x+1)^3\right]$$

$$= (x+1)^3\left[(2)(2x+3)\frac{d}{dx}(2x+3)\right] + (2x+3)^2\left[(3)(x+1)^2\frac{d}{dx}(x+1)\right]$$

$$= (x+1)^3(2)(2x+3)(2) + (2x+3)^2(3)(x+1)^2(1)$$

$$= (x+1)^2(2x+3)\left[4(x+1) + 3(2x+3)\right]$$

$$= (x+1)^2(2x+3)(10x+13)$$

D'après la forme finale factorisée, on voit que $f'(x) = 0$ lorsque $x \in \left\{-\dfrac{3}{2}, -\dfrac{13}{10}, -1\right\}$. Ces valeurs sont donc les abscisses de tous les points du graphe où la tangente est horizontale.

Problèmes 3.4

A

1. **Autrement dit?** Que dit la règle de dérivation en chaîne?

2. **Autrement dit?** Quand a-t-on besoin d'utiliser la règle de dérivation en chaîne?

Problèmes 3 à 7: Utiliser la règle de dérivation en chaîne pour calculer la dérivée dy/dx et écrire la réponse en fonction de x seulement.

3. $y = u^2 + 1$; $u = 3x - 2$

4. $y = \dfrac{2}{u^2}$; $u = x^2 - 9$

5. $y = \cos u$; $u = x^2 + 7$

6. $y = u^2$; $u = \ln x$

7. $y = e^u$; $u = \sec x$

Problèmes 8 à 20: Dériver chaque fonction par rapport à la variable donnée de la fonction.

8. **a.** $g(u) = u^3$ **b.** $u(x) = x^2 + 1$
   c. $f(x) = (x^2 + 1)^3$

9. **a.** $g(u) = u^7$ **b.** $u(x) = 5 - 8x - 12x^2$
   c. $f(x) = (5 - 8x - 12x^2)^7$

10. $f(x) = (x^3 + 1)^5 (2x^3 - 1)^6$

11. $f(x) = \sqrt{\dfrac{x^2 + 3}{x^2 - 5}}$

12. $f(x) = \sqrt[3]{x + \sqrt{2x}}$

13. **a.** $f(x) = (\sin^2 x)(\cos x)$
    b. $g(x) = (\sin^2 \theta)(\cos x)$, où θ est une constante

14. **a.** $f(x) = \sqrt{\sin(x^2)}$
    b. $g(x) = \sin^2(\sqrt{x})$

15. $f(x) = xe^{1-2x}$

16. $g(x) = \ln(3x^4 + 5x)$

17. $p(x) = \sin(x^2)\cos(x^2)$

18. $g(x) = \ln(\ln x)$

19. $g(t) = t^2 e^{-t} + (\ln t)^2$

20. $f(x) = \ln(\sin x + \cos x)$

Problèmes 21 à 25: Pour chaque fonction, trouver l'équation de la tangente au graphe au point indiqué.

21. $f(x) = \sqrt{x^2 + 5}$; au point d'abscisse $x = 2$

22. $f(x) = x^2(x-1)^2$; au point d'abscisse $x = \tfrac{1}{2}$

23. $f(x) = \sin(3x - \pi)$; au point d'abscisse $x = \tfrac{\pi}{2}$

24. $f(x) = xe^{2-3x}$; au point d'abscisse $x = 0$

25. $f(x) = \dfrac{\ln(\sqrt[3]{x})}{x}$; au point d'abscisse $x = 1$

Problèmes 26 à 29: Trouver l'abscisse de chaque point où le graphe de la fonction donnée a une tangente horizontale.

26. $f(x) = x\sqrt{1 - 3x}$

27. $g(x) = \dfrac{(x-1)^2}{(x+2)^3}$

28. $f(x) = (2x^2 - 7)^3$

29. $T(x) = x^2 e^{1-3x}$

B

30. Les graphes des fonctions $u = g(x)$ et $y = f(u)$ sont représentés à la figure 3.14.

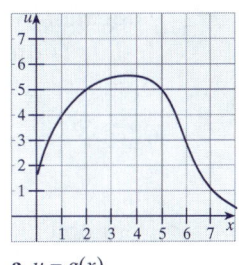

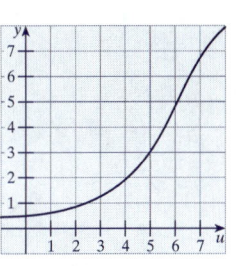

    a. $u = g(x)$ **b.** $y = f(u)$

    FIGURE 3.14
    Graphes de $u = g(x)$ et $y = f(u)$

    a. Trouver la valeur de u en $x = 2$. Quelle est la pente de la tangente en ce point?
    b. Trouver la valeur de y en $x = 5$. Quelle est la pente de la tangente en ce point?
    c. Trouver la pente de la tangente à la courbe de la fonction $y = f[g(x)]$ en $x = 2$.

C

31. En utilisant seulement la formule
    $$\frac{d}{dx}\sin u = \cos u \, \frac{du}{dx}$$
    et les identités $\cos x = \sin\left(\tfrac{\pi}{2} - x\right)$ et $\sin x = \cos\left(\tfrac{\pi}{2} - x\right)$, montrer que
    $$\frac{d}{dx}\cos u = -\sin u \, \frac{du}{dx}$$

32. **Problème de réflexion** Soit $g(x) = f[u(x)]$, avec $u(-3) = 5$, $u'(-3) = 2$, $f(5) = 3$ et $f'(5) = -3$. Trouver l'équation de la tangente au graphe de g au point d'abscisse $x = -3$.

33. Soit f, une fonction pour laquelle $f'(x) = \dfrac{1}{x^2 + 1}$.
    a. Si $g(x) = f(3x - 1)$, que vaut $g'(x)$?
    b. Si $h(x) = f\left(\dfrac{1}{x}\right)$, que vaut $h'(x)$?

34. Soit f, une fonction pour laquelle $f(2) = -3$ et $f'(x) = \sqrt{x^2 + 5}$. Si
    $$g(x) = x^2 f\left(\dfrac{x}{x-1}\right)$$
    que vaut $g'(2)$?

35. Montrer que si $F(x) = \ln|\cos x|$, $F'(x) = -\tan x$.

3.5 Dérivation implicite

DANS CETTE SECTION : méthode générale de dérivation implicite, formules de dérivation des fonctions trigonométriques inverses, formules de dérivation des fonctions exponentielle et logarithmique de base b, dérivation logarithmique

MÉTHODE GÉNÉRALE DE DÉRIVATION IMPLICITE

L'équation $y = \sqrt{1 - x^2}$ définit **explicitement** $f(x) = \sqrt{1 - x^2}$ comme une fonction de x pour $-1 \leq x \leq 1$. La même fonction peut aussi être définie **implicitement** par l'équation $x^2 + y^2 = 1$, à condition qu'on ajoute la restriction $0 \leq y \leq 1$ afin que le test de la droite verticale soit vérifié. Pour trouver la dérivée de la forme explicite, on utilise la règle de dérivation en chaîne :

$$\frac{d}{dx}\sqrt{1-x^2} = \frac{d}{dx}(1-x^2)^{1/2} = \tfrac{1}{2}(1-x^2)^{-1/2}(-2x) = \frac{-x}{\sqrt{1-x^2}}$$

Pour obtenir la dérivée de la forme implicite, il suffit de dériver chaque membre de l'équation $x^2 + y^2 = 1$, sans oublier que y est fonction de x :

$$\frac{d}{dx}(x^2 + y^2) = \frac{d}{dx}(1)$$

$$2x + 2y\frac{dy}{dx} = 0 \qquad \text{Règle de dérivation en chaîne pour la dérivée de } y$$

$$\frac{dy}{dx} = -\frac{x}{y} \qquad \text{On isole } \frac{dy}{dx}.$$

$$\frac{dy}{dx} = -\frac{x}{\sqrt{1-x^2}} \qquad \text{Si l'on veut écrire } dy/dx \text{ en fonction de } x.$$

La méthode que nous venons d'illustrer porte le nom de **dérivation implicite**. Nous avons pris un exemple simple. Envisageons maintenant une fonction dérivable $y = f(x)$ définie par l'équation

$$x^2 y^3 - 6 = 5y^3 + x$$

Par dérivation implicite, on obtient

$$x^2 \frac{d}{dx}(y^3) + y^3 \frac{d}{dx}(x^2) - \frac{d}{dx}(6) = 5\frac{d}{dx}(y^3) + \frac{d}{dx}(x)$$

$$x^2 \left(3y^2 \frac{dy}{dx}\right) + y^3(2x) - 0 = 5\left(3y^2 \frac{dy}{dx}\right) + 1$$

$$(3x^2 y^2 - 15y^2)\frac{dy}{dx} = 1 - 2xy^3$$

$$\frac{dy}{dx} = \frac{1 - 2xy^3}{3x^2 y^2 - 15y^2}$$

On pourrait penser que le calcul n'est pas terminé, puisque la dérivée fait intervenir à la fois x et y. Mais, pour de nombreuses applications, ce résultat suffit. Dans cet exemple, on aurait pu commencer par exprimer y sous la forme d'une fonction explicite de x, c'est-à-dire écrire

$$y = \left(\frac{x + 6}{x^2 - 5}\right)^{1/3}$$

puis trouver dy/dx en utilisant la règle de dérivation en chaîne. Mais considérons une fonction dérivable $y = f(x)$ définie par l'équation

$$x^2 y + 2y^3 = 3x + 2y$$

Dans ce cas, il est très difficile d'exprimer y sous la forme d'une fonction explicite de x et on peut facilement imaginer des situations similaires où il est impossible ou trop compliqué de résoudre y en fonction de x.

EXEMPLE 1 — Calcul de la pente d'une tangente à l'aide de la dérivation implicite

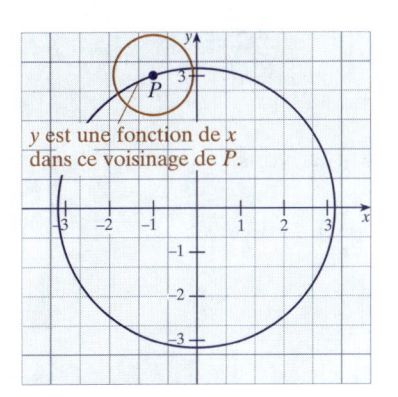

Trouver la pente de la tangente au cercle d'équation $x^2 + y^2 = 10$ au point $P(-1, 3)$.

Solution Le graphe de $x^2 + y^2 = 10$ n'est pas le graphe d'une fonction. Si on examine un petit voisinage du point $(-1, 3)$, comme à la figure 3.15, on constate que cette partie du graphe vérifie le test de la droite verticale pour les fonctions. Alors, on peut trouver la pente demandée en évaluant la dérivée dy/dx au point $(-1, 3)$. Au lieu d'isoler y et de trouver la dérivée, *on dérive chaque membre de l'équation*:

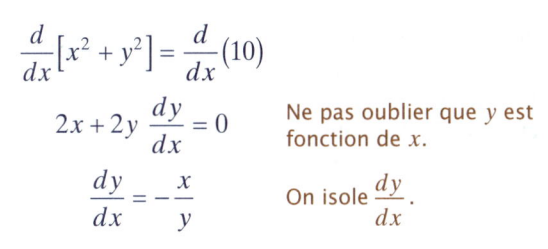

$$\frac{d}{dx}\left[x^2 + y^2\right] = \frac{d}{dx}(10)$$

$$2x + 2y\,\frac{dy}{dx} = 0 \qquad \text{Ne pas oublier que } y \text{ est fonction de } x.$$

$$\frac{dy}{dx} = -\frac{x}{y} \qquad \text{On isole } \frac{dy}{dx}.$$

La pente de la tangente en $P(-1, 3)$ est

$$\left.\frac{dy}{dx}\right|_{(x,\,y)=(-1,\,3)} = \left.-\frac{x}{y}\right|_{(-1,\,3)} = -\left(\frac{-1}{3}\right) = \frac{1}{3}$$

FIGURE 3.15
Graphe de $x^2 + y^2 = 10$ montrant un voisinage de $P(-1, 3)$

y est une fonction de x dans ce voisinage de P.

Voici une description générale de la méthode de dérivation implicite.

Méthode de dérivation implicite

Soit une équation définissant y comme une fonction dérivable de x de manière implicite. Pour trouver $\dfrac{dy}{dx}$, on peut:

Étape 1. Dériver les deux membres de l'équation par rapport à x. Ne pas oublier que y est en réalité une fonction de x pour une partie de la courbe et utiliser la règle de dérivation en chaîne pour dériver les termes contenant y.

Étape 2. Résoudre algébriquement l'équation dérivée en isolant $\dfrac{dy}{dx}$.

EXEMPLE 2 — Dérivation implicite

Sachant que $y = f(x)$ est une fonction dérivable de x telle que

$$x^2 y + 2y^3 = 3x + 2y$$

trouver $\dfrac{dy}{dx}$.

3.5 ■ Dérivation implicite **137**

Solution La méthode consiste à dériver les deux membres de l'équation donnée par rapport à x. Pour ne pas oublier que y est une fonction de x, remplaçons y par le symbole $y(x)$:

$$x^2 y(x) + 2[y(x)]^3 = 3x + 2y(x)$$

Puis dérivons les deux membres de cette équation terme par terme par rapport à x :

$$\{x^2 y(x) + 2[y(x)]^3\}' = \{3x + 2y(x)\}'$$

$$[x^2 y(x)]' + 2\{[y(x)]^3\}' = 3(x)' + 2y'(x)$$

$$x^2 y'(x) + y(x)(x^2)' + 2\{3[y(x)]^2 y'(x)\} = 3 + 2y'(x)$$

$$x^2 y'(x) + 2xy(x) + 6[y(x)]^2 y'(x) = 3 + 2y'(x)$$

Remplaçons maintenant $y(x)$ par y et $y'(x)$ par $\dfrac{dy}{dx}$ et récrivons l'équation :

$$x^2 \frac{dy}{dx} + 2xy + 6y^2 \frac{dy}{dx} = 3 + 2\frac{dy}{dx}$$

Enfin, isolons $\dfrac{dy}{dx}$ dans cette équation :

$$x^2 \frac{dy}{dx} + 6y^2 \frac{dy}{dx} - 2\frac{dy}{dx} = 3 - 2xy$$

$$(x^2 + 6y^2 - 2)\frac{dy}{dx} = 3 - 2xy$$

$$\frac{dy}{dx} = \frac{3 - 2xy}{x^2 + 6y^2 - 2}$$

On remarque que la formule donnant dy/dx contient à la fois la variable indépendante x et la variable dépendante y. Ceci est courant dans le cas de la dérivation implicite.

⚠ Il est important de se rendre compte que la dérivation implicite est une technique pour trouver dy/dx qui n'est valable que si y est une fonction dérivable de x. Le recours à cette méthode peut parfois aboutir à des erreurs. Par exemple, il est évident qu'il n'existe pas de fonction à valeurs réelles $y = f(x)$ qui vérifie l'équation $x^2 + y^2 = -1$. Pourtant, l'application formelle de la dérivation implicite donne comme « dérivée » $dy/dx = -x/y$. Pour pouvoir évaluer cette « dérivée », on doit pouvoir trouver des valeurs pour lesquelles $x^2 + y^2 = -1$. Comme il n'existe pas de telles valeurs, la dérivée n'existe pas.

Dans l'exemple 2, on a suggéré de remplacer temporairement y par $y(x)$ pour ne pas oublier d'utiliser la règle de dérivation en chaîne lorsqu'on applique la méthode de dérivation implicite. Dans l'exemple qui suit, on élimine cette étape inutile et on dérive directement l'équation donnée. Il suffit de se souvenir que y est en réalité une fonction de x et de ne pas oublier d'utiliser la règle de dérivation en chaîne lorsqu'il convient de le faire.

EXEMPLE 3 Dérivation implicite (notation simplifiée)

Trouver $\dfrac{dy}{dx}$ si y est une fonction dérivable de x qui vérifie à l'équation

$$\sin(x^2 + y) = y^2(3x + 1)$$

Solution Il n'y a pas de façon évidente de résoudre l'équation donnée de manière explicite en isolant y. En dérivant implicitement, on obtient

$$\frac{d}{dx}[\sin(x^2 + y)] = \frac{d}{dx}[y^2(3x + 1)]$$

$$\cos(x^2 + y)\frac{d}{dx}(x^2 + y) = y^2 \frac{d}{dx}(3x + 1) + (3x + 1)\frac{d}{dx}(y^2)$$

$$\cos(x^2 + y)\left(2x + \frac{dy}{dx}\right) = y^2(3) + (3x + 1)\left(2y \frac{dy}{dx}\right)$$

Finalement, il s'agit d'isoler $\dfrac{dy}{dx}$:

$$2x\cos(x^2+y) + \cos(x^2+y)\dfrac{dy}{dx} = 3y^2 + 2y(3x+1)\dfrac{dy}{dx}$$

$$[\cos(x^2+y) - 2y(3x+1)]\dfrac{dy}{dx} = 3y^2 - 2x\cos(x^2+y)$$

$$\dfrac{dy}{dx} = \dfrac{3y^2 - 2x\cos(x^2+y)}{\cos(x^2+y) - 2y(3x+1)}$$

EXEMPLE 4 Calcul de la pente d'une tangente à l'aide de la dérivation implicite

Trouver la pente de la tangente au cercle d'équation $x^2 + y^2 = 5x + 4y$ au point $P(5, 4)$.

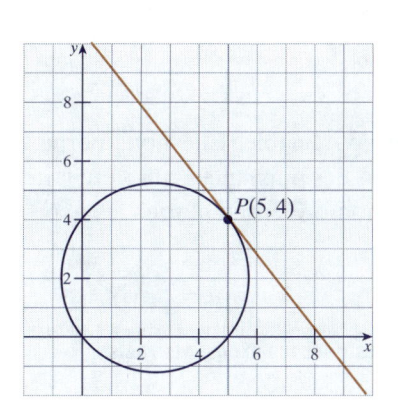

Solution La pente de la tangente à une courbe d'équation $y = f(x)$ est $\dfrac{dy}{dx}$, que l'on trouve ici par dérivation implicite :

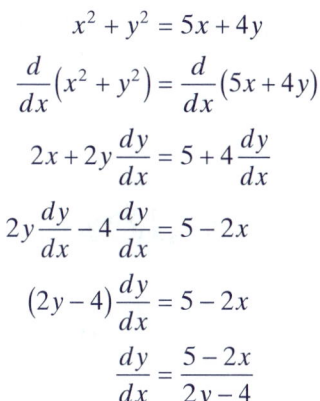

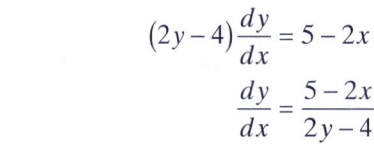

$$x^2 + y^2 = 5x + 4y$$

$$\dfrac{d}{dx}(x^2 + y^2) = \dfrac{d}{dx}(5x + 4y)$$

$$2x + 2y\dfrac{dy}{dx} = 5 + 4\dfrac{dy}{dx}$$

$$2y\dfrac{dy}{dx} - 4\dfrac{dy}{dx} = 5 - 2x$$

$$(2y - 4)\dfrac{dy}{dx} = 5 - 2x$$

$$\dfrac{dy}{dx} = \dfrac{5 - 2x}{2y - 4}$$

Notons que l'expression $\dfrac{dy}{dx}$ n'est pas définie si $y = 2$. Cela se vérifie sur le graphe, puisqu'on voit que la tangente est verticale aux points d'ordonnée $y = 2$.

Au point $(5, 4)$, la pente de la tangente est

$$\left.\dfrac{dy}{dx}\right|_{(5,4)} = \left.\dfrac{5-2x}{2y-4}\right|_{(5,4)} = \dfrac{5-2(5)}{2(4)-4} = \dfrac{-5}{4}$$

EXEMPLE 5 Calcul de la dérivée seconde par dérivation implicite

Trouver $\dfrac{d^2y}{dx^2}$ si $x^2 + y^2 = 10$.

Solution Dans l'exemple 1, on a trouvé par dérivation implicite que $\dfrac{dy}{dx} = -\dfrac{x}{y}$. Par conséquent,

$$\dfrac{d^2y}{dx^2} = \dfrac{d}{dx}\left(\dfrac{-x}{y}\right) = \dfrac{y\dfrac{d}{dx}(-x) - (-x)\dfrac{d}{dx}y}{y^2} = \dfrac{-y + x\dfrac{dy}{dx}}{y^2}$$

3.5 ■ Dérivation implicite

Notons que l'expression donnant la dérivée seconde contient la dérivée première dy/dx. Pour simplifier la réponse, remplaçons dy/dx par l'expression algébrique trouvée précédemment :

$$\frac{-y + x\dfrac{dy}{dx}}{y^2} = \frac{-y + x\left(\dfrac{-x}{y}\right)}{y^2} \quad \text{Substitution de } \left(-\frac{x}{y}\right) \text{ à } \frac{dy}{dx}$$

$$= \frac{-y^2 - x^2}{y^3}$$

$$= \frac{-(x^2 + y^2)}{y^3}$$

$$= \frac{-10}{y^3} \quad \text{Substitution de 10 à } x^2 + y^2$$

Par conséquent, $\dfrac{d^2y}{dx^2} = \dfrac{-10}{y^3}$

La dérivation implicite est un outil théorique appréciable. Elle nous permet maintenant de généraliser la démonstration de la règle des puissances, qui a été faite dans la section 3.2 pour le cas où l'exposant est un nombre entier, à tous les exposants réels.

EXEMPLE 6 Démonstration de la règle des puissances pour les exposants réels (rationnels et irrationnels)

Démontrer que $\dfrac{d}{dx}(x^r) = rx^{r-1}$ pour tous les nombres réels r.

Solution Si $y = x^r$, alors $y = e^{r \ln x}$, de sorte que

$$\ln y = r \ln x \quad \text{Propriété des logarithmes}$$

$$\frac{1}{y}\frac{dy}{dx} = r\left(\frac{1}{x}\right) \quad \text{Dérivation implicite}$$

$$\frac{dy}{dx} = y\left(\frac{r}{x}\right) \quad \text{On isole } \frac{dy}{dx}.$$

$$= x^r\left(\frac{r}{x}\right) \quad \text{Substitution de } x^r \text{ à } y$$

$$= rx^{r-1} \quad \text{Propriété des exposants}$$

On remarque, dans l'exemple 6, que $y = x^r = e^{r \ln x}$ est dérivable parce qu'elle est définie comme la composition des fonctions dérivables $y = e^u$ et $u = r \ln x$.

À la section 3.3, nous avons trouvé la dérivée de $f(x) = e^x$ (théorème 3.8). Cette dérivée s'obtient facilement à l'aide de la dérivation implicite, comme nous allons le voir dans l'exemple qui suit.

EXEMPLE 7 Démonstration de la règle de dérivation de la fonction exponentielle naturelle à l'aide de la dérivation implicite

$$\frac{d}{dx}(e^x) = e^x$$

Solution Soit $v = e^x$, alors $x = \ln v$. On a donc

$\frac{d}{dx}(x) = \frac{d}{dx}(\ln v)$ Dérivation des deux membres de l'équation $x = \ln v$

$1 = \frac{1}{v}\frac{dv}{dx}$ Dérivation implicite

$v = \frac{dv}{dx}$

$e^x = \frac{dv}{dx} = \frac{d}{dx}(e^x)$ Car $v = e^x$

FORMULES DE DÉRIVATION DES FONCTIONS TRIGONOMÉTRIQUES INVERSES

Nous allons maintenant utiliser la dérivation implicite pour obtenir les formules de dérivation des six fonctions trigonométriques inverses. Notons que ces dérivées ne sont pas des fonctions trigonométriques inverses ni même des fonctions trigonométriques, mais plutôt des fonctions rationnelles ou des racines de fonctions rationnelles.

THÉORÈME 3.11 Formules de dérivation des six fonctions trigonométriques inverses

Si u est une fonction dérivable de x, alors

$$\frac{d}{dx}(\arcsin u) = \frac{1}{\sqrt{1-u^2}}\frac{du}{dx} \qquad \frac{d}{dx}(\arccos u) = \frac{-1}{\sqrt{1-u^2}}\frac{du}{dx}$$

$$\frac{d}{dx}(\arctan u) = \frac{1}{1+u^2}\frac{du}{dx} \qquad \frac{d}{dx}(\text{arccot}\, u) = \frac{-1}{1+u^2}\frac{du}{dx}$$

$$\frac{d}{dx}(\text{arcsec}\, u) = \frac{1}{|u|\sqrt{u^2-1}}\frac{du}{dx} \qquad \frac{d}{dx}(\text{arccsc}\, u) = \frac{-1}{|u|\sqrt{u^2-1}}\frac{du}{dx}$$

Démonstration Nous allons démontrer ici la première formule. La démonstration des autres formules pourra faire l'objet de problèmes. Soit $\alpha = \arcsin x$, alors $x = \sin \alpha$. Comme la fonction sinus est une fonction injective et dérivable sur $[-\pi/2, \pi/2]$, la fonction arcsinus est également dérivable. Pour trouver sa dérivée, utilisons la méthode de dérivation implicite :

$$\sin \alpha = x$$

$$\frac{d}{dx}(\sin \alpha) = \frac{d}{dx}(x)$$

$$\cos \alpha \frac{d\alpha}{dx} = 1$$

Puisque $-\frac{\pi}{2} \leq \alpha \leq \frac{\pi}{2}$, alors $\cos \alpha \geq 0$. On a donc

$\frac{d\alpha}{dx} = \frac{1}{\cos \alpha} = \frac{1}{\sqrt{1-\sin^2 \alpha}} = \frac{1}{\sqrt{1-x^2}}$ Voir le triangle de référence

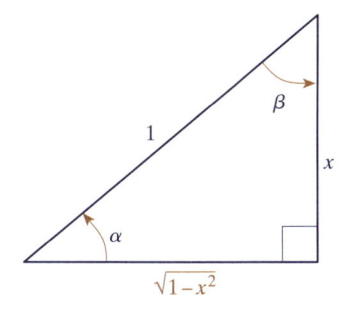

$\sin \alpha = x$ et $\cos \alpha = \sqrt{1-x^2}$

Si u est une fonction dérivable de x, la règle de dérivation en chaîne donne

$$\frac{d}{dx}(\arcsin u) = \frac{d}{du}(\arcsin u)\frac{du}{dx} = \frac{1}{\sqrt{1-u^2}}\frac{du}{dx}$$

EXEMPLE 8   Dérivées faisant intervenir des fonctions trigonométriques inverses

Dériver chacune des fonctions suivantes.

a. $f(x) = \arctan(\sqrt{x})$ **b.** $g(t) = \arcsin(1-t)$

Solution

a. Posons $u = \sqrt{x}$ dans la formule donnant $\frac{d}{dx}(\arctan u)$:

$$f'(x) = \frac{d}{dx}[\arctan(\sqrt{x})] = \left[\frac{1}{1+(\sqrt{x})^2}\right]\frac{d}{dx}(\sqrt{x}) = \left(\frac{1}{1+x}\right)\left(\frac{1}{2}\frac{1}{\sqrt{x}}\right) = \frac{1}{2\sqrt{x}(1+x)}$$

b. Posons $u = (1-t)$ dans la formule donnant $\frac{d}{dx}(\arcsin u)$:

$$g'(t) = \frac{d}{dt}[\arcsin(1-t)] = \left[\frac{1}{\sqrt{1-(1-t)^2}}\right]\frac{d}{dt}(1-t) = \frac{-1}{\sqrt{1-(1-t)^2}} = \frac{-1}{\sqrt{2t-t^2}}$$

FORMULES DE DÉRIVATION DES FONCTIONS EXPONENTIELLE ET LOGARITHMIQUE DE BASE b

Les dérivées de b^u et de $\log_b u$ pour une fonction dérivable $u = u(x)$ et une base b autre que e peuvent s'obtenir à l'aide de la règle de dérivation en chaîne et des formules de changement de base du chapitre 1. Les résultats sont résumés dans le théorème qui suit.

THÉORÈME 3.12   **Dérivées des fonctions exponentielle et logarithmique de base b**

Si u est une fonction dérivable de x et b un nombre positif (différent de 1), alors

$$\frac{d}{dx}(b^u) = (\ln b)b^u\frac{du}{dx} \quad \text{et} \quad \frac{d}{dx}(\log_b u) = \frac{1}{\ln b}\cdot\frac{1}{u}\frac{du}{dx}$$

Démonstration   Comme $b^u = e^{u\ln b}$, on peut appliquer la règle de dérivation en chaîne de la manière suivante :

$$\frac{d}{dx}(b^u) = \frac{d}{dx}(e^{u\ln b}) = e^{u\ln b}\frac{d}{dx}(u\ln b) = e^{u\ln b}\left(\ln b\frac{du}{dx}\right) = (\ln b)b^u\frac{du}{dx}$$

Pour dériver le logarithme, rappelons la formule de changement de base : $\log_b u = \frac{\ln u}{\ln b}$. Ainsi,

$$\frac{d}{dx}(\log_b u) = \frac{d}{dx}\left(\frac{\ln u}{\ln b}\right) = \frac{1}{\ln b}\cdot\frac{1}{u}\frac{du}{dx}$$

En d'autres termes

Les dérivées de b^x et $\log_b x$ sont les mêmes, respectivement, que les dérivées de e^x et $\ln x$, à l'exception du facteur $(\ln b)$, qui apparaît comme multiplicateur dans la formule

$$\frac{d}{dx}(b^x) = (\ln b)b^x$$

et comme diviseur dans la formule

$$\frac{d}{dx}(\log_b x) = \frac{1}{(\ln b)x}$$

EXEMPLE 9 Dérivée d'une fonction exponentielle de base $b \neq e$

Dériver $f(x) = x(2^{1-x})$.

Solution Appliquons la règle du produit :

$$f'(x) = \frac{d}{dx}(x\, 2^{1-x}) = x\frac{d}{dx}(2^{1-x}) + 2^{1-x}\frac{d}{dx}(x)$$
$$= x(\ln 2)(2^{1-x})(-1) + 2^{1-x}(1) = 2^{1-x}(1 - x\ln 2)$$

THÉORÈME 3.13 Dérivée de $\ln|u|$

Si $f(x) = \ln|x|$, $x \neq 0$, alors $f'(x) = \dfrac{1}{x}$.

De même, si u est une fonction dérivable de x, alors $\dfrac{d}{dx}\ln|u| = \dfrac{1}{u}\dfrac{du}{dx}$.

Démonstration En utilisant la définition de la valeur absolue, on obtient :

$$f(x) = \begin{cases} \ln x & \text{si } x > 0 \\ \ln(-x) & \text{si } x < 0 \end{cases}$$

de sorte que $f'(x) = \begin{cases} \dfrac{1}{x} & \text{si } x > 0 \\ \dfrac{1}{-x}(-1) = \dfrac{1}{x} & \text{si } x < 0 \end{cases}$

Ainsi, $f'(x) = \dfrac{1}{x}$ pour tout $x \neq 0$.

La deuxième partie du théorème (avec u, fonction dérivable de x) découle de la règle de dérivation en chaîne.

DÉRIVATION LOGARITHMIQUE

La dérivation logarithmique est une méthode dans laquelle on utilise les propriétés des logarithmes pour remplacer la dérivation de produits et de quotients par la dérivation de sommes et de différences. Elle est particulièrement utile dans le cas de fonctions compliquées et de fonctions de puissance, où les variables apparaissent à la fois dans la base et dans l'exposant.

EXEMPLE 10 Dérivation logarithmique

Trouver la dérivée de $y = \dfrac{e^{2x}(2x-1)^6}{(x^3+5)^2(4-7x)}$.

Solution Pour appliquer la méthode de dérivation logarithmique, il faut d'abord prendre le logarithme des deux membres, puis appliquer les propriétés des logarithmes, pour enfin trouver la dérivée :

$$y = \dfrac{e^{2x}(2x-1)^6}{(x^3+5)^2(4-7x)}$$

$$\ln y = \ln\left[\dfrac{e^{2x}(2x-1)^6}{(x^3+5)^2(4-7x)}\right]$$

$$= \ln(e^{2x}) + \ln(2x-1)^6 - \ln(x^3+5)^2 - \ln(4-7x)$$

$$= 2x + 6\ln(2x-1) - 2\ln(x^3+5) - \ln(4-7x)$$

Ensuite, on dérive les deux membres par rapport à x, puis on isole $\dfrac{dy}{dx}$:

$$\dfrac{1}{y}\dfrac{dy}{dx} = 2 + 6\left[\dfrac{1}{2x-1}(2)\right] - 2\left[\dfrac{1}{x^3+5}(3x^2)\right] - \left[\dfrac{1}{4-7x}(-7)\right]$$

$$\dfrac{dy}{dx} = y\left[2 + \dfrac{12}{2x-1} - \dfrac{6x^2}{x^3+5} + \dfrac{7}{4-7x}\right]$$

La dérivée est ici exprimée en fonction de x et de y. On peut remplacer y pour obtenir la dérivée en fonction de x seulement :

$$\dfrac{dy}{dx} = \dfrac{e^{2x}(2x-1)^6}{(x^3+5)^2(4-7x)}\left[2 + \dfrac{12}{2x-1} - \dfrac{6x^2}{x^3+5} + \dfrac{7}{4-7x}\right]$$

EXEMPLE 11 Dérivée d'une fonction ayant une variable dans la base et dans l'exposant

Trouver $\dfrac{dy}{dx}$, où $y = (x+1)^{2x}$.

Solution
$$y = (x+1)^{2x}$$
$$\ln y = \ln\left[(x+1)^{2x}\right] = 2x\ln(x+1)$$

Dérivons les deux membres de cette équation par rapport à x :

$$\dfrac{1}{y}\dfrac{dy}{dx} = 2x\left\{\dfrac{d}{dx}[\ln(x+1)]\right\} + \left[\dfrac{d}{dx}(2x)\right]\ln(x+1)$$

$$= 2x\left[\dfrac{1}{x+1}(1)\right] + 2\ln(x+1) = \dfrac{2x}{x+1} + 2\ln(x+1)$$

Enfin, multiplions les deux membres par $y = (x+1)^{2x}$:

$$\dfrac{dy}{dx} = \left[\dfrac{2x}{x+1} + 2\ln(x+1)\right](x+1)^{2x}$$

PROBLÈMES 3.5

A

Problèmes 1 à 10 : Trouver $\dfrac{dy}{dx}$ par dérivation implicite.

1. $x^2 + y^2 = 25$
2. $x^2 + y = x^3 + y^3$
3. $xy = 25$
4. $xy(2x + 3y) = 2$
5. $\dfrac{1}{y} + \dfrac{1}{x} = 1$
6. $(2x + 3y)^2 = 10$
7. $\sin(x + y) = x - y$
8. $\tan\left(\dfrac{x}{y}\right) = y$
9. $\ln(xy) = e^{2x}$
10. $e^{xy} + \ln(y^2) = x$

Problèmes 11 à 13 : Trouver $\dfrac{dy}{dx}$ de deux manières :

a. Par dérivation implicite de l'équation ;
b. En dérivant la formule explicite donnant y.

11. $x^2 + y^3 = 12$
12. $xy + 2y = x^2$
13. $x + \dfrac{1}{y} = 5$

Problèmes 14 à 19 : Trouver la dérivée $\dfrac{dy}{dx}$.

14. $y = \arcsin(2x + 1)$
15. $y = \arccos(4x + 3)$
16. $y = \arctan\left(\dfrac{1}{x}\right)$
17. $y = \ln[\arcsin(e^x)]$
18. $x \arcsin y + y \arctan x = x$
19. $\arcsin y + y = 2xy$

Problèmes 20 à 23 : Trouver l'équation de la tangente au graphe de chaque équation au point donné.

20. $x^2 + y^2 = 13$; en $(-2, 3)$
21. $\sin(x - y) = xy$; en $(0, \pi)$
22. $3^x + \log_3(x + y) = 10$; en $(2, 1)$
23. $x \arctan y = x^2 + y$; en $(0, 0)$

Problèmes 24 et 25 : Trouver la pente de la tangente au graphe au point indiqué.

24. Bifolium : $(x^2 + y^2)^2 = 4x^2 y$; au point $(1, 1)$

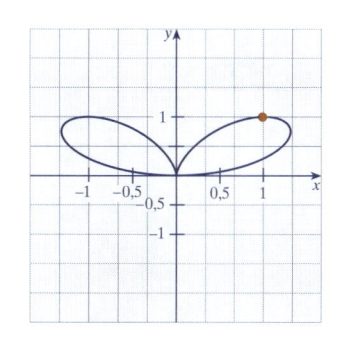

25. Lemniscate de Bernoulli :
$$(x^2 + y^2)^2 = \dfrac{25}{3}(x^2 - y^2);\ \text{au point } (2, 1)$$

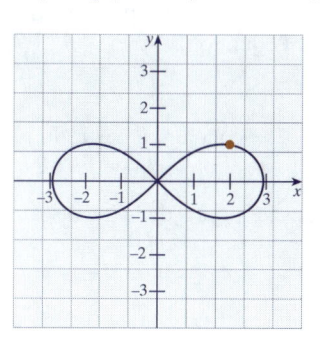

26. Trouver l'équation de la droite normale à la courbe d'équation $x^2 + 2xy = y^3$ au point $(1, -1)$.

Problèmes 27 et 28 : Utiliser la dérivation implicite pour trouver la dérivée seconde y'' de chaque fonction.

27. $7x + 5y^2 = 1$
28. $x^2 + 2y^3 = 4$

B

29. **Autrement dit ?** Expliquer ce qu'est la dérivation logarithmique.

Problèmes 30 à 34 : Utiliser la dérivation logarithmique pour trouver $\dfrac{dy}{dx}$. Il n'est pas nécessaire de simplifier les expressions rationnelles obtenues.

30. $y = \sqrt[18]{(x^{10} + 1)^3 (x^7 - 3)^8}$
31. $y = \dfrac{(2x - 1)^5}{\sqrt{x - 9}(x + 3)^2}$
32. $y = \dfrac{e^{2x}}{(x^2 - 3)^2 \ln(\sqrt{x})}$
33. $y = x^x$
34. $y = x^{\ln \sqrt{x}}$

35. Soit $\dfrac{u^2}{a^2} + \dfrac{v^2}{b^2} = 1$, où a et b sont des constantes non nulles.
    Trouver a. $\dfrac{du}{dv}$ b. $\dfrac{dv}{du}$

36. Montrer que la tangente au point (a, b) à la courbe d'équation $2x^2 + 3xy + y^2 = -2$ est horizontale si $4a + 3b = 0$. Trouver deux de ces points sur la courbe.

37. Soit g, une fonction dérivable de x qui satisfait à : $g(x) < 0$ et $x^2 + g^2(x) = 10$ pour tout x.

    a. Utiliser la dérivation implicite pour démontrer
    $$\dfrac{dg}{dx} = \dfrac{-x}{g(x)}$$

    b. Montrer que
    $$g(x) = -\sqrt{10 - x^2}$$
    satisfait aux conditions données. Utiliser ensuite la règle de dérivation en chaîne pour vérifier que
    $$\dfrac{dg}{dx} = \dfrac{-x}{g(x)}$$

38. **Problème de réflexion**

   a. Montrer que si $x^2 + y^2 = 6y - 10$ et que si $\dfrac{dy}{dx}$ existe,
   $$\frac{dy}{dx} = \frac{x}{3-y}$$

   b. Montrer qu'il n'existe pas de nombres réels x, y qui vérifient l'équation
   $$x^2 + y^2 = 6y - 10$$

   c. Que peut-on conclure à partir du résultat de la partie **a** et de l'observation de la partie **b** ?

39. Trouver tous les points de la lemniscate
$$\left(x^2 + y^2\right)^2 = 4\left(x^2 - y^2\right)$$
où la tangente est horizontale (voir la figure 3.16).

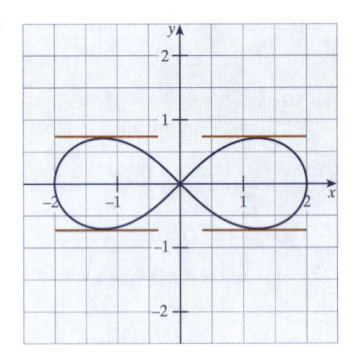

FIGURE 3.16

Lemniscate $\left(x^2 + y^2\right)^2 = 4\left(x^2 - y^2\right)$

40. La tangente à la courbe d'équation
$$x^{2/3} + y^{2/3} = 8$$
au point $(8, 8)$ et les axes de coordonnées forment un triangle, comme à la figure 3.17. Quelle est l'aire de ce triangle ?

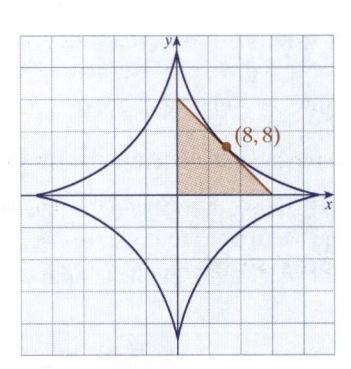

FIGURE 3.17

Problème 40

41. **Problème de réflexion** Trouver deux fonctions dérivables f qui vérifient l'équation
$$x - [f(x)]^2 = 9$$
Donner la forme explicite de chaque fonction et tracer son graphe.

42. Montrer que la tangente à l'ellipse
$$\frac{x^2}{a^2} + \frac{y^2}{b^2} = 1$$
au point (x_0, y_0) est
$$\frac{x_0 x}{a^2} + \frac{y_0 y}{b^2} = 1$$
(voir la figure 3.18).

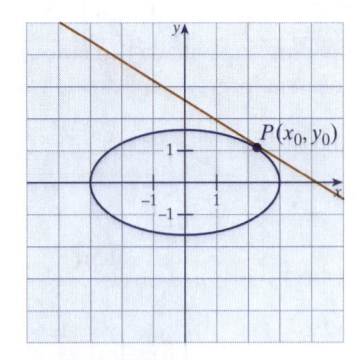

FIGURE 3.18

Ellipse $\dfrac{x^2}{a^2} + \dfrac{y^2}{b^2} = 1$

43. Trouver l'équation de la tangente à l'hyperbole
$$\frac{x^2}{a^2} - \frac{y^2}{b^2} = 1$$
au point (x_0, y_0) (voir la figure 3.19).

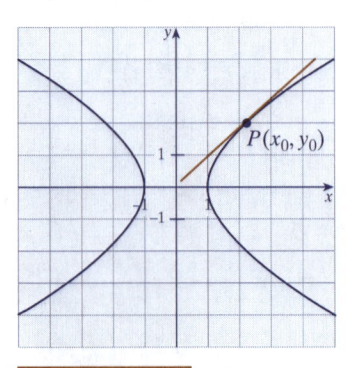

FIGURE 3.19

Hyperbole $\dfrac{x^2}{a^2} - \dfrac{y^2}{b^2} = 1$

44. Montrer que la somme de l'abscisse à l'origine et de l'ordonnée à l'origine d'une tangente quelconque à la courbe d'équation

$$\sqrt{x} + \sqrt{y} = C$$

est égale à C^2.

Problèmes 45 et 46 : L'**angle entre les courbes** C_1 **et** C_2 au point d'intersection P est défini comme étant l'angle $0 \leq \theta \leq \frac{\pi}{2}$ entre les droites tangentes en P. En particulier, l'angle entre C_1 et C_2 est l'angle entre la tangente à C_1 en P et la tangente à C_2 en P, comme à la figure 3.20. Utiliser ces renseignements pour résoudre chacun des problèmes suivants.

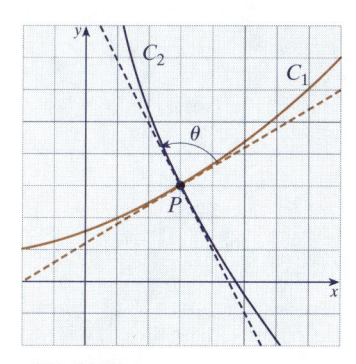

FIGURE 3.20

Angle θ entre la tangente à C_1 et la tangente à C_2 en P

45. Montrer que si θ est l'angle aigu entre la courbe C_1 et la courbe C_2 en P et que si les tangentes à C_1 et C_2 en P ont pour pentes respectives m_1 et m_2,

$$\tan \theta = \frac{|m_2 - m_1|}{1 + m_1 m_2}$$

46. Trouver l'angle entre le cercle $x^2 + y^2 = 1$ et le cercle $x^2 + (y-1)^2 = 1$ en chacun des deux points d'intersection.

PROBLÈMES RÉCAPITULATIFS

Contrôle des connaissances

Problèmes théoriques

1. Qu'est-ce que la pente d'une tangente ? Comment se compare-t-elle à la pente d'une sécante ?
2. Définir la dérivée d'une fonction.
3. Qu'est-ce qu'une droite normale à un graphe ?
4. Quelle est la relation entre la continuité et la dérivabilité d'une fonction en un point ?
5. Énumérer et expliquer certaines des notations de la dérivée.
6. Énoncer les règles de dérivation suivantes :
   a. règle de la multiplication par une constante
   b. règle de la somme
   c. règle de la différence
   d. règle de linéarité
   e. règle du produit
   f. règle du quotient
7. Énoncer les règles de dérivation suivantes :
   a. règle de la fonction constante
   b. règle des puissances
   c. règles des fonctions trigonométriques
   d. règle de la fonction exponentielle
   e. règle de la fonction logarithmique
   f. règles des fonctions trigonométriques inverses
8. Qu'appelle-t-on « dérivées successives » ? Citer quelques-unes des notations des dérivées successives.
9. Énoncer la règle de dérivation en chaîne.
10. Décrire la méthode de dérivation logarithmique.
11. Décrire la méthode de dérivation implicite.

Problèmes pratiques

Problèmes 12 à 19 : Trouver $\dfrac{dy}{dx}$.

12. $y = x^3 + x\sqrt{x} + \cos(2x)$
13. $y = \sqrt{3x} + \dfrac{3}{x^2}$
14. $y = \sqrt{\sin(3 - x^2)}$
15. $xy + y^3 = 10$
16. $y = x^2 e^{-\sqrt{x}}$
17. $y = \dfrac{\ln(2x)}{\ln(3x)}$
18. $y = \arcsin(3x + 2)$
19. $y = \arctan(2x)$

20. Trouver $\dfrac{d^2y}{dx^2}$, la dérivée seconde, pour $y = x^2(2x-3)^3$.

21. Utiliser la définition de la dérivée pour trouver
$$\frac{d}{dx}(x - 3x^2)$$

22. Trouver l'équation de la tangente au graphe de
$$y = (x^2 + 3x - 2)(7 - 3x)$$
au point d'abscisse $x = 1$.

🍁 23. Soit $f(x) = \sin^2\left(\dfrac{\pi x}{4}\right)$. Trouver l'équation de la tangente et de la droite normale au graphe de f au point d'abscisse $x = 1$.

Problèmes supplémentaires

Problèmes 1 à 22 : Trouver dy/dx.

1. $y = x^4 + 3x^2 - 7x + 5$
2. $y = \sqrt{\dfrac{x^2-1}{x^2-5}}$
3. $y = \dfrac{\cos x}{x + \sin x}$
4. $2x^2 - xy + 2y = 5$
5. $y = (x^3 + x)^{10}$
6. $y = \sqrt[3]{x}(x^3+1)^5$
7. $y = (x^4 - 1)^{10}(2x^4 + 3)^7$
8. $y = (\sin x + \cos x)^3$
9. $y = e^{2x^2 + 5x - 3}$
10. $y = \ln(x^2 - 1)$
11. $y = x3^{2-x}$
12. $y = \log_3(x^2 - 1)$
13. $e^{xy} + 2 = \ln\left(\dfrac{y}{x}\right)$
14. $y = \sqrt{x}\arcsin(3x + 2)$
15. $y = e^{\sin x}$
16. $\ln(x + y^2) = x^2 + 2y$
17. $y = e^{-x}\sqrt{\ln(2x)}$
18. $y = \sin(\sin x)$
19. $4x^2 - 16y^2 = 64$
20. $\sin(xy) = y + x$
21. $\sin(x + y) + \cos(x - y) = xy$
22. $y = \dfrac{x}{\arcsin x} + \dfrac{\arctan x}{x}$

Problèmes 23 à 25 : Trouver d^2y/dx^2.

23. $y = x^5 - 5x^4 + 7x^3 - 3x^2 + 17$
24. $y = \dfrac{x-5}{2x+3} + (3x - 1)^2$
25. $x^2 + y^3 = 10$

Problèmes 26 à 30 : Trouver l'équation de la tangente à la courbe de chaque équation au point indiqué.

26. $y = (x^3 - 3x^2 + 3)^2$; au point d'abscisse $x = -1$
27. $y = x \cos x$; au point d'abscisse $x = \dfrac{\pi}{2}$
28. $xy^2 + x^2y = 2$; au point $(1, 1)$
29. $y = (1 - x)^x$; au point d'abscisse $x = 0$
30. $y = \dfrac{3x - 4}{3x^2 + x - 5}$; au point d'abscisse $x = 1$

🍁 31. Soit $f(x) = (x^3 - x^2 + 2x - 1)^4$. Trouver les équations de la tangente et de la normale au graphe de f au point d'abscisse $x = 1$.

32. Utiliser la règle de dérivation en chaîne pour trouver $\dfrac{dy}{dt}$ lorsque $y = x^3 - 7x$ et $x = t \sin t$.

33. Trouver $f''(x)$ si $f(x) = x^2 \sin(x^2)$.

34. Trouver f', f'' et f''' si $f(x) = x(x^2 + 1)^{7/2}$.

35. Soit $f(x) = \sqrt[3]{\dfrac{x^4+1}{x^4-2}}$. Trouver $f'(x)$ en utilisant la dérivation implicite pour dériver $[f(x)]^3$.

36. Trouver y' et y'' si $x^2 + 4xy - y^2 = 8$. La réponse peut faire intervenir x et y mais pas y'.

🍁 37. Trouver les équations de la tangente et de la normale à la courbe donnée par $x^3 - y^3 = 2xy$ au point $(-1, 1)$.

38. On suppose que f est une fonction dérivable dont la dérivée est $f'(x) = 2x^2 + 3$. Trouver $\dfrac{d}{dx}f(x^3 - 1)$.

39. Soit $f(x) = 3x^2 + 1$ pour tout x. Utiliser la règle de dérivation en chaîne pour trouver
$$\frac{d}{dx}(f \circ f)(x)$$

40. Soit $f(x) = \sin(2x) + \cos(3x)$ et $g(x) = x^2$. Utiliser la règle de dérivation en chaîne pour trouver
$$\frac{d}{dx}(f \circ g)(x)$$

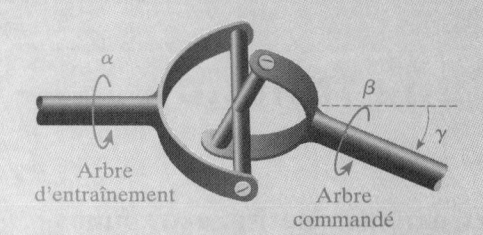

CHAPITRE 4
Applications de la dérivée

SOMMAIRE

4.1 Valeurs extrêmes d'une fonction continue
Théorème des valeurs extrêmes
Extremums relatifs
Extremums absolus

4.2 Test de la dérivée première
Fonctions croissantes et fonctions décroissantes
Test de la dérivée première
Représentation graphique d'une fonction à l'aide de la dérivée première

4.3 Concavité et test de la dérivée seconde
Concavité
Points d'inflexion
Représentation graphique d'une fonction à l'aide de la dérivée seconde
Test de la dérivée seconde pour les extremums relatifs

4.4 Graphes comportant des asymptotes
Graphes comportant des asymptotes
Marche à suivre pour tracer le graphe d'une fonction

4.5 Optimisation
Processus d'optimisation
Applications en physique
Application en biologie
Applications en économie

Problèmes récapitulatifs

Projet de recherche en groupe
La capacité d'un tonneau de vin

INTRODUCTION

Au chapitre 3, nous avons utilisé la dérivée pour trouver les tangentes à une courbe. Le principal objectif de ce chapitre est d'apprendre à utiliser le calcul différentiel dans le tracé des courbes et dans le processus d'optimisation.

L'optimisation, qui consiste à trouver les valeurs maximales et minimales d'une fonction, est l'une des applications les plus importantes du calcul différentiel. On s'en sert quand on veut maximiser les bénéfices et minimiser les coûts, maximiser la résistance d'une structure ou minimiser la distance parcourue. Elle sera étudiée à la section 4.5.

4.1 Valeurs extrêmes d'une fonction continue

DANS CETTE SECTION : théorème des valeurs extrêmes, extremums relatifs, extremums absolus

THÉORÈME DES VALEURS EXTRÊMES

L'un des principaux objectifs du calcul différentiel est d'étudier le comportement de diverses fonctions. Dans le cadre de cet examen, nous allons poser des jalons pour résoudre de nombreux problèmes consistant à trouver les valeurs maximales et minimales d'une fonction. Ces problèmes sont des **problèmes d'optimisation**. Commençons par définir quelques termes utiles.

> **Maximum absolu et minimum absolu**
>
> Soit f, une fonction définie sur un intervalle I qui contient le nombre c. On dit que
>
> $f(c)$ est le **maximum absolu** de f sur I si
>
> $$f(c) \geq f(x) \text{ pour tout } x \in I$$
>
> $f(c)$ est le **minimum absolu** de f sur I si
>
> $$f(c) \leq f(x) \text{ pour tout } x \in I$$

Le maximum absolu et le minimum absolu de f sur l'intervalle I sont les **valeurs extrêmes** ou les **extremums absolus** de f sur I. Une fonction n'admet pas forcément de valeurs extrêmes sur un intervalle donné. Par exemple, la fonction continue $g(x) = x$ n'a pas de maximum ni de minimum sur l'intervalle ouvert $]0, 1[$, comme le montre la figure 4.1a.

La fonction définie par

$$h(x) = \begin{cases} x^2 & \text{pour } x \neq 0 \\ 1 & \text{pour } x = 0 \end{cases}$$

admet un maximum sur l'intervalle fermé $[-1, 1]$ mais pas de minimum, comme on le voit à la figure 4.1b. Le graphe de h illustre également le fait qu'une fonction peut admettre un extremum absolu en plusieurs points. Dans le cas présent, le maximum est atteint aux points $(-1, 1)$, $(0, 1)$ et $(1, 1)$.

Si une fonction f est continue sur l'intervalle I et si l'intervalle I est fermé, on peut montrer que la fonction *doit* avoir à la fois un maximum absolu et un minimum absolu à l'intérieur de cet intervalle. Ce résultat, que l'on appelle **théorème des valeurs extrêmes**, joue un rôle important dans l'étude des fonctions.

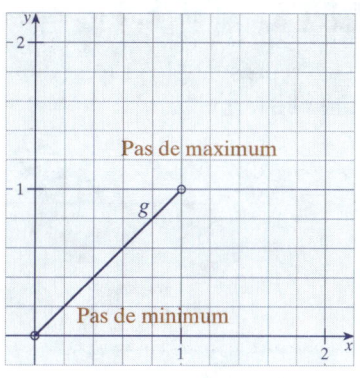

a. La fonction continue $g(x) = x$ n'a pas d'extremum sur l'intervalle ouvert $]0, 1[$.

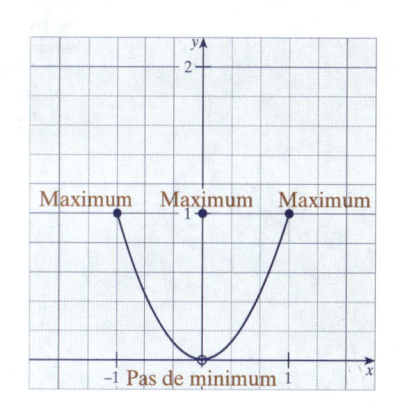

b. La fonction discontinue h a un maximum mais pas de minimum sur l'intervalle l'intervalle fermé $[-1, 1]$.

FIGURE 4.1

Fonctions n'ayant pas l'un des deux types ou les deux types de valeurs extrêmes

THÉORÈME 4.1 — Théorème des valeurs extrêmes

Une fonction f continue sur un intervalle fermé $[a, b]$ admet un maximum absolu et un minimum absolu à l'intérieur de cet intervalle.

Démonstration Bien que ce résultat paraisse assez logique (voir la figure 4.2), nous n'en ferons pas la démonstration ici, car celle-ci fait intervenir des concepts qui n'entrent pas dans le cadre de cet ouvrage.

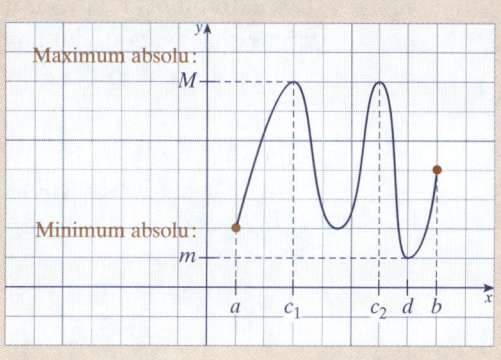

Maximum absolu en $x = c_1$ et $x = c_2$
Minimum absolu en $x = d$

FIGURE 4.2

Théorème des valeurs extrêmes

Ce théorème *n'est pas* valable si la fonction n'est pas continue ni si l'intervalle n'est pas fermé. Nous aurons l'occasion de rencontrer des exemples, dans les problèmes de la fin de la section, où le théorème n'est pas valable.

Notons que le maximum d'une fonction correspond au point le plus élevé de son graphe et le minimum au point le plus bas. Ces propriétés sont illustrées dans l'exemple 1.

4.1 ■ Valeurs extrêmes d'une fonction continue

> **EXEMPLE 1** Valeurs extrêmes d'une fonction continue

La figure 4.3 représente le graphe d'une fonction f. Trouver les valeurs extrêmes de f sur l'intervalle fermé [a, b].

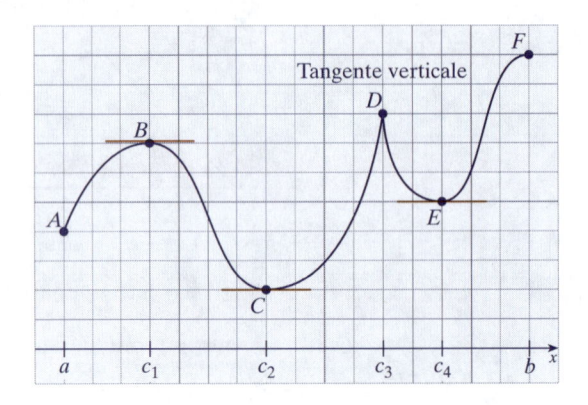

FIGURE 4.3

Fonction continue sur l'intervalle fermé [a, b]

Solution Le point le plus élevé sur le graphe correspond à l'extrémité droite F et le point le plus bas à C. Le maximum absolu est donc f(b) et le minimum absolu f(c₂).

EXTREMUMS RELATIFS

Les extremums relatifs d'une fonction continue se trouvent aux points du graphe situés plus haut ou plus bas que tous les points voisins. Par exemple, la fonction f de la figure 4.3 admet des *extremums relatifs* aux points B, C, D et E.

> **Maximum relatif et minimum relatif**
>
> On dit que la fonction f admet un **maximum relatif** au point $(c, f(c))$ si $f(c) \geq f(x)$ pour tout x appartenant à un intervalle ouvert contenant c. De même, on dit que f admet un **minimum relatif** au point $(d, f(d))$ si $f(d) \leq f(x)$ pour tout x appartenant à un intervalle ouvert contenant d. Les maximums relatifs et les minimums relatifs sont appelés **extremums relatifs** de f.

Plus loin, nous établirons une méthode permettant de trouver les extremums relatifs d'une fonction. En observant la figure 4.3, on note que les tangentes au graphe en B, C et E sont horizontales, tandis que la tangente en D est verticale. Nous verrons que les extremums relatifs de f correspondent soit aux points où la dérivée est nulle (tangente horizontale), soit aux points où la dérivée n'existe pas (pas de tangente ou tangente verticale). Cette remarque nous amène à la définition suivante.

> **Valeurs critiques et points critiques**
>
> Supposons que f soit définie en c et que $f'(c) = 0$ ou $f'(c)$ n'existe pas. Le nombre c est alors appelé **valeur critique** de f et le point $P(c, f(c))$ sur le graphe de f est appelé **point critique** de f.

⚠ Notons que si f(c) n'est pas définie, c ne peut pas être une valeur critique de f.

EXEMPLE 2 Valeurs critiques d'une fonction algébrique

Trouver les valeurs critiques des fonctions données.

a. $f(x) = 4x^3 - 5x^2 - 8x + 20$ **b.** $f(x) = 2\sqrt{x}(6-x)$

Solution

a. Le domaine de f est l'ensemble des nombres réels et $f'(x) = 12x^2 - 10x - 8$ est définie pour toutes les valeurs de x du domaine. Résolvons

$$12x^2 - 10x - 8 = 0$$
$$2(3x - 4)(2x + 1) = 0$$
$$x = \tfrac{4}{3} \text{ ou } x = -\tfrac{1}{2}$$

Les valeurs critiques de f sont donc $x = \tfrac{4}{3}$ et $x = -\tfrac{1}{2}$.

b. Le domaine de f est l'ensemble $[0, +\infty[$. Écrivons $f(x) = 12x^{1/2} - 2x^{3/2}$, ce qui implique que $f'(x) = 6x^{-1/2} - 3x^{1/2}$.

La dérivée n'est pas définie en $x = 0$. Mais puisque f est définie en $x = 0$, 0 est une valeur critique de f. Pour trouver les autres valeurs critiques, résolvons l'équation $f'(x) = 0$:

$$6x^{-1/2} - 3x^{1/2} = 0$$
$$3x^{-1/2}(2 - x) = 0$$
$$x = 2$$

Les valeurs critiques de f sont donc $x = 0$ et $x = 2$.

EXEMPLE 3 Valeurs critiques et points critiques d'une fonction

Trouver les valeurs critiques et les points critiques de la fonction

$$f(x) = (x-1)^2(x+2)$$

Solution Comme la fonction f est une fonction polynomiale, on sait qu'elle est continue, que son domaine est l'ensemble des nombres réels et que sa dérivée existe pour tout x. On trouve donc les valeurs critiques de f en résolvant l'équation $f'(x) = 0$.

$$f'(x) = (x-1)^2(1) + 2(x-1)(1)(x+2)$$
$$= (x-1)[(x-1) + 2(x+2)]$$
$$= (x-1)(3x+3)$$
$$= 3(x-1)(x+1)$$

Les valeurs critiques sont $x = -1$ et $x = 1$. On détermine les points critiques en trouvant la valeur de f correspondant à chaque valeur critique :

$$f(1) = (1-1)^2(1+2) = 0$$
$$f(-1) = (-1-1)^2(-1+2) = 4$$

Les points critiques sont donc $(1, 0)$ et $(-1, 4)$. Le graphe de $f(x) = (x-1)^2(x+2)$ est représenté à la figure 4.4.

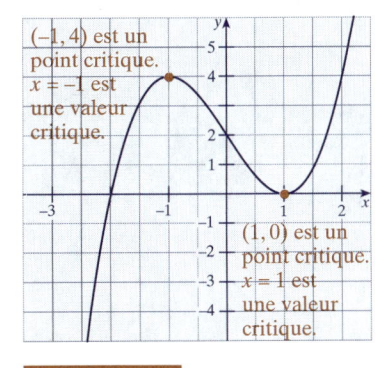

FIGURE 4.4
Graphe de $f(x) = (x-1)^2(x+2)$

$(-1, 4)$ est un point critique. $x = -1$ est une valeur critique.

$(1, 0)$ est un point critique. $x = 1$ est une valeur critique.

On remarque que les extremums relatifs correspondent aux points critiques. L'observation faite plus haut selon laquelle les extremums relatifs correspondent uniquement aux points d'un graphe où il y a une tangente horizontale, une tangente verticale ou pas de tangente du tout est équivalente au résultat qui suit.

Théorème 4.2 — Théorème des valeurs critiques

Si une fonction continue f admet un extremum relatif en $(c, f(c))$, alors c doit être une valeur critique de f.

En d'autres termes

Si un point est un maximum relatif ou un minimum relatif pour une fonction, soit la dérivée en ce point est nulle, soit elle n'existe pas.

Démonstration Puisque f est continue en $x = c$, $f(c)$ est définie. Si $f'(c)$ n'existe pas, alors c est une valeur critique par définition. Nous allons démontrer que si $f'(c)$ existe et si la fonction admet un maximum relatif en c, alors $f'(c) = 0$. Notre approche va consister à examiner le taux de variation de f autour du point $(c, f(c))$. (Le cas où $f'(c)$ existe et où la fonction admet un minimum relatif en c est traité de la même manière au problème 35.)

Comme il y a un maximum relatif en $(c, f(c))$, on a $f(c) \geq f(x)$ pour tout nombre x appartenant à un intervalle $]a, b[$ contenant c. Par conséquent, si Δx est suffisamment petit pour que $c + \Delta x$ soit dans $]a, b[$, alors

$$f(c) \geq f(c + \Delta x) \quad \text{Il y a un maximum relatif en } (c, f(c)).$$
$$f(c) - f(c + \Delta x) \geq 0$$
$$f(c + \Delta x) - f(c) \leq 0 \quad \text{On multiplie les deux côtés par } -1 \text{ et on inverse le sens de l'inéquation.}$$

L'étape suivante consiste à diviser les deux côtés par Δx (pour écrire le côté gauche sous la forme d'un taux de variation). Toutefois, comme il s'agit d'une inéquation, il faut envisager deux possibilités :

1. Si $\Delta x > 0$, l'inéquation ne change pas de sens :

$$\frac{f(c + \Delta x) - f(c)}{\Delta x} \leq 0 \quad \text{On divise les deux côtés par } \Delta x.$$

Prenons maintenant la limite de chaque côté lorsque Δx tend vers 0 par la droite (parce que Δx est positif) :

$$\lim_{\Delta x \to 0^+} \frac{f(c + \Delta x) - f(c)}{\Delta x} \leq \lim_{\Delta x \to 0^+} 0$$
$$f'(c) \leq 0$$

On voit donc que $f'(c) \leq 0$.

2. Si $\Delta x < 0$, l'inéquation change de sens. On a alors

$$\frac{f(c + \Delta x) - f(c)}{\Delta x} \geq 0$$

⚠️ Le théorème 4.2 dit qu'une fonction continue f peut admettre un extremum relatif seulement pour une valeur critique de f, mais il ne dit pas que f admet obligatoirement un extremum relatif pour chaque valeur critique.

> Cette fois, on prend la limite de chaque côté lorsque Δx tend vers 0 par la gauche (parce que Δx est négatif) :
>
> $$\lim_{\Delta x \to 0^-} \frac{f(c + \Delta x) - f(c)}{\Delta x} \geq \lim_{\Delta x \to 0^-} 0$$
>
> $$f'(c) \geq 0$$
>
> Comme on a montré que $f'(c) \leq 0$ et $f'(c) \geq 0$, il s'ensuit que $f'(c) = 0$.

Il est possible qu'une fonction continue f n'ait pas d'extremum relatif en un point $(c, f(c))$ où $f'(c) = 0$, comme le montre la figure 4.5a. Il est également possible qu'une fonction continue g n'ait pas d'extremum relatif en un point $(c, g(c))$ où $g'(c)$ n'existe pas, comme le montre la figure 4.5b.

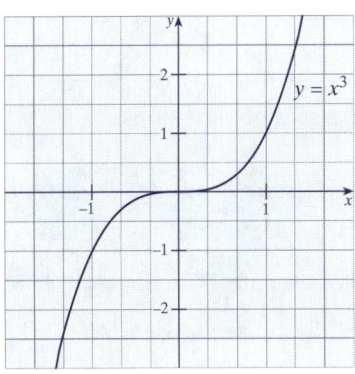

a. Graphe de $f(x) = x^3$.
Il n'y a pas d'extremum relatif au point $(0, 0)$, bien que $f'(0) = 0$.

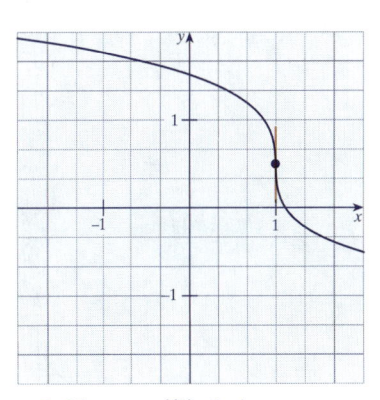

b. Bien que $g'(1)$ n'existe pas, il n'y a pas d'extremum relatif au point $(1, g(1))$.

FIGURE 4.5
Chaque valeur critique ne correspond pas forcément à un extremum relatif.

EXEMPLE 4   Valeurs critiques lorsque la dérivée n'existe pas

Trouver les valeurs critiques de $f(x) = |x + 1|$ sur l'intervalle $[-5, 5]$.

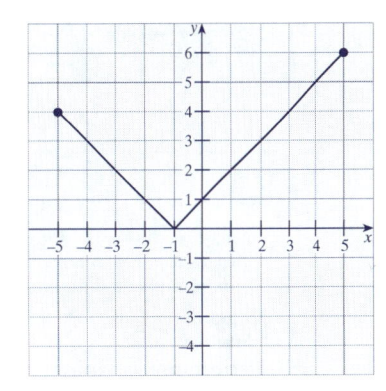

4.1 ■ Valeurs extrêmes d'une fonction continue

Solution Si $x > -1$, alors $f(x) = x + 1$ et $f'(x) = 1$. Toutefois, si $x < -1$, alors $f(x) = -(x + 1)$ et $f'(x) = -1$. Comme les dérivées ne sont pas les mêmes,

$$\lim_{x \to -1^-} f'(x) \neq \lim_{x \to -1^+} f'(x)$$

et la dérivée n'existe pas en $x = -1$. Comme $f(-1)$ est définie, il s'ensuit que $x = -1$ est la seule valeur critique de f sur cet intervalle, car ailleurs sur l'intervalle la dérivée existe toujours et n'est jamais nulle.

EXTREMUMS ABSOLUS

Supposons que l'on veuille trouver les extremums absolus d'une fonction f continue sur l'intervalle fermé $[a, b]$. D'après le théorème 4.1, ces extremums existent. De plus, le théorème 4.2 permet de réduire la liste des points « candidats » de l'intervalle $[a, b]$ aux valeurs critiques c comprises entre a et b. Par ailleurs, les extrémités $x = a$ et $x = b$ sont toujours considérées comme des « candidats ». La méthode qui suit découle de ces observations.

> **Méthode pour trouver les extremums absolus**
>
> Pour trouver les extremums absolus d'une fonction f continue sur $[a, b]$:
>
> **Étape 1.** Calculer $f'(x)$ et trouver toutes les valeurs critiques de f sur $[a, b]$.
>
> **Étape 2.** Évaluer f aux extrémités a et b et pour chaque valeur critique c.
>
> **Étape 3.** Comparer les valeurs obtenues à l'étape 2.
>
> La plus grande valeur est le maximum absolu de f sur $[a, b]$.
>
> La plus petite valeur est le minimum absolu de f sur $[a, b]$.

La figure 4.6 illustre divers cas d'emplacements d'extremums absolus.

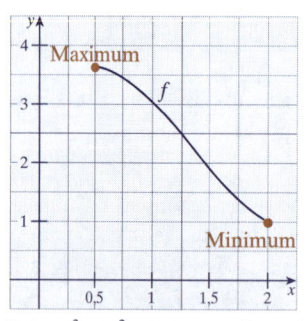

$f(x) = x^3 - 4x^2 + 3x + 3$ sur $[0,5, 2]$

a. f est continue ; les deux extremums sont aux extrémités de l'intervalle.

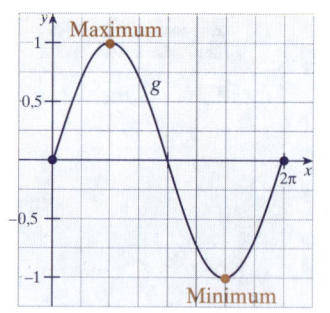

$g(x) = \sin x$ sur $[0, 2\pi]$

b. g est continue ; aucun des deux extremums n'est situé à une extrémité de l'intervalle.

$h(x) = x^2 - 4x + 1$ sur $[0, 3]$

c. h est continue ; l'un des deux extremums est situé à une extrémité de l'intervalle.

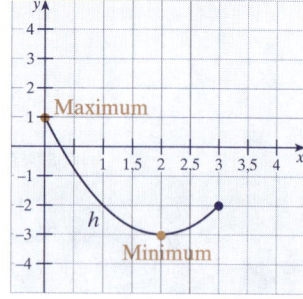

FIGURE 4.6

Extremums absolus

EXEMPLE 5 **Extremums absolus d'une fonction polynomiale**

Trouver les extremums absolus de la fonction $f(x) = x^4 - 2x^2 + 3$ sur l'intervalle fermé $[-1, 2]$.

Solution Comme f est une fonction polynomiale, elle est continue sur l'intervalle fermé $[-1, 2]$. D'après le théorème 4.1, il doit y avoir un maximum absolu et un minimum absolu sur l'intervalle.

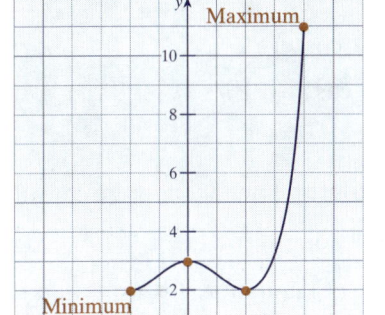

Étape 1. $f'(x) = 4x^3 - 4x$
$= 4x(x^2 - 1)$
$= 4x(x - 1)(x + 1).$

Les valeurs critiques sont $x = 0$, $x = 1$ et $x = -1$.

Étape 2. Valeurs de f aux extrémités : $f(-1) = 2$
$f(2) = 11$

Valeurs de f correspondant aux valeurs critiques : $f(0) = 3$
$f(1) = 2$

Étape 3. Le maximum absolu de f a lieu en $x = 2$ et il est égal à $f(2) = 11$. Le minimum absolu de f a lieu en $x = 1$ et en $x = -1$ et il est égal à $f(1) = f(-1) = 2$. La figure 4.7 représente le graphe de f.

FIGURE 4.7
Graphe de
$f(x) = x^4 - 2x^2 + 3$ sur $[-1, 2]$

EXEMPLE 6 **Extremums absolus lorsque la dérivée n'existe pas**

Trouver les extremums absolus de $f(x) = x^{2/3}(5 - 2x)$ sur l'intervalle $[-1, 2]$.

Solution

Étape 1. Pour trouver la dérivée, récrivons la fonction donnée sous la forme $f(x) = 5x^{2/3} - 2x^{5/3}$. On a alors

$$f'(x) = \tfrac{10}{3} x^{-1/3} - \tfrac{10}{3} x^{2/3} = \tfrac{10}{3} x^{-1/3}(1 - x)$$

On trouve les valeurs critiques de f en résolvant $f'(x) = 0$ et en trouvant les points où la dérivée n'existe pas. Tout d'abord,

$$f'(x) = 0 \text{ lorsque } x = 1$$

Ensuite, bien que $f(0)$ existe, on remarque que $f'(x)$ n'existe pas en $x = 0$ (à cause de la division par 0 lorsque $x = 0$). Les valeurs critiques sont donc $x = 0$ et $x = 1$.

Étape 2. Valeurs de f aux extrémités : $f(-1) = 7$
$f(2) = 2^{2/3} \approx 1{,}59$

Valeurs de f correspondant aux valeurs critiques : $f(0) = 0$
$f(1) = 3$

Étape 3. Le maximum absolu de f a lieu en $x = -1$ et il est égal à $f(-1) = 7$. Le minimum absolu de f a lieu en $x = 0$ et il est égal à $f(0) = 0$. La figure 4.8 représente le graphe de f.

FIGURE 4.8
Graphe de
$f(x) = 5x^{2/3} - 2x^{5/3}$ sur $[-1, 2]$

4.1 ■ Valeurs extrêmes d'une fonction continue

EXEMPLE 7 **Extremums absolus d'une fonction trigonométrique**

Trouver les extremums absolus de la fonction continue
$$T(x) = \tfrac{1}{2}(\sin^2 x + \cos x) + 2\sin x - x$$
sur l'intervalle $\left[0, \dfrac{\pi}{2}\right]$.

Solution

Étape 1. On a
$$\begin{aligned}
T'(x) &= \tfrac{1}{2}(2\sin x \cos x - \sin x) + 2(\cos x) - 1 \\
&= \tfrac{1}{2}(2\sin x \cos x - \sin x + 4\cos x - 2) \\
&= \tfrac{1}{2}[\sin x(2\cos x - 1) + 2(2\cos x - 1)] \\
&= \tfrac{1}{2}[(2\cos x - 1)(\sin x + 2)]
\end{aligned}$$

En posant successivement chaque facteur égal à 0 pour résoudre $f'(x) = 0$, on obtient l'équation $\sin x = -2$, qui n'a pas de solution, et l'équation $\cos x = \dfrac{1}{2}$, dont la seule solution sur l'intervalle donné est $x = \dfrac{\pi}{3}$. Cette dernière est la seule valeur critique de T sur l'intervalle $\left[0, \dfrac{\pi}{2}\right]$.

Étape 2. Évaluons la fonction aux extrémités :
$$T(0) = \tfrac{1}{2}[\sin^2(0) + \cos(0)] + 2\sin(0) - 0 = \tfrac{1}{2}(0 + 1) + 2(0) - 0 = \dfrac{1}{2}$$
$$\begin{aligned}
T\!\left(\dfrac{\pi}{2}\right) &= \dfrac{1}{2}\left[\sin^2\!\left(\dfrac{\pi}{2}\right) + \cos\!\left(\dfrac{\pi}{2}\right)\right] + 2\sin\!\left(\dfrac{\pi}{2}\right) - \dfrac{\pi}{2} \\
&= \tfrac{1}{2}(1 + 0) + 2(1) - \dfrac{\pi}{2} = \dfrac{5}{2} - \dfrac{\pi}{2} \approx 0{,}929
\end{aligned}$$

Valeur de la fonction en $x = \dfrac{\pi}{3}$:
$$\begin{aligned}
T\!\left(\dfrac{\pi}{3}\right) &= \dfrac{1}{2}\left[\sin^2\!\left(\dfrac{\pi}{3}\right) + \cos\!\left(\dfrac{\pi}{3}\right)\right] + 2\sin\!\left(\dfrac{\pi}{3}\right) - \dfrac{\pi}{3} \\
&= \dfrac{1}{2}\left(\dfrac{3}{4} + \dfrac{1}{2}\right) + 2\left(\dfrac{\sqrt{3}}{2}\right) - \dfrac{\pi}{3} = \dfrac{5}{8} + \sqrt{3} - \dfrac{\pi}{3} \approx 1{,}31
\end{aligned}$$

Étape 3. Le maximum absolu de T est approximativement 1,31, atteint en $x = \dfrac{\pi}{3}$, et le minimum absolu de T est $\dfrac{1}{2}$, atteint en $x = 0$. Le graphe de T est représenté à la figure 4.9.

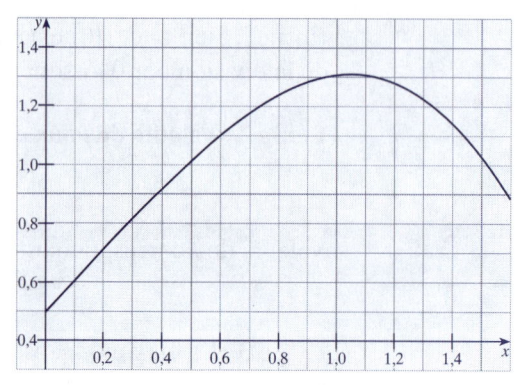

FIGURE 4.9

Graphe de $T(x) = \tfrac{1}{2}(\sin^2 x + \cos x) + 2\sin x - x$ sur $\left[0, \tfrac{\pi}{2}\right]$.

PROBLÈMES 4.1

A

Problèmes 1 à 13 : Trouver la plus grande et la plus petite valeur de chaque fonction continue sur l'intervalle donné.

Fonctions algébriques

1. $f(x) = 5 + 10x - x^2$; sur $[-3, 3]$
2. $f(x) = 10 + 6x - x^2$; sur $[-4, 4]$
3. $f(x) = x^3 - 3x$; sur $[-1, 3]$
4. $f(t) = t^4 - 8t^2$; sur $[-3, 3]$
5. $g(x) = x^3 - 3x$; sur $[-2, 2]$
6. $f(x) = x^5 - x^4$; sur $[-1, 1]$
7. $g(t) = 3t^5 - 20t^3$; sur $[-1, 2]$
8. $f(x) = |x|$; sur $[-1, 1]$
9. $f(x) = |x - 3|$; sur $[-4, 4]$

Fonctions transcendantes

10. $h(t) = te^{-t}$; sur $[0, 2]$
11. $s(x) = \dfrac{\ln(\sqrt{x})}{x}$; sur $[1, 3]$
12. $f(u) = \sin^2 u + \cos u$; sur $[0, 2]$
13. $g(u) = \sin u - \cos u$; sur $[0, \pi]$

14. **Autrement dit ?** Décrire une méthode permettant de trouver les extremums absolus d'une fonction continue sur un intervalle fermé. Expliquer ce que l'on entend par valeurs critiques d'une fonction.

Problèmes 15 à 21 : Trouver la plus grande et la plus petite valeur de chaque fonction continue sur l'intervalle donné. Si la fonction n'est pas continue sur l'intervalle, indiquer ses points de discontinuité.

Fonctions algébriques

15. $f(u) = 1 - u^{2/3}$; sur $[-1, 1]$
16. $g(x) = 2x^3 - 3x^2 - 36x + 4$; sur $[-4, 4]$
17. $f(x) = \frac{1}{6}(x^3 - 6x^2 + 9x + 1)$; sur $[0, 2]$
18. $f(x) = \begin{cases} 9 - 4x & \text{si } x < 1 \\ -x^2 + 6x & \text{si } x \geq 1 \end{cases}$ sur $[1, 4]$
19. $f(x) = \begin{cases} 8 - 3x & \text{si } x < 2 \\ -x^2 + 3x & \text{si } x \geq 2 \end{cases}$ sur $[-1, 4]$

Fonctions transcendantes

20. $s(t) = t \cos t - \sin t$; sur $[0, 2\pi]$
21. $f(x) = e^{-x} \sin x$; sur $[0, 2\pi]$

Problèmes 22 à 26 : Trouver l'extremum demandé ou expliquer pourquoi il n'existe pas.

Fonctions algébriques

22. La plus petite valeur de $f(x) = x^2$ sur $[-1, 1]$
23. La plus grande valeur de $f(x) = \dfrac{1}{x(x+1)}$ sur $[-0,5, 0]$
24. La plus petite valeur de $g(x) = \dfrac{9}{x} + x - 3$ sur $[1, 9]$
25. La plus petite valeur de $g(x) = \dfrac{x^2 - 1}{x^2 + 1}$ sur $[-1, 1]$

Fonction transcendante

26. La plus petite valeur de $f(x) = e^x + e^{-x} - x$ sur $[0, 2]$

B

Problèmes 27 à 31 : Trouver les extremums absolus de chaque fonction sur l'intervalle donné.

Fonctions algébriques

27. $g(u) = 98u^3 - 4u^2 + 72u$; sur $[0, 4]$
28. $f(w) = \sqrt{w}(w - 5)^{1/3}$; sur $[0, 4]$
29. $h(x) = \sqrt[3]{x} \sqrt[3]{(x-3)^2}$; sur $[-1, 4]$

Fonctions transcendantes

30. $f(\theta) = \cos^3 \theta - 4\cos^2 \theta$; sur $[-0,1, \pi + 0,1]$
31. $f(x) = e^{-x}(\cos x + \sin x)$; sur $[0, 2\pi]$

32. **Problème de réflexion** Donner un exemple montrant que le théorème des valeurs extrêmes ne s'applique pas forcément si l'on néglige la condition selon laquelle f doit être continue, c'est-à-dire si l'on suppose que f n'a pas besoin d'être continue.

33. **Problème de réflexion** Donner un exemple montrant que le théorème des valeurs extrêmes ne s'applique pas forcément si l'on néglige la condition selon laquelle f doit être définie sur un intervalle fermé, autrement dit si l'on suppose que f peut être définie sur un intervalle ouvert.

34. Expliquer pourquoi la fonction

$$f(x) = \frac{8}{\sin x} + \frac{27}{\cos x}$$

doit atteindre un minimum dans l'intervalle ouvert $]0, \frac{\pi}{2}[$. Montrer que si ce minimum est atteint en $x = \theta$, alors $\tan \theta = \frac{2}{3}$.

C

35. Montrer que si $f'(c)$ existe et s'il y a un minimum relatif en $(c, f(c))$, alors c doit être une valeur critique de f.

4.2 Test de la dérivée première

DANS CETTE SECTION : fonctions croissantes et fonctions décroissantes, test de la dérivée première, représentation graphique d'une fonction à l'aide de la dérivée première

FONCTIONS CROISSANTES ET FONCTIONS DÉCROISSANTES

On suppose qu'un écologiste a modélisé l'évolution d'une population d'une espèce donnée par une fonction f du temps t (en mois). S'il se trouve que la population augmente jusqu'à la fin de la première année pour diminuer ensuite, il est raisonnable de s'attendre à ce qu'elle atteigne un maximum à l'instant $t = 12$ et à ce que la courbe de population ait un extremum absolu en $(12, f(12))$, comme à la figure 4.10. On dit que f est *croissante* sur l'intervalle $0 < t < 12$. De même, la fonction f est *décroissante* sur l'intervalle $12 < t < 20$. L'encadré ci-dessous définit ces termes de façon plus formelle.

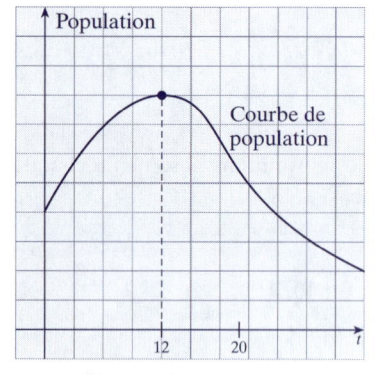

FIGURE 4.10
Courbe de population

Fonction croissante et fonction décroissante

La fonction f est **croissante** sur un intervalle I si

$$f(x_1) \le f(x_2) \text{ lorsque } x_1 < x_2$$

pour x_1 et $x_2 \in I$. De même, f est **décroissante** sur I si

$$f(x_1) \ge f(x_2) \text{ lorsque } x_1 < x_2$$

pour x_1 et $x_2 \in I$ (voir la figure 4.11).

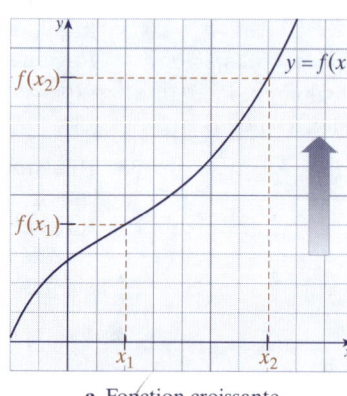

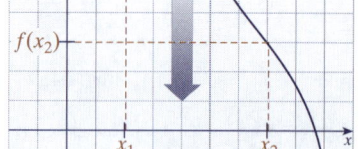

a. Fonction croissante   **b.** Fonction décroissante

FIGURE 4.11

Fonction croissante et fonction décroissante

Une fonction f est dite **monotone** sur un intervalle I si elle est soit croissante, soit décroissante sur la totalité de l'intervalle. Cette propriété est étroitement liée au signe de la dérivée $f'(x)$. En particulier, si le graphe d'une fonction a des tangentes de pente positive sur I, f sera croissante sur I (voir la figure 4.12). Comme la pente de la tangente en chaque point du graphe est égale à la dérivée f', il est raisonnable de s'attendre à ce que *f* soit croissante sur les intervalles où $f'(x) > 0$. De même, il est raisonnable de s'attendre à ce que *f* soit décroissante sur les intervalles où $f'(x) < 0$. Ces observations sont établies formellement au théorème 4.3.

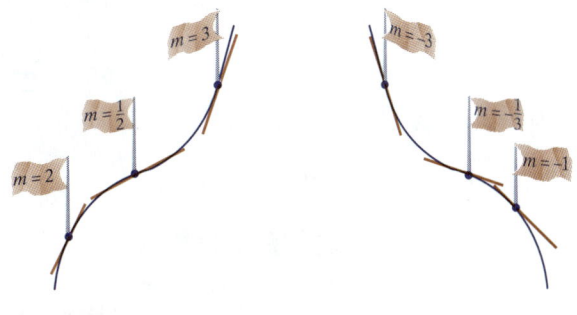

FIGURE 4.12

La fonction f est croissante quand $f'(x) > 0$ et elle est décroissante quand $f'(x) < 0$. Note : Les petits drapeaux indiquent la valeur de la pente de la tangente à la courbe en divers points du graphe.

THÉORÈME 4.3 — Théorème de la fonction monotone

Soit *f*, une fonction dérivable sur l'intervalle ouvert $]a, b[$.

Si $f'(x) > 0$ sur $]a, b[$, alors *f* est croissante sur $]a, b[$

et

Si $f'(x) < 0$ sur $]a, b[$, alors *f* est décroissante sur $]a, b[$.

Nous ne démontrerons pas ce théorème, car il faudrait pour cela faire appel à des notions qui n'entrent pas dans le cadre de cet ouvrage.

EXEMPLE 1 — Intervalles de croissance et de décroissance d'une fonction

Déterminer sur quels intervalles la fonction définie par $f(x) = x^3 - 3x^2 - 9x + 1$ est croissante et sur lesquels elle est décroissante.

Solution Le domaine de cette fonction étant l'ensemble des nombres réels, calculons d'abord sa dérivée :

$$f'(x) = 3x^2 - 6x - 9 = 3(x+1)(x-3)$$

Déterminons ensuite les valeurs critiques de *f* : $f'(x)$ existe pour tout *x* et $f'(x) = 0$ lorsque $x = -1$ et lorsque $x = 3$. Ces valeurs critiques divisent l'axe des *x* en trois intervalles à l'intérieur desquels la dérivée ne change pas de signe.

Construisons un tableau afin d'établir le signe de f' sur chacun de ces intervalles et de déterminer ainsi les intervalles de croissance et de décroissance de la fonction *f*. Pour trouver le signe de f' sur un intervalle donné, il suffit de calculer la dérivée pour une valeur quelconque de *x* à l'intérieur de l'intervalle. Voici le tableau de variation de *f* :

x	$]-\infty$	-1		3	$+\infty[$
$f'(x)$	$+$	0	$-$	0	$+$
$f(x)$	↗	6	↘	-26	↗

4.2 ■ Test de la dérivée première **161**

La fonction f est croissante pour $x < -1$ et pour $x > 3$ et elle est décroissante pour $-1 < x < 3$. La figure 4.13 montre le graphe de f.

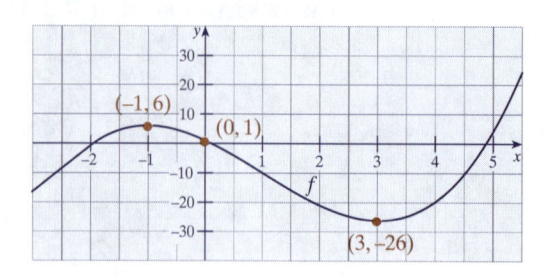

FIGURE 4.13

Graphe de $f(x) = x^3 - 3x^2 - 9x + 1$

EXEMPLE 2 — Comparaison des graphes d'une fonction et de sa dérivée

Tracer le graphe de $f(x) = x^3 - 3x^2 - 9x + 1$ et celui de $f'(x) = 3x^2 - 6x - 9$, puis comparer.

a. Lorsque $f'(x) > 0$, que peut-on dire de f ?

b. Lorsque f est décroissante, que peut-on dire du signe de f' ?

c. Où se trouvent les valeurs critiques de f sur le graphe de f' ?

Solution Les graphes de f et f' sont représentés à la figure 4.14.

a. Lorsque $f'(x) > 0$, f est croissante.

b. Lorsque f est décroissante, on a $f'(x) < 0$.

c. Les valeurs critiques de f correspondent à $f'(x) = 0$ et donc aux intersections avec l'axe des x du graphe de f'.

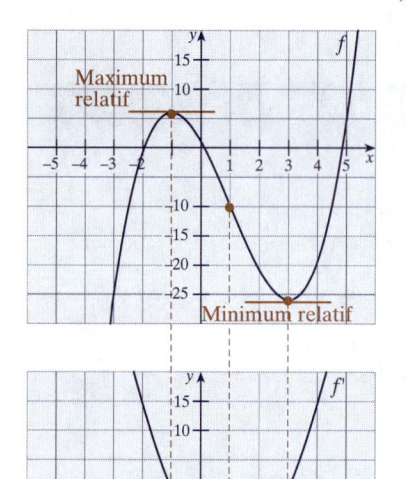

FIGURE 4.14

Graphes de f et f'

TEST DE LA DÉRIVÉE PREMIÈRE

Chaque extremum relatif correspond à un point critique. Toutefois, comme nous l'avons vu à la section 4.1, chaque point critique n'est pas forcément un extremum relatif. Si la dérivée est positive à gauche d'une valeur critique et négative à droite, la fonction passe de croissante à décroissante et le point critique doit être un maximum relatif, comme à la figure 4.15a. Si la dérivée est négative à gauche d'une valeur critique et positive à droite, la fonction passe de décroissante à croissante et le point critique est un minimum relatif (figure 4.15b). Toutefois, si le signe de la dérivée est le même des deux côtés de la valeur critique, alors le point n'est ni un maximum relatif ni un minimum relatif (figure 4.15c). Ces observations sont résumées dans une procédure appelée **test de la dérivée première pour les extremums relatifs**.

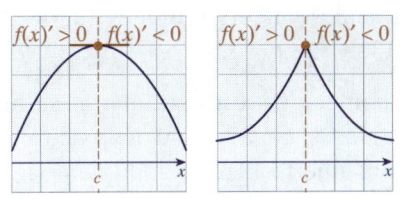

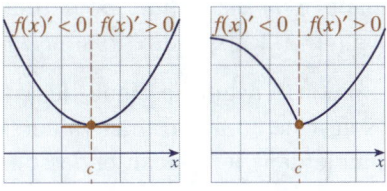

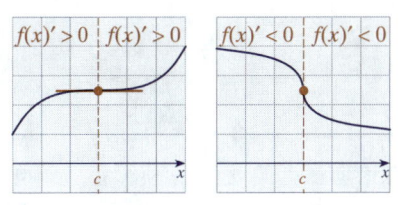

a. Un maximum relatif   **b.** Un minimum relatif   **c.** Pas d'extremum relatif

FIGURE 4.15

Trois types de comportements au voisinage d'une valeur critique

> **Test de la dérivée première pour identifier les extremums relatifs d'une fonction f**
>
> **Étape 1.** Définir le domaine de la fonction.
>
> **Étape 2.** Trouver toutes les valeurs critiques de f, c'est-à-dire toutes les valeurs c du domaine de f telles que $f'(c) = 0$ ou $f'(c)$ n'existe pas.
>
> **Étape 3.** Classer chaque point critique $(c, f(c))$ à l'aide des indications suivantes :
>
> **a.** Le point $(c, f(c))$ est un **maximum relatif** si $f'(x) > 0$ (fonction croissante) pour tout x appartenant à un intervalle ouvert $]a, c[$ à gauche de c et $f'(x) < 0$ (fonction décroissante) pour tout x appartenant à un intervalle ouvert $]c, b[$ à droite de c.
>
> **b.** Le point $(c, f(c))$ est un **minimum relatif** si $f'(x) < 0$ (fonction décroissante) pour tout x appartenant à un intervalle ouvert $]a, c[$ à gauche de c et $f'(x) > 0$ (fonction croissante) pour tout x appartenant à un intervalle ouvert $]c, b[$ à droite de c.
>
> **c.** Le point $(c, f(c))$ **n'est pas un extremum relatif** si la dérivée $f'(x)$ a le même signe dans les intervalles ouverts $]a, c[$ et $]c, b[$ des deux côtés de c.

Appliquons le test de la dérivée première à la fonction polynomiale

$$f(x) = x^3 - 3x^2 - 9x + 1$$

À l'exemple 1, on a trouvé que cette fonction avait pour valeurs critiques $x = -1$ et $x = 3$ et que f était croissante lorsque $x < -1$ et $x > 3$ et décroissante lorsque $-1 < x < 3$ (voir le tableau de variation de l'exemple 1, p. 161). D'après le test de la dérivée première, il y a un maximum relatif au point $(-1, 6)$ et un minimum relatif au point $(3, -26)$.

EXEMPLE 3 Détermination d'extremums relatifs à l'aide du test de la dérivée première

Trouver toutes les valeurs critiques de $g(t) = (t+1)^2(t-5)$ et dire si chacune correspond à un maximum relatif, à un minimum relatif ou ni à l'un ni à l'autre.

Solution La fonction g est continue sur l'ensemble des réels. Calculons d'abord la dérivée de la fonction :

$$\begin{aligned} g'(t) &= (t-5)2(t+1) + (t+1)^2(1) \\ &= (t+1)[2(t-5) + (t+1)] \\ &= (t+1)(3t-9) \\ &= 3(t+1)(t-3) \end{aligned}$$

4.2 ■ Test de la dérivée première

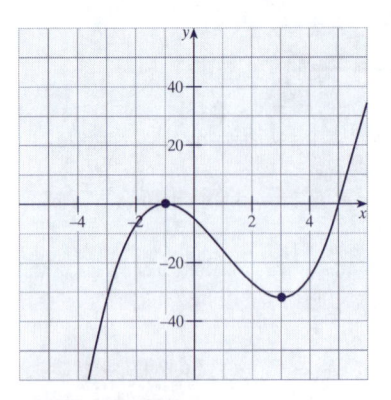

FIGURE 4.16

Graphe de $g(t) = (t+1)^2(t-5)$

Comme $g'(t)$ est définie pour tout t, les seules valeurs critiques surviennent lorsque $g'(t) = 0$, c'est-à-dire lorsque $t = -1$ et lorsque $t = 3$.

Examinons ensuite le signe de $g'(t)$. Comme $g'(t)$ est continue, il suffit de vérifier son signe pour certaines valeurs commodes de chaque côté des valeurs critiques, comme dans le tableau ci-dessous. Notons que les flèches indiquent si g est croissante ou décroissante sur l'intervalle donné.

t	$]-\infty$	-1		3	$+\infty[$
$g'(t)$	$+$	0	$-$	0	$+$
$g(t)$	↗	0	↘	-32	↗

D'après le test de la dérivée première, il y a un maximum relatif au point $(-1, 0)$ et un minimum relatif au point $(3, -32)$. Le graphe de g est représenté à la figure 4.16.

Représentation graphique d'une fonction à l'aide de la dérivée première

En mathématiques, il est très utile de savoir tracer rapidement le graphe d'une fonction. Avec son système de coordonnées rectangulaires, René Descartes a révolutionné la *pensée* mathématique. Aujourd'hui, presque tous les aspects des mathématiques, de l'ingénierie, de la physique, de l'industrie, de l'éducation et des sciences sociales nécessitent l'utilisation de graphes.

En calcul différentiel, les graphes servent à analyser des problèmes et on les trace en utilisant des méthodes analytiques. Le tracé point par point n'est pas très efficace pour tracer un graphe. Nous allons ici envisager quelques techniques de représentation graphique qui pourront nous aider à tracer des courbes rapidement et avec précision.

> **Utilisation de la dérivée première pour tracer le graphe d'une fonction f**
>
> **Étape 1.** Définir le domaine de la fonction.
>
> **Étape 2.** Calculer la dérivée $f'(x)$ et trouver les valeurs critiques de f, c'est-à-dire les valeurs pour lesquelles $f'(x) = 0$ ou $f'(x)$ n'existe pas.
>
> **Étape 3.** Remplacer chaque valeur critique dans $f(x)$ pour trouver l'ordonnée du point critique correspondant.
>
> **Étape 4.** Construire le tableau de variation de la fonction. Déterminer les intervalles de croissance et de décroissance en vérifiant le signe de la dérivée sur les intervalles dont les extrémités sont les valeurs critiques trouvées à l'étape 2 ou les valeurs n'appartenant pas au domaine de f.
>
> **Étape 5.** Tracer le graphe en utilisant l'information contenue dans le tableau de variation de f.

EXEMPLE 4 — Représentation graphique d'une fonction polynomiale à l'aide de la dérivée première

Tracer le graphe de $f(x) = 2x^3 + 3x^2 - 12x - 5$.

Solution Le domaine de cette fonction étant l'ensemble des nombres réels, commençons par calculer la dérivée, puis factorisons-la :

$$f'(x) = 6x^2 + 6x - 12 = 6(x+2)(x-1)$$

On voit que $f'(x)$ existe pour tout x. De plus, la forme factorisée de la dérivée montre que $f'(x) = 0$ lorsque $x = -2$ et lorsque $x = 1$.

$$f(-2) = 2(-2)^3 + 3(-2)^2 - 12(-2) - 5 = 15$$

$$f(1) = 2(1)^3 + 3(1)^2 - 12(1) - 5 = -12$$

Les points critiques correspondants sont donc $(-2, 15)$ et $(1, -12)$.

Ensuite, pour trouver les intervalles de croissance et de décroissance de la fonction, construisons le tableau de variation de f :

x	$]-\infty$	-2		1	$+\infty[$
$f'(x)$	$+$	0	$-$	0	$+$
$f(x)$	↗	15	↘	-12	↗

Les flèches du tableau suggèrent que le graphe de f a un maximum relatif en $(-2, 15)$ et un minimum relatif en $(1, -12)$. Commençons le tracé de la courbe en plaçant ces points dans un système d'axes. De plus, comme $f(0) = -5$, on remarque que l'ordonnée à l'origine du graphe est -5. Complétons alors le graphe en suivant les flèches du tableau : courbe croissante pour $x < -2$ jusqu'au maximum relatif en $(-2, 15)$, décroissante pour $-2 < x < 1$ jusqu'au minimum relatif en $(1, -12)$ et passant par le point $(0, -5)$, puis à nouveau croissante pour $x > 1$. La figure 4.17 représente le graphe de f au complet.

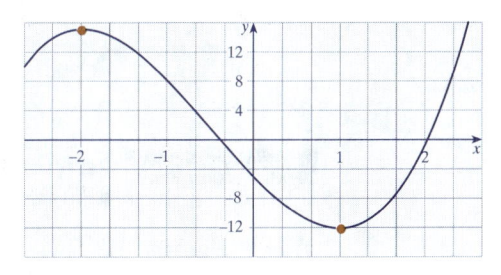

FIGURE 4.17

Graphe de $f(x) = 2x^3 + 3x^2 - 12x - 5$

EXEMPLE 5 — Représentation graphique d'une fonction algébrique contenant des puissances non entières à l'aide de la dérivée première

Tracer le graphe de $f(x) = x^{1/3}(x-4)$.

Solution Puisque la fonction ne contient qu'une racine cubique, son domaine est l'ensemble des nombres réels. Récrivons $f(x)$ sous la forme $f(x) = x^{4/3} - 4x^{1/3}$, puis dérivons-la :

$$f'(x) = \tfrac{4}{3}x^{1/3} - \tfrac{4}{3}x^{-2/3} = \tfrac{4}{3}x^{-2/3}(x-1) = \frac{4(x-1)}{3x^{2/3}}$$

On voit que $f'(x)$ n'existe pas lorsque $x = 0$ et que $f'(x) = 0$ uniquement lorsque $x = 1$. Comme $f(0) = 0$ et $f(1) = -3$, les points critiques sont $(0, 0)$ et $(1, -3)$. Voici le tableau de variation de la fonction f :

x	$]-\infty$	0		1	$+\infty[$
$f'(x)$	−	∄	−	0	+
$f(x)$	↘	0	↘	−3	↗

Il y a donc un minimum relatif en $(1, -3)$ et pas d'extremum en $(0, 0)$. Situons ces points critiques dans un système d'axes puis traçons une courbe continue passant par ces points en suivant les flèches du tableau. On doit obtenir le graphe représenté à la figure 4.18. Notons qu'en $(0, 0)$ la tangente à la courbe est verticale.

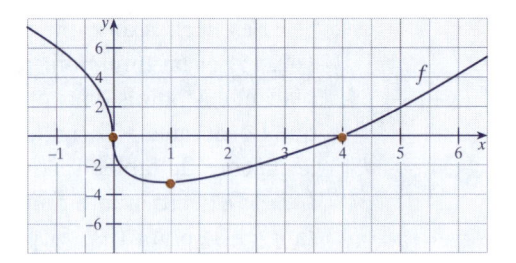

FIGURE 4.18
Graphe de $f(x) = x^{1/3}(x-4)$

EXEMPLE 6 — Représentation graphique d'une fonction trigonométrique à l'aide de la dérivée première

Tracer le graphe de $f(x) = \cos^2 x + \cos x$ sur $[0, 2\pi]$.

Solution La fonction f est continue sur l'intervalle $[0, 2\pi]$. Sa dérivée est

$$f'(x) = -2\cos x \sin x - \sin x$$

Comme $f'(x)$ existe pour tout x, on résout $f'(x) = 0$ pour trouver les valeurs critiques de f :

$$-2\cos x \sin x - \sin x = 0$$
$$(\sin x)(2\cos x + 1) = 0$$
$$\sin x = 0 \text{ ou } \cos x = -\tfrac{1}{2}$$

Les valeurs critiques à l'intérieur de l'intervalle $[0, 2\pi]$ sont

$$x = 0,\ x = \tfrac{2\pi}{3},\ x = \pi,\ x = \tfrac{4\pi}{3}\ \text{et}\ x = 2\pi$$

Comme $f(0) = 2$, $f\left(\tfrac{2\pi}{3}\right) = -\tfrac{1}{4}$, $f(\pi) = 0$, $f\left(\tfrac{4\pi}{3}\right) = -\tfrac{1}{4}$ et $f(2\pi) = 2$, les points critiques sont $(0, 2)$, $\left(\tfrac{2\pi}{3}, -\tfrac{1}{4}\right)$, $(\pi, 0)$, $\left(\tfrac{4\pi}{3}, -\tfrac{1}{4}\right)$ et $(2\pi, 2)$.

On construit alors le tableau de variation de f et on détermine le signe de la dérivée dans chaque intervalle borné par les valeurs critiques de f.

x	0		$\tfrac{2\pi}{3}$		π		$\tfrac{4\pi}{3}$		2π
$f'(x)$	∄	−	0	+	0	−	0	+	∄
$f(x)$	2	↘	$-\tfrac{1}{4}$	↗	0	↘	$-\tfrac{1}{4}$	↗	2

Les flèches indiquent qu'on a des minimums relatifs en $\left(\tfrac{2\pi}{3}, -\tfrac{1}{4}\right)$ et $\left(\tfrac{4\pi}{3}, -\tfrac{1}{4}\right)$, et un maximum relatif en $(\pi, 0)$. Situons ces points dans un système d'axes. Ensuite, à partir de l'information contenue dans le tableau de variation, traçons une courbe continue passant par ces points de manière à obtenir le graphe représenté à la figure 4.19. Si la courbe est définie sur un intervalle particulier, il faut également identifier les points correspondant aux bornes de l'intervalle.

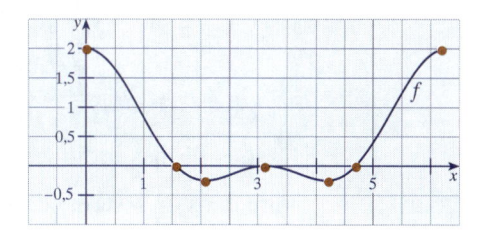

FIGURE 4.19

Graphe de $f(x) = \cos^2 x + \cos x$

EXEMPLE 7 **Représentation graphique d'une fonction comportant une fonction logarithmique à l'aide de la dérivée première**

Tracer le graphe de $f(x) = x^2 \ln(\sqrt{x})$ sur $]0, +\infty[$.

Solution La fonction f est continue sur l'intervalle $]0, +\infty[$. Sa dérivée est

$$f'(x) = \ln(\sqrt{x})(2x) + x^2\left[\frac{1}{\sqrt{x}}\left(\frac{1}{2\sqrt{x}}\right)\right]$$

$$= 2x\ln(\sqrt{x}) + \frac{x}{2}$$

4.2 ■ Test de la dérivée première

Comme $f'(x)$ existe pour tout $x > 0$, on résout $f'(x) = 0$ pour trouver les valeurs critiques de f :

$$2x \ln(\sqrt{x}) + \frac{x}{2} = 0$$

$$x[4\ln(\sqrt{x}) + 1] = 0$$

$$x = 0 \text{ ou } 4\ln(\sqrt{x}) + 1 = 0$$

$$\ln(\sqrt{x}) = -\frac{1}{4}$$

La valeur $x = 0$ est rejetée car elle n'est pas dans l'intervalle donné.

$$x = \left(e^{-\frac{1}{4}}\right)^2 = e^{-\frac{1}{2}} = \frac{1}{\sqrt{e}}$$

La seule valeur critique à l'intérieur de l'intervalle $]0, +\infty[$ est $x = \frac{1}{\sqrt{e}}$.

Comme $f\left(\frac{1}{\sqrt{e}}\right) = -\frac{1}{4e}$, le point critique est $\left(\frac{1}{\sqrt{e}}, -\frac{1}{4e}\right)$.

Ensuite, on construit le tableau de variation de f et on détermine le signe de la dérivée dans chaque intervalle borné par les valeurs critiques de f.

x	0		$\frac{1}{\sqrt{e}}$		$+\infty[$
$f'(x)$	∄	−	0	+	
$f(x)$	∄	↘	$-\frac{1}{4e}$	↗	

Les flèches indiquent qu'on a un minimum relatif en $\left(\frac{1}{\sqrt{e}}, -\frac{1}{4e}\right)$. Plaçons ce point dans un système d'axes. Notons que $f(x)$ s'approche de 0 lorsque x tend vers 0 et que $f(x) = 0$ si $x = 1$. Ensuite, à partir de l'information contenue dans le tableau de variation, traçons une courbe continue passant par les points $\left(\frac{1}{\sqrt{e}}, -\frac{1}{4e}\right)$ et $(1, 0)$ de manière à obtenir le graphe représenté à la figure 4.20.

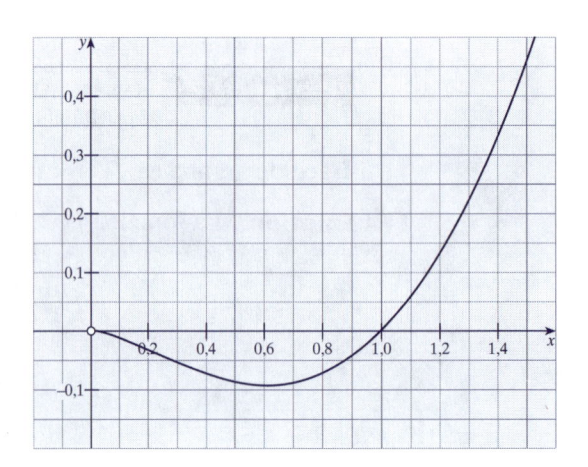

FIGURE 4.20

Graphe de $f(x) = x^2 \ln(\sqrt{x})$

PROBLÈMES 4.2

A

1. **Autrement dit?** Que dit le test de la dérivée première?

2. **Autrement dit?** Quelle est la relation entre le graphe d'une fonction et le graphe de sa dérivée?

Problèmes 3 et 4: Identifier la courbe qui représente une fonction $y = f(x)$ et celle qui représente sa dérivée $y = f'(x)$.

3.

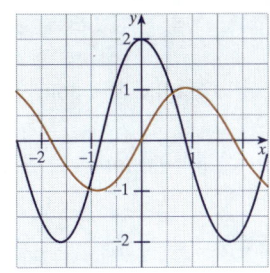

4.

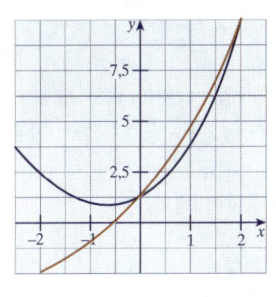

Problèmes 5 à 8: Tracer la courbe de la dérivée de la fonction représentée par chacune des courbes ci-dessous.

5.

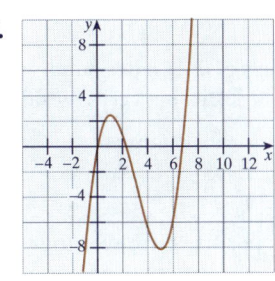

6.

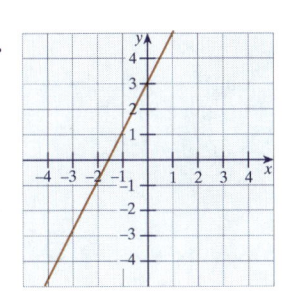

7.

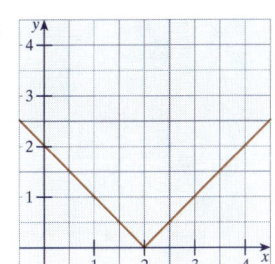

8.

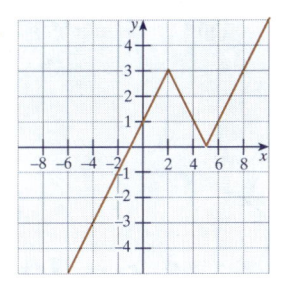

Problèmes 9 à 12: Tracer le graphe d'une fonction dont la dérivée correspond au graphe représenté.

9.

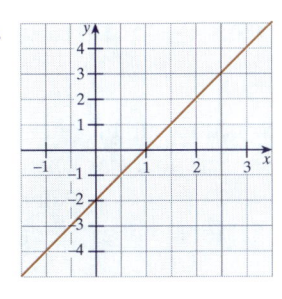

10.

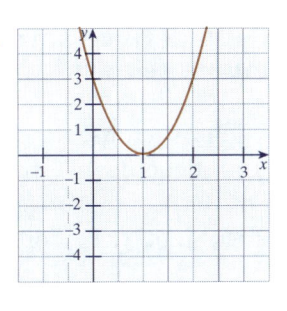

11.

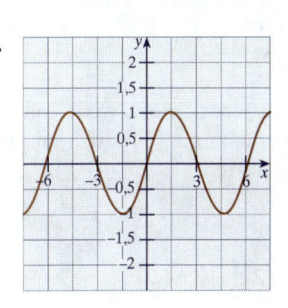

12.

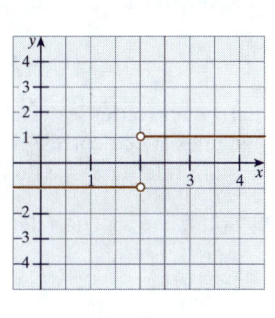

Problèmes 13 à 28: Pour chacune des fonctions données

    a. Trouver les valeurs critiques.
    b. Déterminer les intervalles de croissance et de décroissance de la fonction.
    c. Placer chaque point critique dans un système d'axes et indiquer s'il s'agit d'un maximum relatif, d'un minimum relatif ou ni de l'un ni de l'autre.
    d. Tracer le graphe de la fonction.

Fonctions algébriques

13. $f(x) = x^3 + 3x^2 + 1$

14. $f(x) = x^5 - 5x^4 + 100$

15. $f(x) = \dfrac{x-1}{x^2+3}$

16. $f(t) = (2t-1)^2(t^2-9)$

17. $f(x) = (x-3)(x-7)(2x+1)$

18. $f(x) = 16(x-3)^2(x-7)^2$

19. $f(x) = \sqrt{x^2+1}$

20. $g(x) = x^{2/3}(2x-5)$

21. $g(x) = x^{1/3}\sqrt{x+15}$

Fonctions transcendantes

22. $f(\theta) = 2\cos\theta - \theta$; sur $[0, 2\pi]$

23. $f(x) = x \ln x$

24. $f(x) = \tan^2 x$; pour $-\dfrac{\pi}{4} \leq x \leq \dfrac{\pi}{4}$

25. $f(x) = 9\cos x - 4\cos^2 x$; sur $[0, \pi]$

26. $f(x) = \sin\left(\dfrac{x}{50\pi}\right)$; sur $[0, 100\pi^2]$

27. $f(x) = xe^{-x}$

28. $f(x) = x + 2\arctan(x)$

Problèmes 29 à 31: Déterminer si la fonction donnée a un maximum relatif, un minimum relatif ou ni l'un ni l'autre aux valeurs critiques données.

29. $f(x) = (x^3 - 3x + 1)^7$; pour $x = 1$, $x = -1$

30. $f(x) = (x^2 - 4)^4(x^2 - 1)^3$; pour $x = 1$, $x = 2$

31. $f(x) = \sqrt[3]{x^3 - 48x}$; pour $x = 4$

B

32. Soit *f*, une fonction dérivable ayant pour dérivée

$$f'(x) = (x-1)^2(x-2)(x-4)(x+5)^4$$

Trouver toutes les valeurs critiques de *f* et dire de chacune d'elles si elle correspond à un maximum relatif, à un minimum relatif ou ni à l'un ni à l'autre.

33. Soit *f*, une fonction dérivable ayant pour dérivée

$$f'(x) = \frac{(2x-1)\ln(2x^2 - 3x + 2)}{(x-2)^2}$$

Trouver toutes les valeurs critiques de *f* et dire de chacune d'elles si elle correspond à un maximum relatif, à un minimum relatif ou ni à l'un ni à l'autre.

34. Tracer le graphe d'une fonction *f* qui est dérivable sur l'intervalle [−1, 4] et qui satisfait aux conditions suivantes :
  (i) Elle est décroissante sur]1, 3[et croissante ailleurs sur [−1, 4].
  (ii) Sa plus grande valeur est 5 et sa plus petite 0.
  (iii) Son graphe a des extremums relatifs en (1, 5) et (3, 4).

35. Tracer le graphe d'une fonction continue *f* qui satisfait aux conditions suivantes :
  (i) $f'(x) > 0$ lorsque $x < -5$ et lorsque $x > 1$.
  (ii) $f'(x) < 0$ lorsque $-5 < x < 1$.
  (iii) $f(-5) = 4$ et $f(1) = -1$.

36. Tracer le graphe d'une fonction continue *f* qui satisfait aux conditions suivantes :
  (i) $f'(x) < 0$ lorsque $x < -1$.
  (ii) $f'(x) > 0$ lorsque $-1 < x < 3$ et lorsque $x > 3$.
  (iii) $f'(-1) = 0$ et $f'(3) = 0$.

37. Trouver les constantes *a*, *b* et *c* telles que le graphe de $f(x) = ax^2 + bx + c$ ait un maximum relatif en (5, 12) et coupe l'axe des *y* en (0, 3).

38. Utiliser le calcul différentiel pour montrer que l'extremum relatif de la fonction quadratique

$$f(x) = (x-p)(x-q)$$

est situé à mi-chemin entre ses points d'intersection avec l'axe des *x*.

39. Problème de modélisation À une température *T* (en degrés Celsius), la vitesse du son dans l'air est donnée par la formule

$$v = v_0 \sqrt{1 + \tfrac{1}{273}T}$$

où v_0 est la vitesse à 0 °C. Tracer le graphe de *v* pour $T > 0$ à l'aide de sa dérivée première.

40. Trouver les constantes *a*, *b* et *c* qui garantissent que le graphe de

$$f(x) = x^3 + ax^2 + bx + c$$

ait un maximum relatif en (−3, 18) et un minimum relatif en (1, −14).

41. Soit

$$f(x) = (x-A)^m (x-B)^n$$

où *A* et *B* sont des nombres réels et *m* et *n* des entiers positifs avec $m > 1$ et $n > 1$. Trouver les valeurs critiques de *f*.

42. Soit

$$f(x) = x^{1/3}\sqrt{Ax+B}$$

où *A* et *B* sont des constantes positives. Trouver toutes les valeurs critiques de *f* et déterminer si chaque point critique correspondant est un maximum relatif, un minimum relatif ou ni l'un ni l'autre.

4.3 Concavité et test de la dérivée seconde

DANS CETTE SECTION : concavité, points d'inflexion, représentation graphique d'une fonction à l'aide de la dérivée seconde, test de la dérivée seconde pour les extremums relatifs

Le fait de savoir qu'une fonction est croissante ou décroissante sur un intervalle donné ne donne qu'une idée partielle de la forme de son graphe. Par exemple, supposons que l'on veuille tracer le graphe de $f(x) = x^3 + 3x + 1$. La dérivée $f'(x) = 3x^2 + 3$ est positive pour tout *x*, de sorte que la fonction est toujours

a.

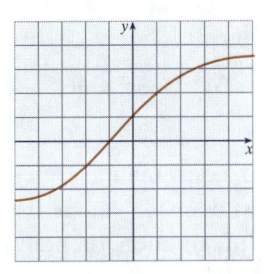

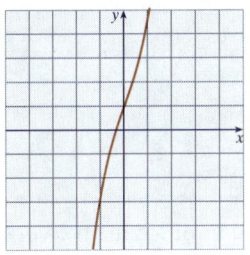

b.

FIGURE 4.21

Laquelle de ces courbes est le graphe de $f(x) = x^3 + 3x + 1$?

croissante. Chacun des graphes de la figure 4.21 est une représentation possible de f ; or ils sont bien différents l'un de l'autre. Nous verrons plus loin dans cette section que le graphe adéquat est celui de la figure 4.21b. Nous allons nous intéresser ici à une caractéristique des graphes que l'on appelle *concavité* et qui va nous permettre de faire la distinction entre des graphes comme ceux-ci. Nous allons de plus établir un *test de la dérivée seconde* qui nous permettra de déterminer si un point critique P d'une fonction f est un maximum relatif ou un minimum relatif en examinant le signe de la dérivée seconde f'' en P.

CONCAVITÉ

Le graphe d'une fonction peut être concave vers le haut ou concave vers le bas sur un intervalle donné. Ainsi, celui de la figure 4.22 est concave vers le haut entre les points A et C et concave vers le bas entre les points C et E.

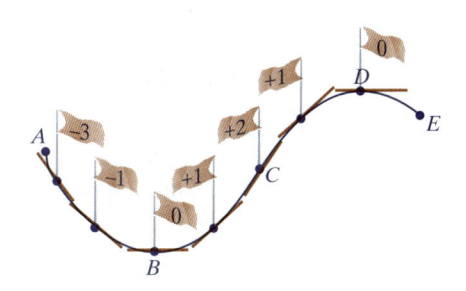

FIGURE 4.22

La pente de la tangente à une courbe augmente ou diminue selon la concavité

En divers points de ce graphe, la pente de la tangente est indiquée sur des drapeaux et l'on observe qu'elle augmente entre A et C et qu'elle diminue entre C et E. Ce n'est pas un hasard. *La pente de la tangente à un graphe augmente sur un intervalle où le graphe est concave vers le haut et diminue sur un intervalle où le graphe est concave vers le bas.*

Réciproquement, un graphe sera concave vers le haut sur tout intervalle où la pente de la tangente est croissante et concave vers le bas sur tout intervalle où la pente de la tangente est décroissante. Comme on trouve la pente en calculant la dérivée, il est raisonnable de s'attendre à ce que le graphe d'une fonction donnée f soit concave vers le haut là où la dérivée f' est croissante. Or, d'après le théorème de la fonction monotone (théorème 4.3), f' est croissante lorsque $(f'(x))' > 0$, ce qui signifie que le graphe de f est concave vers le haut lorsque la *dérivée seconde* f'' satisfait à $f''(x) > 0$. De même, le graphe est concave vers le bas lorsque $f''(x) < 0$. Cette observation permet de *définir* la concavité.

> **Concavité**
>
> Le graphe d'une fonction f est **concave vers le haut** sur tout intervalle ouvert I où $f''(x) > 0$, et il est **concave vers le bas** sur tout intervalle ouvert I où $f''(x) < 0$.

> **EXEMPLE 1** Concavité du graphe d'une fonction polynomiale
>
> Trouver pour quelles valeurs de x le graphe de $f(x) = x^3 + 3x + 1$ est concave vers le haut et pour quelles valeurs il est concave vers le bas.
>
> **Solution** On trouve $f'(x) = 3x^2 + 3$ et $f''(x) = 6x$. Par conséquent, $f''(x) < 0$ si $x < 0$ et $f''(x) > 0$ si $x > 0$, de sorte que le graphe de f est concave vers le bas pour $x < 0$ et concave vers le haut pour $x > 0$. Grâce à cette information, on peut maintenant répondre à la question posée à la figure 4.21 (p. 171) : le graphe de f est représenté en **b**.

POINTS D'INFLEXION

À la figure 4.22 (p. 171), le graphe passe de concave vers le haut à concave vers le bas au point C. Nous allons donner un nom à ce point de transition.

> **Point d'inflexion**
>
> Soit le graphe d'une fonction f ayant une tangente (peut-être verticale) au point $P(c, f(c))$. Si la concavité du graphe change au point P, alors le point P est appelé **point d'inflexion** du graphe.

Si l'on revient à l'exemple 1, on observe que le graphe de $f(x) = x^3 + 3x + 1$ a un point d'inflexion en $(0, 1)$, là où la concavité change et où le graphe passe de concave vers le bas à concave vers le haut.

La figure 4.23 représente divers types de comportements graphiques. On remarque que la fonction est croissante sur l'intervalle $]a, c_1[$, décroissante sur $]c_1, c_2[$, croissante sur $]c_2, c_3[$, décroissante sur $]c_3, c_4[$, croissante sur $]c_4, c_5[$ et décroissante sur $]c_5, b[$. Le graphe est concave vers le haut sur $]p_1, c_1[$, $]c_1, c_3[$ et $]c_3, p_2[$ et concave vers le bas ailleurs.

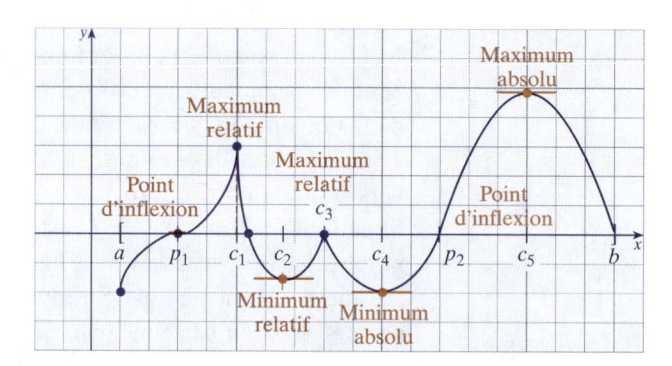

FIGURE 4.23

Graphe d'une fonction avec ses points critiques et ses points d'inflexion

Le graphe a des maximums relatifs en $(c_1, f(c_1))$, $(c_3, f(c_3))$ et $(c_5, f(c_5))$; des minimums relatifs en $(c_2, f(c_2))$ et $(c_4, f(c_4))$. Les tangentes sont horizontales $(f'(x) = 0)$ en tous ces points sauf en $(c_1, f(c_1))$ et $(c_3, f(c_3))$, où elles sont verticales $(f'(c_1)$ et $f'(c_3)$ n'existent pas). Il y a aussi une tangente horizontale en $(p_1, 0)$, c'est-à-dire que $f'(p_1) = 0$, mais pas d'extremum relatif en ce point. On note des

⚠️ Une fonction continue f n'a pas forcément un point d'inflexion là où $f''(x) = 0$. Par exemple, si $f(x) = x^4$, $f''(0) = 0$. Mais le graphe de f est toujours concave vers le haut (voir la figure

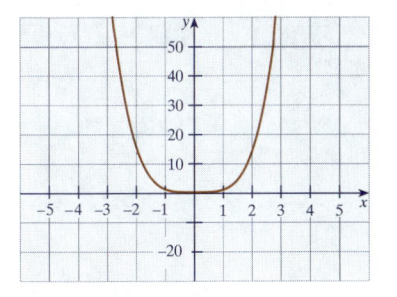

FIGURE 4.24

Le graphe de $f(x) = x^4$ n'a pas de point d'inflexion en $(0, 0)$, bien que $f''(0) = 0$.

points d'inflexion en $(p_1, 0)$ et $(p_2, 0)$, parce que la concavité change en chacun de ces points.

En général, la concavité du graphe de f change seulement aux points où $f''(x) = 0$ ou $f''(x)$ n'existe pas, qui correspondent aux valeurs critiques de la dérivée f'. Le nombre c s'appelle **valeur critique de** f' si $f''(c) = 0$ ou $f''(c)$ n'existe pas.

EXEMPLE 2 Concavité et points d'inflexion

Examiner la concavité du graphe de $f(x) = -x^3 + 9x^2 + 12x$ sur l'intervalle $[0, 6]$ et trouver tous les points d'inflexion du graphe.

Solution La fonction f est continue sur l'intervalle $[0, 6]$. Trouvons f' et f'' :

$$f'(x) = -3x^2 + 18x + 12 \qquad f''(x) = -6x + 18$$

$f'(x)$ et $f''(x)$ sont toutes les deux définies sur l'ensemble de l'intervalle $[0, 6]$ et $f''(x) = 0$ lorsque $-6x + 18 = 0$. Le seul candidat possible pour un point d'inflexion est donc le point $(3, f(3))$. En examinant la dérivée seconde de f à gauche et à droite de $x = 3$, on constate que celle-ci change de signe (elle passe de positive à négative). On en déduit que la concavité du graphe change en ce point (elle passe de concave vers le haut à concave vers le bas) et qu'il y a un point d'inflexion à cet endroit, le seul sur l'intervalle $[0, 6]$. Le graphe de f est représenté à la figure 4.25.

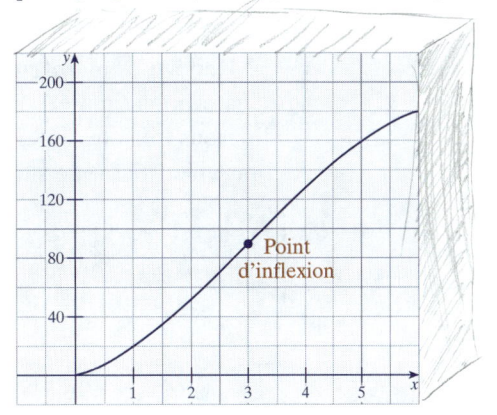

FIGURE 4.25

Graphe de $f(x) = -x^3 + 9x^2 + 12x$ sur $[0, 6]$

REPRÉSENTATION GRAPHIQUE D'UNE FONCTION À L'AIDE DE LA DÉRIVÉE SECONDE

À la section 4.2, nous avons appris à trouver les intervalles de croissance et de décroissance d'une fonction en examinant le signe de sa dérivée première. Nous allons maintenant déterminer la concavité du graphe d'une fonction en examinant le signe de la dérivée seconde. Cela nous donnera une image plus précise de la forme du graphe.

EXEMPLE 3 — Graphe d'une fonction polynomiale

Déterminer les intervalles où la fonction $f(x) = x^4 - 4x^3 + 10$ est croissante, décroissante, concave vers le haut et concave vers le bas. Trouver les extremums relatifs et les points d'inflexion et tracer le graphe de f.

Solution Le domaine de la fonction f est l'ensemble des nombres réels. La dérivée première

$$f'(x) = 4x^3 - 12x^2 = 4x^2(x-3)$$

est nulle lorsque $x = 0$ et lorsque $x = 3$.

La dérivée seconde

$$f''(x) = 12x^2 - 24x = 12x(x-2)$$

est nulle lorsque $x = 0$ et lorsque $x = 2$.

Pour trouver les ordonnées des valeurs critiques de f et de f', calculons f en $x = 0$, $x = 2$ et $x = 3$:

$$f(0) = (0)^4 - 4(0)^3 + 10 = 10$$
$$f(2) = (2)^4 - 4(2)^3 + 10 = -6$$
$$f(3) = (3)^4 - 4(3)^3 + 10 = -17$$

Reportons maintenant toutes les valeurs critiques de f et de f' dans un tableau de variation afin d'étudier le signe de f' et de f'' sur chaque intervalle. Nous déterminerons ainsi les intervalles de croissance et de décroissance de f tout comme la concavité du graphe sur chaque intervalle.

x	$]-\infty$	0		2		3	$+\infty[$
$f'(x)$	−	0	−	−16	−	0	+
$f''(x)$	+	0	−	0	+	36	+
$f(x)$	↘ ∪	10	↘ ∩	−6	↘ ∪	−17	↗ ∪
Allure du graphe	↙	(0, 10)	↘	(2, −6)	↘	(3, −17)	↗

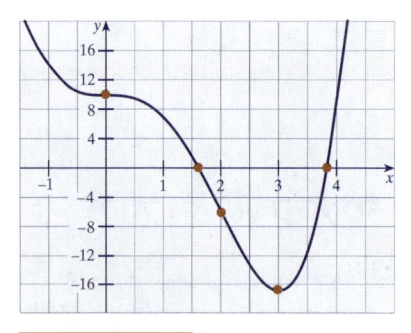

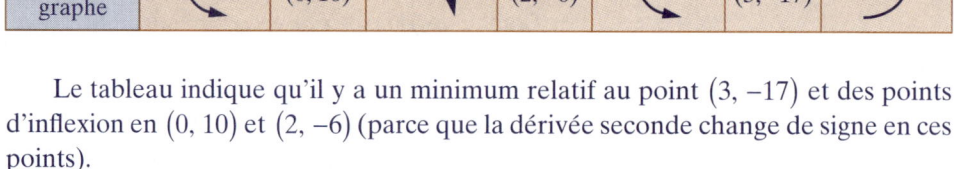

Le tableau indique qu'il y a un minimum relatif au point $(3, -17)$ et des points d'inflexion en $(0, 10)$ et $(2, -6)$ (parce que la dérivée seconde change de signe en ces points).

Pour tracer le graphe de f, plaçons d'abord dans un système d'axes le minimum relatif et les points d'inflexion. N'oublions pas que la tangente au graphe est horizontale en $(0, 10)$. Complétons ensuite le tracé en faisant passer une courbe continue par ces points et en utilisant l'information contenue dans le tableau de variation, qui nous indique le comportement et la forme du graphe pour chaque intervalle du domaine. Le graphe complet est représenté à la figure 4.26.

FIGURE 4.26
Graphe de $f(x) = x^4 - 4x^3 + 10$

Le point d'un graphe où la courbe change brutalement de direction est appelé **point de rebroussement** si la courbe de f admet deux tangentes verticales confondues en ce point. Voyons à ce propos l'exemple qui suit.

EXEMPLE 4 **Graphe comportant un point de rebroussement**

Tracer le graphe de $f(x) = x^{2/3}(2x+5)$.

Solution Le domaine de f étant l'ensemble des nombres réels, trouvons les dérivées première et seconde et écrivons-les sous leur forme factorisée. Pour ce faire, écrivons $f(x) = 2x^{5/3} + 5x^{2/3}$.

$$f'(x) = 2\left(\tfrac{5}{3}\right)x^{2/3} + 5\left(\tfrac{2}{3}\right)x^{-1/3} = \tfrac{10}{3}x^{-1/3}(x+1) = \frac{10(x+1)}{3x^{1/3}}$$

$$f''(x) = \tfrac{10}{3}\left(\tfrac{2}{3}\right)x^{-1/3} + \tfrac{10}{3}\left(-\tfrac{1}{3}\right)x^{-4/3} = \tfrac{10}{9}x^{-4/3}(2x-1) = \frac{10(2x-1)}{9x^{4/3}}$$

On voit que :

$f'(x) = 0$ lorsque $x = -1$ et $f'(x)$ n'existe pas lorsque $x = 0$. Les valeurs critiques de f sont donc $x = -1$ et $x = 0$.

$f''(x) = 0$ lorsque $x = \tfrac{1}{2}$ et $f''(x)$ n'existe pas lorsque $x = 0$. Les valeurs critiques de f' sont donc $x = \tfrac{1}{2}$ et $x = 0$.

Voici le tableau de variation de f :

x	$]-\infty$	-1		0		$\tfrac{1}{2}$	$+\infty[$
$f'(x)$	$+$	0	$-$	∄	$+$	$5\sqrt[3]{2}$	$+$
$f''(x)$	$-$	$-\tfrac{30}{9}$	$-$	∄	$-$	0	$+$
$f(x)$	↗ ∩	3	↘ ∩	0	↗ ∩	$\tfrac{6}{\sqrt[3]{4}}$	↗ ∪
Allure du graphe	⌒	$(-1, 3)$	↘	$(0, 0)$	⌒	$\left(\tfrac{1}{2}, \tfrac{6}{\sqrt[3]{4}}\right)$	↗

On en déduit que le graphe de f a un maximum relatif au point $(-1, 3)$, un minimum relatif au point $(0, 0)$ et un point d'inflexion en $\left(\tfrac{1}{2}, \tfrac{6}{\sqrt[3]{4}}\right)$. On trouve les ordonnées de ces points en calculant :

$$f(-1) = 3 \quad f(0) = 0 \quad f\left(\tfrac{1}{2}\right) = \frac{6}{\sqrt[3]{4}} \approx 3{,}78$$

Plaçons maintenant les points $(-1, 3)$, $(0, 0)$ et $(0{,}5, 3{,}8)$ dans un système d'axes. On remarque que le graphe est concave vers le bas des deux côtés de $x = 0$ et que la tangente à la courbe est verticale en $x = 0$. Cela signifie qu'il y a un brusque changement de direction en $x = 0$ et qu'il y a un *point de rebroussement* à l'origine. Le graphe complet de la fonction est représenté à la figure 4.27.

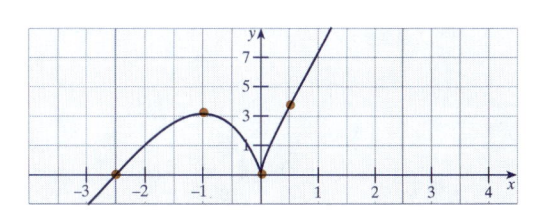

FIGURE 4.27

Graphe de $f(x) = x^{2/3}(2x+5)$

4.3 ■ Concavité et test de la dérivée seconde **175**

EXEMPLE 5 — Représentation graphique d'une fonction trigonométrique

Tracer le graphe de $T(x) = \sin x + \cos x$ sur l'intervalle $[0, 2\pi]$.

Solution On trace parfois le graphe de cette fonction trigonométrique en additionnant les ordonnées. Mais il s'agit ici de montrer comment tracer le graphe à l'aide du calcul différentiel. Sachant que la fonction est définie pour toute valeur de x dans l'intervalle donné, commençons par trouver les dérivées première et seconde :

$$T'(x) = \cos x - \sin x \qquad T''(x) = -\sin x - \cos x$$

Trouvons ensuite les valeurs critiques de T et T' (T' et T'' sont toutes les deux définies pour toutes les valeurs de x) :

$T'(x) = 0$ lorsque $\cos x = \sin x$, donc lorsque $x = \frac{\pi}{4}$ et lorsque $x = \frac{5\pi}{4}$.

$T''(x) = 0$ lorsque $\cos x = -\sin x$, donc lorsque $x = \frac{3\pi}{4}$ et lorsque $x = \frac{7\pi}{4}$.

Déterminons les points critiques, ainsi que les candidats aux points d'inflexion.

Points critiques de T : $T\left(\frac{\pi}{4}\right) = \sqrt{2}$; le point critique est $\left(\frac{\pi}{4}, \sqrt{2}\right)$.

$T\left(\frac{5\pi}{4}\right) = -\sqrt{2}$; le point critique est $\left(\frac{5\pi}{4}, -\sqrt{2}\right)$.

Candidats aux points d'inflexion : $T\left(\frac{3\pi}{4}\right) = 0$; le point est $\left(\frac{3\pi}{4}, 0\right)$.

$T\left(\frac{7\pi}{4}\right) = 0$; le point est $\left(\frac{7\pi}{4}, 0\right)$.

Calculons également la valeur de T aux bornes de l'intervalle : $T(0) = 1$ et $T(2\pi) = 1$.

Inscrivons ces informations dans le tableau de variation de T :

x	0		$\frac{\pi}{4}$		$\frac{3\pi}{4}$		$\frac{5\pi}{4}$		$\frac{7\pi}{4}$		2π
$T'(x)$	∄	+	0	−	$-\sqrt{2}$	−	0	+	$\sqrt{2}$	+	∄
$T''(x)$	∄	−	$-\sqrt{2}$	−	0	+	$\sqrt{2}$	+	0	−	∄
$T(x)$	1	↗ ∩	$\sqrt{2}$	↘ ∩	0	↘ ∪	$-\sqrt{2}$	↗ ∪	0	↗ ∩	1
Allure du graphe	(0, 1)	↗	$\left(\frac{\pi}{4}, \sqrt{2}\right)$	↘	$\left(\frac{3\pi}{4}, 0\right)$	↘	$\left(\frac{5\pi}{4}, -\sqrt{2}\right)$	↗	$\left(\frac{7\pi}{4}, 0\right)$	↗	$(2\pi, 1)$

Les points $\left(\frac{3\pi}{4}, 0\right)$ et $\left(\frac{7\pi}{4}, 0\right)$ sont effectivement des points d'inflexion de T, car le graphe change de concavité en ces points. Le point $\left(\frac{\pi}{4}, \sqrt{2}\right)$ est un maximum relatif de T et le point $\left(\frac{5\pi}{4}, -\sqrt{2}\right)$ est un minimum relatif de T.

Le graphe de T est représenté à la figure 4.28.

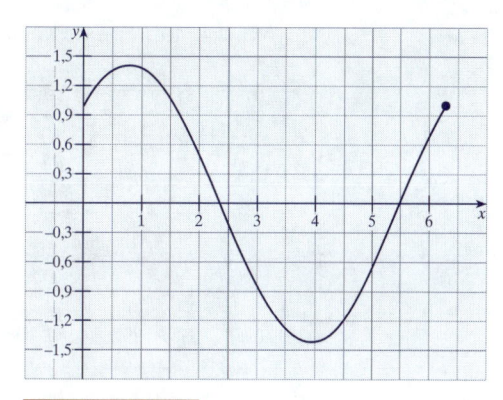

FIGURE 4.28

Graphe de $T(x) = \sin x + \cos x$ sur $[0, 2\pi]$

EXEMPLE 6   **Représentation graphique d'une fonction exponentielle**

Déterminer les intervalles où la fonction

$$f(x) = \frac{1}{\sqrt{2\pi}}\, e^{-x^2/2}$$

est croissante, décroissante, concave vers le haut et concave vers le bas. Trouver les extremums relatifs et les points d'inflexion, puis tracer le graphe. Cette fonction joue un rôle important en statistiques, où elle est appelée *fonction normale centrée-réduite*.

Solution   Le domaine de cette fonction est l'ensemble des nombres réels, car $e^{-x^2/2} > 0$ pour toute valeur de x. La dérivée première est donnée par :

$$f'(x) = \frac{-x}{\sqrt{2\pi}}\, e^{-x^2/2}$$

Comme $e^{-x^2/2}$ est toujours positif, $f'(x) = 0$ si et seulement si $x = 0$. Par conséquent, le point $\left(0,\ \dfrac{1}{\sqrt{2\pi}}\right)$ est le seul point critique.

La dérivée seconde de f est donnée par :

$$f''(x) = \frac{x^2}{\sqrt{2\pi}}\, e^{-x^2/2} - \frac{1}{\sqrt{2\pi}}\, e^{-x^2/2}$$

$$= \frac{1}{\sqrt{2\pi}} e^{-x^2/2}\left(x^2 - 1\right)$$

$$= \frac{1}{\sqrt{2\pi}} e^{-x^2/2}(x-1)(x+1)$$

qui est nulle lorsque $x = -1$ et lorsque $x = 1$. On voit que

$$f(1) = f(-1) = \frac{1}{\sqrt{2\pi e}} \approx 0,24$$

4.3 ■ Concavité et test de la dérivée seconde

Voici le tableau de variation de la fonction f :

x	$]-\infty$	-1		0		1	$+\infty[$
$f'(x)$	$+$	$\dfrac{1}{\sqrt{2\pi e}}$	$+$	0	$-$	$\dfrac{-1}{\sqrt{2\pi e}}$	$-$
$f''(x)$	$+$	0	$-$	$\dfrac{-1}{\sqrt{2\pi}}$	$-$	0	$+$
$f(x)$	↗ ∪	$\dfrac{1}{\sqrt{2\pi e}}$	↗ ∩	$\dfrac{1}{\sqrt{2\pi}}$	↘ ∩	$\dfrac{1}{\sqrt{2\pi e}}$	↘ ∪
Allure du graphe	↗	$\left(-1, \dfrac{1}{\sqrt{2\pi e}}\right)$	↗	$\left(0, \dfrac{1}{\sqrt{2\pi}}\right)$	↘	$\left(1, \dfrac{1}{\sqrt{2\pi e}}\right)$	↘

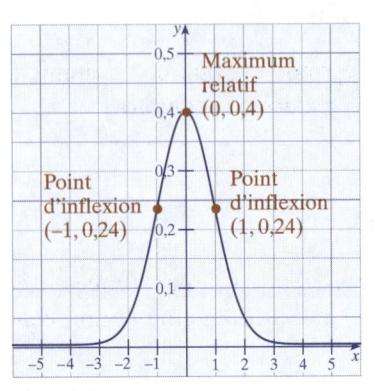

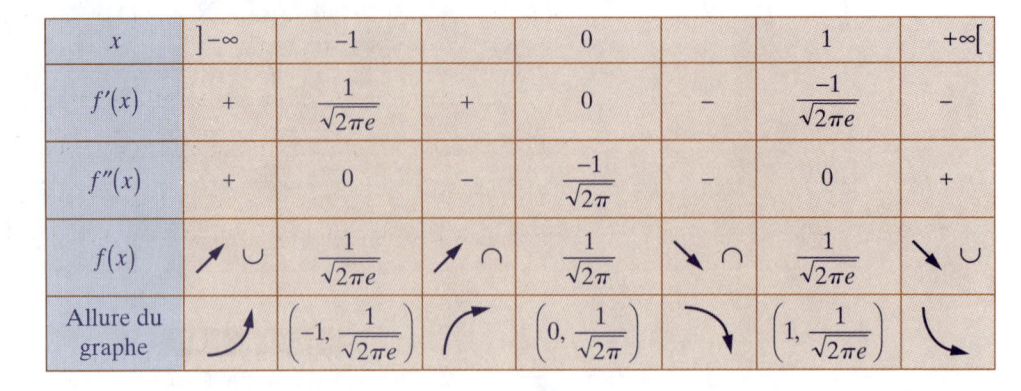

Enfin, on trace une courbe continue passant par les points connus, comme à la figure 4.29. Le point $\left(0, \dfrac{1}{\sqrt{2\pi}}\right)$ est un maximum relatif et les points $\left(-1, \dfrac{1}{\sqrt{2\pi e}}\right)$ et $\left(1, \dfrac{1}{\sqrt{2\pi e}}\right)$ sont des points d'inflexion. Notons que le graphe ne coupe pas l'axe des x parce que $e^{-x^2/2}$ est toujours positif. De plus, $\lim\limits_{x \to -\infty} f(x) = 0$ et $\lim\limits_{x \to +\infty} f(x) = 0$.

FIGURE 4.29

Graphe de $f(x) = \dfrac{1}{\sqrt{2\pi}} e^{-x^2/2}$

TEST DE LA DÉRIVÉE SECONDE POUR LES EXTREMUMS RELATIFS

Il est souvent possible de déterminer si un point critique $P(c, f(c))$ du graphe de f est un minimum ou un maximum relatif en examinant le signe de $f''(c)$. En particulier, supposons que $f'(c) = 0$ et $f''(c) > 0$. Cela signifie qu'il y a une tangente horizontale en P et que le graphe de f est concave vers le haut au voisinage de P. Il est alors logique de s'attendre à ce que P soit un minimum relatif de f, comme à la figure 4.30a. De même, on peut s'attendre à ce que P soit un maximum relatif de f si $f'(c) = 0$ et $f''(c) < 0$.

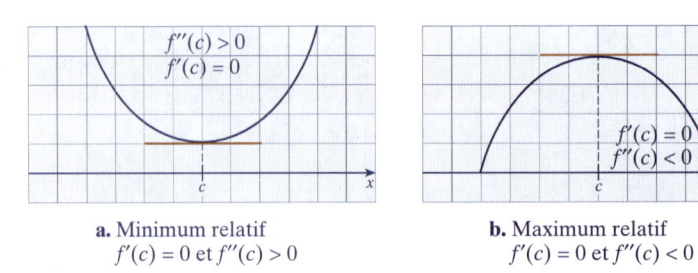

a. Minimum relatif
$f'(c) = 0$ et $f''(c) > 0$

b. Maximum relatif
$f'(c) = 0$ et $f''(c) < 0$

FIGURE 4.30

Test de la dérivée seconde pour les extremums relatifs

Ces observations nous conduisent à énoncer le **test de la dérivée seconde** pour les extremums relatifs.

Test de la dérivée seconde pour les extremums relatifs

Soit f, une fonction telle que $f'(c) = 0$ et telle que la dérivée seconde existe sur un intervalle ouvert contenant c.

Si $f''(c) > 0$, il y a un **minimum relatif** au point $(c, f(c))$.

Si $f''(c) < 0$, il y a un **maximum relatif** au point $(c, f(c))$.

Si $f''(c) = 0$ ou n'existe pas, le test de la dérivée seconde échoue et ne donne aucun renseignement. On doit alors utiliser le test de la dérivée première.

EXEMPLE 7 Utilisation du test de la dérivée seconde

Utiliser le test de la dérivée seconde pour déterminer si chaque valeur critique de la fonction $f(x) = 3x^5 - 5x^3 + 2$ correspond à un maximum relatif, à un minimum relatif ou ni à l'un ni à l'autre.

Solution Comme il s'agit d'une fonction polynomiale définie pour l'ensemble des nombres réels, commençons par trouver les dérivées première et seconde de f:

$$f'(x) = 15x^4 - 15x^2 = 15x^2(x-1)(x+1)$$

$$f''(x) = 60x^3 - 30x = 30x(2x^2 - 1)$$

Pour appliquer le test de la dérivée seconde, calculons la dérivée seconde pour chaque valeur critique de f, c'est-à-dire pour $x = 0$, $x = 1$ et $x = -1$:

$f''(0) = 0$; le test échoue en $x = 0$.

$f''(1) = 30$; cette valeur étant positive, le test indique qu'il y a un minimum relatif au point $(1, 0)$.

$f''(-1) = -30$; cette valeur étant négative, le test indique qu'il y a un maximum relatif au point $(-1, 4)$.

Lorsque le test de la dérivée seconde échoue (dans le cas présent en $x = 0$), il faut se tourner vers le test de la dérivée première:

La dérivée première est négative à droite de $x = 0$ et négative à gauche de $x = 0$. Il n'y a donc pas d'extremum au point $(0, 2)$. En fait, ce point est un point d'inflexion, parce que la dérivée seconde est négative à droite de $x = 0$ et positive à gauche de $x = 0$.

Le graphe est représenté à la figure 4.31.

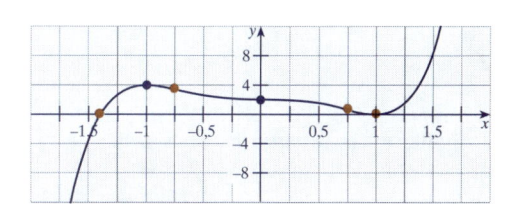

FIGURE 4.31

Graphe de $f(x) = 3x^5 - 5x^3 + 2$

4.3 ▪ Concavité et test de la dérivée seconde

⚠️ S'il est facile de trouver la dérivée seconde, alors il vaut mieux sauter le test de la dérivée première et passer directement au test de la dérivée seconde.

L'exemple 7 met en évidence les points forts et les points faibles du test de la dérivée seconde. Ainsi, lorsqu'il est relativement facile de trouver la dérivée seconde (par exemple dans le cas d'une fonction polynomiale) et les zéros de cette fonction, alors le test de la dérivée seconde permet de déterminer rapidement les extremums relatifs. Toutefois, s'il est difficile de calculer $f''(c)$ ou si $f''(c) = 0$, il est plus facile ou même nécessaire d'utiliser le test de la dérivée première.

Pour conclure cette section, voici un résumé des tests de la dérivée première et de la dérivée seconde (tableau 4.1).

TABLEAU 4.1 Résumé des tests de la dérivée première et de la dérivée seconde

Déterminer les valeurs critiques c telles que $f(c)$ est définie et $f'(c) = 0$ ou $f'(c)$ n'existe pas.

Test de la dérivée première

Si $f'(x)$ passe d'une valeur positive à une valeur négative (de gauche à droite) en c, alors f a un maximum relatif au point $(c, f(c))$.

Si $f'(x)$ passe d'une valeur négative à une valeur positive (de gauche à droite) en c, alors f a un minimum relatif au point $(c, f(c))$.

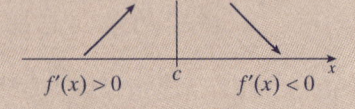

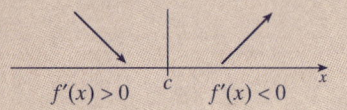

Test de la dérivée seconde

Si $f''(c) < 0$, alors f a un maximum relatif au point $(c, f(c))$.

Si $f''(c) > 0$, alors f a un minimum relatif au point $(c, f(c))$.

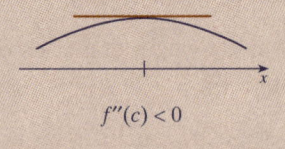

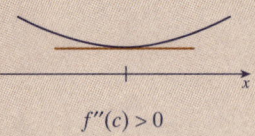

Si $f''(c) = 0$, le test de la dérivée seconde échoue.

Points d'inflexion

Il y a un point d'inflexion en $(c, f(c))$ si f'' change de signe en ce point. Cela peut se produire si $f''(c) = 0$ ou si $f''(c)$ n'est pas définie.

PROBLÈMES 4.3

A

1. **Autrement dit?** Qu'est-ce que le test de la dérivée seconde?

2. **Autrement dit?** Quelle est la relation entre la concavité, les points d'inflexion et la dérivée seconde?

Problèmes 3 à 22: Trouver le domaine de chaque fonction donnée, de même que tous les extremums relatifs et les points d'inflexion. Déterminer les intervalles où la fonction est croissante, décroissante, concave vers le haut, concave vers le bas. Tracer le graphe.

Fonctions algébriques

3. $f(x) = x^2 + 5x - 3$

4. $f(x) = 2(x + 20)^2 - 8(x + 20) + 7$

5. $f(x) = x^3 - 3x - 4$

6. $f(x) = (x - 12)^4 - 2(x - 12)^3$

7. $f(u) = 3u^4 - 2u^3 - 12u^2 + 18u - 5$

8. $f(x) = \sqrt{x^2 + 1}$

9. $g(t) = (t^3 + t)^2$

10. $f(t) = (t^3 + 3t^2)^3$

11. $f(t) = 4t^5 - 5t^4$

12. $f(x) = \dfrac{1}{x^2 + 3}$

13. $f(x) = \dfrac{x}{x^2 + 1}$

14. $f(x) = x^{4/3}(x - 27)$

Fonctions transcendantes

15. $f(t) = t^2 e^{-3t}$

16. $f(x) = e^x + e^{-x}$

17. $f(x) = (\ln x)^2$

18. $t(\theta) = \theta + \cos(2\theta)$ pour $0 \leq \theta \leq \pi$

19. $h(u) = \dfrac{\sin u}{2 + \cos u}$ pour $0 \leq u \leq 2\pi$

20. $g(x) = 2x - \arcsin(x)$ pour $-1 \leq x \leq 1$

21. $f(x) = x^3 + \sin x$ sur $[-\pi, \pi]$

22. $f(x) = \arccos(x) + \arcsin(x)$

B

23. **Problème de réflexion** Tracer le graphe d'une fonction continue f ayant les propriétés suivantes :

    $f'(x) > 0$ lorsque $x < -1$
    $f'(x) > 0$ lorsque $x > 3$
    $f'(x) < 0$ lorsque $-1 < x < 3$
    $f''(x) < 0$ lorsque $x < 2$
    $f''(x) > 0$ lorsque $x > 2$

24. **Problème de réflexion** Tracer le graphe d'une fonction continue f ayant les propriétés suivantes :

    $f'(x) > 0$ lorsque $x < 2$ et lorsque $2 < x < 5$
    $f'(x) < 0$ lorsque $x > 5$
    $f'(2) = 0$
    $f''(x) < 0$ lorsque $x < 2$ et lorsque $4 < x < 7$
    $f''(x) > 0$ lorsque $2 < x < 4$ et lorsque $x > 7$

25. **Problème de réflexion** Tracer le graphe d'une fonction continue f ayant les propriétés suivantes :

    Il y a des extremums relatifs en $(-1, 7)$ et $(3, 2)$. Il y a un point d'inflexion en $(1, 4)$. Le graphe est concave vers le bas seulement lorsque $x < 1$. Le point d'intersection avec l'axe des x est $(-4, 0)$ et l'ordonnée à l'origine est 5.

26. Utiliser le calcul différentiel pour montrer que le graphe de la fonction quadratique $y = Ax^2 + Bx + C$ est concave vers le haut si $A > 0$ et concave vers le bas si $A < 0$.

27. La fonction suivante joue un rôle important en statistiques :

$$D(t) = \dfrac{1}{\sqrt{2\pi}\,\sigma}\, e^{\frac{-1}{2}\left(\frac{t-m}{\sigma}\right)^2}$$

m étant un nombre réel et σ une constante positive.

   a. Trouver $D'(t)$ et déterminer tous les extremums relatifs de $D(t)$.
   b. Que devient $D(t)$ lorsque $t \to +\infty$ et lorsque $t \to -\infty$?

C

28. L'une des femmes les plus célèbres de l'histoire des mathématiques est Maria Gaëtana Agnesi. Née à Milan, elle était l'aînée de 21 enfants. À l'âge de 9 ans, elle publia son premier ouvrage, un article en latin en faveur de l'enseignement supérieur pour les femmes. Son ouvrage le plus important est un manuel de calcul différentiel et intégral publié en 1748 et qui est maintenant un classique. Maria Agnesi donna également son nom à une courbe appelée « sorcière d'Agnesi », qui est définie par l'équation

MARIA AGNESI (1718-1799)

$$y = \dfrac{a^3}{x^2 + a^2}, \text{ où } a > 0$$

Maria Agnesi baptisa cette courbe *versiera* (d'après le verbe latin qui signifie « tourner »), mais John Colson, un Anglais qui traduisait ses travaux, fit une confusion entre le mot *versiera* et le mot *avversiera*, qui signifie en latin « femme du diable ». Depuis, la courbe s'appelle « sorcière d'Agnesi ». Ceci est d'autant plus malencontreux que Colson souhaitait que les travaux d'Agnesi servent de modèle pour les jeunes mathématiciens en herbe, en particulier les jeunes femmes.

Tracer cette courbe et trouver les valeurs critiques, les extremums et les points d'inflexion en fonction de a.

29. Soit f, une fonction dérivable en $x = 0$ qui est telle que $f(1) = -1$. Si $y = f(x)$, on suppose que

$$\dfrac{dy}{dx} = \dfrac{3y^2 + x}{y^2 + 2}$$

   a. Trouver l'équation de la tangente au graphe de f au point d'abscisse $x = 1$.
   b. Noter que l'origine est un point critique. Quel genre d'extremum relatif (s'il en existe un) trouve-t-on en ce point ?

4.3 ■ Concavité et test de la dérivée seconde

4.4 Graphes comportant des asymptotes

DANS CETTE SECTION : graphes comportant des asymptotes, marche à suivre pour tracer le graphe d'une fonction

GRAPHES COMPORTANT DES ASYMPTOTES

La figure 4.32 représente un graphe qui tend vers la droite horizontale $y = 2$ lorsque $x \to -\infty$, vers la droite verticale $x = 3$ lorsque $x \to 3^-$ et $x \to 3^+$ et vers la droite oblique $x - 2y = 2$ lorsque $x \to +\infty$. Ce comportement est appelé **comportement asymptotique** et les droites $y = 2$, $x = 3$ et $y = \frac{1}{2}x - 1$ sont appelées **asymptotes** du graphe. Nous donnons ci-dessous une définition formelle des trois types d'asymptotes que nous allons étudier.

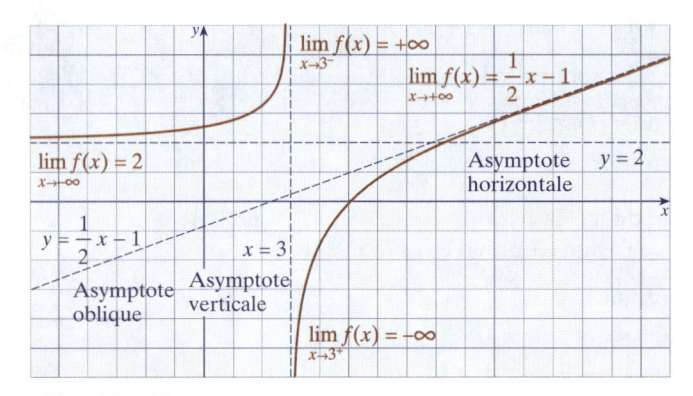

FIGURE 4.32

Graphe comportant des asymptotes

Asymptote verticale

La droite $x = c$ est une **asymptote verticale** du graphe de f si

$$\lim_{x \to c^-} f(x) \quad \text{ou} \quad \lim_{x \to c^+} f(x)$$

sont infinies.

Asymptote horizontale

La droite $y = L$ est une **asymptote horizontale** du graphe de f si

$$\lim_{x \to +\infty} f(x) = L \quad \text{ou} \quad \lim_{x \to -\infty} f(x) = L$$

Asymptote oblique

La droite $y = mx + b$ est une **asymptote oblique** du graphe de f s'il est possible d'exprimer f sous la forme

$$f(x) = mx + b + r(x) \text{ où } m \neq 0$$

et si $\lim_{x \to +\infty} r(x) = 0$ ou $\lim_{x \to -\infty} r(x) = 0$.

EXEMPLE 1 — Représentation graphique d'une fonction rationnelle avec des asymptotes

Tracer le graphe de $f(x) = \dfrac{3x-5}{x-2}$.

Solution Notons d'abord que f n'est pas définie en $x = 2$. Son domaine est donc $\mathbb{R} \setminus \{2\}$.

Asymptotes verticales

Assurons-nous d'abord que la fonction donnée est écrite sous forme simplifiée. Comme les asymptotes verticales pour $f(x) = \dfrac{3x-5}{x-2}$ correspondent aux valeurs de x pour lesquelles f n'est pas définie, étudions le comportement de f autour de $x = 2$. On trouve :

$$\lim_{x \to 2^+} \frac{3x-5}{x-2} = +\infty \quad \text{et} \quad \lim_{x \to 2^-} \frac{3x-5}{x-2} = -\infty$$

Cela signifie que $x = 2$ est une asymptote verticale du graphe de f.

Asymptotes horizontales

Pour trouver les asymptotes horizontales, on calcule :

$$\lim_{x \to +\infty} \frac{3x-5}{x-2} = \lim_{x \to +\infty} \frac{x\left(3 - \dfrac{5}{x}\right)}{x\left(1 - \dfrac{2}{x}\right)} = \lim_{x \to +\infty} \frac{\left(3 - \dfrac{5}{x}\right)}{\left(1 - \dfrac{2}{x}\right)} = \frac{3-0}{1-0} = 3$$

et

$$\lim_{x \to -\infty} \frac{3x-5}{x-2} = 3 \quad \text{(Les étapes du calcul sont les mêmes que pour } x \to +\infty.)$$

Cela signifie que $y = 3$ est une asymptote horizontale du graphe de f.

Asymptotes obliques

Cette fonction n'a pas d'asymptote oblique, parce que le degré du numérateur n'est pas supérieur d'une unité au degré du dénominateur.

Utilisons ensuite le calcul différentiel pour trouver les intervalles où la fonction est croissante et décroissante (dérivée première) et les intervalles où elle est concave vers le haut et concave vers le bas (dérivée seconde).

$$f'(x) = \frac{-1}{(x-2)^2} \quad \text{et} \quad f''(x) = \frac{2}{(x-2)^3}$$

Ni l'une ni l'autre des dérivées ne peuvent s'annuler et toutes les deux sont indéfinies en $x = 2$. Dressons le tableau de variation de f :

x	$]-\infty$	2	$+\infty[$
$f'(x)$	−	∄	−
$f''(x)$	−	∄	+
$f(x)$	↘ ∩	∄	↘ ∪
Allure du graphe	↘	∄	↘

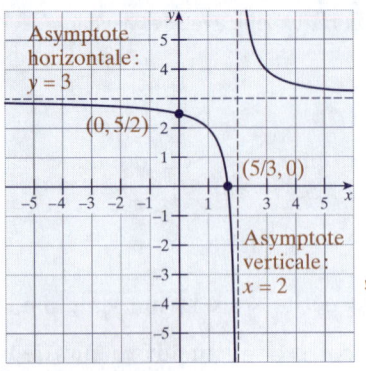

FIGURE 4.33

Graphe de $f(x) = \dfrac{3x-5}{x-2}$

La fonction est toujours décroissante et ne possède ni extremum ni point d'inflexion. Les points d'intersection avec les axes sont $\left(0, \dfrac{5}{2}\right)$ et $\left(\dfrac{5}{3}, 0\right)$.

Le graphe complet est représenté à la figure 4.33.

EXEMPLE 2 Graphe ayant une asymptote oblique

Analyser la fonction $y = \dfrac{x^2 - x - 2}{x - 3}$ et tracer son graphe.

Solution Notons d'abord que la fonction n'est pas définie en $x = 3$ et que son domaine est donc $\mathbb{R} \setminus \{3\}$. Étudions son comportement autour de $x = 3$ en calculant les limites à gauche et à droite :

$$\lim_{x \to 3^+} \frac{x^2 - x - 2}{x - 3} = +\infty \quad \text{et} \quad \lim_{x \to 3^-} \frac{x^2 - x - 2}{x - 3} = -\infty$$

La droite $x = 3$ est donc une asymptote verticale du graphe de y.

En effectuant la division, on obtient

$$y = \frac{x^2 - x - 2}{x - 3} = x + 2 + \frac{4}{x - 3}$$

La droite $y = x + 2$ est donc une asymptote oblique du graphe de y, car $\lim\limits_{x \to +\infty} \dfrac{4}{x - 3} = 0$.

Il n'y a pas d'asymptote horizontale, car

$$\lim_{x \to +\infty} \frac{x^2 - x - 2}{x - 3} = \lim_{x \to +\infty} \frac{x^2\left(1 - \dfrac{1}{x} - \dfrac{2}{x^2}\right)}{x\left(1 - \dfrac{3}{x}\right)} = \lim_{x \to +\infty} \frac{x\left(1 - \dfrac{1}{x} - \dfrac{2}{x^2}\right)}{\left(1 - \dfrac{3}{x}\right)} = +\infty$$

et

$$\lim_{x \to -\infty} \frac{x^2 - x - 2}{x - 3} = \lim_{x \to -\infty} \frac{x^2\left(1 - \dfrac{1}{x} - \dfrac{2}{x^2}\right)}{x\left(1 - \dfrac{3}{x}\right)} = \lim_{x \to -\infty} \frac{x\left(1 - \dfrac{1}{x} - \dfrac{2}{x^2}\right)}{\left(1 - \dfrac{3}{x}\right)} = -\infty$$

Cherchons ensuite la dérivée première et la dérivée seconde, ainsi que les valeurs critiques de y et y'.

$$y' = 1 - 4(x-3)^{-2} = 1 - \frac{4}{(x-3)^2} = \frac{(x-3)^2 - 4}{(x-3)^2} = \frac{x^2 - 6x + 5}{(x-3)^2} = \frac{(x-5)(x-1)}{(x-3)^2}$$

$$y'' = 8(x-3)^{-3} = \frac{8}{(x-3)^3}$$

Les valeurs critiques de y sont $x = 1$ et $x = 5$. Les coordonnées des points critiques de y sont donc $(1, 1)$ et $(5, 9)$. Rappelons que la fonction n'est pas définie lorsque $x = 3$.

184 Chapitre 4 ■ Applications de la dérivée

Les intervalles de croissance et de décroissance, les extremums relatifs et la concavité du graphe sont indiqués dans le tableau ci-dessous.

x	$]-\infty$	1		3		5	$+\infty[$
y'	+	0	−	∄	−	0	+
y''	−	−1	−	∄	+	1	+
y	↗ ∩	1	↘ ∩	∄	↘ ∪	9	↗ ∪
Allure du graphe	↷	(1, 1)	↘	∄	↘	(5, 9)	↗

On peut remarquer que le point $(1, 1)$ est un maximum relatif de la fonction, tandis que le point $(5, 9)$ est un minimum relatif.

Pour faciliter le tracé du graphe, cherchons les points d'intersection avec les axes de coordonnées :

Si $x = 0$, alors $y = \dfrac{2}{3}$. Le point d'intersection avec l'axe des y est donc $\left(0, \dfrac{2}{3}\right)$

Si $y = 0$, alors $x^2 - x - 2 = 0$
$(x - 2)(x + 1) = 0$
$x = 2$ ou $x = -1$

Les points d'intersection du graphe avec l'axe des x sont donc $(-1, 0)$ et $(2, 0)$. La figure 4.34 montre le graphe de la fonction.

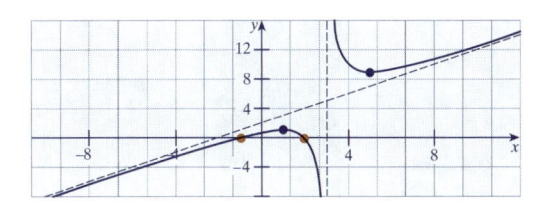

FIGURE 4.34

Graphe de $y = \dfrac{x^2 - x - 2}{x - 3}$

EXEMPLE 3 Graphe d'une fonction trigonométrique inverse

Tracer le graphe de $f(x) = \arctan(x^2)$.

Solution Le domaine de f est l'ensemble des nombres réels. Le graphe de f n'a donc pas d'asymptote verticale. Vérifions s'il a une asymptote horizontale en évaluant la limite de f lorsque $x \to -\infty$ et lorsque $x \to +\infty$. On trouve :

$$\lim_{x \to -\infty} \arctan(x^2) = \dfrac{\pi}{2} \text{ et } \lim_{x \to +\infty} \arctan(x^2) = \dfrac{\pi}{2}$$

La droite $y = \dfrac{\pi}{2}$ est donc une asymptote horizontale du graphe de f. Par ailleurs, le graphe de f n'a pas d'asymptote oblique.

Calculons maintenant la dérivée première et la dérivée seconde de la fonction :

$$f'(x) = \frac{2x}{1+x^4}$$

$$f''(x) = \frac{(1+x^4)(2) - 2x(4x^3)}{(1+x^4)^2} = \frac{2-6x^4}{(1+x^4)^2}$$

Les dérivées sont des fonctions continues sur l'ensemble des nombres réels.

La seule valeur critique de f est $x = 0$ et le point critique est $(0, 0)$. Pour trouver les valeurs critiques de f', il faut résoudre l'équation $f''(x) = 0$, c'est-à-dire :

$$2 - 6x^4 = 0$$

$$x^4 = \frac{1}{3}$$

$$x = \pm \sqrt[4]{\frac{1}{3}}$$

Les points correspondants du graphe de f sont $\left(-\sqrt[4]{\frac{1}{3}}, \frac{\pi}{6}\right)$ et $\left(\sqrt[4]{\frac{1}{3}}, \frac{\pi}{6}\right)$.

Le tableau de variation ci-dessous expose toute l'information recueillie sur f à l'aide des dérivées.

x	$]-\infty$	$-\sqrt[4]{\frac{1}{3}}$		0		$\sqrt[4]{\frac{1}{3}}$	$+\infty[$
f'	$-$	$-\frac{3}{2\sqrt[4]{3}}$	$-$	0	$+$	$\frac{3}{2\sqrt[4]{3}}$	$+$
f''	$-$	0	$+$	2	$+$	0	$-$
f	↘ ∩	$\frac{\pi}{6}$	↘ ∪	0	↗ ∪	$\frac{\pi}{6}$	↗ ∩
Allure du graphe	↘	$\left(-\sqrt[4]{\frac{1}{3}}, \frac{\pi}{6}\right)$	↘	$(0,0)$	↗	$\left(\sqrt[4]{\frac{1}{3}}, \frac{\pi}{6}\right)$	↗

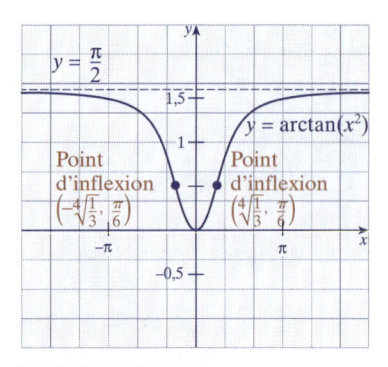

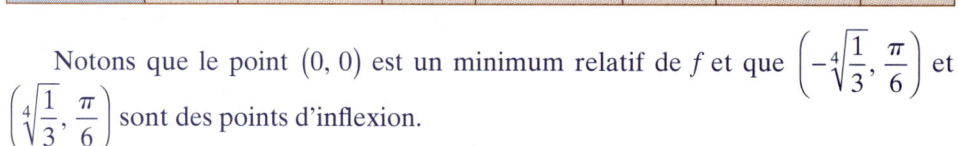

Notons que le point $(0, 0)$ est un minimum relatif de f et que $\left(-\sqrt[4]{\frac{1}{3}}, \frac{\pi}{6}\right)$ et $\left(\sqrt[4]{\frac{1}{3}}, \frac{\pi}{6}\right)$ sont des points d'inflexion.

Le graphe de f est représenté à la figure 4.35.

FIGURE 4.35

Graphe de $f(x) = \arctan(x^2)$

Marche à suivre pour tracer le graphe d'une fonction

Nous disposons maintenant de tous les outils dont nous avons besoin pour tracer un graphe. Ils constituent une méthode générale qui est résumée dans le tableau 4.2.

TABLEAU 4.2 Marche à suivre pour tracer le graphe d'une fonction définie par $y = f(x)$

Étape	Procédé
Définir le domaine.	Trouver les valeurs de x pour lesquelles la fonction est définie.
Simplifier.	Si possible, simplifier algébriquement la fonction dont on veut tracer le graphe.
Trouver les asymptotes.	1. *Asymptote verticale*: Une asymptote verticale, si elle existe, correspond à une valeur $x = c$ pour laquelle f n'est pas définie. Utiliser les limites $\lim_{x \to c^-} f(x)$ et $\lim_{x \to c^+} f(x)$ pour déterminer le comportement du graphe au voisinage de $x = c$. 2. *Asymptote horizontale*: Calculer $\lim_{x \to -\infty} f(x)$ et $\lim_{x \to +\infty} f(x)$. Si l'une ou l'autre des limites est finie, le graphe a une asymptote horizontale. 3. *Asymptote oblique*: Si f peut s'écrire sous la forme $f(x) = mx + b + r(x)$, où $m \neq 0$, et si $\lim_{x \to +\infty} r(x) = 0$ ou $\lim_{x \to -\infty} r(x) = 0$, alors la droite $y = mx + b$ est une asymptote oblique du graphe de f.
Calculer la dérivée première et la dérivée seconde.	Calculer la dérivée première et la dérivée seconde. Factoriser, si possible, pour rendre plus simple la recherche des valeurs critiques.
Trouver les valeurs critiques de f et de f'.	Les valeurs critiques de f sont celles qui appartiennent à son domaine et pour lesquelles $f'(x) = 0$ ou $f'(x)$ n'existe pas. Les valeurs critiques de f' sont celles qui appartiennent au domaine de f et pour lesquelles $f''(x) = 0$ ou $f''(x)$ n'existe pas.
Calculer la valeur de f correspondant à chaque valeur critique de f et de f'.	Évaluer $f(c)$ pour chaque valeur critique $x = c$ trouvée à l'étape précédente.
Construire le tableau de variation de f.	Ce tableau sert à étudier le signe de chaque dérivée à l'intérieur des intervalles définis par les valeurs critiques de f et de f'.
Déterminer les intervalles de croissance et de décroissance.	Si $f'(x) > 0$ sur un intervalle donné, alors f est croissante sur l'intervalle. Si $f'(x) < 0$ sur un intervalle donné, alors f est décroissante sur l'intervalle.
Déterminer la concavité.	Si $f''(x) > 0$ sur un intervalle donné, alors f est concave vers le haut sur l'intervalle. Si $f''(x) < 0$ sur un intervalle donné, alors f est concave vers le bas sur l'intervalle.
Identifier les extremums.	Utiliser le test de la dérivée seconde. Soit c, une valeur critique de f: a. Si $f''(c) > 0$, alors le point $(c, f(c))$ est un minimum relatif de f; b. Si $f''(c) < 0$, alors le point $(c, f(c))$ est un maximum relatif de f; c. Si $f''(c) = 0$, le test échoue. Si le test de la dérivée seconde échoue ou si son application est trop compliquée, utiliser le test de la dérivée première. Soit c, une valeur critique de f: a. $(c, f(c))$ est un minimum relatif de f si $f'(x) < 0$ pour tout x appartenant à un intervalle ouvert $]a, c[$ à gauche de c et $f'(x) > 0$ pour tout x appartenant à un intervalle ouvert $]c, b[$ à droite de c. b. $(c, f(c))$ est un maximum relatif si $f'(x) > 0$ pour tout x appartenant à un intervalle ouvert $]a, c[$ à gauche de c et $f'(x) < 0$ pour tout x appartenant à un intervalle ouvert $]c, b[$ à droite de c. c. $(c, f(c))$ n'est pas un extremum relatif si $f'(x)$ a le même signe dans les intervalles ouverts $]a, c[$ et $]c, b[$ des deux côtés de c.
Identifier les points d'inflexion.	Il y a un point d'inflexion en $(c, f(c))$ si f'' change de signe en ce point. Cela peut se produire si $f''(c) = 0$ ou si $f''(c)$ n'est pas définie.
Trouver, s'il y a lieu, les points d'intersection du graphe avec les axes des coordonnées et avec les asymptotes horizontales et/ou obliques.	Intersections avec l'axe des x: Poser $y = 0$ et résoudre pour x. Intersection avec l'axe des y: Poser $x = 0$ et trouver y. Rappelons qu'une fonction a au plus un point d'intersection avec l'axe des y.
Tracer la courbe.	Tracer d'abord les asymptotes. Placer ensuite tous les points importants. Tracer une courbe continue en s'assurant que l'allure du graphe respecte celle que le tableau de variation a ébauchée.

PROBLÈMES 4.4

A

1. **Autrement dit?** Que sont les valeurs critiques? Décrire leur importance dans le tracé des courbes.

2. **Autrement dit?** Décrire l'importance de la concavité et des points d'inflexion dans le tracé des courbes.

3. **Autrement dit?** Décrire l'importance des asymptotes dans le tracé des courbes.

B

Problèmes 4 à 20 : Faire l'étude complète de chaque fonction et tracer son graphe.

Fonctions algébriques

4. $f(x) = \dfrac{3x+5}{7-x}$

5. $g(x) = \dfrac{15}{x+4}$

6. $g(x) = x - \dfrac{x}{4-x}$

7. $f(x) = \dfrac{x^3+1}{x^3-8}$

8. $g(x) = \dfrac{8}{x-1} + \dfrac{27}{x+4}$

9. $f(x) = \dfrac{1}{x+1} + \dfrac{1}{x-1}$

10. $g(t) = (t^3+t)^2$

11. $g(t) = t^{-1/2} + \tfrac{1}{3}t^{3/2}$

12. $f(x) = (x^2-9)^2$

13. $g(x) = x(x^2-12)$

14. $f(x) = x^{1/3}(x-4)$

15. $f(u) = u^{2/3}(u-7)$

Fonctions transcendantes

16. $f(x) = (2x^2+3x)e^{-x}$

17. $f(x) = \ln(4-x^2)$

18. $T(\theta) = \sin\theta - \cos\theta$ pour $0 \leq \theta \leq 2\pi$

19. $f(x) = x - \sin(2x)$ pour $0 \leq x \leq \pi$

20. $f(x) = \sin^2 x - 2\sin x + 1$ pour $0 \leq x \leq \pi$

21. **Problème de modélisation** La vitesse idéale v pour emprunter un virage relevé sur une route est représentée par l'équation

$$v^2 = gr\tan\theta$$

où g est l'accélération gravitationnelle, r le rayon de la courbe et θ l'angle du virage. En supposant que r est constant, tracer le graphe de v en fonction de θ pour $0 \leq \theta \leq \tfrac{\pi}{2}$.*

---
* On montre en physique que si l'on prend le virage à la vitesse idéale, il n'y a pas besoin de force de frottement latérale pour éviter le dérapage, ce qui réduit considérablement l'usure des pneus et augmente la sécurité.

22. **Problème de modélisation** Selon la théorie de la relativité restreinte d'Einstein, la masse d'un corps est représentée par l'expression

$$m = \dfrac{m_0}{\sqrt{1 - \dfrac{v^2}{c^2}}}$$

où m_0 est la masse du corps au repos par rapport à l'observateur, m la masse du corps lorsqu'il se déplace à la vitesse v par rapport à l'observateur et c la vitesse de la lumière. Tracer le graphe de m en fonction de v. Que se passe-t-il lorsque $v \to c$?

23. **Problème de réflexion** Tracer le graphe d'une fonction f ayant toutes les propriétés suivantes :

   1. Le graphe a pour asymptotes $y = 1$ et $x = 3$;
   2. f est croissante lorsque $x < 3$ et $3 < x < 5$ et décroissante ailleurs;
   3. Le graphe est concave vers le haut lorsque $x < 3$ et $x > 7$ et concave vers le bas lorsque $3 < x < 7$;
   4. $f(0) = 4 = f(5)$ et $f(7) = 2$.

24. **Problème de réflexion** Tracer le graphe d'une fonction g ayant toutes les propriétés suivantes :

   1. g est croissante lorsque $x < -1$ et décroissante lorsque $x > 3$;
   2. Le graphe a un seul point critique, en $(1, -1)$, et n'a pas de point d'inflexion;
   3. $\lim\limits_{x \to -\infty} g(x) = -1$ et $\lim\limits_{x \to +\infty} g(x) = 2$;
   4. $\lim\limits_{x \to -1^+} g(x) = \lim\limits_{x \to 3^-} g(x) = -\infty$.

25. Trouver les constantes a et b qui garantissent que le graphe de la fonction définie par

$$f(x) = \dfrac{ax+5}{3-bx}$$

ait une asymptote verticale en $x = 5$ et une asymptote horizontale en $y = -3$.

C

26. **Autrement dit?** Exprimer par une phrase complète chacun des énoncés suivants :

   a. $\lim\limits_{x \to c^+} f(x) = -\infty$
   b. $\lim\limits_{x \to c^-} f(x) = +\infty$

4.5 Optimisation

DANS CETTE SECTION : processus d'optimisation, applications en physique, application en biologie, applications en économie

PROCESSUS D'OPTIMISATION

Il arrive souvent que, dans une situation donnée, on ait à rechercher la meilleure procédure à adopter, la plus grande valeur ou le moindre coût à atteindre, ou encore le plus court chemin à prendre. Le procédé visant à trouver les paramètres qui rendent une fonction minimale ou maximale est appelé **optimisation**. Dans cette section, nous allons élaborer des méthodes faisant intervenir le calcul différentiel pour résoudre des problèmes de la vie courante consistant à rechercher la valeur maximale ou minimale d'une fonction donnée.

Toute chose dans la nature se rattache à un maximum ou à un minimum.

LEONHARD EULER
(1707-1783)

> **Processus d'optimisation (d'après la méthode de Pólya)**
>
> **Étape 1.** Comprendre l'énoncé du problème. Se demander si l'on peut séparer les quantités données de celles que l'on doit trouver. Quelles sont les quantités inconnues ? Faire un schéma pour mieux comprendre le problème.
>
> **Étape 2.** Définir les variables. Décider quelle quantité doit être optimisée (c'est-à-dire rendue maximale ou minimale) et lui donner un nom, par exemple Q. Définir d'autres variables pour les quantités inconnues et légender le schéma à l'aide des symboles choisis.
>
> **Étape 3.** Exprimer Q en fonction des variables définies à l'étape 2. Utiliser les renseignements donnés dans l'énoncé pour définir Q en fonction d'une seule variable, par exemple x. En d'autres termes, Q peut, au début, être représenté par une formule faisant intervenir plusieurs variables. L'objectif est alors, en utilisant les informations données et les formules connues, de l'écrire en fonction d'*une seule* variable, de sorte que $Q = f(x)$.
>
> **Étape 4.** Déterminer le domaine de la fonction $Q = f(x)$.
>
> **Étape 5.** Utiliser le calcul différentiel pour trouver le maximum ou le minimum *absolu* de f. En particulier, si le domaine de f est un intervalle fermé $[a, b]$, la méthode suivante peut être utilisée :
>
> **a.** Calculer $f'(x)$ et trouver toutes les valeurs critiques de f sur $[a, b]$;
>
> **b.** Évaluer f aux bornes a et b du domaine et pour chaque valeur critique c;
>
> **c.** Comparer les valeurs obtenues à l'étape **b** pour déterminer quelle est la plus grande ou la plus petite.
>
> **Étape 6.** Remettre le résultat obtenu à l'étape 5 dans le contexte du problème original en faisant toutes les interprétations qui conviennent. Répondre à la question posée.

EXEMPLE 1 — Maximisation d'une aire délimitée

On souhaite clôturer un terrain de jeu rectangulaire pour les enfants qui doit se situer à l'intérieur d'un terrain en forme de triangle rectangle dont les côtés adjacents mesurent 4 m et 12 m. Quelle est l'aire maximale de ce terrain de jeu ?

Solution   La figure 4.36 représente un schéma de l'aire de jeu. Soit x, la longueur du rectangle $BCED$ inscrit dans le triangle ADF, et y, sa largeur. La formule donnant l'aire du rectangle est

$$A = xy$$

On veut trouver la valeur maximale de $A = xy$, qu'on va maintenant exprimer en fonction d'une seule variable. Pour ce faire, on remarque que

$$\triangle ABC \sim \triangle ADF$$

Cela signifie que les côtés correspondants de ces triangles sont proportionnels. Par conséquent

$$\frac{4-y}{4} = \frac{x}{12}$$
$$4 - y = \tfrac{1}{3}x$$
$$y = 4 - \tfrac{1}{3}x$$

On peut maintenant écrire A en fonction de x seulement :

$$A(x) = x\left(4 - \tfrac{1}{3}x\right) = 4x - \tfrac{1}{3}x^2$$

Le domaine de la fonction est $0 \le x \le 12$. Les valeurs critiques de A sont les valeurs telles que $A'(x) = 0$ (parce qu'il n'y a pas, dans le domaine, de valeur de x pour laquelle la dérivée n'existe pas). Comme

$$A'(x) = 4 - \tfrac{2}{3}x$$

la seule valeur critique est $x = 6$. Évaluons $A(x)$ aux bornes du domaine et pour la valeur critique :

$$A(6) = 4(6) - \tfrac{1}{3}(6)^2 = 12 \ ; \ A(0) = 0 \ ; \ A(12) = 0$$

L'aire maximale est obtenue lorsque $x = 6$. Cela signifie alors que

$$y = 4 - \tfrac{1}{3}(6) = 2$$

Le plus grand terrain de jeu rectangulaire que l'on puisse construire dans la zone triangulaire donnée mesure 6 m de longueur et 2 m de largeur et son aire est 12 m^2.

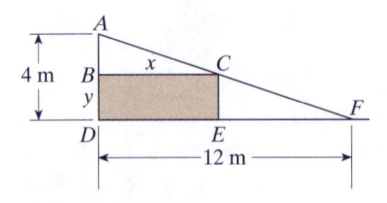

FIGURE 4.36
Terrain de jeu

EXEMPLE 2 — Maximisation d'un volume

Un ferblantier souhaite fabriquer une boîte sans couvercle à partir d'une feuille de métal rectangulaire de 24 cm de large et 45 cm de long. Il compte découper des carrés d'aires égales dans les coins de la feuille, puis replier les bords de celle-ci vers le haut pour former les côtés de la boîte, comme à la figure 4.37. Quelles doivent être les dimensions de la boîte pour que celle-ci ait le plus grand volume possible ?

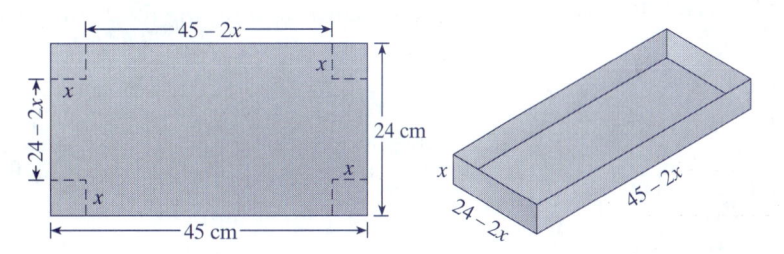

FIGURE 4.37

Boîte découpée dans une feuille de métal de 24 cm x 45 cm

Solution Si chaque carré de coin a pour côté x, la boîte aura pour hauteur x, pour longueur $(45 - 2x)$ et pour largeur $(24 - 2x)$ (tout cela en centimètres).

Le volume de la boîte représentée à la figure 4.37 est

$$V(x) = x(45 - 2x)(24 - 2x) = 4x^3 - 138x^2 + 1080x$$

Pour trouver le domaine de cette fonction, on remarque que les dimensions de la boîte doivent toutes être positives, c'est-à-dire que $x \geq 0$, $45 - 2x \geq 0$ (ou $x \leq 22,5$) et $24 - 2x \geq 0$ (ou $x \leq 12$). Cela implique que $x \in [0, 12]$.

Pour déterminer les valeurs critiques (la dérivée est définie dans tout le domaine), on trouve les valeurs qui annulent la dérivée :

$$V'(x) = 12x^2 - 276x + 1\,080 = 12(x - 18)(x - 5)$$

Les valeurs critiques sont donc $x = 5$ et $x = 18$. Comme $x = 18$ n'appartient pas au domaine, la seule valeur critique acceptable est $x = 5$. Évaluons maintenant $V(x)$ pour la valeur critique $x = 5$ et aux extrémités du domaine, c'est-à-dire pour $x = 0$ et $x = 12$:

$$V(5) = 5(45 - 10)(24 - 10) = 2\,450 \,;\, V(0) = 0 \,;\, V(12) = 0$$

La boîte a donc un volume maximal de $2\,450$ cm^3 lorsque $x = 5$ cm. Ses dimensions sont alors 5 cm $\times$ 14 cm $\times$ 35 cm.

EXEMPLE 3 **Problème de modélisation : minimiser la durée d'un voyage**

Dans le désert, une voiture tout-terrain est située en un point A distant de 40 km d'un point B qui se trouve sur une longue route rectiligne, comme à la figure 4.38 (p. 192). Le conducteur peut rouler à 45 km/h sur le sable et à 75 km/h sur la route. Un prix lui sera décerné s'il franchit la ligne d'arrivée, au point D distant de 50 km de B, en 85 min ou moins. Élaborer et analyser un modèle qui permettrait au conducteur de décider de l'itinéraire à emprunter pour minimiser la durée du trajet. Va-t-il gagner le prix ?

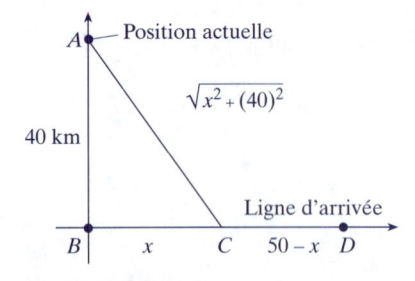

FIGURE 4.38

Chemin parcouru par une voiture tout-terrain

Solution Supposons que le conducteur se dirige vers un point C situé à une distance x (en km) de B sur la route menant à la ligne d'arrivée, comme à la figure 4.38. On souhaite minimiser la durée du trajet. Rappelons la formule $v = \dfrac{d}{t}$ ou $t = \dfrac{d}{v}$.

$$\text{Durée totale du voyage} = \text{durée de } A \text{ à } C + \text{durée de } C \text{ à } D$$

$$= \frac{\text{distance de } A \text{ à } C}{\text{vitesse de } A \text{ à } C} + \frac{\text{distance de } C \text{ à } D}{\text{vitesse de } C \text{ à } D}$$

$$T(x) = \frac{\sqrt{x^2 + 1\,600}}{45} + \frac{50 - x}{75}$$

Le domaine de T est $x \in [0, 50]$. Calculons ensuite la dérivée de la durée T par rapport à x :

$$T'(x) = \tfrac{1}{45}\left[\tfrac{1}{2}\left(x^2 + 1\,600\right)^{-1/2}(2x)\right] + \tfrac{1}{75}(-1)$$

$$= \frac{x}{45\sqrt{x^2 + 1\,600}} - \frac{1}{75}$$

$$= \frac{5x - 3\sqrt{x^2 + 1\,600}}{225\sqrt{x^2 + 1\,600}}$$

La dérivée existe pour tout x et s'annule lorsque

$$5x - 3\sqrt{x^2 + 1\,600} = 0$$

La solution de cette équation est $x = 30$ ($x = -30$ n'étant pas une valeur acceptable, car x dénote une distance). Évaluons maintenant $T(x)$ en ce point et aux bornes du domaine :

$$T(30) = \frac{\sqrt{(30)^2 + 1\,600}}{45} + \frac{50 - 30}{75} \approx 1{,}38 \approx 83 \text{ min}$$

$$T(0) = \frac{\sqrt{(0)^2 + 1\,600}}{45} + \frac{50 - 0}{75} \approx 1{,}56 \approx 93 \text{ min}$$

$$T(50) = \frac{\sqrt{(50)^2 + 1\,600}}{45} + \frac{50 - 50}{75} \approx 1{,}42 \approx 85 \text{ min}$$

Le conducteur peut minimiser la durée totale du parcours en se dirigeant vers un point C situé à 30 km du point B puis en restant sur la route jusqu'au point D. Il lui faudra alors environ 83 min pour atteindre la ligne d'arrivée. Il gagnera donc le prix tant convoité !

EXEMPLE 4 — Problème de modélisation : optimisation d'une aire

On veut former un cercle et un carré avec un fil de longueur L. Établir un modèle de l'aire totale pour déterminer comment utiliser et où couper le fil :

a. afin de maximiser la somme des aires des deux formes géométriques.

b. afin de minimiser la somme des aires des deux formes géométriques.

Solution Pour comprendre le problème, faisons un schéma, comme à la figure 4.39. Désignons par r le rayon du cercle et par s le côté du carré.

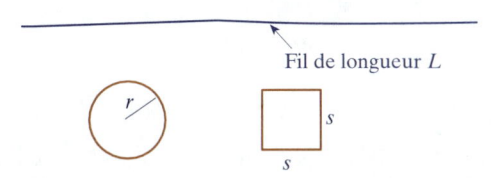

FIGURE 4.39

Un cercle et un carré formés à partir d'un fil de longueur L

L'aire totale est donnée par

$$\text{AIRE TOTALE} = \text{AIRE DU CERCLE} + \text{AIRE DU CARRÉ} = \pi r^2 + s^2$$

On a besoin d'exprimer la longueur du fil L en fonction du rayon r et du côté s:

$$L = \text{CIRCONFÉRENCE DU CERCLE} + \text{PÉRIMÈTRE DU CARRÉ}$$
$$= 2\pi r + 4s$$

On a donc $s = \frac{1}{4}(L - 2\pi r)$. Rappelons que L est une constante donnée. La variable indépendante de la fonction représentant l'aire totale est donc r (même si le problème aurait pu se résoudre tout aussi facilement en fonction de s). Par substitution, on obtient

$$A(r) = \pi r^2 + \left[\tfrac{1}{4}(L - 2\pi r)\right]^2 = \pi r^2 + \tfrac{1}{16}(L - 2\pi r)^2$$

On remarque que $r \geq 0$ et que $L - 2\pi r \geq 0$, de sorte que le domaine est $0 \leq r \leq \dfrac{L}{2\pi}$. Notons que lorsque $r = 0$, il n'y a pas de cercle et que lorsque $r = \dfrac{L}{2\pi}$, il n'y a pas de carré. La dérivée de $A(r)$ est

$$A'(r) = 2\pi r + \tfrac{1}{8}(L - 2\pi r)(-2\pi)$$
$$= 2\pi r - \tfrac{\pi}{4}(L - 2\pi r)$$
$$= \tfrac{\pi}{4}(8r - L + 2\pi r)$$

La seule solution de $A'(r) = 0$ est $r = \dfrac{L}{2\pi + 8}$.

Les valeurs extrêmes de la fonction $A(r)$ sur l'intervalle $\left[0, \dfrac{L}{2\pi}\right]$ doivent donc correspondre soit aux bornes de cet intervalle, soit à la valeur critique $r = \dfrac{L}{2\pi + 8}$. En évaluant $A(r)$ pour chacune de ces valeurs, on trouve :

$$A(0) = \pi(0)^2 + \frac{1}{16}[L - 2\pi(0)]^2 = \frac{L^2}{16} = 0{,}0625 L^2$$

$$A\left(\frac{L}{2\pi}\right) = \pi\left(\frac{L}{2\pi}\right)^2 + \frac{1}{16}\left[L - 2\pi\left(\frac{L}{2\pi}\right)\right]^2 = \frac{L^2}{4\pi} \approx 0{,}0796 L^2$$

$$A\left(\frac{L}{2\pi + 8}\right) = \pi\left(\frac{L}{2\pi + 8}\right)^2 + \frac{1}{16}\left[L - 2\pi\left(\frac{L}{2\pi + 8}\right)\right]^2 = \frac{L^2}{4(\pi + 4)} \approx 0{,}035 L^2$$

On s'aperçoit alors que la plus petite aire est obtenue lorsque $r = \dfrac{L}{2\pi + 8}$ et la plus grande lorsque $r = \dfrac{L}{2\pi}$. En résumé :

a. Pour maximiser la somme des aires, il ne faut pas faire de carré mais seulement un cercle de rayon $r = \dfrac{L}{2\pi}$. Il ne faut pas couper le fil.

b. Pour minimiser la somme des aires, il faut couper le fil au point situé à $2\pi\left(\dfrac{L}{2\pi + 8}\right) = \dfrac{\pi L}{\pi + 4}$ unités d'une extrémité et former, avec le premier morceau, un cercle de rayon $r = \dfrac{L}{2\pi + 8}$. On fait ensuite le carré avec l'autre morceau.

On peut vérifier ce résultat (pour $L = 1$) en examinant le graphe de la fonction d'aire, que l'on peut obtenir à l'aide d'une calculatrice graphique ou d'un logiciel de calcul symbolique et qui est représenté à la figure 4.40.

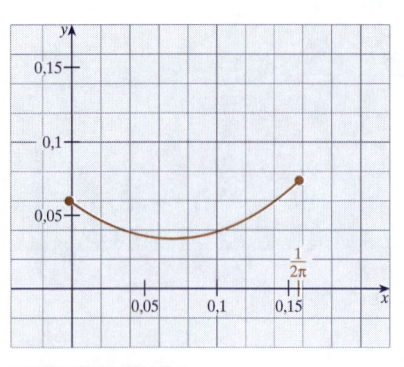

FIGURE 4.40

Graphe de
$A(r) = \pi r^2 + \tfrac{1}{16}(1 - 2\pi r)^2$

EXEMPLE 5   Maximisation d'une aire à l'aide de la trigonométrie

Un triangle a deux côtés mesurant 4 cm. Quel doit être l'angle entre ces côtés pour que l'aire du triangle soit la plus grande possible ?

Solution   Le triangle est représenté à la figure 4.41. En général, l'aire d'un triangle est donnée par

$$A = \tfrac{1}{2}bh$$

Dans ce cas, $b = 4$ et comme $\sin\theta = \dfrac{h}{4}$, alors $h = 4\sin\theta$. On a donc

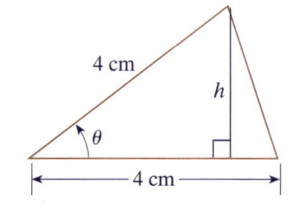

$$A = \tfrac{1}{2}(4)(4\sin\theta) = 8\sin\theta, \text{ où } 0 < \theta < \pi$$

FIGURE 4.41

Triangle ayant deux côtés de 4 cm

Donc $A'(\theta) = 8\cos\theta$. De plus, comme $A'(\theta)$ est définie sur tout l'intervalle $]0, \pi[$, la seule valeur critique de A est celle qui annule la dérivée, c'est-à-dire $\theta = \tfrac{\pi}{2}$. On a alors

$$A\left(\tfrac{\pi}{2}\right) = 8\sin\left(\tfrac{\pi}{2}\right) = 8$$

L'aire est donc maximale lorsque l'angle θ vaut $\tfrac{\pi}{2}$, c'est-à-dire lorsque le triangle est rectangle.

EXEMPLE 6   Problème de modélisation : optimisation d'un angle d'observation

Un tableau est accroché à un mur de telle sorte que son bord supérieur est à 3 m du sol et son bord inférieur à 2 m. Un observateur dont les yeux sont à 1,5 m au-dessus du sol se tient debout à une distance x (en mètres) du mur, comme à la figure 4.42. À quelle distance doit-il se placer pour que l'angle d'observation soit maximal ?

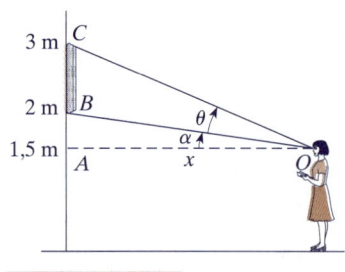

FIGURE 4.42

L'angle θ est l'angle d'observation sous-tendu par les yeux de l'observateur depuis les bords du tableau.

Solution   À la figure 4.42, θ est l'angle d'observation, dont le sommet O correspond aux yeux de l'observateur situé à une distance x du mur. On remarque que $0 < \theta < \dfrac{\pi}{2}$. L'angle α est l'angle compris entre le segment de droite $\overline{OA}$ tracé perpendiculairement

---

194   Chapitre 4 ■ Applications de la dérivée

des yeux de l'observateur jusqu'au mur et le segment de droite $\overline{OB}$ tracé des yeux de l'observateur jusqu'au bord inférieur du tableau. Dans le triangle OAB l'angle en O est α et $\cot\alpha = \dfrac{x}{\left(\dfrac{1}{2}\right)} = 2x$. Dans le triangle OAC, l'angle en O est $(\alpha+\theta)$ et $\cot(\alpha+\theta) = \dfrac{x}{\left(\dfrac{3}{2}\right)} = \dfrac{2x}{3}$. On a alors :

$$\theta = (\alpha+\theta) - \alpha = \operatorname{arccot}\left(\frac{2x}{3}\right) - \operatorname{arccot}(2x)$$

Pour rendre θ maximum, calculons d'abord la dérivée :

$$\frac{d\theta}{dx} = \frac{-1}{\left[1+\left(\dfrac{2x}{3}\right)^2\right]}\left(\frac{2}{3}\right) - \frac{-1}{\left[1+(2x)^2\right]}(2)$$

$$= \frac{-6}{9+4x^2} + \frac{2}{1+4x^2}$$

$$= \frac{-6(1+4x^2) + 2(9+4x^2)}{(1+4x^2)(9+4x^2)}$$

On aura $\dfrac{d\theta}{dx} = 0$ lorsque

$$-6(1+4x^2) + 2(9+4x^2) = 0$$
$$-16x^2 + 12 = 0$$
$$x = \pm\frac{\sqrt{3}}{2}$$

Comme la distance x doit être positive, rejetons la valeur négative. On peut ensuite utiliser le test de la dérivée première pour montrer que la valeur critique positive $x = \dfrac{\sqrt{3}}{2}$ correspond à un maximum relatif. Ainsi, l'angle θ est maximal lorsque l'observateur se tient debout à $\dfrac{\sqrt{3}}{2} \approx 0{,}866$ m du mur.

APPLICATIONS EN PHYSIQUE

EXEMPLE 7 Vitesse maximale et vitesse minimale d'une particule en mouvement[*]

La position s (en mètres) en fonction du temps t (en secondes) d'une particule en mouvement le long d'un axe est donnée par

$$s(t) = t^4 - 8t^3 + 18t^2 + 60t - 8$$

Trouver la plus grande et la plus petite valeur de la vitesse de la particule pour $1 \leq t \leq 5$.

---

[*] Pour une présentation approfondie du mouvement rectiligne, voir la section 5.1.

Solution La vitesse de la particule est donnée par

$$v(t) = s'(t) = 4t^3 - 24t^2 + 36t + 60$$

Pour trouver la plus grande valeur de $v(t)$, on calcule la dérivée de v :

$$\begin{aligned} v'(t) &= 12t^2 - 48t + 36 \\ &= 12(t-3)(t-1) \end{aligned}$$

En posant $v'(t) = 0$, on trouve que les valeurs critiques de $v'(t)$ sont $t = 1$ et $t = 3$. Évaluons maintenant v pour les valeurs critiques et aux bornes de l'intervalle.

$t = 1$ est à la fois une valeur critique et une borne :

$$v(1) = 4(1)^3 - 24(1)^2 + 36(1) + 60 = 76 \text{ m/s}$$

$t = 5$ est une borne :

$$v(5) = 4(5)^3 - 24(5)^2 + 36(5) + 60 = 140 \text{ m/s}$$

$t = 3$ est une valeur critique :

$$v(3) = 4(3)^3 - 24(3)^2 + 36(3) + 60 = 60 \text{ m/s}$$

La plus grande valeur de la vitesse est 140 m/s, lorsque $t = 5$ s, et la plus petite est 60 m/s, lorsque $t = 3$ s.

EXEMPLE 8 Problème de modélisation : puissance maximale dans une résistance

Une résistance R est branchée sur une pile de potentiel V dont la résistance interne est r. Les unités de résistance électrique sont des ohms tandis que les unités de potentiel sont des volts. Selon les lois de l'électricité, la formule

$$I = \frac{V}{R+r}$$

modélise l'intensité du courant I (en ampères) circulant dans le circuit, tandis que

$$P = I^2 R$$

modélise la puissance P (en watts) dans la résistance externe. Si V et r sont des constantes, quelle valeur de R va rendre maximale la puissance dans la résistance externe ?

Solution Il s'agit ici d'optimiser la fonction $P = I^2 R$. Puisque $I = \dfrac{V}{R+r}$, récrivons P en fonction de la variable R seulement :

$$P = I^2 R = \left(\frac{V}{R+r}\right)^2 R = \frac{V^2 R}{(R+r)^2}$$

Pour trouver la plus grande valeur de P, on calcule d'abord sa dérivée par rapport à R :

$$\frac{dP}{dR} = \frac{(R+r)^2 V^2 - 2V^2 R(R+r)}{(R+r)^4} = \frac{V^2(r-R)}{(R+r)^3}$$

Comme la dérivée existe pour toute valeur de R, résolvons l'équation $\dfrac{dP}{dR} = 0$ afin de trouver les valeurs critiques de P. La seule valeur critique correspond à $R = r$. Utilisons alors le test de la dérivée première pour vérifier s'il s'agit bien d'un maximum. En étudiant le signe de la dérivée première de P autour de r, on observe que celle-ci est positive lorsque $R < r$ et négative lorsque $R > r$. La valeur de P est donc maximale lorsque $R = r$.

APPLICATION EN BIOLOGIE

EXEMPLE 9 — Problème de modélisation : concentration maximale d'un médicament

Soit $C(t)$, la concentration dans le sang, après un laps de temps t (en heures), d'un médicament administré par injection intramusculaire dans l'organisme. Dans un article désormais classique, E. Heinz dit que la concentration du médicament est donnée par

$$C(t) = \dfrac{k}{b-a}\left(e^{-at} - e^{-bt}\right)$$

où $t \geq 0$ et où a, b (avec $b > a$) et k sont des constantes positives qui dépendent du médicament[*]. À quel instant la concentration est-elle la plus élevée ? Que devient-elle lorsque $t \to +\infty$?

Solution Pour identifier les extremums, on doit résoudre $C'(t) = 0$:

$$C'(t) = \dfrac{d}{dt}\left[\dfrac{k}{b-a}\left(e^{-at} - e^{-bt}\right)\right]$$

$$= \dfrac{k}{b-a}\left[(-a)e^{-at} - (-b)e^{-bt}\right] = \dfrac{k}{b-a}\left(be^{-bt} - ae^{-at}\right)$$

On aura $C'(t) = 0$ lorsque

$$be^{-bt} - ae^{-at} = 0$$

$$be^{-bt} = ae^{-at}$$

$$e^{at-bt} = \dfrac{a}{b}$$

$$at - bt = \ln\left(\dfrac{a}{b}\right) \qquad \text{Définition du logarithme}$$

$$t(a-b) = \ln\left(\dfrac{a}{b}\right)$$

$$t = \dfrac{1}{a-b}\ln\left(\dfrac{a}{b}\right)$$

---

[*] E. Heinz, « Problems bei der Diffusion kleiner Substanzmengen innerhelf des menschlichen Körpers », *Biochem.*, vol. 319 (1949), p. 482-492.

On peut ensuite utiliser le test de la dérivée seconde pour montrer que $C(t)$ prend sa plus grande valeur pour $t_c = \dfrac{1}{a-b} \ln\left(\dfrac{a}{b}\right)$.

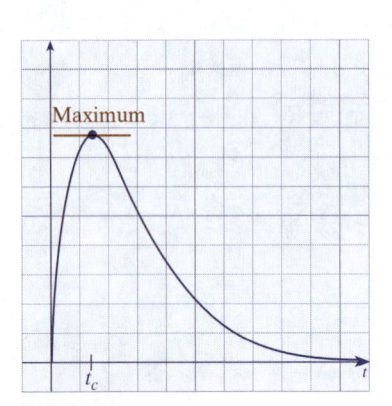

Pour voir ce que devient la concentration lorsque $t \to +\infty$, on calcule la limite

$$\lim_{t \to +\infty} C(t) = \lim_{t \to +\infty} \frac{k}{b-a}\left[e^{-at} - e^{-bt}\right]$$

$$= \frac{k}{b-a}\left[\lim_{t \to +\infty} \frac{1}{e^{at}} - \lim_{t \to +\infty} \frac{1}{e^{bt}}\right] = \frac{k}{b-a}[0-0] = 0$$

Ce résultat indique que la concentration s'approche de plus en plus de 0 lorsque le médicament est depuis longtemps dans le sang. Le graphe de C est représenté à la figure 4.43.

Intuitivement, on doit s'attendre à ce que la fonction de concentration de Heinz parte de 0, augmente jusqu'à un maximum puis diminue progressivement jusqu'à 0. La figure 4.43 indique que $C(t)$ n'a pas ces caractéristiques, parce qu'elle ne revient pas tout à fait à 0 dans un temps fini. Cela suggère que le modèle de Heinz est plus fiable pour la période de temps située juste après l'injection du médicament.

FIGURE 4.43
Graphe de
$C(t) = \dfrac{k}{b-a}(e^{-at} - e^{-bt})$

APPLICATIONS EN ÉCONOMIE

EXEMPLE 10   Maximisation des bénéfices

Une paire de boucles d'oreilles coûte 3 $ à fabriquer et se vend 5 $. Les consommateurs achètent 4 000 paires par mois. Le fabricant compte augmenter le prix et estime que pour chaque hausse de 1 $, 400 paires de moins seront vendues chaque mois. Quel prix doit-il fixer pour maximiser le bénéfice ?

Solution   Soit x, le nombre d'augmentations de 1 $, et $P(x)$, le bénéfice correspondant.

BÉNÉFICE = REVENU − COÛT

$$= \begin{matrix}\text{NOMBRE DE PAIRES}\\ \text{VENDUES}\end{matrix} \times \begin{matrix}\text{PRIX DE}\\ \text{LA PAIRE}\end{matrix} - \begin{matrix}\text{NOMBRE DE PAIRES}\\ \text{VENDUES}\end{matrix} \times \begin{matrix}\text{COÛT DE}\\ \text{LA PAIRE}\end{matrix}$$

$$= \begin{matrix}\text{NOMBRE DE PAIRES}\\ \text{VENDUES}\end{matrix} \times \left(\begin{matrix}\text{PRIX DE}\\ \text{LA PAIRE}\end{matrix} - \begin{matrix}\text{COÛT DE}\\ \text{LA PAIRE}\end{matrix}\right)$$

Rappelons que 4 000 paires de boucles d'oreilles sont vendues chaque mois lorsque le prix est de 5 $ la paire et que 400 paires de moins seront vendues chaque mois pour chaque dollar ajouté au prix. Ainsi,

$$\begin{matrix}\text{NOMBRE DE PAIRES}\\ \text{VENDUES}\end{matrix} = 4\,000 - 400 \times \text{NOMBRE DE HAUSSES DE 1\$}$$

$$= 4\,000 - 400x$$

Sachant que le prix de la paire est $(5+x)$, on peut maintenant écrire le bénéfice en fonction de x :

$$P(x) = \begin{matrix}\text{NOMBRE DE PAIRES}\\ \text{VENDUES}\end{matrix} \times \left(\begin{matrix}\text{PRIX DE}\\ \text{LA PAIRE}\end{matrix} - \begin{matrix}\text{COÛT DE}\\ \text{LA PAIRE}\end{matrix}\right)$$

$$= (4\,000 - 400x)[(5+x) - 3] = 400(10-x)(2+x)$$

Remarquons que $x \geq 0$. De plus, comme $400(10 - x)$, le nombre de paires vendues, ne doit pas être négatif, $x \leq 10$. Le domaine est donc $x \in [0, 10]$.

Les valeurs critiques de P sont les valeurs pour lesquelles la dérivée s'annule (P étant une fonction polynomiale, il n'y a pas de valeurs pour lesquelles la dérivée n'est pas définie):

$$P'(x) = 400(10 - x)(1) + 400(-1)(2 + x)$$
$$= 400(8 - 2x) = 800(4 - x)$$

La seule valeur critique est $x = 4$. Les bornes du domaine sont $x = 0$ et $x = 10$. Évaluons P pour trouver le bénéfice maximal:

$$P(4) = 400(10 - 4)(2 - 4) = 14\,400; \; P(0) = 8\,000; \; P(10) = 0$$

Le bénéfice maximal est 14 400 $. Il sera réalisé si les boucles d'oreilles sont vendues 9 $ la paire. Le graphe de la fonction bénéfice est représenté à la figure 4.44.

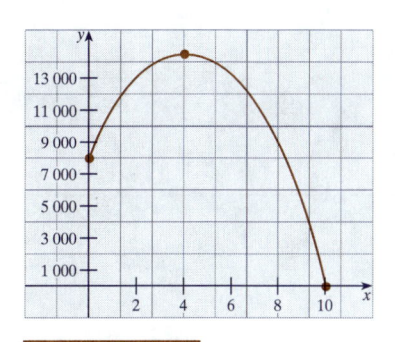

FIGURE 4.44
Graphe de la fonction bénéfice $P(x)$

EXEMPLE 11   Maximisation d'une fonction de revenu discrète

Une compagnie d'autobus loue des autobus de 50 places à des groupes de 35 personnes ou plus. Si un groupe compte exactement 35 personnes, chaque personne paie 60 $. Pour les groupes plus importants, le tarif par personne est réduit de 1 $ à partir de la 36ᵉ personne. Déterminer la taille du groupe pour laquelle le revenu de la compagnie est le plus élevé.

Solution   Il s'agit ici de maximiser le revenu:

$$\text{REVENU} = \begin{matrix}\text{NOMBRE DE PERSONNES} \\ \text{DANS LE GROUPE}\end{matrix} \times \begin{matrix}\text{TARIF PAR} \\ \text{PERSONNE}\end{matrix}$$

Soit x, le nombre de personnes au-dessus de 35 dans un groupe. On a alors:

$$\text{NOMBRE DE PERSONNES DANS LE GROUPE} = 35 + x$$

$$\text{TARIF PAR PERSONNE} = 60 - x$$

Soit $R(x)$, le revenu de la compagnie d'autobus:

$$R(x) = (35 + x)(60 - x) = 2\,100 + 25x - x^2$$

On sait qu'il doit y avoir au moins 35 personnes ($x = 0$) et au plus 50 personnes ($x = 15$). Donc le domaine de la fonction est $0 \leq x \leq 15$. *De plus, comme x représente un nombre de personnes, il doit également être un entier.*

On trouve ensuite les valeurs critiques en résolvant

$$R'(x) = 25 - 2x = 0$$

Comme la dérivée existe sur tout l'intervalle $[0, 15]$, la seule valeur critique est $x = 12,5$. Mais x doit être un entier, de sorte que $x = 12,5$ n'est pas dans le domaine. Pour trouver la solution *entière* optimale, on remarque que R est croissante sur $]0, 12,5[$ et décroissante sur $]12,5, 15[$, comme le montre la figure 4.45 (p. 200).

4.5 ▪ Optimisation

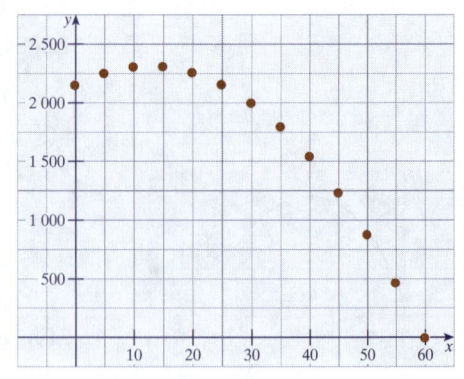

a. Fonction continue du revenu

b. Fonction discrète du revenu

FIGURE 4.45

Graphes de $R(x) = -x^2 + 25x + 2\,100$

TABLEAU 4.3 Détermination du nombre de personnes qui maximise le revenu

x	Nombre	Tarif	Revenu
0	35	60	2 100
1	36	59	2 124
2	37	58	2 146
3	38	57	2 166
4	39	56	2 184
5	40	55	2 200
6	41	54	2 214
7	42	53	2 226
8	43	52	2 236
9	44	51	2 244
10	45	50	2 250
11	46	49	2 254
12	47	48	2 256
13	48	47	2 256
14	49	46	2 254
15	50	45	2 250

Il s'ensuit que la valeur entière optimale de x est soit $x = 12$, soit $x = 13$. Comme

$$R(12) = 2\,256\,\$ \text{ et } R(13) = 2\,256\,\$$$

on conclut que le revenu de la compagnie d'autobus est le plus élevé lorsque le groupe compte soit 12, soit 13 personnes de plus que 35, c'est-à-dire soit 47, soit 48 personnes. Dans l'un ou l'autre cas, le revenu sera de 2 256 $.

Le graphe du revenu en fonction de x est un ensemble de points correspondant aux valeurs entières de x, comme l'indique la figure 4.45b. Techniquement, le calcul différentiel ne peut pas servir à étudier une telle fonction. C'est pourquoi nous avons travaillé avec la fonction dérivable $R(x) = -x^2 + 25x + 2100$, qui est définie pour toutes les valeurs de x et dont le graphe « relie » les points du graphe discret. Ayant utilisé le calcul différentiel pour ce modèle continu, nous avons obtenu une solution mathématique qui n'était pas la solution du problème pratique discret mais qui donnait de précieuses indications. Pour vérifier si la solution entière trouvée est correcte, nous pouvons examiner le tableau 4.3, dans la marge. Ce dernier donne toutes les possibilités de $x = 0$ (groupe de 35 personnes) à $x = 15$ (groupe de 50 personnes). Pour chaque cas, le revenu total est calculé et l'on voit que la valeur maximale de 2 256 $ est obtenue lorsque $x = 12$ et à nouveau lorsque $x = 13$.

PROBLÈMES 4.5

A

1. **Autrement dit?** Décrire le processus d'optimisation.

2. **Autrement dit?** Pourquoi est-il important de vérifier les bornes du domaine lorsqu'on cherche une valeur optimale?

Fonctions algébriques à optimiser

B

3. On souhaite clôturer un jardin rectangulaire dont l'aire est de 64 m². Quelles doivent être les dimensions du jardin pour que la longueur de clôture utilisée soit minimale?

4. Le service de la voirie veut construire une aire de pique-nique rectangulaire pour les automobilistes le long d'une grande route. Le terrain doit avoir une aire de 5 000 m² et être clôturé sur les trois côtés non adjacents à la route. Quelle sera la plus petite longueur de clôture nécessaire pour effectuer le travail?

5. Trouver les dimensions du rectangle ayant l'aire la plus grande que l'on puisse inscrire dans un demi-cercle de rayon R, en supposant qu'un des côtés du rectangle est sur le diamètre du demi-cercle.

6. On veut fabriquer une boîte sans couvercle à partir d'une feuille de carton rectangulaire de 24 cm de largeur et 45 cm de longueur. On compte découper des carrés d'aires égales dans les coins de la feuille puis replier les bords vers le haut pour former les côtés de la boîte. Quelles sont les dimensions de la plus grande boîte fabriquée de cette façon?

7. Soit un carré de côté L. Déterminer la longueur du côté du carré d'aire maximale qui peut circonscrire le carré donné.

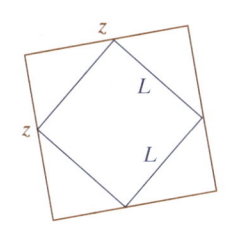

8. Un camion est situé à 250 km à l'est d'une voiture et roule vers l'ouest à une vitesse constante de 60 km/h. Pendant ce temps, la voiture roule vers le nord à 80 km/h. À quel instant la distance entre les deux véhicules sera-t-elle minimale? Quelle est cette distance minimale?

   Conseil: Minimiser le carré de la distance.

9. Montrer que parmi tous les rectangles ayant un périmètre donné, le carré est celui qui a l'aire la plus grande.

10. Montrer que parmi tous les rectangles ayant une aire donnée, le carré est celui qui a le périmètre le plus petit.

11. On veut construire une boîte fermée de base carrée. Le fond et les quatre côtés sont fabriqués dans un matériau qui coûte 1 $/m² et le couvercle dans du verre qui coûte 5 $/m². Quelles sont les dimensions de la boîte de plus grand volume que l'on puisse construire pour 72 $?

12. Trouver les dimensions du cylindre circulaire droit de plus grand volume que l'on puisse inscrire dans un cône circulaire droit de rayon R et de hauteur H.

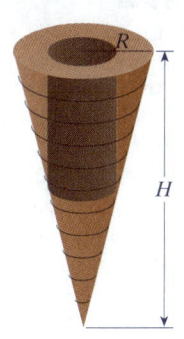

13. Une jeune femme se tient en un point A de la rive nord d'une longue rivière rectiligne de 6 km de largeur. Elle veut se rendre à une cabane C située à 6 km en aval d'un point B qui se trouve directement en face d'elle sur la rive sud. On suppose qu'elle peut ramer à 6 km/h (en tenant compte du courant) et courir à 10 km/h. Quel temps minimal (à la minute près) lui faut-il pour aller de A à C?

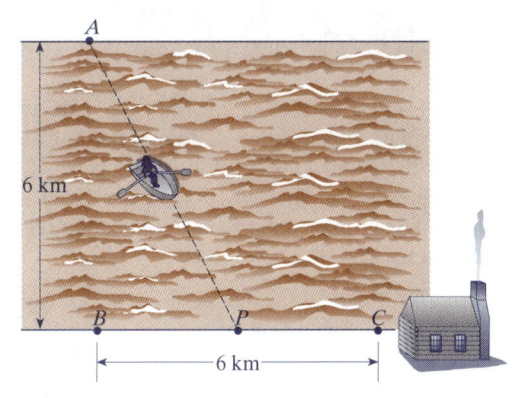

14. **Problème de modélisation** Deux villes A et B sont à une distance de 12 km l'une de l'autre et respectivement à 5 km et 3 km d'une longue autoroute rectiligne. Une entreprise doit construire une route allant de A jusqu'à l'autoroute puis de l'autoroute jusqu'à B. Établir un modèle pour déterminer la longueur (au kilomètre près) de la route *la plus courte* qui réponde à ces critères.

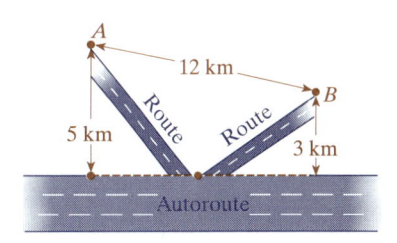

15. Une affiche doit contenir 108 cm² de surface imprimée avec des marges de 6 cm en haut et en bas et de 2 cm sur les côtés. Quel est le coût minimal de l'affiche si elle est fabriquée dans un matériau qui coûte 20 ¢/cm²?

16. Un trapèze isocèle a une base de 14 cm et des côtés obliques de 6 cm, comme sur la figure 4.46. Quelle est l'aire la plus grande d'un tel trapèze ?

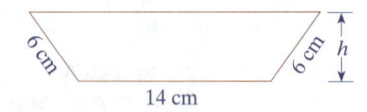

FIGURE 4.46
Aire d'un trapèze

17. **Problème d'espion** Ayant recouvré sa liberté (voir le problème 28 des problèmes supplémentaires de la fin du chapitre 2), l'espion conduit une jeep dans le désert de la petite principauté d'Alta Loma. Il est midi et il est à 32 km du point le plus proche sur une route goudronnée rectiligne. À 16 km de ce point se trouve une centrale électrique dans laquelle un groupe international de terroristes a placé une bombe à retardement réglée pour exploser à 12 h 50. La jeep peut rouler à 48 km/h dans le sable et à 80 km/h sur la route goudronnée. S'il atteint la centrale électrique dans le temps le plus court possible, combien de temps restera-t-il à notre héros pour désamorcer la bombe ?

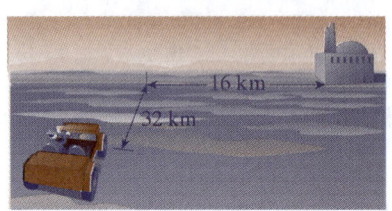

18. On veut fabriquer un récipient cylindrique sans couvercle qui doit contenir un volume fixe de liquide. Le coût du matériau utilisé pour le fond est de 50 ¢/cm² et le coût du matériau utilisé pour la face latérale est de 30 ¢/cm². À l'aide du calcul différentiel, trouver le rayon du récipient le moins coûteux.

19. **Expérience** Trouver les dimensions de la canette de Coke® de 355 cm³ que l'on peut fabriquer à l'aide de la plus petite quantité possible de métal. Comparer ces dimensions avec celles d'une canette de Coke de votre réfrigérateur. À votre avis, d'où vient la différence ?

20. On installe une fenêtre composée d'une partie rectangulaire et d'une partie ayant la forme d'un triangle équilatéral, comme à la figure 4.47. La partie rectangulaire est en verre transparent et laisse passer deux fois plus de lumière par mètre carré que la partie triangulaire, qui est en verre teinté. Si le périmètre de l'ensemble est de 6 m, quelles sont les dimensions de la fenêtre qui laisseront entrer le plus de lumière ?

FIGURE 4.47
Maximisation de la quantité de lumière

21. La figure 4.48 représente une lentille mince située à une distance p (en centimètres) d'un objet AB et à une distance q (en centimètres) de l'image RS de l'objet.

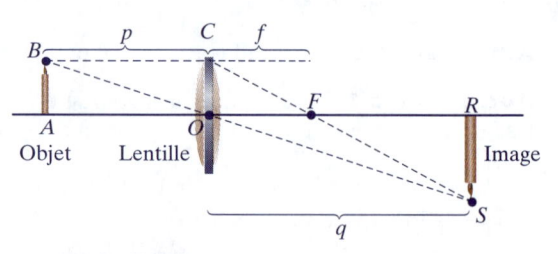

FIGURE 4.48
Image renvoyée par une lentille

La distance f entre le centre O de la lentille et le point F est appelé **distance focale** de la lentille.

a. À l'aide des triangles semblables, montrer que

$$\frac{1}{p} + \frac{1}{q} = \frac{1}{f}$$

b. Un fabricant d'objectifs veut avoir $p + q = 24$ cm. Quelle est la plus grande valeur de f satisfaisant à cette condition ?

22. **Problème de modélisation** Lorsqu'un système mécanique est au repos en position d'équilibre, son énergie potentielle est minimale par rapport à une petite variation de sa position. La figure 4.49 représente un système comprenant deux poulies, deux petits poids de masse m et un gros poids de masse M.

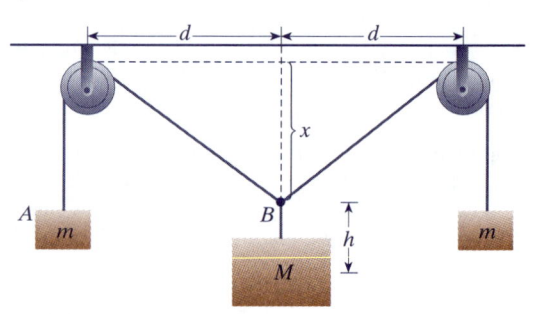

FIGURE 4.49
Système à poulies

L'énergie potentielle gravitationnelle U du système est représentée par

$$U = -Mg(x+h) - 2mg\left(L - \sqrt{x^2 + d^2}\right)$$

où x, h et d sont les distances indiquées à la figure 4.49 et où L est la longueur de la corde allant de A à B et passant sur la première poulie et g l'accélération gravitationnelle. Trouver la valeur de x pour laquelle U est minimale en considérant que tous les autres paramètres sont des constantes positives.

23. Si l'on néglige la résistance de l'air, on peut montrer que le jet d'eau sortant d'un tuyau d'incendie atteindra une hauteur y (en mètres) donnée par

$$y = -4{,}9\left(1+m^2\right)\left(\frac{x}{v}\right)^2 + mx$$

au-dessus d'un point situé à une distance x (en mètres) de la buse, où m est la pente de la buse et v la vitesse de l'eau lorsqu'elle quitte la buse (voir la figure 4.50). On suppose que v est une constante.

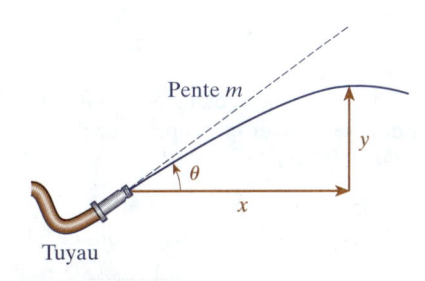

FIGURE 4.50

Jet d'eau sortant d'un tuyau d'incendie

a. Pour m fixe, déterminer la distance x qui donne une hauteur maximale.

b. Si l'on fait varier m et si le pompier se tient à une distance $x = x_0$ de la base d'un édifice en flammes, quel est le point le plus haut de l'édifice que puisse atteindre le pompier avec l'eau de son tuyau ?

24. Problème de modélisation On sait que l'eau se dilate et se contracte selon sa température. Des expériences de physique suggèrent qu'une quantité d'eau qui occupe un volume de 1 litre à 0 °C occupera un volume V (en litres) de

$$V(T) = 1 - (6{,}42 \times 10^{-5})T + (8{,}51 \times 10^{-6})T^2 - (6{,}79 \times 10^{-8})T^3$$

lorsque la température est T (en °C). À quelle température le volume $V(T)$ est-il minimal ?

25. On découpe des triangles d'aires égales dans un morceau de papier carré de 50 cm de côté, en laissant une figure en forme d'étoile que l'on peut plier pour former une pyramide, comme à la figure 4.51.

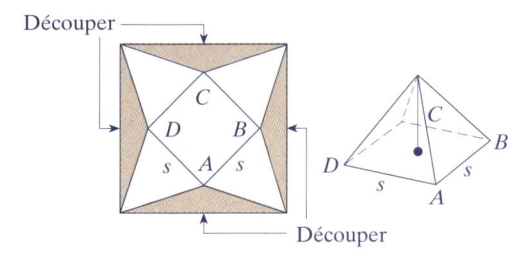

FIGURE 4.51

Construction d'une pyramide

Quel est le plus grand volume de la pyramide que l'on puisse former de cette manière ?

26. Le coût de production de x unités d'un produit est donné par $C(x) = \frac{1}{5}(x + 30)$ et le prix de vente p lorsque x unités sont produites est donné par $p(x) = \frac{70 - x}{x + 30}$. Déterminer le niveau de production qui rend le bénéfice maximal.

27. Problème de modélisation Un fabricant de jouets produit une poupée bon marché (Lola) et une poupée plus luxueuse (Sophie) par lots de x centaines et y centaines respectivement. On suppose qu'il est possible de produire les poupées de sorte que

$$y = \frac{82 - 10x}{10 - x}\ ;\ 0 \le x \le 8$$

et que la compagnie reçoit *le double*, lorsqu'elle vend une poupée Sophie, de ce qu'elle reçoit lorsqu'elle vend une poupée Lola. Trouver les niveaux de production pour x et y qui donnent le revenu total maximal découlant de la vente de ces poupées.

28. Un magasin vend des planches à roulettes au prix de 40 $ chacune. À ce prix-là, il s'en vend 45 par mois. Le propriétaire souhaite augmenter le prix et estime que pour chaque hausse de 1 $, il vendra chaque mois 3 planches de moins. Si chaque planche coûte 29 $ au magasin, à quel prix doit-il vendre les planches pour maximiser le bénéfice ?

29. Une agence de voyages organise une excursion à laquelle 100 personnes sont inscrites. Le prix d'un billet est de 2 000 $. Un avion de 150 places a été réservé pour 125 000 $. Les coûts supplémentaires pour l'agence sont les frais accessoires de 500 $ par personne. Pour chaque baisse de prix de 10 $, une nouvelle personne va s'inscrire. De combien faut-il baisser le prix du billet pour maximiser le bénéfice de l'agence de voyages ?

30. En Floride, un producteur d'agrumes évalue que s'il plante 60 orangers, le rendement moyen sera de 400 oranges par arbre et qu'il décroîtra de 4 oranges pour chaque arbre supplémentaire planté sur le même terrain. Combien d'arbres le producteur doit-il planter pour maximiser le rendement total ?

31. Un train de banlieue transporte chaque jour 600 passagers de la banlieue vers la ville. Le billet coûte 5 $ par personne. Une étude montre que 50 personnes supplémentaires prendront le train pour chaque réduction de 25 ¢ du tarif. À combien doit-on fixer le prix du billet pour maximiser le revenu total ?

32. Problème de modélisation Comme on construit de plus en plus de zones industrielles, on a de plus en plus besoin de normes pour limiter la pollution atmosphérique. On suppose que la pollution à un endroit donné dépend de la distance qui le sépare de la source de pollution, selon le principe suivant : pour les distances supérieures ou égales à 1 km, la concentration des particules (en parties par million) diminue de façon inversement proportionnelle à la distance. Cela signifie que si l'on habite à 3 km d'une usine qui émet 60 ppm, la pollution que l'on reçoit est $\frac{60}{3} = 20$ ppm. Par ailleurs, si l'on habite à 10 km de l'usine, la pollution est alors de $\frac{60}{10} = 6$ ppm. On suppose que deux usines distantes de 10 km libèrent respectivement 60 ppm et 240 ppm.

4.5 ■ Optimisation

En quel point entre les deux usines la pollution est-elle minimale ? En quel point est-elle maximale ?

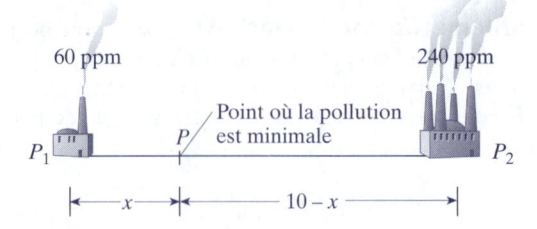

60 ppm   240 ppm
                Point où la pollution
P_1 P est minimale P_2
|←— x —→|←——— $10 - x$ ———→|

33. **Problème de modélisation** Lorsqu'on tousse, le diamètre de la trachée diminue. La vitesse v de l'air dans la trachée durant la toux peut être représentée par la formule

$$v = Ar^2(r_0 - r)$$

où A est une constante, r le rayon de la trachée durant la toux et r_0 le rayon de la trachée au repos, avec $0 \leq r \leq r_0$. Trouver le rayon de la trachée lorsque la vitesse est la plus grande et trouver la vitesse maximale de l'air.

Fonctions transcendantes à optimiser

34. Le bord inférieur d'une peinture murale de 2,5 m de haut est situé à 4 m au-dessus du sol. La lentille d'un appareil photographique fixé sur un trépied est à 1,2 m au-dessus du sol. À quelle distance du mur doit être placé l'appareil pour photographier la peinture sous le plus grand angle θ possible ?

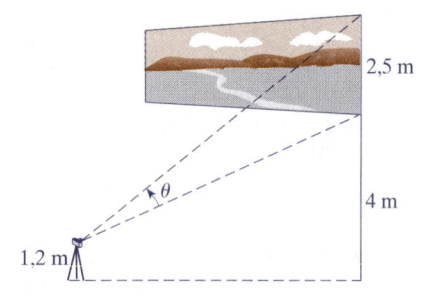

35. **Problème de modélisation** Une lampe de hauteur réglable est suspendue directement au-dessus du centre d'une table de cuisine circulaire de 2,5 m de diamètre. Modéliser l'éclairage I au bord de la table pour qu'il soit directement proportionnel au cosinus de l'angle θ et inversement proportionnel au carré de la distance d, θ et d étant tels que la figure 4.52 les représente.

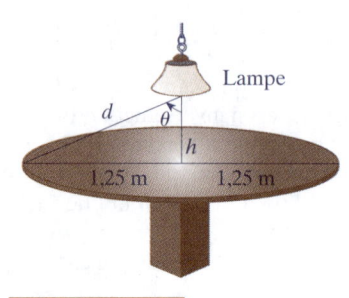

FIGURE 4.52
Éclairage d'une table de cuisine

a. Montrer que

$$I(\theta) = \frac{16k}{25} \cos\theta \sin^2\theta$$

et trouver $I'(\theta)$.

b. Montrer que $I'(\theta_0) = 0$ lorsque $\tan(\theta_0) = \sqrt{2}$. Que valent $\sin\theta_0$ et $\cos\theta_0$?

c. À quelle distance au-dessus de la table (au centimètre près) doit se trouver la lampe pour que l'éclairage soit maximal au bord de la table ?

36. On replie le coin inférieur droit d'une feuille de papier de manière à atteindre le bord gauche, comme à la figure 4.53.

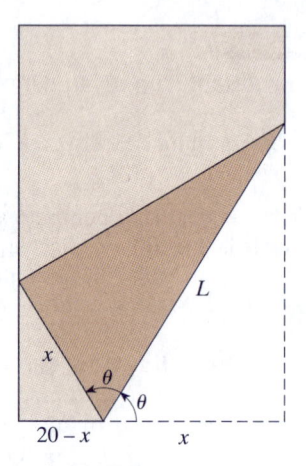

FIGURE 4.53
Pliage d'une feuille de papier

Si la feuille fait 20 cm de large et 30 cm de long, quelle est la plus petite longueur de pli L possible ? *Conseil :* Exprimer d'abord $\cos\theta$ et $\cos(2\theta)$ en fonction de x, puis utiliser l'identité trigonométrique

$$\cos(2\theta) = 2\cos^2\theta - 1$$

pour éliminer θ et exprimer L en fonction de x seulement.

37. Trouver la longueur du tuyau le plus long que l'on puisse transporter à l'horizontale dans un coin joignant deux couloirs d'une largeur de $2\sqrt{2}$ m, comme à la figure 4.54.

Conseil : Montrer que la longueur L peut s'écrire

$$L(\theta) = \frac{2\sqrt{2}}{\sin\theta} + \frac{2\sqrt{2}}{\cos\theta}$$

et trouver le minimum absolu de $L(\theta)$ sur un intervalle approprié.

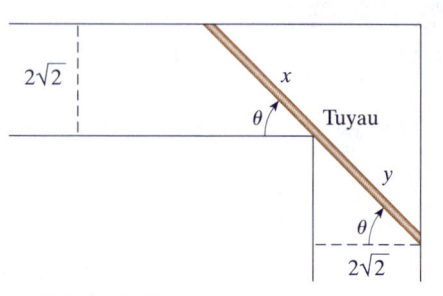

FIGURE 4.54
Problème de coin

204   Chapitre 4 ■ Applications de la dérivée

38. Une paire de chaussures coûte 50 $ à fabriquer. On estime que si elle est vendue au prix x (en dollars), les consommateurs achèteront approximativement

$$s(x) = 1\,000\, e^{-0,1x}$$

paires de chaussures par semaine. À quel prix doit-on vendre les chaussures pour maximiser le bénéfice ?

39. **Problème de modélisation** Les pigeons voyageurs volent rarement au-dessus de grandes étendues d'eau s'ils n'y sont pas forcés, sans doute parce qu'il faut plus d'énergie pour rester en altitude au-dessus de l'eau froide. On suppose qu'un pigeon est lâché d'un bateau flottant sur un lac à 3 km d'un point A de la côte et à 10 km du pigeonnier, comme à la figure 4.55.

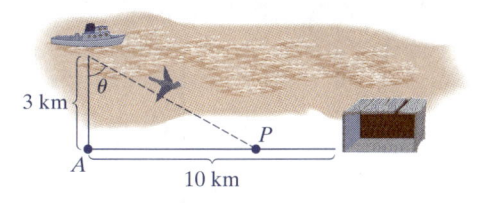

FIGURE 4.55
Trajectoire de vol d'un pigeon

Si le pigeon dépense deux fois plus d'énergie pour voler au-dessus de l'eau que pour voler au-dessus des terres et s'il suit une trajectoire qui minimise la dépense totale d'énergie, quel est l'angle θ de son cap lorsqu'il quitte le bateau ?

40. **Problème de modélisation** Nous avons montré dans cette section que la fonction de concentration de Heinz

$$C(t) = \frac{k}{b-a}\left(e^{-at} - e^{-bt}\right)$$

pour $b > a$, a exactement une valeur critique, qui est

$$t_c = \frac{1}{a-b}\ln\left(\frac{a}{b}\right)$$

Trouver $C''(t)$ et utiliser le test de la dérivée seconde pour montrer qu'un maximum relatif de la concentration $C(t)$ correspond à l'instant $t = t_c$.

41. **Problème de modélisation** Un joint universel est un couplage utilisé dans les automobiles et d'autres systèmes mécaniques pour transmettre un mouvement de rotation d'un arbre à un autre, les deux arbres n'étant pas alignés. Dans un modèle conçu pour étudier les propriétés mécaniques du joint universel, la vitesse angulaire $\beta(t)$ (en rad/s) de l'arbre de sortie (commandé) est donnée par la formule

$$\beta(t) = \frac{\alpha \cos \gamma}{1 - \sin^2 \gamma \sin^2(\alpha t)}$$

où α (en rad/s) est la vitesse angulaire de l'arbre d'entrée (d'entraînement) et γ l'angle (en radians) entre les deux arbres, comme à la figure 4.56[*]. Quelles sont la plus grande et la plus petite valeur de $\beta(t)$ si α et γ sont des constantes positives ?

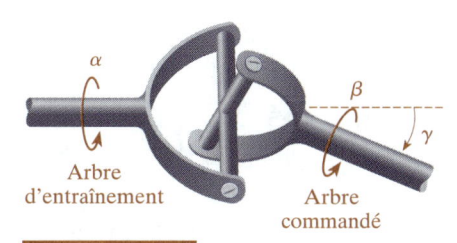

FIGURE 4.56
Joint universel

---

[*] Thomas O'Neil, « A Mathematical Model of a Universal Joint », UMAP Modules 1982 : Tools for Teaching, Lexington, MA : Consortium for Mathematics and Its Applications, Inc., 1983, p. 393-405.

PROBLÈMES RÉCAPITULATIFS

Contrôle des connaissances

Problèmes théoriques

1. Quelle est la différence entre les extremums absolus et les extremums relatifs d'une fonction ?

2. Énoncer le théorème des valeurs extrêmes.

3. Qu'entend-on par « valeurs critiques d'une fonction » ? Quelle est la différence entre les valeurs critiques et les points critiques ?

4. Décrire une méthode permettant de trouver les extremums absolus d'une fonction continue sur un intervalle fermé $[a, b]$.

5. Énoncer le test de la dérivée première.

6. Énoncer le test de la dérivée seconde.

7. Qu'est-ce qu'une asymptote ?

8. Définir par une phrase complète $\lim\limits_{x \to +\infty} f(x) = L$ et $\lim\limits_{x \to c} f(x) = +\infty$.

9. Décrire la marche à suivre pour tracer le graphe d'une fonction définie par $y = f(x)$.

10. Qu'entend-on par «optimisation»? Décrire le processus d'optimisation.

Problèmes pratiques

Problèmes 11 à 16: Faire l'analyse complète de chaque fonction puis tracer son graphe.

Fonctions algébriques

11. $f(x) = x^3 + 3x^2 - 9x + 2$

12. $f(x) = x^{1/3}(27 - x)$

13. $f(x) = \dfrac{x^2 - 1}{x^2 - 4}$

Fonctions transcendantes

14. $f(x) = (x^2 - 3)e^{-x}$

15. $f(x) = x + \arctan x$

16. $f(x) = \sin^2 x - 2\cos x$; sur $[0, 2\pi]$

17. Déterminer la plus grande et la plus petite valeur de $f(x) = x^4 - 2x^5 + 5$ sur l'intervalle fermé $[0, 1]$.

18. Trouver l'aire du plus grand rectangle que l'on puisse inscrire dans le demi-cercle défini par l'équation
$$y = \sqrt{a^2 - x^2}$$
pour $a > 0$ fixe.

Problèmes supplémentaires

Problèmes 1 à 10: Faire l'analyse complète de chaque fonction puis tracer son graphe.

Fonctions algébriques

1. $f(x) = x^3 + 6x^2 + 9x - 1$

2. $f(x) = 3x^4 - 4x^3 + 1$

3. $f(x) = \dfrac{9 - x^2}{3 + x^2}$

4. $f(x) = \dfrac{x^2 - 4}{x^2}$

5. $f(x) = \dfrac{x^2 + 2x - 3}{x^2 - 3x + 2}$

Fonctions transcendantes

6. $f(x) = \sin(2x) - \sin x$; sur $[-\pi, \pi]$

7. $f(x) = \sin x \sin(2x)$; sur $[-\pi, \pi]$

8. $f(x) = x^2 \ln(\sqrt{x})$

9. $f(x) = x(e^{-2x} + e^{-x})$

10. $f(x) = \dfrac{5}{1 + e^{-x}}$

Problèmes 11 à 14: Le graphe de la fonction donnée $f(x)$ pour $x > 0$ est l'une des six courbes représentées à la figure 4.57. Dans chaque cas, trouver le graphe qui correspond à la fonction.

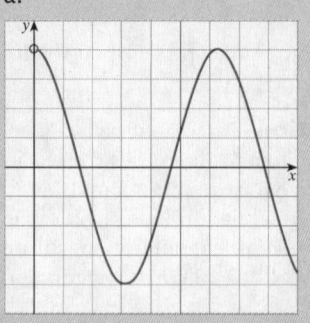

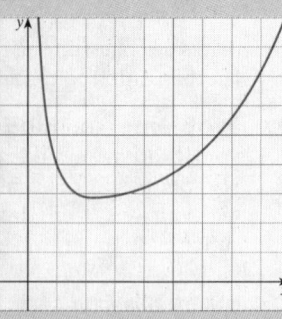

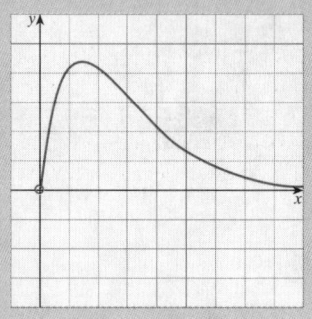

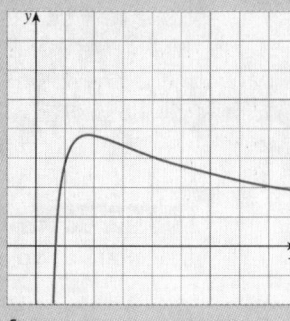

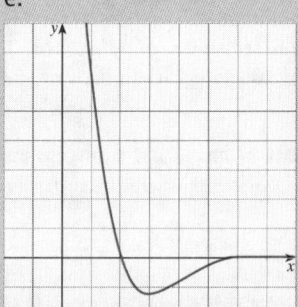

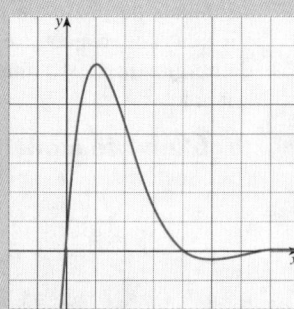

FIGURE 4.57

Problèmes 11 à 14

11. $f(x) = x(2^{-x})$

12. $f(x) = \dfrac{\ln(\sqrt{x})}{x}$

13. $f(x) = \dfrac{e^x}{x}$

14. $f(x) = e^{-x} \sin x$

Problèmes 15 et 16: Déterminer la valeur maximale et la valeur minimale de chaque fonction sur l'intervalle donné.

15. $f(x) = x^4 - 8x^2 + 12$; sur $[-1, 2]$

16. $f(x) = \sqrt{x}(x - 5)^{1/3}$; sur $[0, 6]$

17. Déterminer les nombres a, b et c tels que le graphe de $f(x) = ax^3 + bx^2 + c$ ait un point d'inflexion et une pente égale à 1 au point $(-1, 2)$.

18. **Autrement dit?** Expliquer pourquoi le graphe d'une fonction polynomiale de degré 2 ne peut avoir de point d'inflexion. Combien de points d'inflexion a le graphe d'une fonction polynomiale de degré 3?

19. Un immeuble résidentiel comprend 200 appartements. Lorsque le loyer mensuel est de 600 $, tous les logements sont occupés. L'expérience montre que pour chaque augmentation de loyer de 20 $ par mois, 5 appartements vont rester vacants. Chaque appartement loué coûte au propriétaire de l'immeuble 80 $ par mois d'entretien. Quel loyer mensuel celui-ci doit-il demander pour maximiser son bénéfice ? Quel est le bénéfice maximal ? Combien de logements sont loués lorsque le bénéfice est maximal ?

20. Un agriculteur veut clôturer une prairie rectangulaire avec 320 m de clôture. Trouver les dimensions qui donnent l'aire maximale dans les cas suivants :
  a. La clôture ferme les quatre côtés de la prairie.
  b. La clôture est posée sur trois côtés, le quatrième côté étant fermé par un mur.

21. Problème de modélisation Le pétrole provenant d'une plate-forme de forage située à 3 km de la côte doit être pompé jusqu'à un endroit de la côte situé à 8 km à l'est de la plate-forme. Le coût d'installation d'un pipeline dans l'océan est 1,5 fois plus élevé que sur terre. Élaborer et analyser un modèle permettant de déterminer comment disposer le pipeline pour minimiser les coûts.

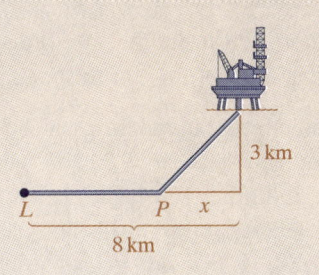

22. Une entreprise qui fabrique des téléphones a mis au point un nouveau téléphone cellulaire. L'analyse de production montre que le prix de ce dernier ne doit pas être inférieur à 50 $. Si x appareils sont vendus, le prix de l'unité est donné par la formule $p(x) = 150 - x$. Le coût total de fabrication de x téléphones est donné par la formule $C(x) = 2\,500 + 30x$. Trouver le bénéfice maximal et déterminer le prix auquel l'appareil doit être vendu pour que le bénéfice soit maximal.

23. Problème de modélisation Le directeur du personnel d'un grand magasin estime que si N vendeurs sont embauchés temporairement pour la saison des fêtes, le revenu net total (en centaines de dollars) découlant de leurs efforts peut être modélisé par la fonction

$$R(N) = -3N^4 + 50N^3 - 261N^2 + 540N$$

pour $0 \leq N \leq 9$. Combien de vendeurs doivent être embauchés pour que le revenu net total soit maximal ?

24. Trouver le point d'inflexion de la courbe d'équation $y = (x+1)\arctan x$.

PROJET DE RECHERCHE EN GROUPE

La capacité d'un tonneau de vin*

Johannes Kepler (1571-1630) est connu pour ses travaux en astronomie, et en particulier pour avoir énoncé les trois lois du mouvement planétaire. Tycho Brahe (1546-1601) travaillait pour l'empereur allemand Rodolphe II, à Prague, en 1599. Il demanda à Kepler de se joindre à lui. Cette collaboration fut heureuse selon l'historien Burton, qui la décrit en ces termes : « Tycho était un splendide observateur mais un mathématicien médiocre, alors que Kepler était un splendide mathématicien mais un mauvais observateur. » Comme il était protestant à une époque où la plupart des intellectuels se devaient d'être catholiques, Kepler avait du mal à subvenir à ses besoins. C'est pourquoi il travailla pour de nombreux bienfaiteurs. Alors qu'il était au service de l'empereur Mathias II, il observa avec admiration la facilité et la rapidité avec lesquelles un jeune marchand de vin arrivait à donner les capacités de différents barils. Il en donne une description dans son ouvrage *The New Stereometry of Wine Barrels, Mostly Austrian*.

JOHANNES KEPLER (1571-1630)

Un tonneau de vin est percé, au milieu de sa surface latérale, d'un trou appelé **trou de bonde**. Pour déterminer le volume de vin qu'il contient, on introduit une **jauge de bonde** qu'on enfonce jusqu'à ce qu'elle atteigne le joint inférieur, comme sur le dessin. Déterminer comment étalonner cette jauge pour qu'elle mesure le volume de vin contenu dans le tonneau.

Il faut faire les hypothèses suivantes :

1. Le tonneau est cylindrique.
2. La distance entre le trou de bonde et le joint est λ.
3. Le rapport entre la hauteur et le diamètre du tonneau est t. Il doit être choisi de telle sorte que, pour une valeur λ donnée, le volume du tonneau soit maximal.

Le travail ne doit pas se limiter aux questions suivantes, mais il doit entre autres montrer que le volume du tonneau cylindrique est $V = 2\pi\lambda^3 t(4+t^2)^{-3/2}$ et déterminer la valeur idéale approximative de t. Johannes Kepler fut la première personne à montrer mathématiquement pourquoi les tonneliers utilisaient la règle suivante lors de la construction des tonneaux de vin : *faire les douves* (les planches qui forment les côtés du tonneau) *de longueur égale à une fois et demie le diamètre* (c'est la valeur approximative de t). Le travail donnera également les dimensions du tonneau et de la jauge de bonde.

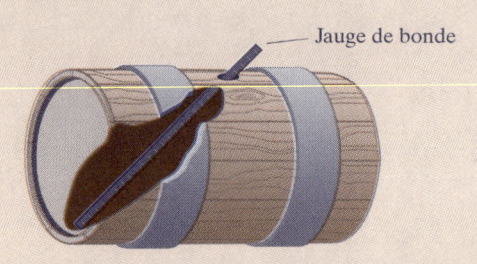

Jauge de bonde

---

* L'idée de ce projet de recherche en groupe vient d'une recherche effectuée à l'Université de l'État d'Iowa dans le cadre d'une bourse de la National Science Foundation. Nous remercions Elgin Johnston, de l'Université de l'État d'Iowa.

CHAPITRE 5

Autres applications de la dérivée

$t = 0$
$h_0 = 54$ m
$v_0 = 29$ m/s

$t = 2,96$ s
$h = 96,9$ m
$v = 0$

54 m

$t = 7,41$ s
$h = 0$
$v = -43,6$ m/s

SOMMAIRE

5.1 Taux de variation
  Taux de variation (aperçu géométrique)
  Taux de variation moyen et instantané
  Mouvement rectiligne (modélisation physique)
  Problème de la chute de corps
  Taux de variation relatif

5.2 Taux de variation liés et applications

5.3 Approximation linéaire et différentielles
  Approximation de la tangente
  Différentielle
  Calcul d'incertitude
  Analyse marginale en économie
  Méthode de Newton-Raphson pour le calcul approché des racines

Problèmes récapitulatifs

Projet de recherche en groupe
  Le chaos

INTRODUCTION

Dans ce chapitre, nous verrons que la dérivée peut également servir à évaluer des taux de variation instantanés et à effectuer des approximations linéaires et des calculs d'incertitude sur des mesures. Le problème de la chute de corps en physique et l'analyse marginale en économie sont des exemples d'applications que nous examinerons.

5.1 Taux de variation

DANS CETTE SECTION : taux de variation (aperçu géométrique), taux de variation moyen et instantané, mouvement rectiligne (modélisation physique), problème de la chute de corps, taux de variation relatif

Taux de variation (aperçu géométrique)

Le graphe d'une fonction linéaire $f(x) = ax + b$ est la droite d'équation $y = ax + b$, dont la pente $m = a$ peut être envisagée comme le taux de variation instantané de y par rapport à x (voir la figure 5.1a). Toutefois, pour une fonction g qui *n'est pas* linéaire, le taux de variation instantané de $y = g(x)$ par rapport à x varie d'un point à l'autre, comme à la figure 5.1b.

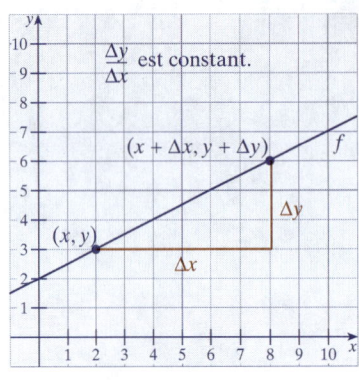

a. Fonction linéaire : le taux de variation $\Delta y/\Delta x$ est constant.

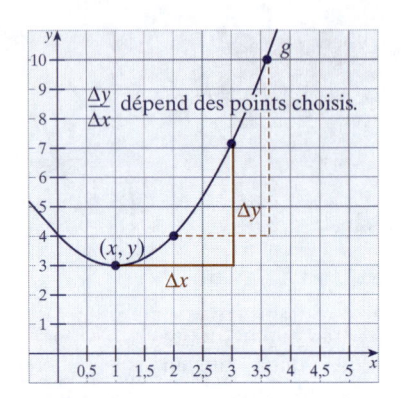

b. Fonction non linéaire : le taux de variation $\Delta y/\Delta x$ dépend des points choisis.

FIGURE 5.1
Le taux de variation instantané d'une fonction correspond à la pente de la tangente à la courbe.

Comme la pente de la tangente est donnée par la dérivée de la fonction, les observations géométriques qui précèdent suggèrent que le taux de variation instantané d'une fonction est donné par sa dérivée. Nous allons maintenant approfondir cette idée.

Taux de variation moyen et instantané

Soit y, une fonction de x, c'est-à-dire que $y = f(x)$. À toute variation de x à $x + \Delta x$, on peut faire correspondre une variation de la variable y de $f(x)$ à $f(x + \Delta x)$. La variation de y est $\Delta y = f(x + \Delta x) - f(x)$, et le **taux de variation moyen** de y par rapport à x est

⚠ Cette formule donnant la variation de y est importante. Identifier Δy à la figure 5.2.

$$\text{TAUX DE VARIATION MOYEN} = \frac{\text{variation de } y}{\text{variation de } x} = \frac{\Delta y}{\Delta x} = \frac{f(x + \Delta x) - f(x)}{\Delta x}$$

210   Chapitre 5 ▪ Autres applications de la dérivée

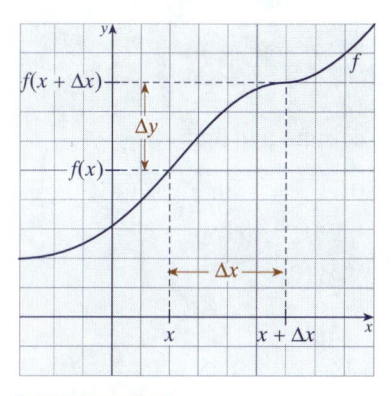

FIGURE 5.2

Variation Δy correspondant à une variation Δx

Au fur et à mesure que l'intervalle sur lequel on calcule le taux de variation moyen diminue (c'est-à-dire lorsque $\Delta x \to 0$), le taux de variation moyen s'approche de ce que nous appelons intuitivement le **taux de variation instantané** de y par rapport à x et de la dérivée $\dfrac{dy}{dx}$. On a donc

$$\text{TAUX DE VARIATION INSTANTANÉ} = \lim_{\Delta x \to 0} \frac{\Delta y}{\Delta x} = \lim_{\Delta x \to 0} \frac{f(x + \Delta x) - f(x)}{\Delta x} = f'(x)$$

Taux de variation instantané

Supposons que $f(x)$ soit dérivable en $x = x_0$. Le **taux de variation instantané** de $y = f(x)$ par rapport à x en x_0 est donc la valeur de la dérivée de f en x_0, c'est-à-dire

$$\text{TAUX DE VARIATION INSTANTANÉ} = f'(x_0) = \left.\frac{dy}{dx}\right|_{x=x_0}$$

EXEMPLE 1 Taux de variation instantané

Trouver le taux auquel la fonction $y = \dfrac{x}{x+1}$ varie lorsque $x = 1$.

Solution Pour toute valeur de x, le taux de variation instantané de la fonction est donné par sa dérivée :

$$\frac{dy}{dx} = \frac{(x+1)(1) - x(1)}{(x+1)^2} = \frac{1}{(x+1)^2}$$

Lorsque $x = 1$, ce taux est

$$\left.\frac{dy}{dx}\right|_{x=1} = \frac{1}{4}$$

Le signe positif indique que lorsque $x = 1$, la fonction est *croissante*. La fonction croît de 0,25 unités de y pour chaque accroissement d'une unité de x.

Considérons un exemple faisant intervenir à la fois le taux de variation moyen et le taux de variation instantané.

EXEMPLE 2 Comparaison entre le taux de variation moyen et le taux de variation instantané

Soit $f(x) = x^2 - 4x + 7$.

a. Trouver le taux de variation instantané de f en $x = 3$.
b. Trouver le taux de variation moyen de f entre $x = 3$ et $x = 5$.

Solution

a. La dérivée de la fonction est

$$f'(x) = 2x - 4$$

Le taux de variation instantané de f en $x = 3$ est donc

$$f'(3) = 2(3) - 4 = 2$$

La tangente à la courbe en $x = 3$ a pour pente 2, comme à la figure 5.3.

b. On trouve le taux de variation moyen entre $x = 3$ et $x = 5$ en divisant la variation de f par la variation de x. La variation de f entre $x = 3$ et $x = 5$ est

$$f(5) - f(3) = [5^2 - 4(5) + 7] - [3^2 - 4(3) + 7] = 8$$

Le taux de variation moyen est donc

$$\frac{f(5) - f(3)}{5 - 3} = \frac{8}{2} = 4$$

Ce dernier correspond à la pente de la droite sécante, comme à la figure 5.3.

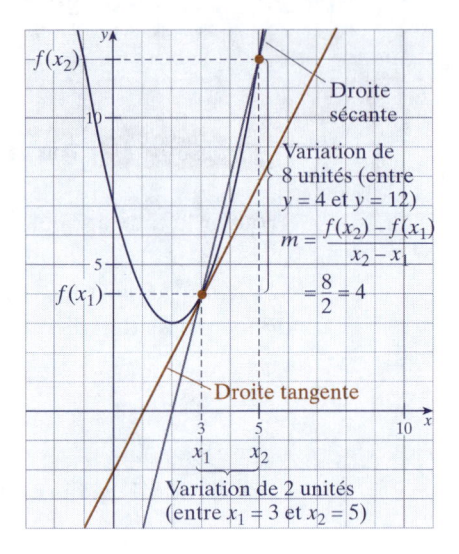

FIGURE 5.3

Comparaison entre le taux de variation instantané et le taux de variation moyen de x_1 à x_2

MOUVEMENT RECTILIGNE (MODÉLISATION PHYSIQUE)

Un mouvement est qualifié de rectiligne lorsqu'il s'effectue le long d'une droite. Citons en exemples le va-et-vient vertical d'un yo-yo et le mouvement d'une fusée juste après la mise à feu des moteurs.

Lorsqu'on étudie le mouvement rectiligne, on suppose que l'objet se déplace sur un axe gradué. La *position* de l'objet sur cet axe est fonction du temps t et s'exprime souvent sous la forme $s(t)$. Le taux de variation de $s(t)$ par rapport au temps est la **vitesse** $v(t)$ de l'objet et le taux de variation de la vitesse par rapport au temps est son **accélération** $a(t)$.

$$\text{La vitesse est } v(t) = \frac{ds}{dt}$$

$$\text{L'accélération est } a(t) = \frac{dv}{dt} = \frac{d^2s}{dt^2}$$

Tous les mouvements ne sont pas rectilignes, cela va de soi ! Toutefois, les mouvements complexes sont décomposés de manière à être représentés dans un système comportant trois axes perpendiculaires, chaque axe possédant un nom que l'on précise à l'aide d'un indice. En ce sens, l'étude du mouvement rectiligne sert de point de départ à l'étude de tous les types de mouvements.

Si $v(t) > 0$, on dit que l'objet *avance* et si $v(t) < 0$, on dit qu'il *recule*. Si $v(t) = 0$, l'objet n'est ni en train d'avancer ni en train de reculer et on dit qu'il est *immobile* ou *au repos*.

Dans certaines situations, on s'intéresse uniquement à la valeur absolue de la vitesse. Le signe n'a alors pas d'importance et on parle de la **vitesse scalaire** :

$$\text{La vitesse scalaire est } |v(t)| = \left|\frac{ds}{dt}\right|$$

Dans la langue anglaise, cette distinction entre la vitesse et la vitesse scalaire est mise en évidence par l'utilisation de deux termes différents : *velocity* (vitesse) et *speed* (vitesse scalaire).

L'objet accélère lorsque $a(t) \neq 0$. Quand l'accélération et la vitesse sont de même signe, la vitesse scalaire augmente. Quand elles sont de signes opposés, la vitesse scalaire diminue. Dans ce dernier cas, on parle de *décélération*.

Ces notions sont résumées dans l'encadré ci-dessous.

Le mouvement rectiligne fait intervenir la *position*, la *vitesse* et l'*accélération*. Il y a parfois confusion entre les termes « vitesse scalaire » et « vitesse ». Comme la vitesse scalaire est la valeur absolue de la vitesse, elle indique que l'objet bouge plus ou moins rapidement, tandis que la vitesse indique en plus dans quelle direction (par rapport à un système d'axes) l'objet se dirige.

Mouvement rectiligne

Un objet qui se déplace le long d'un axe rectiligne a pour *position* $s(t)$, pour *vitesse* $v(t) = \dfrac{ds}{dt}$ et pour *accélération* $a(t) = \dfrac{dv}{dt} = \dfrac{d^2s}{dt^2}$ lorsque ces dérivées existent. La *vitesse scalaire* de l'objet est $|v(t)|$.

Remarque sur la notation

Si la distance est mesurée en mètres et le temps en secondes, la vitesse est mesurée en mètres par seconde (m/s) et l'accélération en mètres par seconde par seconde (m/s/s). La notation m/s/s n'étant pas commode, on utilise couramment m/s^2.

À bord d'un véhicule en mouvement, qu'il s'agisse d'un hors-bord ou d'une fusée, on ne sent pas la vitesse mais on sent l'accélération. Autrement dit, on sent les *variations de vitesse*.

EXEMPLE 3 La position, la vitesse et l'accélération d'un objet en mouvement

On suppose que la position s (en mètres) à l'instant t (en secondes) d'un objet en mouvement le long d'un axe est donnée par

$$s(t) = 3t^3 - 40,5t^2 + 162t$$

t appartenant à l'intervalle $[0, 8]$. Trouver la position initiale, la vitesse et l'accélération de l'objet et analyser le mouvement.

Solution La position à l'instant t est donnée par la fonction s. La position initiale correspond à l'instant $t = 0$, de sorte que

$$s(0) = 0 \qquad \text{L'objet part de l'origine.}$$

La vitesse est donnée par la dérivée de la fonction de position :

$$\begin{aligned} v(t) = s'(t) &= 9t^2 - 81t + 162 \\ &= 9(t^2 - 9t + 18) \\ &= 9(t-3)(t-6) \end{aligned}$$

La vitesse initiale est $v(0) = 162$ m/s. Lorsque $t = 3$ et lorsque $t = 6$, la vitesse v est égale à 0, ce qui signifie que *l'objet est immobile* à ces instants. De plus,

$$v(t) > 0 \text{ sur } [0, 3[\quad \text{L'objet avance.}$$
$$v(t) < 0 \text{ sur }]3, 6[\quad \text{L'objet recule.}$$
$$v(t) > 0 \text{ sur }]6, 8] \quad \text{L'objet avance.}$$

Pour l'accélération,

$$a(t) = s''(t) = v'(t) = 18t - 81$$
$$= 18(t - 4,5)$$

L'accélération initiale est $a(0) = -81$ m/s^2.

On voit que :

$$a(t) < 0 \text{ sur } [0, 4,5[\quad \text{La vitesse décroît.}$$
$$a(t) = 0 \text{ pour } t = 4,5$$
$$a(t) > 0 \text{ sur }]4,5, 8] \quad \text{La vitesse augmente.}$$

Rappelons que la *vitesse scalaire* de l'objet est la valeur absolue de sa vitesse. Dans le cas étudié, la vitesse scalaire diminue de 162 m/s à 0 entre $t = 0$ et $t = 3$, puis augmente de 0 à 20,25 m/s entre $t = 3$ et $t = 4,5$. Ensuite, pour $4,5 \leq t \leq 6$, elle passe de 20,25 m/s à 0. Enfin, elle augmente de 0 à 90 entre $t = 6$ et $t = 8$. Il y a donc décélération durant les intervalles $]0, 3[$ et $]4,5, 6[$, ce qui se voit clairement à la figure 5.4.

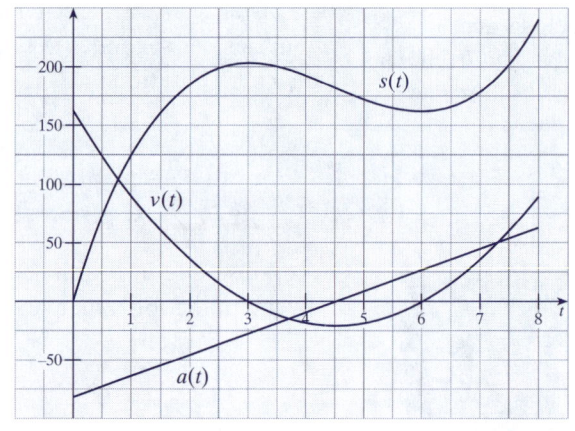

L'axe vertical de la figure indique des m, des m/s ou m/s^2 selon la variable qu'on observe.

FIGURE 5.4

Graphes combinés de la position, de la vitesse et de l'accélération

PROBLÈME DE LA CHUTE DE CORPS

En guise de deuxième exemple de mouvement rectiligne, nous allons étudier un *problème de chute de corps*. Dans ce genre de problème, on suppose qu'un objet est projeté (c'est-à-dire lancé, tiré, lâché, etc.) verticalement. En négligeant la friction de l'air, on considère qu'il n'est soumis qu'à l'accélération gravitationnelle, constante et orientée vers le bas. La valeur g de cette accélération, à proximité du niveau de la mer, est voisine de 9,8 m/s². À l'instant t, la hauteur de l'objet, mesurée sur un axe orienté vers le haut, est donnée par la formule suivante :

$$h(t) = -\tfrac{1}{2}gt^2 + v_0 t + h_0$$

où v_0 est la vitesse initiale, h_0 est la hauteur initiale, et g est la grandeur de l'accélération gravitationnelle.

où h_0 et v_0 sont respectivement la hauteur initiale (généralement par rapport au sol) et la vitesse initiale de l'objet. Le signe négatif du terme de l'accélération découle de sa direction.

EXEMPLE 4 — Position, vitesse et accélération d'un corps en chute libre

Supposons qu'une personne se tenant au sommet de la tour de Pise (de 54 m de hauteur) lance une balle vers le haut à la verticale avec une vitesse initiale de 29 m/s.

a. Trouver la hauteur de la balle, sa vitesse et son accélération à l'instant t.

b. À quel instant la balle touche-t-elle le sol et quelle est alors sa vitesse ?

c. Quelle distance parcourt la balle entre l'instant où elle est lancée et celui où elle touche le sol ?

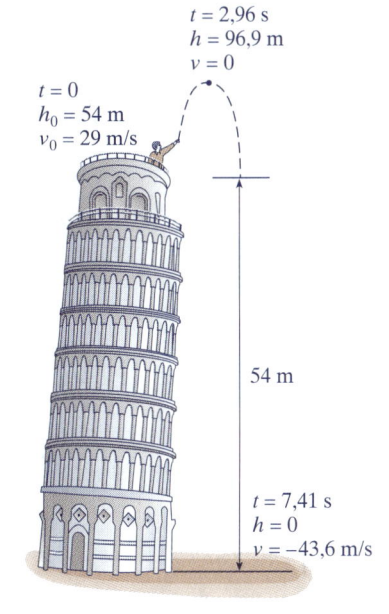

Solution Pour bien comprendre le problème, faisons tout d'abord un dessin, comme celui de la figure 5.5.

a. Dans la formule donnant la hauteur d'un objet projeté, remplaçons les variables par les valeurs connues :

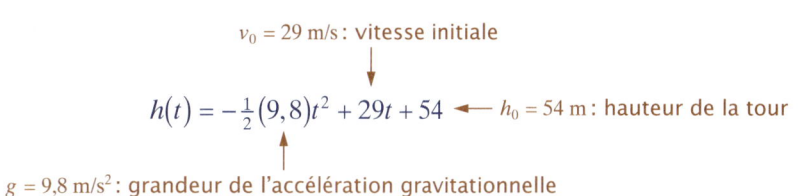

$$h(t) = -\tfrac{1}{2}(9,8)t^2 + 29t + 54$$

où $v_0 = 29$ m/s : vitesse initiale ; $h_0 = 54$ m : hauteur de la tour ; $g = 9,8$ m/s² : grandeur de l'accélération gravitationnelle.

La position, ou fonction position, qui donne la hauteur de la balle est donc

$$h(t) = -4,9t^2 + 29t + 54$$

La vitesse à l'instant t est égale à la dérivée de la fonction position :

$$v(t) = \frac{dh}{dt} = -9,8t + 29$$

L'accélération est la dérivée de la fonction vitesse :

$$a(t) = \frac{dv}{dt} = \frac{d^2h}{dt^2} = -9,8$$

Cela signifie que la vitesse de la balle diminue constamment au taux de 9,8 m/s².

FIGURE 5.5

Mouvement d'une balle lancée vers le haut depuis le sommet de la tour de Pise.

$t = 0$, $h_0 = 54$ m, $v_0 = 29$ m/s
$t = 2{,}96$ s, $h = 96{,}9$ m, $v = 0$
$t = 7{,}41$ s, $h = 0$, $v = -43{,}6$ m/s
54 m

b. La balle touche le sol lorsque $h(t) = 0$. Les racines de l'équation

$$-4,9t^2 + 29t + 54 = 0$$

sont $t \approx -1,49$ s et $t \approx 7,41$ s. La valeur négative étant à écarter, on voit que l'impact a lieu à $t \approx 7,41$ s. La vitesse est alors

$$v(7,41) \approx -43,6 \text{ m/s}$$

Le signe négatif signifie que la balle se déplace vers le bas au moment de l'impact.

c. La balle se déplace vers le haut pendant un certain temps puis tombe en direction du sol, comme à la figure 5.5 (p. 215). Pour connaître la distance totale parcourue, il faut additionner la distance parcourue vers le haut et celle parcourue en direction du sol. Le point où le mouvement change de direction (le point le plus élevé) correspond à l'instant où la vitesse est nulle. L'équation

$$-9,8t + 29 = 0$$

est vérifiée lorsque $t = 2,96$ s. La balle part de $h(0) = 54$ m et atteint sa hauteur maximale lorsque $t = 2,96$ s. La hauteur maximale est donc

$$h(2,96) = -4,9(2,96)^2 + 29(2,96) + 54 = 96,9$$

et la distance totale parcourue est

Distance vers le haut   Distance vers le bas

$$(96,9 - 54) + 96,9 = 139,8$$

Hauteur initiale

La distance totale parcourue est donc 139,8 m.

TAUX DE VARIATION RELATIF

Le taux de variation instantané d'une quantité est souvent moins intéressant que le taux de variation relatif, défini par :

$$\text{TAUX RELATIF} = \frac{\text{TAUX DE VARIATION INSTANTANÉ}}{\text{VALEUR INITIALE DE LA QUANTITÉ}}$$

Ainsi, un employé dont le salaire annuel est de 5 000 $ sera probablement très heureux de recevoir une augmentation de 1 000 $. Mais s'il gagnait 100 000 $ par an, il la recevrait quasiment comme une insulte. La variation est la même. Mais dans le premier cas, le taux de variation relatif est $1000/5000 = 20\,\%$, alors que dans le deuxième cas, il n'est plus que de $1000/100\,000 = 1\,\%$.

Le taux de variation relatif peut être défini à partir de la dérivée.

Taux de variation relatif

Le **taux de variation relatif** de $y = f(x)$ en $x = x_0$ est donné par

$$\text{TAUX DE VARIATION RELATIF} = \frac{f'(x_0)}{f(x_0)}$$

EXEMPLE 5 Taux de variation relatif

La capacité d'aérobie d'une personne d'âge x (en années) est

$$A(x) = 110 \left[\frac{\ln x - 2}{x} \right]$$

Quel est le taux de variation relatif de la capacité d'aérobie d'une personne de 20 ans et d'une personne de 50 ans ?

Solution En appliquant la règle du quotient, on obtient la dérivée de $A(x)$:

$$A'(x) = 110 \left[\frac{x(1/x) - (\ln x - 2)(1)}{x^2} \right] = 110 \left[\frac{3 - \ln x}{x^2} \right]$$

Par conséquent, le taux de variation relatif de A à l'âge x est

$$\text{TAUX RELATIF} = \frac{A'(x)}{A(x)} = \frac{110 \left[\dfrac{3 - \ln x}{x^2} \right]}{110 \left[\dfrac{\ln x - 2}{x} \right]} = \frac{3 - \ln x}{(\ln x - 2)x}$$

En particulier, si $x = 20$, le taux relatif est

$$\frac{A'(20)}{A(20)} = \frac{3 - \ln 20}{(\ln 20 - 2)20} \approx 0,000214$$

Autrement dit, à 20 ans, la capacité d'aérobie augmente de 0,021 % par an. À 50 ans, le taux relatif est

$$\frac{A'(50)}{A(50)} = \frac{3 - \ln 50}{(\ln 50 - 2)50} \approx -0,00954$$

Cela signifie qu'à cet âge la capacité d'aérobie *diminue* (à cause du signe négatif) de 0,95 % par an.

Problèmes 5.1

A

Problèmes 1 à 9 : Pour chaque fonction f donnée, trouver le taux de variation instantané par rapport à x lorsque $x = x_0$.

Fonctions algébriques

1. $f(x) = x^2 - 3x + 5$; lorsque $x_0 = 2$
2. $f(x) = \dfrac{-2}{x+1}$; lorsque $x_0 = 1$
3. $f(x) = \dfrac{2x-1}{3x+5}$; lorsque $x_0 = -1$
4. $f(x) = (x^2 + 2)(x + \sqrt{x})$; lorsque $x_0 = 4$
5. $f(x) = \dfrac{x^2}{x^2 + 1}$; lorsque $x_0 = 1$
6. $f(x) = \left(x - \dfrac{2}{x}\right)^2$; lorsque $x_0 = 1$

Fonctions transcendantes

7. $f(x) = x \cos x$; lorsque $x_0 = \pi$
8. $f(x) = x \ln \sqrt{x}$; lorsque $x_0 = 1$
9. $f(x) = x^2 e^{-x}$; lorsque $x_0 = 0$

Problèmes 10 à 14 : La fonction $s(t)$ donne la position (en mètres) d'un objet en mouvement rectiligne durant un intervalle de temps t (en secondes). Dans chaque cas :
  a. Trouver la vitesse à l'instant t.
  b. Trouver l'accélération à l'instant t.
  c. Décrire le mouvement de l'objet ; dire si l'objet avance ou s'il recule. Calculer la distance totale parcourue par l'objet durant l'intervalle de temps indiqué.
  d. Trouver, s'il y a lieu, les intervalles d'accélération et de décélération.

Fonctions algébriques

10. $s(t) = t^2 - 2t + 6$; sur $[0, 2]$
11. $s(t) = t^3 - 9t^2 + 15t + 25$; sur $[0, 6]$
12. $s(t) = \dfrac{2t+1}{t^2}$; pour $1 \leq t \leq 3$

Fonctions transcendantes

13. $s(t) = t^2 + t \ln t$; pour $1 \leq t \leq e$
14. $s(t) = 3 \cos t$; pour $0 \leq t \leq 2\pi$

B

Problèmes de modélisation (15 à 36)

Fonctions algébriques

15. Une particule en mouvement sur l'axe des x a pour position
$$s(t) = 2t^3 + 3t^2 - 36t + 40$$
où s est en mètres et t en secondes.
  a. Trouver la vitesse de la particule à l'instant t.
  b. Trouver l'accélération à l'instant t.
  c. Quelle est la distance totale parcourue par la particule durant les 3 premières secondes ?

16. Un objet en mouvement sur l'axe des x a pour position
$$s(t) = t^3 - 9t^2 + 24t + 20$$
où s est en mètres et t en secondes. Quelle est la distance totale parcourue par l'objet durant les 8 premières secondes ?

17. Un seau contenant 19 litres d'eau est percé d'un trou. Au bout d'un temps t (en secondes), il n'y a plus que
$$Q(t) = 19\left(1 - \dfrac{t}{25}\right)^2$$
litres d'eau dans le seau.
  a. À quel taux (au centième de litre près) l'eau fuit-elle du seau après 2 secondes ?
  b. Combien de temps faut-il pour que le seau perde toute l'eau qu'il contient ?
  c. À quel taux l'eau fuit-elle lorsque le seau perd sa dernière goutte ?

18. Une personne se tenant debout au bord d'une falaise lance une pierre à la verticale vers le haut. Deux secondes plus tard, la pierre atteint sa hauteur maximale (en mètres) et au bout de 5 secondes supplémentaires, elle touche le sol, au pied de la falaise.
  a. Quelle est la vitesse initiale de la pierre ?
  b. Quelle est la hauteur de la falaise ?
  c. Quelle est la vitesse de la pierre à l'instant t ?
  d. À quelle vitesse la pierre touche-t-elle le sol ?

19. On lance une balle à la verticale vers le haut à partir du sol, en lui donnant une vitesse initiale de 45 m/s.
  a. À quel instant la balle touche-t-elle le sol ?
  b. Quelle est la vitesse de la balle lorsqu'elle touche le sol ?
  c. À quel instant la balle atteint-elle sa hauteur maximale ?

20. On laisse tomber un objet (vitesse initiale $v_0 = 0$) du haut d'un immeuble et sa chute dure 3 secondes avant qu'il ne touche le sol. Déterminer la hauteur de l'immeuble en mètres.

21. Une astronaute se tenant debout au bord d'une falaise sur la Lune lance une pierre à la verticale vers le haut et la voit repasser devant elle exactement 4 secondes plus tard. Trois secondes après, la pierre touche le sol, au pied de la falaise. Utiliser ces renseignements pour déterminer la vitesse initiale (v_0) de la pierre et la hauteur de la falaise.

Remarque : $g = 1,7$ m/s^2 sur la Lune.

22. Répondre à la question du problème 21 en supposant que l'astronaute se trouve sur Mars, où $g = 3,7$ m/s^2.

23. Dans une usine, une étude sur le rendement de l'équipe du matin indique qu'un ouvrier moyen qui se présente au travail à 8 h aura assemblé

$$f(x) = -\frac{1}{3}x^3 + \frac{1}{2}x^2 + 50x$$

unités au bout d'un temps x (en heures).
   a. Trouver une formule donnant le taux auquel l'ouvrier assemble les unités par rapport au temps x (en heures).
   b. À quel taux l'ouvrier assemble-t-il les unités à 9 h ?
   c. Combien d'unités l'ouvrier assemble-t-il entre 9 h et 10 h ?

24. Une étude environnementale portant sur une localité de banlieue suggère que le niveau moyen de monoxyde de carbone dans l'air est modélisé par la formule

$$q(t) = 0{,}05t^2 + 0{,}1t + 3{,}4$$

où $q(t)$ s'exprime en parties par million et t en années.
   a. À quel taux le niveau de monoxyde de carbone varie-t-il par rapport au temps lorsque $t = 1$?
   b. De combien varie le niveau de monoxyde de carbone au cours de la première année ?
   c. De combien varie le niveau de monoxyde de carbone au cours de l'année suivante (la deuxième année) ?

25. Selon la loi de la gravitation universelle de Newton, si un objet de masse M est séparé par une distance r d'un second objet de masse m, il existe entre les deux objets une force d'attraction orientée parallèlement à la droite qui les relie et dont la valeur est :

$$F = \frac{GmM}{r^2}$$

où G est une constante positive. Montrer que le taux de variation de F par rapport à r est inversement proportionnel à r^3.

26. La population (en milliers) d'une colonie de bactéries est approximativement

$$P(t) = P_0 + 61t + 3t^2$$

au bout d'un temps t (en heures) après le début de l'observation, P_0 étant la population initiale. Trouver le taux de croissance de la colonie au bout de 5 heures.

27. Le produit intérieur brut (PIB) d'un pays est

$$g(t) = t^2 + 5t + 106$$

en milliards de dollars au bout d'un temps t (en années) à partir de 1995.
   a. À quel taux a varié le PIB en 1997 ?
   b. À quel taux en pourcentage a varié le PIB en 1997 ?

28. Après un intervalle de temps x (en mois), la population d'une ville sera

$$P(x) = 2x + 4x^{3/2} + 5\,000$$

   a. À quel taux par rapport au temps variera la population dans 9 mois ?
   b. À quel taux en pourcentage par rapport au temps variera la population dans 9 mois ?

29. On suppose que le salaire annuel de départ d'un employé est de 30 000 $ et qu'il reçoit une augmentation de 3 000 $ chaque année.
   a. Exprimer en pourcentage le taux de variation du salaire en fonction du temps.
   b. À quel taux, en pourcentage, augmente le salaire au bout d'un an ?
   c. Que devient, en pourcentage, le taux de variation du salaire à long terme ?

30. Si y est une fonction linéaire de x, que devient le taux de variation, en pourcentage, de y par rapport à x lorsque x augmente sans limite ?

31. Selon la formule de Debye en chimie-physique, le degré de polarisation P d'un gaz est

$$P = \frac{4}{3}\pi\left(\frac{\mu^2}{3kT}\right)N_0$$

où μ, k et N_0 sont des constantes et où T est la température du gaz (en degrés Kelvin). Trouver le taux de variation de P par rapport à T.

32. **Problème d'espion** Après avoir empêché l'explosion de la bombe (voir le problème 17 après la section 4.5 du chapitre 4), l'espion traverse la frontière vers le pays ami d'Azusa. Il est immédiatement contacté par son supérieur, dont le nom de code est « N », qui l'envoie en mission spéciale quelque part dans le système solaire. À la suite d'une rencontre avec un agent ennemi, il subit une légère commotion et oublie où il se trouve. Heureusement, il se souvient de la formule donnant la hauteur d'un projectile,

$$h(t) = -\frac{1}{2}gt^2 + v_0 t + h_0$$

et des valeurs de g pour divers corps célestes. Pour savoir où il se trouve, il lance une pierre à la verticale vers le haut (à partir du niveau du sol). Il remarque qu'elle atteint une hauteur maximale de 11,4 m et qu'elle touche le sol 5 secondes après avoir été lancée. Où se trouve-t-il ?

Remarque : Les différentes valeurs de g sont 9,8 m/s^2 sur la Terre, 1,7 m/s^2 sur la Lune, 3,7 m/s^2 sur Mars et 8,5 m/s^2 sur Vénus.

Fonctions transcendantes

33. La diffusion C (en nombre d'exemplaires vendus) d'un journal local est modélisée par la formule

$$C(t) = 100t^2 + 400t + 50t \ln t$$

où t s'exprime en années.
   a. Trouver une expression donnant le taux de variation de la diffusion par rapport au temps t (en années).
   b. À quel taux, par rapport au temps, variera la diffusion dans 5 ans ?
   c. De combien variera la diffusion durant la sixième année ?

34. La position d'une automobile est donnée par

$$s(t) = 15t \ln t + 15$$

où x est en mètres et t en secondes. Quelle est son accélération après 10 secondes ?

35. Un objet est fixé à un ressort hélicoïdal. On le tire vers le bas à partir de sa position d'équilibre puis on le lâche, comme à la figure 5.6.

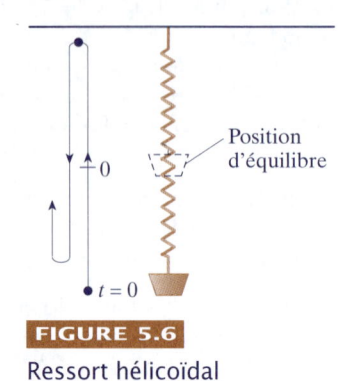

FIGURE 5.6

Ressort hélicoïdal

Sa position (en centimètres), mesurée par rapport à la position d'équilibre, est donnée par

$$s(t) = 7 \cos t$$

où t est en secondes. L'axe décrivant $s(t)$ est orienté vers le bas.

a. Trouver la vitesse et l'accélération de l'objet à un instant t quelconque.
b. Trouver la durée d'une oscillation complète. C'est la *période* du mouvement.
c. Quelle est la distance entre le point le plus élevé atteint par l'objet et le point le plus bas ? La moitié de cette distance est appelée *amplitude* du mouvement.

36. Deux automobiles quittent une ville en même temps et roulent à vitesse constante sur des routes rectilignes formant un angle de 60°. Si l'une roule deux fois plus vite que l'autre et si la distance entre les deux augmente au taux de 72 km/h, à quelle vitesse roule l'automobile la plus lente ?

C

37. Trouver le taux de variation du volume d'un cube par rapport à la longueur d'un de ses côtés. Quelle est la relation entre ce taux et l'aire du cube ?

38. Montrer que le taux de variation du volume d'une sphère par rapport à son rayon est donné par la même expression que celle de l'aire de la sphère.

39. Selon l'équation de Van der Waals, la relation entre le volume V d'un gaz, sa température T (en Kelvin) et la pression P qui règne est donnée par

$$\left(P + \frac{A}{V^2}\right)(V - B) = kT$$

où A, B et k sont des constantes physiques. Trouver le taux de variation de la pression par rapport au volume, en supposant la température constante.

5.2 Taux de variation liés et applications

DANS CETTE SECTION : taux de variation liés et applications

Dans les problèmes de taux de variation liés, il faut distinguer le cas général du cas particulier. Autrement dit, il faut faire la différence entre les propriétés qui sont tout le temps vraies et celles dont la validité n'est garantie qu'à l'instant particulier envisagé dans le problème. Il faut donc d'abord étudier le cas général avant d'aborder le cas particulier. Voici un exemple.

EXEMPLE 1   Application faisant intervenir des taux de variation liés

On remplit d'air un ballon sphérique de telle sorte que lorsque le rayon est égal à 0,6 m, il augmente au taux de 0,05 m/min. À quel taux varie le volume à cet instant ?

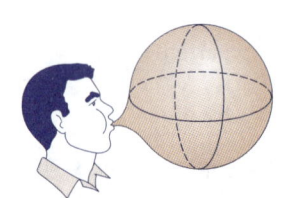

Solution

CAS GÉNÉRAL

Soit V, le volume du ballon, et r, son rayon, qui sont tous les deux fonction du temps t (en minutes). Comme le ballon est sphérique, son volume est donné par

$$V = \tfrac{4}{3}\pi r^3$$

En dérivant implicitement les deux membres par rapport au temps t, on obtient :

$$\frac{dV}{dt} = \frac{d}{dt}\left(\frac{4}{3}\pi r^3\right)$$
$$= \frac{4}{3}\pi\left(3r^2\frac{dr}{dt}\right)$$
$$= 4\pi r^2 \frac{dr}{dt}$$

Ne pas oublier d'utiliser la règle de dérivation en chaîne, parce que r est aussi fonction du temps.

CAS PARTICULIER

On cherche à trouver $\dfrac{dV}{dt}$ à l'instant où $r = 0{,}6$ et $\dfrac{dr}{dt} = 0{,}05$.

$$\left.\frac{dV}{dt}\right|_{r=0{,}6} = 4\pi(0{,}6)^2(0{,}05) = \frac{72\pi}{1000} \approx 0{,}226$$

Cela signifie que le taux de variation du volume du ballon par rapport au temps est d'environ 0,226 m^3/min lorsque le rayon est égal à 0,6 m.

Bien que les problèmes de taux de variation liés aient chacun leurs propres caractéristiques, la plupart peuvent être résolus à l'aide de la méthode présentée dans l'encadré ci-dessous.

Méthode de résolution des problèmes faisant intervenir des taux de variation liés

CAS GÉNÉRAL

Étape 1. *Dessiner, si possible, une figure afin de bien visualiser la situation. Désigner par des variables les quantités qui varient.* Faire attention à n'attribuer une valeur à une quantité que si celle-ci ne varie *jamais* dans le problème.

Étape 2. *Trouver une formule ou une équation qui relie les variables.* Éliminer les variables superflues : certaines peuvent être des constantes, tandis que d'autres peuvent être éliminées à cause des relations existant entre les variables.

Étape 3. *Dériver l'équation.* D'habitude, on dérive implicitement par rapport au temps.

CAS PARTICULIER

Étape 4. *Effectuer les calculs requis à l'aide des valeurs numériques connues et trouver algébriquement le taux demandé.* Énumérer les quantités connues et désigner comme inconnue la quantité recherchée. Utiliser toutes les valeurs connues dans la formule. La seule variable qui reste doit être l'inconnue, et il peut s'agir d'une variable ou d'un taux. Résoudre pour trouver l'inconnue.

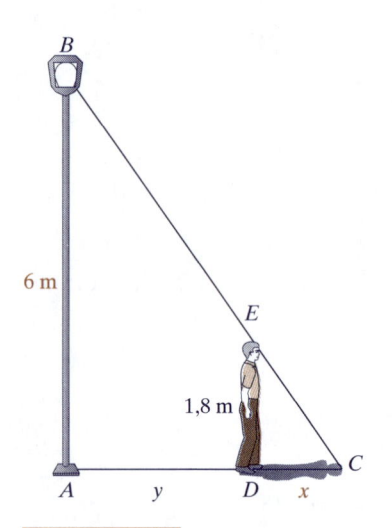

FIGURE 5.7
Personne s'éloignant d'un réverbère

EXEMPLE 2 — Problème de l'ombre en mouvement

Une personne mesurant 1,8 m s'éloigne d'un réverbère de 6 m de haut au taux de 2,1 m/s. À quel taux augmente la longueur de l'ombre de cette personne ?

Solution

CAS GÉNÉRAL

Étape 1. Soit x, la longueur de l'ombre de la personne (en mètres), et y, la distance entre la personne et le réverbère (en mètres), comme à la figure 5.7. Soit t, le temps (en secondes).

Étape 2. Comme les triangles ABC et DEC sont semblables, on a

$$\frac{x+y}{6} = \frac{x}{1,8}$$

Étape 3. On écrit cette équation sous la forme $1,8x + 1,8y = 6x$ ou $y = \frac{7}{3}x$, puis on dérive les deux membres par rapport à t :

$$\frac{dy}{dt} = \frac{7}{3}\frac{dx}{dt}$$

CAS PARTICULIER

Étape 4. On énumère les quantités connues. On sait ainsi que $dy/dt = 2,1$. On cherche à trouver dx/dt. Dans la formule obtenue, on remplace dy/dt par sa valeur puis on isole la quantité inconnue :

$$\frac{dy}{dt} = \frac{7}{3}\frac{dx}{dt}$$

$$2,1 = \frac{7}{3}\frac{dx}{dt}$$

$$0,9 = \frac{dx}{dt}$$

La longueur de l'ombre augmente donc au taux de 0,9 m/s.

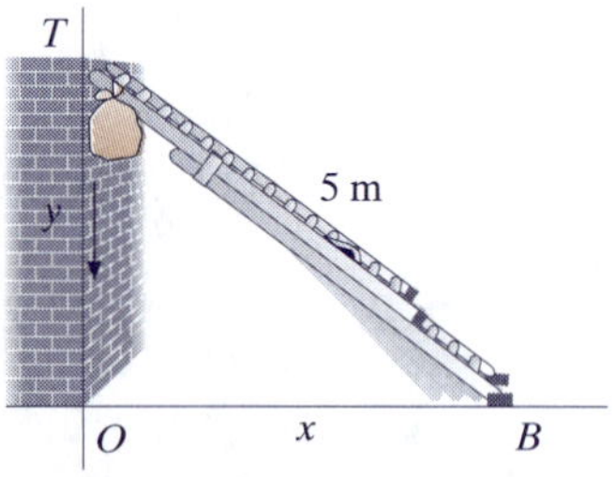

FIGURE 5.8
Échelle glissant contre un mur

EXEMPLE 3 — Problème de l'échelle inclinée

Un sac est accroché au sommet d'une échelle de 5 m appuyée contre un mur. On suppose que l'échelle commence à glisser vers le bas de telle sorte que le pied s'éloigne du mur. À quelle vitesse le sac descend-il à l'instant où le pied de l'échelle se trouve à 4 m du mur dont il s'éloigne au taux de 2 m/s ?

Solution

CAS GÉNÉRAL

Soit x et y, les distances respectives de la base du mur au pied et au sommet de l'échelle (en mètres), comme à la figure 5.8.

Notons que le triangle TOB est un triangle rectangle, de sorte que l'on peut utiliser le théorème de Pythagore :

$$x^2 + y^2 = 25$$

222   Chapitre 5 ■ Autres applications de la dérivée

Dérivons les deux membres de cette équation par rapport à t :

$$2x\frac{dx}{dt} + 2y\frac{dy}{dt} = 0$$

CAS PARTICULIER

À l'instant particulier dont il est question, $x = 4$ et $y = \sqrt{25 - 4^2} = 3$. On sait également que $\frac{dx}{dt} = 2$ et on veut trouver $\frac{dy}{dt}$. On a

$$2(4)(2) + 2(3)\frac{dy}{dt} = 0$$
$$\frac{dy}{dt} = -\frac{8}{3}$$

Ce résultat indique qu'à l'instant en question le sac descend (puisque dy/dt est négatif) au taux de $8/3 \approx 2{,}67$ m/s.

EXEMPLE 4 — Modélisation d'une application physique faisant intervenir des taux de variation liés

Lorsqu'un certain volume d'air se dilate ou se contracte de manière *adiabatique* (c'est-à-dire sans apport ou sans perte de chaleur), la pression P et le volume V satisfont à la relation

$$PV^{1,4} = C$$

où C est une constante. À un instant donné, la pression vaut $13{,}8$ N/cm² et le volume $4\,590$ cm³. Si le volume décroît au taux de 82 cm³/s à cet instant, quel est le taux de variation de la pression ?

Solution

CAS GÉNÉRAL

L'équation requise étant donnée, on commence par dériver les deux membres par rapport à t. Rappelons que la dérivée de C par rapport à t est nulle, puisque C est une constante.

$$1{,}4PV^{0,4}\frac{dV}{dt} + V^{1,4}\frac{dP}{dt} = 0$$

CAS PARTICULIER

À l'instant en question, $P = 13{,}8$, $V = 4\,590$ et $dV/dt = -82$ (de signe négatif parce que le volume décroît). On cherche à trouver dP/dt. Utilisons d'abord les valeurs connues :

$$(1{,}4)(13{,}8)(4\,590)^{0,4}(-82) + (4\,590)^{1,4}\frac{dP}{dt} = 0$$

Résolvons ensuite pour $\frac{dP}{dt}$:

$$\frac{dP}{dt} = \frac{82(1{,}4)(13{,}8)(4\,590)^{0,4}}{(4\,590)^{1,4}} \approx 0{,}345$$

À l'instant en question, la pression augmente (sa dérivée est positive) au taux de $0{,}345$ N/cm² par seconde.

EXEMPLE 5 Niveau d'eau dans un réservoir conique

Un réservoir rempli d'eau a la forme d'un cône inversé de 6 m de haut dont la base circulaire a un rayon de 1,5 m. L'eau s'écoule par le bas au taux constant de 0,6 m³/min. À quelle vitesse le niveau d'eau descend-il lorsqu'il est à 2,4 m de la pointe ?

Solution

CAS GÉNÉRAL

Considérons un réservoir conique mesurant 6 m de haut et ayant une base circulaire de rayon 1,5 m, comme à la figure 5.9. On suppose que le niveau de l'eau est h (en mètres) et que le rayon de la surface de l'eau est r (en mètres).

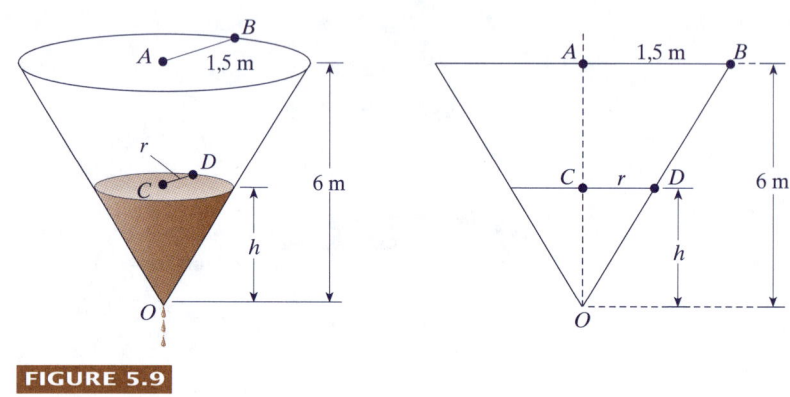

FIGURE 5.9
Réservoir d'eau conique

Soit V, le volume d'eau dans le réservoir à l'instant t (en minutes). On sait que

$$V = \tfrac{1}{3}\pi r^2 h$$

Là encore, utilisons les triangles semblables (voir la figure 5.9) pour écrire $\dfrac{1,5}{6} = \dfrac{r}{h}$ ou $r = \dfrac{h}{4}$. En remplaçant r par cette valeur dans la formule du volume, on obtient

$$V = \tfrac{1}{3}\pi\left(\dfrac{h}{4}\right)^2 h = \tfrac{1}{48}\pi h^3$$

Dérivons ensuite les deux membres de cette équation par rapport à t :

$$\dfrac{dV}{dt} = \dfrac{\pi}{48}\left(3h^2\dfrac{dh}{dt}\right) = \dfrac{\pi}{16}h^2\dfrac{dh}{dt}$$

CAS PARTICULIER

Commençons par énumérer les quantités connues : on sait que $dV/dt = -0,6$ (de signe négatif parce que le volume diminue) et qu'à l'instant en question $h = 2,4$. On veut trouver dh/dt. Cela donne :

$$-0,6 = \dfrac{\pi}{16}(2,4)^2\dfrac{dh}{dt}$$

$$\dfrac{dh}{dt} \approx -0,531$$

À l'instant où le niveau d'eau est de 2,4 m, il baisse (puisque dh/dt est négatif) à la vitesse de 0,531 m/min.

⚠ Une erreur courante dans la résolution des problèmes de taux de variation liés consiste à introduire les valeurs numériques trop tôt ou, ce qui est équivalent, à utiliser des relations qui ne s'appliquent qu'à un instant particulier. C'est pourquoi nous avons séparé la résolution des problèmes de taux de variation liés en deux parties distinctes. Il faut veiller à travailler d'abord avec des relations générales entre les variables et à utiliser les valeurs numériques spécifiques seulement après avoir trouvé, par dérivation, les relations générales.

EXEMPLE 6 **Modélisation avec un angle d'élévation**

Chaque jour, un avion faisant le trajet Los Angeles-New York vole juste au-dessus de ma maison à une altitude constante de 6 km. Si je suppose qu'il vole à une vitesse constante de 650 km/h, quel est le taux de variation de l'angle d'élévation de ma ligne de visée par rapport au temps lorsque la distance horizontale entre l'avion qui approche et mon poste d'observation est exactement 5 km ?

Solution

CAS GÉNÉRAL

Soit x, la distance horizontale entre l'avion et l'observateur (en kilomètres), comme à la figure 5.10a. La taille de l'observateur est négligeable par rapport à l'altitude de l'avion.

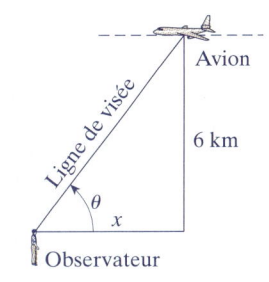

a. Personne observant un avion qui approche.

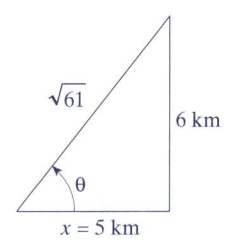

b. Triangle permettant de calculer θ lorsque $x = 5$ km.

FIGURE 5.10
Problème d'angle d'élévation

On peut alors modéliser l'angle d'observation θ par la formule

$$\cot \theta = \frac{x}{6} \quad \text{ou} \quad \theta = \text{arccot}\left(\frac{x}{6}\right)$$

En dérivant les deux membres de cette équation par rapport à t, on obtient

$$\frac{d\theta}{dt} = \frac{-1}{1 + (x/6)^2} \left(\frac{1}{6}\right) \frac{dx}{dt} = \frac{-6}{36 + x^2} \frac{dx}{dt}$$

CAS PARTICULIER

À l'instant où $x = 5$, $dx/dt = -650$ (de signe négatif parce que la distance diminue). L'angle d'élévation varie donc au taux de

$$\frac{d\theta}{dt} = \frac{-6}{36 + (5)^2} (-650) \approx 64 \text{ rad/h}$$

L'angle d'élévation varie de 64 radians par heure, ce qui équivaut à

$$\left(\frac{64 \text{ rad}}{1 \text{ h}}\right)\left(\frac{360°}{2\pi \text{ rad}}\right)\left(\frac{1 \text{ h}}{3\,600 \text{ s}}\right) \approx 1{,}02°/\text{s}$$

PROBLÈMES 5.2

A

Problèmes 1 à 6 : Trouver le taux indiqué compte tenu des renseignements donnés. On suppose $x > 0$ et $y > 0$.

1. Trouver $\dfrac{dy}{dt}$, où $x^2 + y^2 = 25$ et $\dfrac{dx}{dt} = 4$ lorsque $x = 3$.

2. Trouver $\dfrac{dx}{dt}$, où $x^2 + y^2 = 25$ et $\dfrac{dy}{dt} = 2$ lorsque $x = 4$.

3. Trouver $\dfrac{dx}{dt}$, où $y = 2\sqrt{x} - 9$ et $\dfrac{dy}{dt} = 5$ lorsque $x = 9$.

4. Trouver $\dfrac{dy}{dt}$, où $y = 5\sqrt{x+9}$ et $\dfrac{dx}{dt} = 2$ lorsque $x = 7$.

5. Trouver $\dfrac{dy}{dt}$, où $xy = 10$ et $\dfrac{dx}{dt} = -2$ lorsque $x = 5$.

6. Trouver $\dfrac{dx}{dt}$, où $x^2 + xy - y^2 = 11$ et $\dfrac{dy}{dt} = 5$ lorsque $x = 4$.

7. **Autrement dit ?** Qu'entend-on par « problème de taux de variation liés » ?

8. **Autrement dit ?** Décrire une méthode de résolution des problèmes de taux de variation liés.

B

Problèmes de modélisation (9 à 34)

Fonctions algébriques

9. En physique, la loi de Hooke stipule que lorsqu'on allonge un ressort d'une longueur x (mesurée en centimètres sur un axe parallèle au ressort) par rapport à sa longueur naturelle, la force de rappel $F(x)$ (en Newtons) exercée par le ressort est $F(x) = -kx$, où k est une constante qui dépend du ressort. On suppose que $k = 12 \text{ N/cm}$. Si un ressort est allongé au taux constant de 0,6 cm/s, à quel taux varie la force $F(x)$ lorsque $x = 5 \text{ cm}$?

10. Une particule se déplace en décrivant une trajectoire parabolique donnée par l'équation $y^2 = 4x$, de telle sorte que lorsqu'elle se trouve au point $(1, -2)$, sa vitesse horizontale (dans la direction de l'axe des x) est de 3 unités par seconde. Quelle est sa vitesse verticale (dans la direction de l'axe des y) à cet instant ?

11. On laisse tomber une pierre sur la surface d'un lac et on observe les ondes progressives circulaires ainsi créées. Lorsque le rayon d'un front d'onde vaut 20 cm, ce rayon augmente au taux de 7 cm/s. À quel taux varie l'aire délimitée par le front d'onde circulaire à cet instant ?

12. L'étude environnementale d'une communauté indique que l'air contiendra $Q(p) = p^2 + 3p + 1200$ unités de substances polluantes lorsque la population sera p (en milliers d'habitants). La population actuelle est de 30 000 habitants et augmente au taux de 2 000 habitants par an. Quel est le taux de variation du niveau de pollution atmosphérique ?

13. Selon la loi de Boyle, lorsqu'un gaz est comprimé à température constante, la pression P d'un échantillon donné vérifie à l'équation $PV = C$, où V est le volume de l'échantillon et C une constante. On suppose qu'à un instant donné le volume est 491 cm^3 et la pression 62 N/cm^2, et que le volume augmente au taux de 160 cm^3/s. À quel taux varie la pression à cet instant ? Est-elle en train d'augmenter ou de diminuer ?

14. Le volume d'un ballon sphérique augmente au taux constant de 49 cm^3/s. À quel taux augmente le rayon du ballon lorsqu'il est égal à 5 cm ?

15. L'aire de la surface d'une sphère diminue au taux constant de 3π cm^2/s. À quel taux diminue le volume de la sphère à l'instant où son rayon vaut 2 cm ?

16. Une échelle de 4 m de long, appuyée contre un mur, glisse vers le bas du mur au taux de 1 m/s à l'instant où le pied de l'échelle se trouve à 1,5 m de la base du mur. À quelle vitesse le pied de l'échelle s'éloigne-t-il alors du mur ?

17. Une automobile roulant vers le nord à 65 km/h et un camion roulant vers l'est à 50 km/h quittent une intersection au même instant. Quel sera le taux de variation de la distance entre les deux véhicules 3 heures plus tard, s'ils conservent la même direction ?

18. Une personne se tenant debout à l'extrémité d'une jetée, à 3,7 m au-dessus de l'eau, tire sur une corde attachée à une barque au niveau de la ligne de flottaison au taux de 1,8 m de corde par minute, comme à la figure 5.11. À quelle vitesse se déplace la barque lorsqu'elle se trouve à 4,9 m de la jetée ?

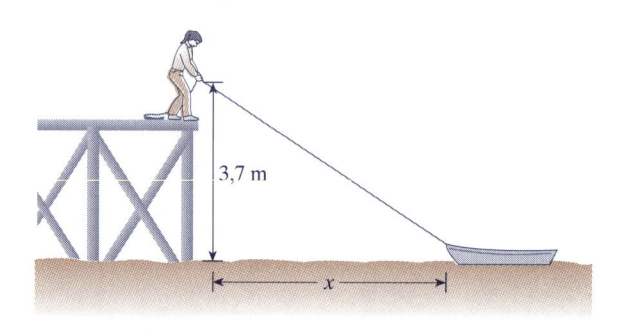

FIGURE 5.11
Problème 18

19. L'une des extrémités d'une corde est attachée à un bateau et l'autre est enroulée autour d'un guindeau situé sur un quai à 4 m au-dessus du niveau du bateau. Si le bateau dérive en s'éloignant du quai à la vitesse scalaire de 2 m/min, à quel taux se déroule la corde à l'instant où sa longueur est de 5 m ?

20. On laisse tomber une balle d'une hauteur de 50 m. Une lampe est située au même niveau, à 3 m de la position initiale de la balle, et éclaire la balle. À quelle vitesse se déplace l'ombre de la balle sur le sol une seconde après qu'elle a été lâchée ?

21. Une personne mesurant 1,8 m se tient debout à 3 m d'un point P situé juste en dessous d'une lanterne accrochée à 9 m au-dessus du sol, comme à la figure 5.12.

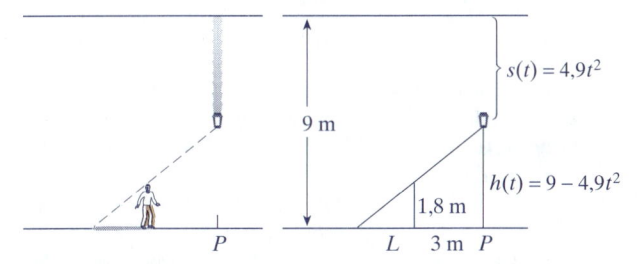

FIGURE 5.12
Problème 21

La lanterne commençant à tomber, l'ombre de la personne s'allonge. Sachant que la lanterne tombe d'une distance $s = 4,9t^2$ (en mètres) après un temps t (en secondes), à quel taux s'allonge l'ombre lorsque $t = 1$ s ?

22. Soit un morceau de glace ayant la forme d'une sphère qui fond au taux de 82 cm³/min. Modéliser le volume de glace en fonction du rayon r. À quel taux varie le rayon à l'instant où il est égal à 10 cm ? À quel taux varie alors l'aire de la surface de la sphère ? Quelles hypothèses doit-on faire quant à la forme du morceau de glace ?

23. Une procédure médicale consiste à introduire un ballon dans l'estomac du patient puis à le gonfler. On suppose que le ballon a la forme d'une sphère de rayon r. Si r augmente au taux de 0,3 cm/min, à quelle vitesse varie le volume lorsque le rayon est de 4 cm ?

24. Un réservoir d'eau a la forme d'un cône de 12 m de haut dont la base circulaire a un rayon de 6 m. On verse de l'eau dans le réservoir à un taux constant de 2 m³/min. À quelle vitesse monte le niveau d'eau lorsqu'il atteint 4 m ?

25. Au problème 24, on suppose également que l'eau sort par le fond du réservoir. À quel taux doit-on laisser s'écouler l'eau pour que le niveau monte de 0,02 m/min seulement lorsqu'il est de 4 m ? Donner la réponse au centième de m³/min près.

26. Un ballon météorologique s'élève verticalement à une vitesse constante de 3 m/s. Un observateur se tient au sol à 90 m du point où le ballon a été lâché. À quel taux varie la distance entre l'observateur et le ballon lorsque ce dernier est à 120 m de hauteur ?

27. Soit un bassin de 0,6 m de profondeur et de 3 m de longueur ayant une section transversale trapézoïdale dont les bases mesurent 0,6 m et 1,5 m, comme à la figure 5.13.

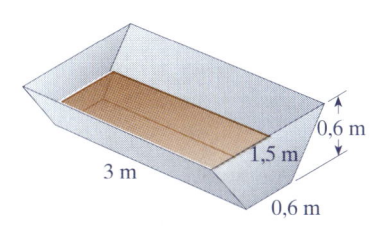

FIGURE 5.13
Problème 27

a. Trouver une relation entre le volume et le niveau de l'eau dans le bassin à un instant donné.
b. Si le bassin se remplit d'eau au taux de 0,3 m³/min, à quelle vitesse monte le niveau (au dixième de m/s près) lorsqu'il atteint 0,3 m ?

28. À midi, un navire partant d'un point P se dirige plein nord à 8 nœuds (milles marins par heure). Un autre navire quitte le même point une heure plus tard. Il avance à une vitesse de 12 nœuds selon un cap de 60° est par rapport au nord. À quel taux augmente la distance entre les navires à 14 h ? À 17 h ? *Conseil* : Utiliser la loi des cosinus.

29. Soit une piscine de 18 m de long et 7 m de large. Sa profondeur varie uniformément de 1 m du côté peu profond à 4,5 m du côté profond, comme à la figure 5.14.

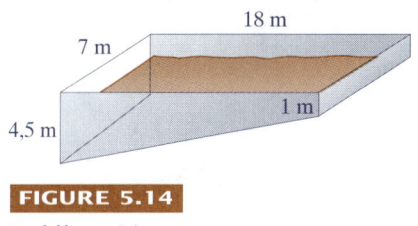

FIGURE 5.14
Problème 29

On suppose que la piscine se remplit d'eau au taux de 22 m³/min. À quel taux augmente le niveau de l'eau du côté profond lorsqu'il atteint 1,5 m ?

30. Un seau d'eau est modélisé par un tronc de cône de 30 cm de haut avec des rayons supérieur et inférieur de 30 cm et 23 cm respectivement, comme à la figure 5.15.

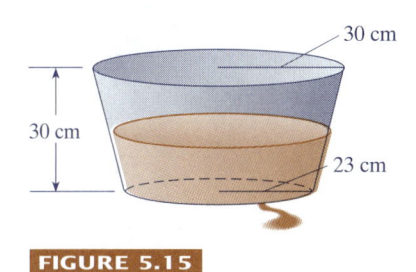

FIGURE 5.15
Problème 30

Si le seau fuit et que l'eau s'écoule par le fond au taux de 130 cm³/min, à quel taux baisse le niveau de l'eau lorsque la hauteur d'eau dans le seau est de 15 cm ?

Conseil : Le volume du tronc de cône ayant une hauteur h et des bases de rayons r et R est

$$V = \frac{\pi h}{3}\left(R^2 + rR + r^2\right)$$

Fonctions transcendantes

31. Un commissaire observe une voiture de course qui s'approche de la ligne d'arrivée à la vitesse scalaire de 200 km/h. On suppose qu'il est assis sur la ligne d'arrivée à 20 m du point où la voiture va la traverser et que θ est l'angle entre la ligne d'arrivée et la ligne de visée du commissaire, comme

à la figure 5.16. À quel taux varie θ lorsque la voiture franchit la ligne d'arrivée ? Donner la réponse en rad/s.

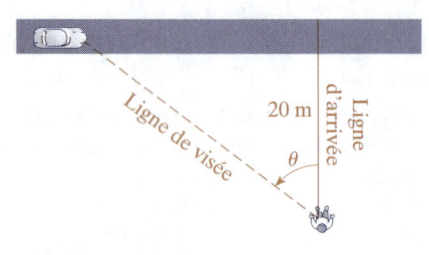

FIGURE 5.16
Problème 31

32. Une personne mesurant 1,8 m regarde un réverbère de 5,4 m de haut tout en s'en approchant à une vitesse de 1,5 m/s, comme à la figure 5.17. À quel taux varie l'angle d'élévation de la ligne de visée par rapport au temps lorsque la personne est à 3 m du réverbère ?

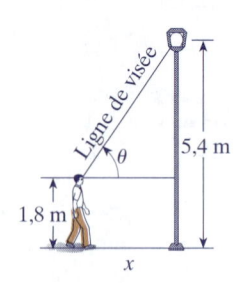

FIGURE 5.17
Problème 32

33. Un projecteur tournant situé dans un phare à 3 km au large de la côte suit un promeneur sur la plage, comme à la figure 5.18.

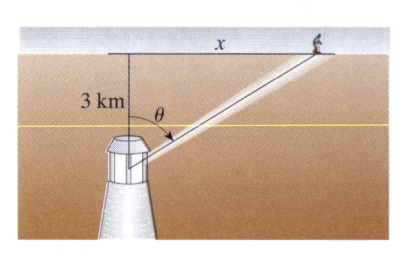

FIGURE 5.18
Problème 33

Lorsque le promeneur se trouve à 1,5 km du point de la côte le plus proche du phare, le projecteur tourne au taux de 0,25 tr/h. À quelle vitesse marche le promeneur à cet instant ?

Conseil : Noter que 0,25 tr/h est identique à $\frac{\pi}{2}$ rad/h.

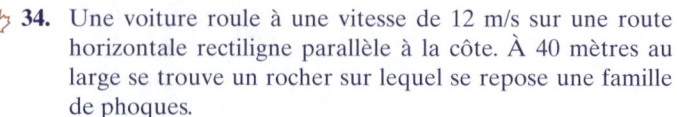

34. Une voiture roule à une vitesse de 12 m/s sur une route horizontale rectiligne parallèle à la côte. À 40 mètres au large se trouve un rocher sur lequel se repose une famille de phoques.
   a. Exprimer l'angle θ entre la route et la ligne de visée du conducteur en fonction de la distance x (en mètres) entre la voiture et le point P situé directement en face du rocher. Voir la figure 5.19.

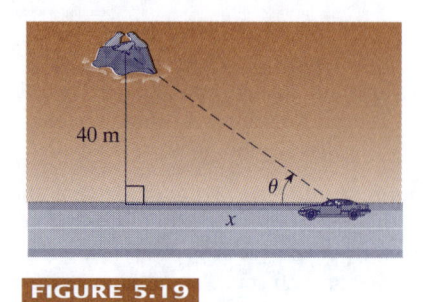

FIGURE 5.19
Problème 34

   b. Lorsque la distance x s'approche de 0, que devient $d\theta/dt$?
   c. On suppose que la voiture roule à une vitesse v (en m/s). Que devient maintenant $d\theta/dt$ lorsque $x \to 0$? Quel est l'effet produit sur un passager qui regarde les phoques si la voiture roule à grande vitesse ?

5.3 Approximation linéaire et différentielles

DANS CETTE SECTION : approximation de la tangente, différentielle, calcul d'incertitude, analyse marginale en économie, méthode de Newton-Raphson pour le calcul approché des racines

APPROXIMATION DE LA TANGENTE

Si $f(x)$ est une fonction dérivable en $x = a$, la tangente au point $P(a, f(a))$ sur le graphe de $y = f(x)$ a pour pente $m = f'(a)$ et pour équation

$$\frac{y - f(a)}{x - a} = f'(a) \quad \text{ou} \quad y = f(a) + f'(a)(x - a)$$

Ainsi, si $f(x) = x^3 - 2x + 5$, la tangente en $P(1, 4)$ a pour pente $f'(1) = 3(1)^2 - 2 = 1$ et pour équation

$$y = 4 + (1)(x - 1) = x + 3$$

La figure 5.20 représente le graphe de $y = f(x)$ avec la tangente au point $P(1, 4)$, ainsi que deux agrandissements montrant la forme de la tangente s'approchant de la forme du graphe de f au voisinage de P.

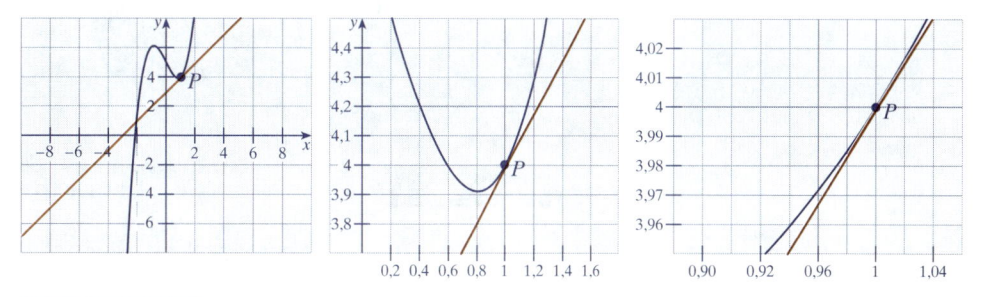

FIGURE 5.20

Approximation de la tangente de $f(x) = x^3 - 2x + 5$ au point $P(1, 4)$

Notre observation concernant la tangente à la courbe au point $(a, f(a))$ suggère que si x_0 est voisin de a, alors $f(x_0)$ doit être proche du point correspondant à x_0 sur cette tangente, c'est-à-dire que

$$f(x_0) \approx f(a) + f'(a)(x_0 - a)$$

Il s'agit d'une **approximation linéaire** de $f(x_0)$ en $x = a$. On peut utiliser cette tangente D comme approximation de f tant que les points $(x, D(x))$ de la tangente sont proches des points $(x, f(x))$ du graphe de f, comme à la figure 5.21 (p. 230).

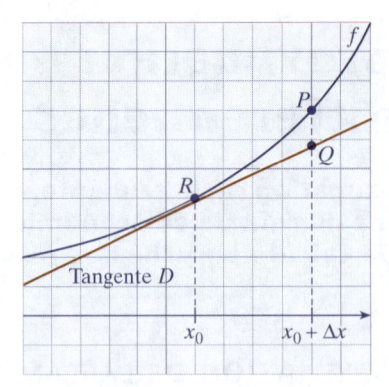

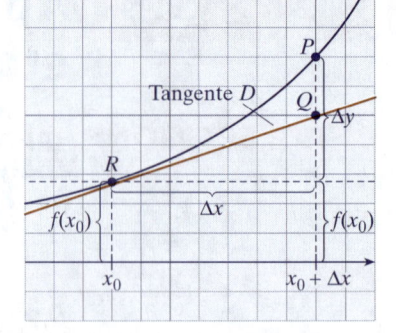

a. Droite tangente à f au point R
b. Approximation de la droite tangente

FIGURE 5.21

Approximation de la tangente

Nous avons vu, à la section 1.1, la notation Δx pour la différence $x_0 - a$ et la notation correspondante Δy pour $f(x_0) - f(a)$. La formule d'approximation linéaire peut donc s'écrire sous la forme

$$f(x_0) - f(a) \approx f'(a)(x_0 - a)$$
$$\Delta y \approx f'(a)\Delta x$$

En d'autres termes, la variation de y au voisinage de a est approximativement égale à $f'(a)$ multipliée par la variation correspondante en x. Enfin, une autre forme particulièrement utile de la formule d'approximation linéaire est

$$f(a + \Delta x) \approx f(a) + f'(a)\,\Delta x$$

EXEMPLE 1   Approximation d'une fonction trigonométrique

Montrer que si $f(x) = \sin x$, la fonction $g(x) = \dfrac{\Delta f}{\Delta x}$ est une approximation de la fonction $f'(x) = \cos x$ pour les petites valeurs de Δx.

Solution La formule d'approximation $\Delta f = f(x_0 + \Delta x) - f(x_0) \approx f'(x_0)\Delta x$ implique que

$$\frac{\Delta f}{\Delta x} = \frac{f(x_0 + \Delta x) - f(x_0)}{\Delta x} \approx f'(x_0)$$

Comme $f(x) = \sin x$, alors $f'(x) = \cos x$ et

$$\frac{\sin(x + \Delta x) - \sin x}{\Delta x} \approx \cos x$$

La figure 5.22 représente les graphes de $f'(x) = \cos x$ et $g(x) = \dfrac{\sin(x + \Delta x) - \sin x}{\Delta x}$ pour trois Δx différents. On remarque que lorsque Δx diminue, il devient plus difficile de voir la différence entre f' et g. En fait, pour les très petites valeurs de Δx, les deux graphes sont indiscernables.

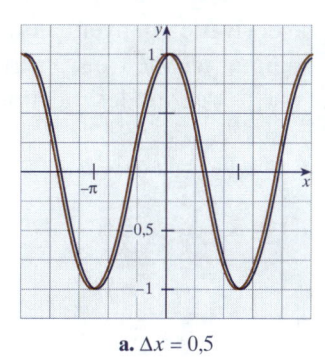

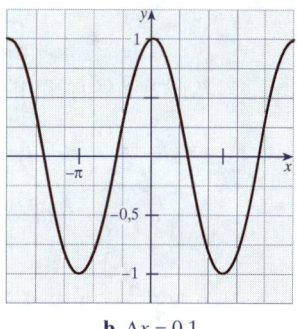

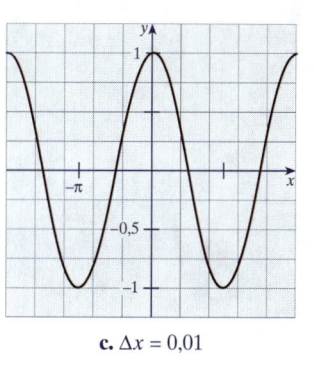

| **a.** $\Delta x = 0{,}5$ | **b.** $\Delta x = 0{,}1$ | **c.** $\Delta x = 0{,}01$ |

FIGURE 5.22

Graphes de $f'(x) = \cos x$ et $g(x) = \dfrac{\sin(x + \Delta x) - \sin x}{\Delta x}$

Différentielle

Comme nous l'avons déjà remarqué, l'écriture de la dérivée de $f(x)$ dans la notation de Leibniz, df/dx, suggère que la dérivée peut être envisagée à tort comme le quotient de «df» et «dx». Grâce au génie de Leibniz, cette interprétation erronée, mais justifiable, est souvent logique.

Pour considérer dx et dy comme des grandeurs distinctes, on pose x fixe et on définit dx, appelée **différentielle de x**, comme une variable indépendante égale à la variation en x, ce qui revient à définir dx comme étant Δx. Ensuite, si f est dérivable en x, on définit dy, appelée **différentielle de y**, par la formule

$$dy = f'(x)\, dx$$

ou, ce qui est équivalent,

$$df = f'(x)\, dx$$

En observant la figure 5.23, on constate que $dx = \Delta x$ et que Δy est l'augmentation de f qui correspond à une variation de Δx, alors que dy est l'élévation d'une tangente correspondant à la même variation en x : Δy et dy ne sont pas identiques.

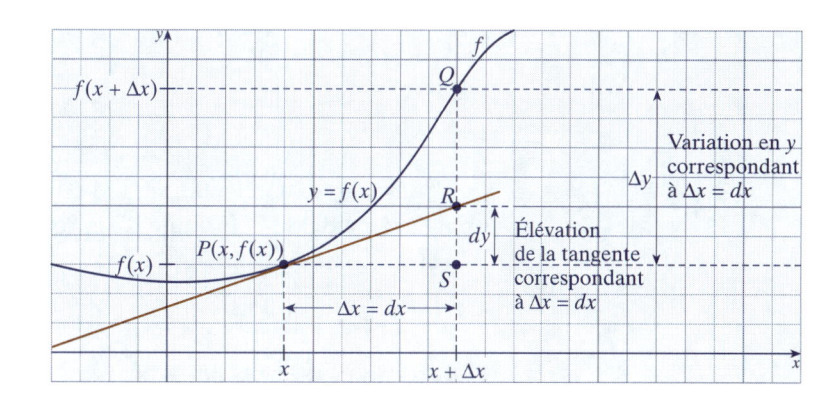

FIGURE 5.23

Définition géométrique de dx et dy

Toutes les règles de dérivation peuvent alors être reformulées à l'aide des différentielles. Nous n'en donnons ici que trois, à titre d'exemples. Rappelons que a et b sont des constantes et que f et g sont des fonctions.

Règle de linéarité $\quad d(af + bg) = a\, df + b\, dg$

Règle du produit $\quad d(fg) = f\, dg + g\, df$

Règle du quotient $\quad d\left(\dfrac{f}{g}\right) = \dfrac{g\, df - f\, dg}{g^2} \quad (g \neq 0)$

EXEMPLE 2 — Différentielle faisant intervenir un produit

Trouver $d(x^2\sqrt{x+1})$.

Solution
$$d(x^2\sqrt{x+1}) = x^2 d(\sqrt{x+1}) + \sqrt{x+1}\, d(x^2)$$
$$= x^2\left(\dfrac{1}{2\sqrt{x+1}}dx\right) + \sqrt{x+1}(2x\, dx)$$
$$= \left(\dfrac{x^2}{2\sqrt{x+1}} + 2x\sqrt{x+1}\right)dx$$
$$= \left(\dfrac{5x^2 + 4x}{2\sqrt{x+1}}\right)dx$$

EXEMPLE 3 — Utilisation des différentielles pour trouver une valeur approchée

Utiliser les différentielles pour trouver une valeur approchée de $(3{,}01)^2\sqrt{(3{,}01)+1}$.

Solution Soit la fonction $f(x) = x^2\sqrt{x+1}$. Le résultat de l'exemple 2 indique que $f'(x) = \dfrac{5x^2 + 4x}{2\sqrt{x+1}}$. En posant $x = 3$ et $dx = 0{,}01$, on obtient :

$$(3{,}01)^2\sqrt{(3{,}01)+1} = (3+0{,}01)^2\sqrt{(3+0{,}01)+1}$$
$$= f(3+0{,}01)$$
$$\approx f(3) + f'(3)(0{,}01) \quad \text{Formule d'approximation linéaire}$$
$$= 18 + \dfrac{57}{4}(0{,}01)$$
$$= 18{,}1425$$

Notons que la calculatrice indique 18,142836 pour ce même calcul. La valeur obtenue à l'aide de la formule d'approximation linéaire est donc très proche.

CALCUL D'INCERTITUDE

Dans l'exemple qui suit, la dérivée sert à estimer l'incertitude d'un calcul utilisant des valeurs obtenues par des mesures imparfaites.

EXEMPLE 4 Calcul de l'incertitude dans la mesure d'un volume

On mesure l'arête d'un cube et on trouve 10 cm. On en conclut que le volume du cube est $10^3 = 1000$ cm^3. Si la mesure initiale de l'arête est exacte à 2 % près, quelle est la précision de notre calcul du volume ?

Solution Le volume du cube est $V(x) = x^3$, où x est la longueur de l'arête et Δx l'incertitude de la mesure de x. Si on prend 10 cm comme longueur de l'arête alors qu'elle est en réalité égale à $10 + \Delta x$, l'incertitude correspondante dans le calcul du volume sera ΔV, donnée par

$$\Delta V = V(10 + \Delta x) - V(10) \approx V'(10)\Delta x$$

Maintenant, $V'(x) = 3x^2$, de sorte que $V'(10) = 300$. De plus, notre mesure de l'arête peut comporter une incertitude allant jusqu'à 2 %, c'est-à-dire jusqu'à $0{,}02(10) = 0{,}2$ cm dans un sens ou dans l'autre. En introduisant $\Delta x = \pm 0{,}2$ dans la formule d'approximation donnant ΔV, on obtient

$$\Delta V = 3(10)^2(\pm 0{,}2) \approx \pm 60$$

Ainsi, l'incertitude dans le calcul du volume est approximativement égale à ± 60 cm^3. Par conséquent, l'incertitude *maximale* de notre mesure de l'arête est $|\Delta x| = 0{,}2$ cm et l'incertitude maximale correspondante dans le calcul du volume est

$$|\Delta V| \approx V'(10)|\Delta x| = 300(0{,}2) = 60$$

Au pire, notre résultat donnant 1 000 cm^3 pour le volume comporte donc une incertitude de 60 cm^3, soit 6 % du volume calculé.

Calcul de l'incertitude issue d'une mesure

Si x_0 représente la valeur mesurée d'une variable et $x_0 + \Delta x$ la valeur exacte, alors Δx est **l'incertitude de la mesure**. La différence entre $f(x + \Delta x)$ et $f(x)$ est définie par

$$\Delta f = f(x + \Delta x) - f(x) \approx f'(x)\,\Delta x$$

Incertitude relative

L'**incertitude relative** est $\dfrac{\Delta f}{f} \approx \dfrac{f'(x)\,\Delta x}{f}$

Pourcentage d'erreur

Le **pourcentage d'erreur** est $100\left(\dfrac{\Delta f}{f}\right)\% \approx 100\left(\dfrac{f'(x)\,\Delta x}{f}\right)\%$

Dans l'exemple 4, l'incertitude de la mesure du volume est ± 60 cm^3 et l'incertitude relative est $\Delta V / V = \pm 60/(10)^3 = \pm 0{,}06$.

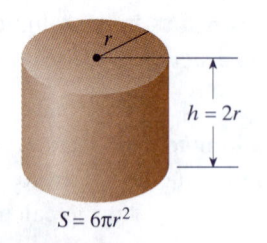

FIGURE 5.24

Aire de la surface d'un cylindre circulaire droit

$S = 6\pi r^2$

EXEMPLE 5   Modélisation de l'incertitude relative et du pourcentage d'erreur

Un récipient est représenté par un cylindre circulaire droit dont la hauteur est égale au double du rayon de la base. La mesure du rayon donne 17,3 cm avec une incertitude maximale de 0,02 cm. Estimer l'incertitude, l'incertitude relative et le pourcentage d'erreur du calcul de l'aire de la surface totale du cylindre.

Solution   Soit S, l'aire de la surface totale du cylindre, comme à la figure 5.24. On a

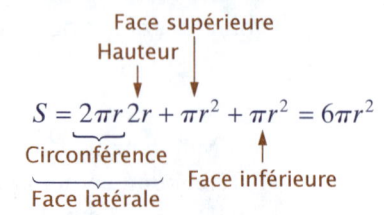

$$S = \underbrace{2\pi r}_{\text{Circonférence}} \underbrace{2r}_{\text{Hauteur}} + \underbrace{\pi r^2}_{\text{Face supérieure}} + \underbrace{\pi r^2}_{\text{Face inférieure}} = 6\pi r^2$$

(Face latérale)

où r est le rayon de la base du cylindre. L'incertitude est donc

$$\Delta S \approx S'(r)\Delta r = 12\pi r \Delta r = 12\pi(17,3)(\pm 0,02) \approx \pm 13,04$$

L'incertitude maximale de la mesure de l'aire de la surface est donc voisine de 13,04 cm². Est-elle grande ou petite ? L'incertitude relative se trouve en calculant le rapport

$$\frac{\Delta S}{S} = \frac{12\pi r \Delta r}{6\pi r^2} = \frac{2\Delta r}{r} = \frac{2(\pm 0,02)}{17,3} \approx \pm 0,00231$$

Ce résultat indique que l'incertitude de 13,04 cm² est assez petite par rapport à l'aire S. Le pourcentage d'erreur correspondant est donné par

$$100\left(\frac{\Delta S}{S}\right)\% = 100(\pm 0,00231)\% = \pm 0,231\%$$

Cela signifie que le pourcentage d'erreur est voisin de $\pm 0,231\%$.

ANALYSE MARGINALE EN ÉCONOMIE

En économie, l'utilisation de la dérivée pour calculer approximativement la variation d'une fonction engendrée par une variation de 1 unité de sa variable indépendante est appelée **analyse marginale**. En particulier, si $C(x)$ est le coût total et $R(x)$ le revenu total lorsque x unités sont produites, alors $C'(x)$ est le **coût marginal** et $R'(x)$ le **revenu marginal**.

Si la production et les ventes augmentent de 1 unité, alors $\Delta x = 1$ et la formule d'approximation

$$\Delta C = C(x + \Delta x) - C(x) \approx C'(x)\Delta x$$

devient

$$\Delta C = C(x + 1) - C(x) \approx C'(x)$$

De même,

$$\Delta R = R(x + \Delta x) - R(x) \approx R'(x)\Delta x$$

devient
$$\Delta R = R(x+1) - R(x) \approx R'(x)$$

> **En d'autres termes**
>
> Si $C(x)$ est le coût total de fabrication de x unités et $R(x)$ le revenu total tiré de la vente de ces x unités, alors :
>
> Le **coût marginal** $C'(x)$ est une approximation du coût de production de la $(x+1)^e$ unité. Le **revenu marginal** $R'(x)$ est une approximation du revenu découlant de la vente de la $(x+1)^e$ unité.

EXEMPLE 6 — Modélisation de la variation de coût et de revenu

Un fabricant modélise le coût total (en dollars) d'un produit particulier par la fonction
$$C(x) = \tfrac{1}{8}x^2 + 3x + 98$$
et le prix de vente de l'unité (en dollars) par
$$p(x) = \tfrac{1}{3}(75 - x)$$
où x est le nombre d'unités produites ($0 \le x \le 50$).

a. Trouver le coût marginal et le revenu marginal.

b. Utiliser le coût marginal pour estimer le coût de production de la 9e unité. Quel est le coût réel de production de la 9e unité ?

c. Utiliser le revenu marginal pour estimer le revenu découlant de la fabrication de la 9e unité. Quel est le revenu réel découlant de la production de la 9e unité ?

Solution

a. Le coût marginal est $C'(x) = \tfrac{1}{4}x + 3$.

Pour trouver le revenu marginal, on doit d'abord trouver la fonction donnant le revenu :
$$R(x) = x p(x) = x\left(\tfrac{1}{3}\right)(75 - x) = -\tfrac{1}{3}x^2 + 25x$$
Le revenu marginal est donc $R'(x) = -\tfrac{2}{3}x + 25$.

b. Le coût de production de la 9e unité est la variation de coût lorsque x augmente de 8 à 9. Le coût marginal en donne une approximation :
$$C'(8) = \tfrac{1}{4}(8) + 3 = 5\,\$$$
Le coût de production de la 9e unité est estimé à 5 $. Le coût réel est
$$\Delta C = C(9) - C(8) = \left[\tfrac{1}{8}(9)^2 + 3(9) + 98\right] - \left[\tfrac{1}{8}(8)^2 + 3(8) + 98\right]$$
$$= 5\tfrac{1}{8} \approx 5{,}13\,\$$$

c. Le revenu marginal donne une approximation du revenu découlant de la vente de la 9e unité :
$$R'(8) = -\tfrac{2}{3}(8) + 25 = \tfrac{59}{3} \approx 19{,}67\,\$$$
Le revenu réel obtenu par la vente de la 9e unité est
$$\Delta R = R(9) - R(8) = \tfrac{58}{3} \approx 19{,}33\,\$$$

⚠ Rappelons que le revenu provenant de la vente de la 9e unité *n'est pas* le prix de l'unité si 9 sont vendues, mais le revenu additionnel gagné par l'entreprise lorsqu'elle vend la 9e unité – c'est-à-dire le revenu total de 9 unités moins le revenu total de 8.

Méthode de Newton-Raphson pour le calcul approché des racines

La méthode de Newton-Raphson est un autre type d'approximation linéaire, qui utilise les tangentes pour estimer les racines d'une équation. La figure 5.25 représente l'idée de base de cette méthode : r est une racine de l'équation $f(x) = 0$, x_0 est une approximation de r et x_1 est une meilleure approximation, correspondant à l'intersection avec l'axe des x de la tangente au graphe de f en $(x_0, f(x_0))$.

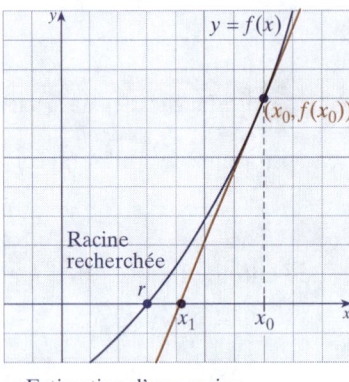

a. Estimation d'une racine r de $y = f(x)$

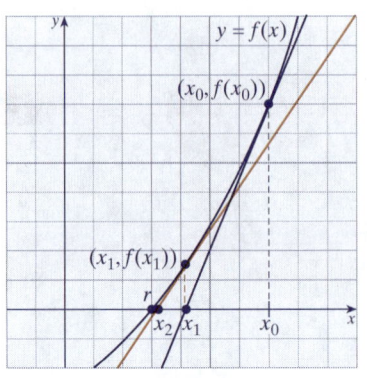

b. Première, deuxième et troisième approximations (respectivement x_0, x_1 et x_2)

FIGURE 5.25

Méthode de Newton-Raphson

THÉORÈME 5.1 — Méthode de Newton-Raphson

Pour trouver l'approximation d'une racine de l'équation $f(x) = 0$, on part d'une approximation initiale x_0 et on construit une suite $x_1, x_2, x_3, \ldots$ à l'aide de la formule

$$x_{n+1} = x_n - \frac{f(x_n)}{f'(x_n)}, \text{ où } f'(x_n) \neq 0$$

Soit cette suite d'approximations va tendre vers une limite qui est une racine de l'équation, soit elle n'aura pas de limite.

Démonstration Au lieu de présenter une démonstration formelle, nous allons décrire la méthode de manière géométrique afin de mieux expliquer en quoi elle consiste. Soit x_0, une approximation initiale telle que $f'(x_0) \neq 0$. Pour trouver une formule donnant l'approximation améliorée x_1, rappelons-nous que la pente de la tangente passant par $(x_0, f(x_0))$ est la dérivée $f'(x_0)$. Par conséquent (voir la figure 5.25a), on peut écrire

$$f'(x_0) = \frac{\Delta y}{\Delta x} = \frac{f(x_0) - 0}{x_0 - x_1} \quad \text{Pente de la tangente passant par } (x_0, f(x_0))$$

ou, ce qui est équivalent (en résolvant l'équation en x_1),

$$x_1 = x_0 - \frac{f(x_0)}{f'(x_0)}, \text{ où } f'(x_0) \neq 0$$

Si on répète cette procédure en prenant x_1 comme approximation initiale, on peut obtenir une meilleure approximation encore (voir la figure 5.25b). Celle-ci, x_2, est liée à x_1 comme x_1 était liée à x_0, c'est-à-dire que

$$x_2 = x_1 - \frac{f(x_1)}{f'(x_1)}$$

Si ce processus produit une limite, on peut le poursuivre jusqu'à obtenir le degré de précision désiré. En général, la $n^{\text{ième}}$ approximation x_n est liée à la $(n-1)^e$ par la formule

$$x_n = x_{n-1} - \frac{f(x_{n-1})}{f'(x_{n-1})}$$

Voici la marche à suivre pour appliquer la méthode de Newton-Raphson. Elle est également représentée sous forme d'organigramme à la figure 5.26.

Marche à suivre pour appliquer la méthode de Newton-Raphson et résoudre l'équation $f(x) = 0$

1. Choisir un nombre $\varepsilon > 0$ pour établir le degré de précision désiré pour les solutions estimées.
2. Calculer $f'(x)$ et choisir un nombre x_0 (avec $f'(x_0) \neq 0$) « proche » d'une solution de $f(x) = 0$ comme approximation initiale.
3. Calculer une nouvelle approximation à l'aide de la formule

$$x_{n+1} = x_n - \frac{f(x_n)}{f'(x_n)}$$

4. Répéter l'étape 3 jusqu'à ce que $|x_{n+1} - x_n| < \varepsilon$.

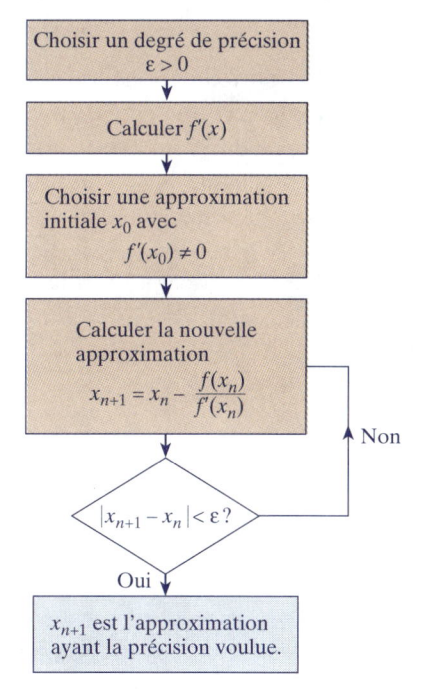

FIGURE 5.26

Organigramme de la méthode de Newton-Raphson

EXEMPLE 7 — Estimation d'une racine par la méthode de Newton-Raphson

Trouver une valeur approchée d'une racine réelle de l'équation $x^3 + x + 1 = 0$ sur $[-2, 2]$.

Solution Soit $f(x) = x^3 + x + 1$. On veut trouver la racine de l'équation $f(x) = 0$. La dérivée de f est $f'(x) = 3x^2 + 1$. Donc

$$x - \frac{f(x)}{f'(x)} = x - \frac{x^3 + x + 1}{3x^2 + 1} = \frac{2x^3 - 1}{3x^2 + 1}$$

Ainsi, pour $n = 1, 2, 3, \ldots$, on aura

$$x_{n+1} = x_n - \frac{f(x_n)}{f'(x_n)} = \frac{2x_n^3 - 1}{3x_n^2 + 1}$$

La valeur $x_0 = -1$ est un choix commode comme approximation initiale. Ensuite

$$x_1 = \frac{2x_0^3 - 1}{3x_0^2 + 1} = -0{,}75$$

$$x_2 = \frac{2x_1^3 - 1}{3x_1^2 + 1} \approx -0{,}6860465$$

$$x_3 = \frac{2x_2^3 - 1}{3x_2^2 + 1} \approx -0{,}6823396$$

Ainsi, avec deux chiffres significatifs, la racine a pour valeur approchée $x_n \approx -0{,}68$.

En général, on peut arrêter de chercher de nouvelles approximations lorsque l'écart entre des approximations successives x_n et x_{n+1} est inférieur au degré de précision établi. En particulier, si l'on souhaite que les solutions ne diffèrent pas de plus de ε ($\varepsilon > 0$), on calcule les approximations jusqu'à ce que l'inégalité $|x_{n+1} - x_n| < \varepsilon$ soit vérifiée. À l'aide de la méthode de Newton-Raphson (théorème 5.1), on voit que cette condition est équivalente à

$$|x_{n+1} - x_n| = \left|\frac{-f(x_n)}{f'(x_n)}\right| < \varepsilon$$

PROBLÈMES 5.3

A

Problèmes 1 à 10 : Calculer les différentielles demandées.

Fonctions algébriques

1. $d(2x^3)$
2. $d(3 - 5x^2)$
3. $d(x^5 + \sqrt{x^2 + 5})$
4. $d\left(\dfrac{x-5}{\sqrt{x+4}}\right)$

Fonctions transcendantes

5. $d(x \cos x)$
6. $d\left[\dfrac{\tan(3x)}{2x}\right]$
7. $d(xe^{-2x})$
8. $d(x \arctan x)$
9. $d(e^x \ln x)$
10. $d\left(\dfrac{\ln(\sqrt{x})}{x}\right)$

11. **Autrement dit ?** Qu'est-ce qu'une différentielle ?

12. **Autrement dit ?** Expliquer ce qu'on entend par « incertitude », « incertitude relative » et « pourcentage d'erreur ».

B

Utiliser les différentielles pour trouver des approximations des valeurs demandées aux problèmes 13 et 14, puis déterminer l'incertitude par rapport à la valeur donnée par la calculatrice.

13. $\sqrt{0{,}99}$

14. $(3{,}01)^5 - 2(3{,}01)^3 + 3(3{,}01)^2 - 2$

Problèmes de modélisation (15 à 32)

Fonctions algébriques

15. On mesure le rayon d'un cercle et on trouve 12 cm. Si cette mesure du rayon est exacte à 3 % près, quel est le pourcentage d'erreur (à l'unité de pourcentage près) du calcul de l'aire ?

16. On mesure le rayon d'une sphère comme étant d'environ 15 cm et on utilise la formule $V = \frac{4}{3}\pi r^3$ pour calculer le volume. Si cette mesure du rayon est exacte à 1 % près, quel est le pourcentage d'erreur (à l'unité de pourcentage près) du calcul du volume ?

17. On prévoit qu'au bout d'un temps t (en années) la diffusion d'un journal local sera

$$C(t) = 100t^2 + 400t + 5\,000$$

Estimer de combien d'exemplaires augmentera la diffusion au cours des 6 prochains mois.

18. Une étude environnementale suggère qu'au bout d'un temps t (en années) le niveau moyen de monoxyde de carbone dans l'air sera

$$Q(t) = 0{,}05t^2 + 0{,}1t + 3{,}4$$

en parties par million (ppm). De combien de parties par million variera approximativement le niveau de monoxyde de carbone au cours des 6 prochains mois ?

19. Dans une usine, la production quotidienne est
$$Q(L) = 60\,000 L^{1/3}$$
unités, où L désigne la main-d'œuvre mesurée en heures de travail. À l'heure actuelle, on utilise 1 000 heures de travail par jour. Estimer l'effet sur la production d'une réduction de la main-d'œuvre à 940 heures de travail.

20. Un ballon de soccer fabriqué dans du cuir de 0,3 cm d'épaisseur a un diamètre intérieur de 22 cm. Représenter le ballon par une sphère creuse et estimer le volume de sa coque de cuir.

21. On veut construire une caisse cubique à l'aide de trois types de matériaux de construction. Le matériau qui sera utilisé pour les quatre côtés coûte 2 ¢/cm², celui qui servira pour le fond coûte 3 ¢/cm² et celui qui est prévu pour le couvercle coûte 4 ¢/cm². Estimer le coût total additionnel de ces matériaux si on augmente la longueur d'une arête de 50 cm à 53 cm.

22. Chez une personne en bonne santé dont la taille est x (en centimètres), le pouls moyen exprimé en battements par minute est représenté par la formule
$$P(x) = \frac{940}{\sqrt{x}}, \quad 76 \le x \le 250$$
Estimer la variation du pouls correspondant à une variation de taille de 150 cm à 154 cm.

23. Selon la loi de Poiseuille, la vitesse du sang circulant sur l'axe central d'une artère de rayon R est modélisée par la formule $V(R) = cR^2$, où c est une constante[*]. Quel pourcentage d'erreur (arrondi à l'unité de pourcentage la plus proche) fait-on en calculant $V(R)$ à partir de cette formule s'il y a une incertitude de 1 % dans la mesure de R ?

24. Une seconde loi attribuée à Poiseuille modélise le volume, par unité de temps, d'un fluide circulant dans un petit tube sous une pression fixe par la formule $V = kR^4$, où k est une constante positive et R le rayon du tube. Cette formule est utilisée en médecine pour déterminer dans quelle mesure on peut ouvrir une artère obstruée pour rétablir la circulation sanguine normale. On suppose que le rayon d'une artère donnée augmente de 5 %. Quel effet approximatif aura cette augmentation sur le volume du sang circulant dans l'artère[**] ?

25. Une cellule est représentée par une sphère. Si les formules $S = 4\pi r^2$ et $V = \frac{4}{3}\pi r^3$ sont utilisées pour calculer l'aire de la surface et le volume de la sphère, quel est l'effet approximatif sur S et V d'une augmentation de 1 % du rayon r ?

26. La période d'oscillation T (en secondes) d'un pendule est donnée par la formule
$$T = 2\pi \sqrt{\frac{L}{g}}$$

où L est la longueur (en mètres) du pendule et $g = 9{,}8$ m/s² l'accélération gravitationnelle. Si la longueur du pendule augmente de 0,4 %, quelle est la variation approximative de sa période en pourcentage ?

27. Le *coefficient de dilatation thermique* d'un objet est défini par
$$\sigma = \frac{L'(T)}{L(T)}$$
où $L(T)$ est la longueur de l'objet lorsque sa température est T et où $L'(T)$ correspond au taux de variation de cette longueur en fonction de la température. On suppose que la travée d'un pont de 23 m est construite en acier avec $\sigma = 1{,}4 \times 10^{-5}$ °C⁻¹. Quelle est la variation approximative de la longueur au cours d'une année où la température varie de -10 °C en hiver à 40 °C en été ?

28. On suppose que le coût total de fabrication (en dollars) de q unités d'un produit est
$$C(q) = 3q^2 + q + 500$$
 a. Utiliser l'analyse marginale pour estimer le coût de fabrication de la 41ᵉ unité.
 b. Calculer le coût réel de fabrication de la 41ᵉ unité.

29. On suppose que le coût total de production de x unités d'un produit donné est modélisé par
$$C(x) = \tfrac{1}{7} x^2 + 4x + 100$$
et que chaque unité peut être vendue pour
$$p(x) = \tfrac{1}{4}(80 - x) \text{ dollars}$$
 a. Quel est le coût marginal ?
 b. Quel est le prix lorsque le coût marginal est 10 ?
 c. Estimer le coût de production de la 11ᵉ unité.
 d. Déterminer le coût réel de production de la 11ᵉ unité.

30. Dans une usine, la production quotidienne est modélisée par la formule
$$Q(L) = 360 L^{1/3}$$
où L est la main-d'œuvre mesurée en heures de travail. À l'heure actuelle, on utilise chaque jour 1 000 heures de travail. Utiliser les différentielles pour estimer l'effet d'une heure de travail supplémentaire sur la production quotidienne.

Fonctions transcendantes

31. Dans un modèle élaboré par John Helms, l'évaporation de l'eau $E(T)$ pour un pin ponderosa est donnée par
$$E(T) = 4{,}6 e^{\frac{17{,}3T}{(T+237)}}$$
où T (en degrés Celsius) est la température ambiante[*]. La température s'élève de 5 % à partir de 30 °C. Estimer, à l'aide des différentielles, le pourcentage de variation de $E(T)$ correspondant.

---
[*] Voir *Introduction to Mathematics for Life Scientists*, 2ᵉ édition, New York, Springer-Verlag, 1976, p. 102-103.
[**] Ibid.

[*] John A. Helms, « Environmental Control of Net Photosynthesis in Naturally Grown Pinus Ponderosa Nets », *Ecology* (hiver 1972), p. 92.

32. Un mince faisceau horizontal de particules alpha frappe une fine feuille d'or verticale. Les particules se dispersent alors et se propagent en formant un cône d'angle au sommet θ, comme à la figure 5.27.

Instant 1 : le faisceau est focalisé.

Instant 2 : le faisceau frappe la feuille.

Instant 3 : le faisceau subit une diffusion après la collision avec la feuille et les particules se dispersent en formant un cône.

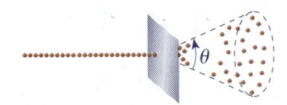

FIGURE 5.27

Trajectoire des particules alpha

Un écran vertical est placé à une distance fixe du point de diffusion. La physique des particules prédit que le nombre N de particules alpha arrivant sur une unité d'aire de l'écran est inversement proportionnel à $\sin^4(\theta/2)$. On suppose que N est modélisé par la formule

$$N = \frac{1}{\sin^4(\theta/2)}$$

Estimer la variation du nombre de particules alpha par unité d'aire de l'écran si θ varie de 1 à 1,1 rad.

33. Soit $f(x) = -2x^4 + 3x^2 + \frac{11}{8}$.

    a. Montrer que l'équation $f(x) = 0$ a au moins deux solutions.

    Conseil : Utiliser le théorème de la valeur intermédiaire.

    b. Utiliser $x_0 = 2$ comme approximation initiale dans la méthode de Newton-Raphson pour trouver une racine de l'équation $f(x) = 0$.

    c. Montrer que la méthode de Newton-Raphson échoue si l'on choisit $x_0 = \frac{1}{2}$.

    Remarque : On doit obtenir $x_1 = -x_0$, $x_2 = x_0$, etc.

34. Montrer que si h est suffisamment petit, alors :

    a. $\sqrt{1+h}$ est approximativement égal à $1 + \frac{h}{2}$.

    b. $\frac{1}{1+h}$ est approximativement égal à $1 - h$.

35. Trouver une approximation de $\sqrt[n]{A^n + h}$, où A est une constante et où h est considéré comme suffisamment petit.

36. Les approximations de la tangente ne sont utiles que si Δx est petit. Illustrer cette observation : essayer de trouver l'approximation de $\sqrt{97}$ en considérant que 97 est voisin de 81 (au lieu de 100).

37. **Problème de réflexion** Soit

    $$f(x) = -x^4 + x^2 + A$$

    où A est une constante. Quelle valeur de A faut-il choisir pour garantir que si l'on choisit $x_0 = \frac{1}{3}$ comme estimation initiale, la méthode de Newton-Raphson donne $x_1 = -x_0$, $x_2 = x_0$, $x_3 = -x_0$, ... ?

38. Entre 2000 et 600 avant J.-C., la région située entre le Tigre et l'Euphrate fut peuplée (à différentes époques) par les Sumériens, les Acadiens, les Chaldéens et les Syriens. Depuis la deuxième moitié du XIXe siècle, les archéologues ont trouvé plus de 50 000 tablettes d'argile décrivant ces grandes civilisations. Les archives montrent que ces peuples avaient une religion, une histoire et des sciences très développées (notamment l'alchimie, l'astronomie, la botanique, la chimie, les mathématiques et la zoologie).

    La culture mésopotamienne avait des formules d'itération pour calculer les grandeurs algébriques comme les racines. En particulier, ils faisaient des approximations de $\sqrt{N}$ en appliquant à plusieurs reprises la formule

    $$x_{n+1} = \frac{1}{2}\left(x_n + \frac{N}{x_n}\right) \quad \text{pour } n = 1, 2, 3, \ldots$$

    a. Appliquer la méthode de Newton-Raphson à $f(x) = x^2 - N$ pour justifier cette formule.

    b. Appliquer la formule pour estimer $\sqrt{1\,265}$ avec une précision de 5 chiffres significatifs.

PROBLÈMES RÉCAPITULATIFS

Contrôle des connaissances

Problèmes théoriques

1. Qu'entend-on par « taux de variation » ? Faire la distinction entre le taux de variation moyen et le taux de variation instantané d'une fonction.

2. Qu'est-ce qu'un taux de variation relatif ?

3. Comment trouve-t-on la vitesse et l'accélération d'un objet dont la position est donnée par $s(t)$? Qu'est-ce que la vitesse scalaire ?

4. Décrire une méthode de résolution des problèmes de taux de variation liés.

5. Qu'entend-on par « approximation de la tangente » ?

6. Définir la différentielle de x et la différentielle de y pour une fonction $y = f(x)$. Tracer un graphe et représenter Δx, Δy, dx et dy.

7. Définir les termes « incertitude », « incertitude relative » et « pourcentage d'erreur ».

8. Qu'entend-on par « analyse marginale » ?

9. Qu'est-ce que la méthode de Newton-Raphson ?

Problèmes pratiques

10. Une pierre jetée dans un plan d'eau crée à la surface une onde circulaire dont le rayon augmente à un taux constant de 15 cm/s. À quel taux varie l'aire contenue à l'intérieur de l'ondulation lorsque le rayon est égal à 60 cm ?

11. Utiliser les différentielles pour trouver une approximation de $(16,01)^{3/2} + 2\sqrt{16,01}$.

12. Une voiture et un camion quittent une intersection au même instant. La voiture roule vers le nord à 100 km/h tandis que le camion roule vers l'est à 70 km/h. Quel est le taux de variation de la distance entre les deux véhicules au bout de 45 min ?

Problèmes supplémentaires

Fonctions algébriques

1. Utiliser les différentielles pour estimer la variation de volume d'un cône si sa hauteur augmente de 10 cm à 10,01 cm tandis que le rayon de sa base reste fixe à 2 cm.

2. Un ballon sphérique se remplit d'air de telle sorte que son rayon augmente à un taux constant de 2 cm/s. À quel taux augmente le volume du ballon à l'instant où sa surface a une aire de 4π cm² ?

3. On suppose que le coût total de production de x unités d'un produit donné est $C(x) = \frac{2}{5}x^2 + 3x + 10$ et que chaque unité peut être vendue pour $p(x) = \frac{1}{5}(45 - x)$, en dollars.
   a. Quel est le coût marginal ?
   b. Quel est le prix lorsque le coût marginal est égal à 23 ?
   c. Estimer le coût de production de la 11ᵉ unité.
   d. Trouver le coût réel de production de la 11ᵉ unité.

4. Un bloc de glace cubique dont le volume initial est de 1 000 cm³ fond de telle sorte que la longueur de chacune de ses arêtes diminue au taux de 1 cm/h. À quel taux diminue l'aire de sa surface à l'instant où son volume est égal à 27 cm³ ? On suppose que le bloc de glace garde sa forme cubique.

5. Montrer que le taux de variation de l'aire d'un cercle par rapport à son rayon est égal à la circonférence.

6. Une particule chargée est introduite dans un accélérateur linéaire. Elle y subit une accélération constante qui fait varier sa vitesse de 1 200 m/s à 6 000 m/s en 2×10^{-3} secondes. Trouver l'accélération de la particule.

7. **Problème de modélisation** On suppose qu'une artère de l'organisme a la forme d'un tube circulaire dont le rayon de la section transversale vaut 1,2 mm. On observe que les dépôts adipeux s'accumulent uniformément sur la paroi intérieure. Trouver le taux auquel diminue l'aire de la section transversale de l'artère par rapport à l'épaisseur du dépôt adipeux à l'instant où celle-ci est de 0,3 mm.

8. **Problème de modélisation** Un industriel qui vend une matière première donnée a analysé le marché et a déterminé que le prix unitaire devait être modélisé par la formule
$$p(x) = 60 - x^2$$
(en milliers de dollars) pour x tonnes ($0 \leq x \leq 7$) produites. Estimer la variation du prix unitaire qui accompagne chaque variation des ventes suivantes :
   a. De 2 à 2,05 tonnes.
   b. De 1 à 1,1 tonne.
   c. De 3 à 2,95 tonnes.

9. Une particule de masse m se déplace en suivant l'axe des x. La vitesse $v = \frac{dx}{dt}$ et la position $x = x(t)$ vérifient l'équation
$$m(v^2 - v_0^2) = k(x_0^2 - x^2)$$
où k, x_0 et v_0 sont des constantes positives. La force F agissant sur l'objet est définie par $F = ma$, a étant l'accélération de l'objet. Montrer que $F = -kx$.

Fonctions transcendantes

10. La veille du Nouvel An, une caméra de télévision filme une boule illuminée qui tombe du toit d'un immeuble situé à une distance de 180 m. La boule a une vitesse de 6 m/min. Quel est le taux de variation par rapport au temps de l'angle d'élévation de la ligne de visée de la caméra lorsque la boule est à 240 m du sol ?

11. On lance une fusée à la verticale à partir d'un point du sol qui se trouve à 900 m à l'horizontale d'un observateur muni de jumelles. Si la fusée s'élève verticalement à une vitesse de 230 m/s à l'instant où elle se trouve à 1 200 m au-dessus du sol, à quel taux l'observateur doit-il changer l'angle d'élévation de sa ligne de visée à cet instant pour ne pas perdre de vue la fusée ?

12. Un observateur se tenant debout au niveau du sol à 9 m d'une plate-forme regarde un objet s'élever de cette plate-forme à la vitesse constante de 1 m/s (voir la figure 5.28). À quel taux varie l'angle d'élévation de la ligne de visée de l'observateur à l'instant où $\theta = \frac{\pi}{4}$?

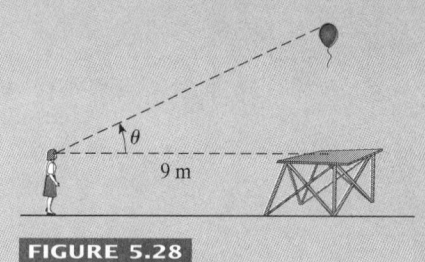

FIGURE 5.28
Problème 12

13. Un phare est situé à 1 200 m d'une côte rectiligne. Un observateur se tenant au point P de la côte qui est le plus proche du phare regarde le faisceau et remarque que la lumière se déplace à un taux de 1 m/s lorsqu'elle est à 300 m de P. Quelle est la vitesse de rotation (en tours par minute) du faisceau à cet instant ?

14. Le projecteur d'un phare est situé à 6 km d'une côte rectiligne. Il tourne au taux de 2 tr/min. Trouver la vitesse scalaire de la tache lumineuse projetée sur la côte lorsqu'elle se trouve à 3 km au-delà du point de la côte le plus proche de la source lumineuse.

15. L'équation $\frac{d^2s}{dt^2} + ks = 0$ est appelée **équation différentielle du mouvement harmonique simple.** Soit A, un nombre quelconque. Montrer que la fonction $s(t) = A\sin(2t)$ vérifie l'équation $\frac{d^2s}{dt^2} + 4s = 0$.

PROJET DE RECHERCHE EN GROUPE

Le chaos

> *La mathématique est l'une des sciences les plus anciennes; c'est aussi l'une des plus actives et sa force est la vigueur d'une perpétuelle jeunesse.*
>
> A. R. Forsythe
> *Nature* 84
> (1910), p. 285.

Une nouvelle théorie a vu le jour en mathématiques : la **théorie du chaos**. Elle montre comment des structures incroyablement complexes et désordonnées sont en réalité empreintes d'ordre et de beauté. Elle pousse à essayer de mettre de l'ordre dans l'univers en examinant le désordre.

L'un des modèles physiques les plus simples du chaos nous est donné par de l'eau qui coule dans un tuyau. Une pression est exercée à l'extrémité du tuyau et l'eau coule en ligne droite. Lorsqu'on augmente la pression, la vitesse de l'écoulement laminaire augmente jusqu'à ce que la pression atteigne une valeur critique. La situation devient alors radicalement nouvelle : c'est la turbulence. Un simple écoulement laminaire se transforme soudain en un écoulement admirablement complexe comportant des tourbillons à l'intérieur d'autres tourbillons. Avant la turbulence, la trajectoire d'une particule quelconque est assez prévisible. Une minute après la variation de pression, il y a turbulence et la prévisibilité est perdue. Le **chaos** concerne les systèmes dans lesquels des variations minimes transforment soudain la prévisibilité en imprévisibilité[*].

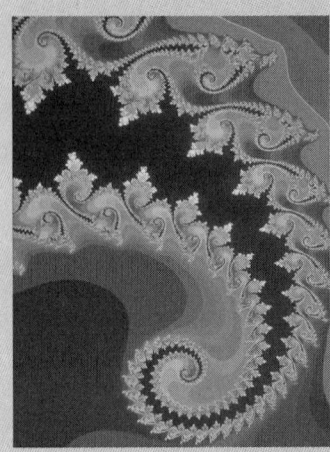

Cette image fractale est un exemple de ce qu'on appelle le chaos mathématique.

Pour ce projet de recherche, partir de

$$f(x) = x^3 - x = x(x-1)(x+1)$$

Utiliser la méthode de Newton-Raphson. Étudier ce qui arrive lorsqu'on fait varier la valeur de départ x_0 pour résoudre $f(x) = 0$. Quelle valeur de départ faut-il choisir ? Deux valeurs de x importantes dans l'étude sont

$$s_3 = \frac{1}{\sqrt{3}} \quad \text{et} \quad s_5 = \frac{1}{\sqrt{5}}$$

On *ne peut pas* choisir $\pm s_3$ pour x_0. Pourquoi ? En outre, qu'arrive-t-il si l'on choisit $x_0 = s_5$? C'est-à-dire, que valent x_1, x_2, etc. ?

> *Toutes les mathématiques consistent à organiser une série d'outils venant en aide à l'imagination dans le processus du raisonnement.*
>
> A. N. Whitehead
> *Universal Algebra*
> (Cambridge, 1898), p. 12.

Tracer le graphe de $f(x)$ sur $[-2, 2]$. Expliquer, d'après la courbe, pourquoi on peut s'attendre à ce qu'une valeur initiale $x_0 > s_3$ donne $\lim_{n \to +\infty} x_n = 1$. (Et pourquoi, de même, par symétrie, $x_0 < -s_3$ donne $\lim_{n \to +\infty} x_n = -1$.)

Expliquer pourquoi si $|x_0| < s_5$, on peut s'attendre à ce que $x_n \to 0$. Vérifier numériquement les hypothèses. Maintenant qu'on observe le « chaos », utiliser les valeurs de x_0 suivantes et effectuer de 6 à 10 itérations jusqu'à observer la convergence, puis décrire ce qui se passe : 0,448955 ; 0,447503 ; 0,447262 ; 0,447222 ; 0,4472215 ; 0,4472213.

---

[*] Nous remercions Jack Wadhams, du Golden West College, pour ce paragraphe.

Questions de révision

Chapitre 1

1. Trouver l'équation de la droite passant par $\left(-\frac{1}{2}, 5\right)$ et parallèle à la droite d'équation $2x + 5y - 11 = 0$.

2. Si $f(x) = \dfrac{1}{x+1}$, quelle(s) valeur(s) de x vérifie(nt) l'équation $f\left(\dfrac{1}{x+1}\right) = f\left(\dfrac{2x+1}{2x+4}\right)$?

Problèmes 3 à 5 : Résoudre l'équation donnée.

3. $e^{2x} = 2e^x + 3$

4. $2^{x^2+4x} = \dfrac{1}{16}$

5. $\ln(x-1) + \ln(x+1) = 2\ln\sqrt{12}$

6. On laisse tomber une balle du haut d'un bâtiment. La hauteur de la balle (en mètres) par rapport au sol au bout d'un temps t (en secondes) est donnée par la fonction

$$h(t) = -4{,}9t^2 + 100$$

   a. À quelle hauteur se trouve la balle au bout de 2 secondes ?
   b. Quelle distance parcourt la balle durant la 3ᵉ seconde ?
   c. Quelle est la hauteur du bâtiment ?
   d. À quel instant la balle touche-t-elle le sol ?

Problèmes 7 et 8 : Pour chaque fonction, trouver f^{-1} si elle existe.

7. $f(x) = \sqrt{e^x - 1}$, $x \geq 0$

8. $f(x) = \dfrac{x+5}{x-7}$, $x \neq 7$

9. Trouver f^{-1} si $f(x) = \dfrac{x+1}{x-1}$. Quel est le domaine de f^{-1} ?

10. Trouver la valeur exacte de $\sin\left[\arccos\left(\frac{3}{5}\right) + \arcsin\left(\frac{5}{13}\right)\right]$.

11. Deux avions à destination de Los Angeles quittent New York avec 30 minutes d'écart. Le premier vole à 880 km/h et le second à 1 040 km/h. Au bout de combien de temps le deuxième avion dépassera-t-il le premier ? (On suppose que la vitesse des deux avions est constante).

12. On veut construire une boîte fermée de base carrée et de volume égal à 10 m³. Le matériau du fond et du couvercle de la boîte coûte 18 $/m² et celui des côtés 9 $/m². Exprimer le coût de construction de la boîte en fonction de la longueur du côté de sa base.

Chapitre 2

13. On lance une balle à la verticale vers le haut à partir du bord d'une falaise. Au bout d'un temps t (en secondes), sa hauteur h (en mètres) par rapport à la base de la falaise est

$$h(t) = -4{,}9t^2 + 10t + 20$$

   a. Calculer la limite $v(t) = \lim\limits_{\tau \to t} \dfrac{h(\tau) - h(t)}{\tau - t}$ pour déterminer la vitesse instantanée de la balle à l'instant t.
   b. Quelle est la vitesse initiale de la balle ?
   c. À quel instant la balle touche-t-elle le sol, et quelle est alors sa vitesse ?
   d. À quel instant la balle a-t-elle une vitesse nulle ? Quelle interprétation physique peut-on donner de cet instant ?

14. Soit $f(x) = \dfrac{1}{x^2}$ avec $x \neq 0$ et soit L, un entier positif fixe. Montrer que $f(x) > 100L$ si $|x| < \dfrac{1}{10\sqrt{L}}$. Que peut-on en déduire concernant $\lim\limits_{x \to 0} f(x)$?

Problèmes 15 et 16 : Évaluer la limite ou expliquer pourquoi elle n'existe pas.

15. $\lim\limits_{t \to 2} g(t)$ où $g(t) = \begin{cases} t^2 & \text{si } -1 \leq t < 2 \\ 3t - 2 & \text{si } t \geq 2 \end{cases}$

16. $\lim\limits_{x \to 3} f(x)$ où $f(x) = \begin{cases} 2(x+1) & \text{si } x < 3 \\ 4 & \text{si } x = 3 \\ x^2 - 1 & \text{si } x > 3 \end{cases}$

Problèmes 17 et 18 : Déterminer les constantes a et b de telle sorte que la fonction donnée soit continue pour tout x.

17. $f(x) = \begin{cases} \dfrac{x^3 - 4x}{x^2 - 2x} & \text{si } x < 0 \\ e^x - a & \text{si } x = 0 \\ b & \text{si } x > 0 \end{cases}$

18. $f(x) = \begin{cases} \dfrac{\sin(ax)}{x} & \text{si } x < 0 \\ 5 & \text{si } x = 0 \\ x + b & \text{si } x > 0 \end{cases}$

Problèmes 19 à 26 : Évaluer la limite demandée.

19. $\lim_{x \to 1^-} \dfrac{3x-2}{x-1}$

20. $\lim_{x \to 1} \dfrac{\left(\dfrac{1}{x}-1\right)}{\sqrt{x}-1}$

21. $\lim_{x \to 0} \left(\dfrac{1}{x} - \dfrac{1}{x^2}\right)$

22. $\lim_{x \to 3} \sqrt{\dfrac{x-3}{x^2}}$

23. $\lim_{x \to +\infty} \dfrac{3x^3 - 2}{x^2 - x - 1}$

24. $\lim_{x \to +\infty} (x^2 + 6x - 5)$

25. $\lim_{x \to 0} \dfrac{\sin(9x)}{\sin(5x)}$

26. $\lim_{x \to (1/2)^-} \dfrac{|2x-1|}{2x-1}$

Problèmes 27 à 29 : Évaluer $\lim_{\Delta x \to 0} \dfrac{f(x+\Delta x) - f(x)}{\Delta x}$ pour la fonction f donnée.

27. $f(x) = x(x+1)$

28. $f(x) = \dfrac{4}{x}$

29. $f(x) = \sin x$

Problèmes 30 à 32 : Décider si chacune des fonctions est continue sur l'intervalle donné. Vérifier tous les points suspects.

30. $g(x) = \dfrac{x^2 - 3x - 10}{x+2}$; sur $[0, 5]$

31. $g(x) = \dfrac{x^2 - 3x - 10}{x+2}$; sur $[-5, 5]$

32. $g(x) = \begin{cases} \dfrac{x^2 - 3x - 10}{x+2} & \text{si } -5 \leq x < -2 \\ -7 & \text{si } x = -2 \\ x - 5 & \text{si } -2 < x \leq 5 \end{cases}$

33. Trouver un nombre c tel que $\lim_{x \to 3} \dfrac{x^3 + cx^2 + 5x + 12}{x^2 - 7x + 12}$ existe. Trouver ensuite la limite correspondante.

34. Le rayon de la Terre est à peu près de 6 400 km. Un objet situé à une distance r (en kilomètres) du centre de la Terre a un poids p (en Newtons) donné par

$$p(r) = \begin{cases} Ar & \text{si } r \leq 6400 \\ \dfrac{B}{r^2} & \text{si } r > 6400 \end{cases}$$

où A et B sont des constantes positives. Si l'on suppose que p est continue pour tout r, quelles conditions doivent remplir A et B ?

35. **Problème de modélisation** Un modèle de population utilisé autrefois par le bureau du recensement des États-Unis donnait la formule

$$P(t) = \dfrac{202,31}{1 + e^{3,98 - 0,314t}}$$

pour estimer la population P des États-Unis (en millions d'habitants) à partir de l'année de référence 1790. La variable t s'exprime en multiples de 10 ans. Par exemple, si $t = 0$, l'année est 1790 et si $t = 20$, l'année est 1990.
   a. Tracer le graphe de la fonction population à l'aide de ce modèle et prédire quelle sera la population en l'an 2000.
   b. Que devient la population P « à long terme », c'est-à-dire si t augmente indéfiniment ?

Chapitre 3

Problèmes 36 à 38 : Utiliser la définition de la dérivée pour dériver les fonctions données, puis décrire l'ensemble de tous les nombres pour lesquels la fonction est dérivable.

36. $g(t) = 4 - t^2$

37. $f(x) = \dfrac{1}{2x}$

38. $f(x) = \sqrt{x+1}$

Problèmes 39 à 41 : Trouver l'équation de la tangente et de la normale au graphe de la fonction au point précisé.

39. $f(s) = s^3$; au point $\left(-\dfrac{1}{2}, -\dfrac{1}{8}\right)$

40. $f(x) = x^5 - 3x^3 - 5x + 2$; au point d'abscisse $x = 1$

41. $f(x) = (5x+4)^3$; au point $(-1, -1)$

Problèmes 42 et 43 : Trouver les coordonnées de chaque point du graphe de la fonction donnée où la tangente est horizontale.

42. $f(t) = \dfrac{1}{t^2} - \dfrac{1}{t^3}$

43. $V(x) = \dfrac{\ln(\sqrt{x})}{x^2}$

44. Utiliser la règle de dérivation en chaîne pour calculer la dérivée dy/dx si $y = u \tan u$ et $u = 3x + \dfrac{6}{x}$. Écrire la réponse en fonction de x seulement.

45. Dériver la fonction $f(x) = \sqrt{\dfrac{2x^2 - 1}{3x^2 + 2}}$ et simplifier le plus possible la réponse.

46. Si $\dfrac{df}{dx} = \dfrac{\sin x}{x}$ et $u(x) = \cot x$, que vaut $\dfrac{df}{du}$?

Problèmes 47 et 48 : Trouver $\dfrac{dy}{dx}$ par dérivation implicite.

47. $\cos(xy) = 1 - x^2$

48. $e^{xy} + 1 = x^2$

49. Soit l'équation $xy - x = y + 2$. Trouver $\dfrac{dy}{dx}$ par dérivation implicite et en dérivant la formule explicite donnant y.

50. Trouver l'équation de la tangente à la courbe d'équation $\arcsin(xy) + \dfrac{\pi}{2} = \arccos y$ au point $(1, 0)$.

51. Trouver l'équation de la droite normale à la courbe d'équation $x^2 \sqrt{y - 2} = y^2 - 3x - 5$ au point $(1, 3)$.

52. Trouver l'équation de la tangente et de la droite normale à la courbe $x^3 + y^3 = 2Axy$ au point (A, A), où A est une constante.

Chapitre 4

Problèmes 53 à 55 : Trouver la plus grande et la plus petite valeur de chaque fonction continue sur l'intervalle donné. Si la fonction n'est pas continue sur l'intervalle, indiquer ses points de discontinuité.

53. $f(x) = x^3$; sur $\left[-\dfrac{1}{2}, 1\right]$

54. $g(t) = (50 + t)^{2/3}$; sur $[-50, 14]$

55. $h(x) = \tan x + \sec x$; sur $[0, 2\pi]$

56. Trouver la plus grande valeur de f sur l'intervalle $[-2, 3]$ ou expliquer pourquoi il n'en existe pas.
$$f(t) = \begin{cases} -t^2 - t + 2 & \text{si } t < 1 \\ 3 - t & \text{si } t \geq 1 \end{cases}$$

57. Trouver les extremums de la fonction $g(\theta) = \theta \sin \theta$ sur $[-2, 2]$.

Problèmes 58 à 60 : Pour chacune des fonctions
   a. Trouver les valeurs critiques.
   b. Trouver les intervalles de croissance et de décroissance.
   c. Placer chaque point critique dans un système d'axes et indiquer s'il s'agit d'un maximum relatif, d'un minimum relatif ou ni de l'un ni de l'autre.
   d. Tracer le graphe.

58. $f(x) = x^3 + 35x^2 - 125x - 9\,375$

59. $f(x) = \sqrt{x^2 - 2x + 2}$

60. $c(\theta) = \theta + \cos(2\theta)$ pour $0 \leq \theta \leq \pi$

61. Déterminer si la fonction $f(x) = \dfrac{e^{-x^2}}{3 - 2x}$ a un maximum relatif, un minimum relatif ou ni l'un ni l'autre aux valeurs critiques $x = 1$ et $x = \dfrac{1}{2}$.

62. Utiliser le calcul différentiel pour montrer que la valeur critique de la fonction quadratique $y = ax^2 + bx + c$ ($a \neq 0$) correspond à $x = -\dfrac{b}{2a}$.

Problèmes 63 à 65 : Trouver le domaine de chaque fonction ainsi que tous les points critiques et les points d'inflexion. Déterminer les intervalles où la fonction est croissante, décroissante, concave vers le haut et concave vers le bas. Tracer le graphe.

63. $f(x) = \frac{1}{3}x^3 - 9x + 2$ 64. $f(x) = \dfrac{e^x - e^{-x}}{e^x + e^{-x}}$

65. $f(t) = -\frac{1}{4}\sin(2t) + \cos t$ pour $-\pi \leq t \leq \pi$

66. Trouver les nombres A, B, C et D qui garantissent que la fonction $f(x) = Ax^3 + Bx^2 + Cx + D$ a un maximum relatif en $(-1, 1)$ et un minimum relatif en $(1, -1)$.

67. **Problème de réflexion** Tracer le graphe d'une fonction continue ayant les propriétés suivantes :
$f'(x) > 0$ lorsque $x < 1$
$f'(x) < 0$ lorsque $x > 1$
$f''(x) > 0$ lorsque $x < 1$
$f''(x) > 0$ lorsque $x > 1$
Que peut-on dire de la dérivée de f lorsque $x = 1$?

Problèmes 68 à 71 : Faire l'étude complète de chaque fonction puis tracer son graphe.

68. $f(x) = 4 + \dfrac{2x}{x - 3}$ 69. $f(x) = \dfrac{x}{1 - x}$

70. $f(x) = \ln\left(\dfrac{x - 1}{x + 1}\right)$ 71. $f(x) = xe^{1/x}$

72. Le coût de production C de x unités d'un produit particulier et le prix de vente p lorsque x unités sont produites sont donnés par $C(x) = \frac{1}{8}x^2 + 5x + 98$ et $p(x) = \frac{1}{2}(75 - x)$ respectivement. Déterminer le niveau de production qui rend le bénéfice maximal.

73. Une librairie peut obtenir un livre-vedette d'un éditeur pour 6 $ l'exemplaire. Elle le vend 30 $ l'exemplaire et, à ce prix, en vend 200 par mois. La librairie compte baisser son prix pour stimuler les ventes et estime que pour chaque réduction de 2 $, elle vendra 20 livres de plus par mois. À quel prix doit-elle vendre le livre pour réaliser le plus gros bénéfice possible ?

74. Une fenêtre normande est composée d'un rectangle surmonté d'un demi-cercle. Quelles sont les dimensions de la fenêtre normande ayant l'aire la plus grande pour un périmètre fixe et égal à P_0 (en mètres) ?

75. On veut construire une boîte de base carrée, sans couvercle et de volume égal à 2 m³. Trouver les dimensions que l'on doit donner à la boîte (au centimètre près) pour utiliser la plus petite quantité de matériau.

76. **Problème de modélisation** Certains psychologues modélisent la capacité de mémorisation d'un enfant par une fonction de la forme
$$g(t) = \begin{cases} 1 & \text{si } t = 0 \\ t \ln t + 1 & \text{si } 0 < t \leq 4 \end{cases}$$
où t est le temps (en années). Déterminer quand g prend sa plus grande et sa plus petite valeur.

CHAPITRE 5

Problèmes 77 et 78 : Pour chaque fonction f donnée, trouver le taux de variation instantané par rapport à x lorsque $x = x_0$.

77. $f(x) = -2x^2 + x + 4$; lorsque $x_0 = 1$

78. $f(x) = \sin x \cos x$; lorsque $x_0 = \dfrac{\pi}{2}$

Problèmes 79 et 80 : La fonction $s(t)$ donne la position (en mètres) d'un objet en mouvement ayant une trajectoire rectiligne durant un intervalle de temps t (en secondes). Dans chaque cas
   a. Trouver la vitesse à l'instant t.
   b. Trouver l'accélération à l'instant t.
   c. Décrire le mouvement de l'objet ; dire s'il avance ou s'il recule. Calculer la distance totale parcourue par l'objet durant l'intervalle de temps indiqué.
   d. Trouver, s'il y a lieu, les intervalles d'accélération et de décélération.

79. $s(t) = 3t^2 + 2t - 5$; sur $[0, 1]$

80. $s(t) = 1 + \sec t$; pour $0 \leq t \leq \dfrac{\pi}{4}$

81. Un projectile est lancé vers le haut à partir de la terre avec une vitesse initiale de 100 m/s.
   a. Quelle est sa vitesse au bout de 5 secondes ?
   b. Quelle est son accélération au bout de 3 secondes ?

82. Une automobile roule à 26,8 m/s (96,5 km/h) lorsque le conducteur freine pour éviter un animal. Après un temps t (en secondes), le véhicule se trouve à $s(t) = 26{,}8t - 2{,}4t^2$ (en mètres) du point où l'automobiliste a commencé à freiner. Combien de temps faut-il à la voiture pour s'arrêter et quelle distance parcourt-elle avant d'être à l'arrêt ?

Problèmes 83 et 84 : Trouver le taux indiqué, compte tenu des renseignements donnés. On suppose que $x > 0$ et $y > 0$.

83. Trouver $\dfrac{dy}{dt}$, où $5x^2 - y = 100$ et $\dfrac{dx}{dt} = 10$ lorsque $x = 10$.

84. Trouver $\dfrac{dx}{dt}$, où $4x^2 - y = 100$ et $\dfrac{dy}{dt} = -6$ lorsque $x = 1$.

85. Une particule se déplace en décrivant une trajectoire elliptique donnée par $4x^2 + y^2 = 4$, de telle sorte que lorsqu'elle se trouve au point $(\sqrt{3}/2, 1)$, son abscisse augmente au taux de 5 unités par seconde. À quelle vitesse varie l'ordonnée à cet instant ?

86. Une personne mesurant 1,8 m s'éloigne d'un réverbère à la vitesse de 1,5 m/s. Si la lampe se trouve à 5,5 m au-dessus du sol, à quel taux s'allonge l'ombre de cette personne ?

87. Un observateur regarde un avion s'approcher à une vitesse de 800 km/h et à une altitude de 5 km. À quel taux varie l'angle d'élévation de la ligne de visée de l'observateur par rapport au temps lorsque la distance horizontale entre l'avion et l'observateur est de 6 km ? Donner la réponse en radians par minute.

88. Utiliser les différentielles pour calculer une approximation de $(3{,}01)^5 - 2(3{,}01)^3 + 3(3{,}01)^2 - 2$, puis déterminer l'incertitude par rapport à la valeur donnée par la calculatrice.

89. Le coût total (en dollars) pour fabriquer un produit donné est

$$C(q) = 0{,}1q^3 - 0{,}5q^2 + 500q + 200$$

lorsque le niveau de production est de q unités. Le niveau moyen de production par jour est actuellement de 4 unités et le fabricant prévoit de le baisser à 3,9. Estimer la variation du coût total qui va en résulter.

90. On mesure le rayon R d'une boule sphérique et on trouve 36 cm.
   a. Utiliser les différentielles pour estimer l'incertitude du calcul du volume V si R est mesuré avec une incertitude maximale de 0,3 cm.
   b. Avec quelle précision doit-on mesurer le rayon R pour garantir une incertitude maximale de 33 cm³ sur le volume calculé ?

ANNEXE A

Règle de L'Hospital

Dans le tracé des courbes, l'optimisation et d'autres applications de la dérivée, il est souvent nécessaire d'évaluer des limites de la forme $\lim\limits_{x \to c} \dfrac{f(x)}{g(x)}$, où $\lim\limits_{x \to c} f(x)$ et $\lim\limits_{x \to c} g(x)$ sont toutes les deux nulles ou toutes les deux infinies. Ces deux types de limites sont appelées respectivement **forme indéterminée 0/0** et **forme indéterminée ∞/∞**, parce que leurs valeurs ne peuvent être déterminées sans une analyse plus approfondie.

Au chapitre 2, nous avons rencontré certaines de ces limites, par exemple

$$\lim_{x \to 2} \frac{x^2 + x - 6}{x - 2}$$

Nous avons alors remarqué qu'il s'agit d'une forme indéterminée 0/0 et nous avons trouvé la limite en factorisant et en simplifiant la fonction.

Cette limite peut également être évaluée à l'aide d'un théorème qui a été baptisé **règle de L'Hospital**. Ce théorème doit son nom à Guillaume François Antoine de L'Hospital (1661-1704), mais il fut en réalité découvert par Jean Bernoulli.

Théorème A.1   Règle de L'Hospital

Soit f et g, deux fonctions dérivables sur un intervalle ouvert contenant c (sauf peut-être en c). On suppose que $\lim\limits_{x \to c} \dfrac{f(x)}{g(x)}$ est une forme indéterminée 0/0 ou ∞/∞ et que

$$\lim_{x \to c} \frac{f'(x)}{g'(x)} = L$$

où L est soit un nombre fini, soit $+\infty$, soit $-\infty$. On a alors

$$\lim_{x \to c} \frac{f(x)}{g(x)} = L$$

Le théorème s'applique également aux limites unilatérales et aux limites à l'infini (lorsque $x \to +\infty$ et lorsque $x \to -\infty$).

Démonstration   Nous ne ferons pas la démonstration formelle de ce théorème, mais nous allons expliquer pourquoi il est vrai dans le cas 0/0. Supposons que $f(x)$ et $g(x)$ soient des fonctions dérivables telles que $f(a) = g(a) = 0$. La formule d'approximation linéaire

$$F(x) \approx F(a) + F'(a)(x - a) \quad \text{(voir la section 5.3)}$$

permet d'écrire

$$\frac{f(x)}{g(x)} \approx \frac{f(a)+f'(a)(x-a)}{g(a)+g'(a)(x-a)} = \frac{0+f'(a)(x-a)}{0+g'(a)(x-a)} = \frac{f'(a)}{g'(a)}$$

de sorte que

$$\lim_{x \to a} \frac{f(x)}{g(x)} = \frac{f'(a)}{g'(a)}$$

FORMES INDÉTERMINÉES 0/0 ET ∞/∞

Nous allons maintenant étudier quelques problèmes faisant intervenir des formes indéterminées. Les limites demandées ont déjà été calculées au chapitre 2 à l'aide des transformations algébriques, qui ont permis de lever les indéterminations. Cette fois-ci, c'est la règle de L'Hospital qui sera utilisée.

EXEMPLE 1 Application de la règle de L'Hospital pour une forme indéterminée 0/0

Évaluer $\lim\limits_{x \to 2} \dfrac{x^7 - 128}{x^3 - 8}$.

Solution Pour cet exemple, $f(x) = x^7 - 128$ et $g(x) = x^3 - 8$. La forme indéterminée obtenue est 0/0.

$$\lim_{x \to 2} \frac{x^7 - 128}{x^3 - 8} = \lim_{x \to 2} \frac{7x^6}{3x^2} \quad \text{Règle de L'Hospital}$$

$$= \lim_{x \to 2} \frac{7x^4}{3} \quad \text{On simplifie.}$$

$$= \frac{7(2)^4}{3} = \frac{112}{3}$$

EXEMPLE 2 Application de la règle de L'Hospital pour une forme indéterminée ∞/∞

Évaluer $\lim\limits_{x \to +\infty} \dfrac{2x^2 - 3x + 1}{3x^2 + 5x - 2}$.

Solution À l'aide des méthodes du chapitre 2, on pourrait calculer cette limite en mettant en facteur la plus grande puissance de x au numérateur et au dénominateur. Mais puisqu'il s'agit d'une forme indéterminée ∞/∞, on peut appliquer la règle de L'Hospital :

$$\lim_{x \to +\infty} \frac{2x^2 - 3x + 1}{3x^2 + 5x - 2} = \lim_{x \to +\infty} \frac{4x - 3}{6x + 5} \quad \text{Règle de L'Hospital}$$

$$= \lim_{x \to +\infty} \frac{4}{6} \quad \text{On applique à nouveau la règle de L'Hospital.}$$

$$= \frac{2}{3}$$

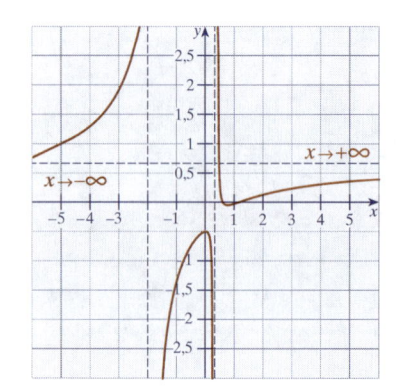

Ce résultat indique que la droite $y = \dfrac{2}{3}$ est une asymptote horizontale du graphe de la fonction $f(x) = \dfrac{2x^2 - 3x + 1}{3x^2 + 5x - 2}$, comme on peut le voir sur le graphique.

EXEMPLE 3 — Limite qui n'est pas une forme indéterminée

Évaluer $\lim\limits_{x \to 0} \dfrac{1 - \cos x}{\sec x}$.

Solution Il ne faut jamais oublier de vérifier qu'on a bien une forme indéterminée 0/0 ou ∞/∞ avant d'appliquer la règle de L'Hospital. Dans cet exemple, la limite n'est pas une forme indéterminée. Elle peut donc être évaluée par substitution directe :

$$\lim_{x \to 0} \dfrac{1 - \cos x}{\sec x} = \dfrac{\lim\limits_{x \to 0}(1 - \cos x)}{\lim\limits_{x \to 0} \sec x} = \dfrac{0}{1} = 0$$

⚠ Dans l'exemple 3, si on applique la règle de L'Hospital les yeux fermés, on obtient une réponse INCORRECTE :

$$\lim_{x \to 0} \dfrac{1 - \cos x}{\sec x} = \lim_{x \to 0} \dfrac{\sin x}{\sec x \tan x}$$
$$= \lim_{x \to 0} \cos^2 x = \dfrac{1}{1} = 1$$

Cette réponse est évidemment FAUSSE.

La règle de L'Hospital s'applique *uniquement* lorsque la limite est une forme indéterminée 0/0 ou ∞/∞.

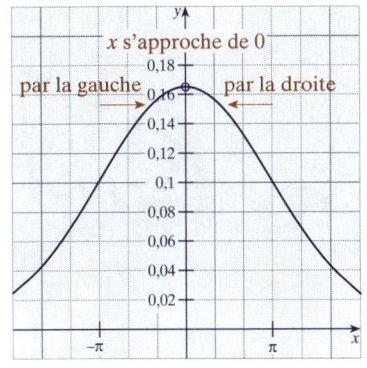

EXEMPLE 4 — Application de la règle de L'Hospital plusieurs fois de suite

Évaluer $\lim\limits_{x \to 0} \dfrac{x - \sin x}{x^3}$.

Solution Il s'agit d'une forme indéterminée 0/0. En appliquant la règle de L'Hospital, on trouve

$$\lim_{x \to 0} \dfrac{x - \sin x}{x^3} = \lim_{x \to 0} \dfrac{1 - \cos x}{3x^2}$$

C'est encore une forme indéterminée 0/0, de sorte qu'on peut à nouveau appliquer la règle de L'Hospital :

$$\lim_{x \to 0} \dfrac{1 - \cos x}{3x^2} = \lim_{x \to 0} \dfrac{-(-\sin x)}{6x} = \dfrac{1}{6}\lim_{x \to 0} \dfrac{\sin x}{x} = \dfrac{1}{6}\lim_{x \to 0} \dfrac{\cos x}{1} = \dfrac{1}{6}$$

En examinant le graphe, on peut vérifier le résultat obtenu à l'aide de la règle de L'Hospital.

EXEMPLE 5 — Graphe sans asymptote horizontale

Montrer que le graphe de $y = \dfrac{x^2 - x - 2}{x - 3}$ n'a pas d'asymptote horizontale.

Solution En évaluant les limites de la fonction à l'infini, on obtient (en appliquant la règle de L'Hospital) :

$$\lim_{x \to -\infty} \dfrac{x^2 - x - 2}{x - 3} = \lim_{x \to -\infty} \dfrac{2x - 1}{1} = -\infty$$

$$\lim_{x \to +\infty} \dfrac{x^2 - x - 2}{x - 3} = \lim_{x \to +\infty} \dfrac{2x - 1}{1} = +\infty$$

Le graphe de cette fonction n'a donc pas d'asymptote horizontale.

AUTRES FORMES INDÉTERMINÉES

La règle de L'Hospital s'applique uniquement aux formes indéterminées $0/0$ et ∞/∞. Mais d'autres formes indéterminées, comme 1^∞, 0^∞, 0^0, ∞^0, $\infty - \infty$ et $0 \cdot \infty$, peuvent souvent être manipulées algébriquement pour donner l'une des formes $0/0$ ou ∞/∞. On peut alors les évaluer à l'aide de la règle de L'Hospital. Ces formes indéterminées sont étudiées dans le manuel *Calcul intégral*.

LIMITES PARTICULIÈRES FAISANT INTERVENIR e^x ET $\ln x$

Nous terminons cette annexe avec un théorème qui résume le comportement de certaines fonctions importantes faisant intervenir e^x et $\ln x$ au voisinage de 0 et à l'infini.

THÉORÈME A.2 — Limites faisant intervenir des logarithmes naturels et des exponentielles

Si k et n sont des entiers positifs,

$$\lim_{x \to 0^+} \frac{\ln x}{x^n} = -\infty \qquad \lim_{x \to +\infty} \frac{\ln x}{x^n} = 0$$

$$\lim_{x \to +\infty} \frac{e^{kx}}{x^n} = +\infty \qquad \lim_{x \to +\infty} \frac{x^n}{e^{kx}} = 0$$

Démonstration Toutes ces limites peuvent être vérifiées par substitution directe ou par application de la règle de L'Hospital. Ainsi,

$$\lim_{x \to +\infty} \frac{\ln x}{x^n} = \lim_{x \to +\infty} \frac{1/x}{nx^{n-1}} \qquad \text{Règle de L'Hospital}$$

$$= \lim_{x \to +\infty} \frac{1}{nx^n}$$

$$= 0$$

La vérification des autres parties se fait de même très simplement.

En d'autres termes

Les limites

$$\lim_{x \to +\infty} \frac{e^{kx}}{x^n} = +\infty \quad \text{et} \quad \lim_{x \to +\infty} \frac{\ln x}{x^n} = 0$$

sont particulièrement importantes. Elles indiquent que lorsque x tend vers l'infini, une exponentielle quelconque e^{kx} est supérieure à toute puissance x^n qui est elle-même supérieure au logarithme naturel de x.

PROBLÈMES A.1

A

1. **Autrement dit ?** Les calculs suivants illustrent une mauvaise utilisation de la règle de L'Hospital. Dans chaque cas, expliquer quelle est l'erreur et trouver la valeur correcte de la limite.

   a. $\lim\limits_{x \to \pi} \dfrac{1 - \cos x}{x} = \lim\limits_{x \to \pi} \dfrac{\sin x}{1} = 0$

   b. $\lim\limits_{x \to \pi/2} \dfrac{\sin x}{x} = \lim\limits_{x \to \pi/2} \dfrac{\cos x}{1} = 0$

2. **Autrement dit ?** La règle de L'Hospital mène parfois à un calcul non concluant. Observer ce qui se produit lorsqu'on applique la règle à

   $$\lim\limits_{x \to +\infty} \dfrac{x}{\sqrt{x^2 - 1}}$$

   Utiliser une méthode quelconque pour évaluer cette limite.

Problèmes 3 à 12 : Trouver chacune des limites demandées.

3. $\lim\limits_{x \to 1} \dfrac{x^3 - 1}{x^2 - 1}$

4. $\lim\limits_{x \to +\infty} \dfrac{x^3 - 27}{x^2 - 9}$

5. $\lim\limits_{x \to 1} \dfrac{x^{10} - 1}{x - 1}$

6. $\lim\limits_{x \to -\infty} \dfrac{x^{10} - 1}{x + 1}$

7. $\lim\limits_{x \to 0} \dfrac{1 - \cos^2 x}{\sin^3 x}$

8. $\lim\limits_{x \to 0} \dfrac{1 - \cos^2 x}{3 \sin x}$

9. $\lim\limits_{x \to \pi} \dfrac{\cos\left(\dfrac{x}{2}\right)}{\pi - x}$

10. $\lim\limits_{x \to 0} \dfrac{1 - \cos x}{x^2}$

11. $\lim\limits_{x \to 0} \dfrac{\sin(ax)}{\cos(bx)},\ ab \neq 0$

12. $\lim\limits_{x \to 0} \dfrac{\tan(3x)}{\sin(5x)}$

Problèmes 13 à 18 : À l'aide de la règle de L'Hospital, trouver l'équation de l'asymptote horizontale du graphe de f ou montrer que le graphe n'a pas d'asymptote horizontale.

13. $f(x) = \dfrac{9 - 4x^2}{3 + x^2}$

14. $f(x) = \dfrac{3x - 2}{(x+1)^2 (x-2)}$

15. $f(x) = \dfrac{x^3 + 3}{x(x+1)}$

16. $f(x) = \dfrac{e^x}{x}$

17. $f(x) = x 2^{-x}$

18. $f(x) = \dfrac{\ln(\sqrt{x})}{x}$

ANNEXE B
Réponses aux problèmes

*Nous ne faisons pas figurer ici les problèmes intitulés **AUTREMENT DIT?** car l'élève doit formuler une réponse ou reformuler un énoncé donné en utilisant ses propres termes. De même, nous ne faisons pas figurer ici les réponses aux problèmes de réflexion ou de discussion, aux problèmes de recherche, aux démonstrations ou aux problèmes dont les réponses sont susceptibles de varier.*

CHAPITRE 1 : FONCTIONS ET GRAPHES

1.1 Notions préliminaires

1. a. $x < -2$
   b. $\frac{\pi}{4} \leq x \leq \sqrt{2}$
   c. $]-3, +\infty[$
   d. $[-1, 5]$

2. a. (droite numérique)
   b. (droite numérique)
   c. (droite numérique)
   d. (droite numérique)

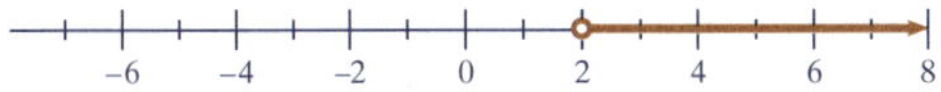

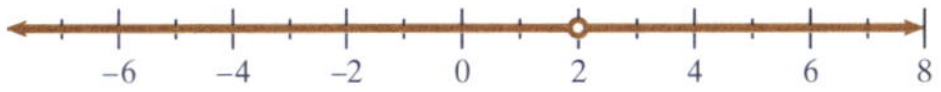

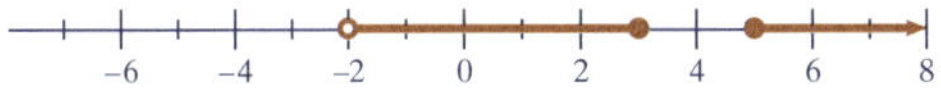

3. a. $M = (0, 4)$ et $d = 2\sqrt{5}$ 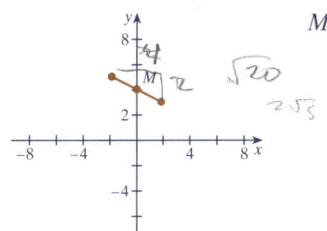
   b. $M = (1, 2)$ et $d = 2\sqrt{10}$

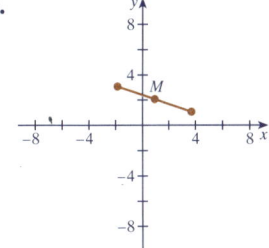

4. $x \in \{0, 1\}$

5. $y \in \{-\frac{3}{2}, 1\}$

6. $y \in \{-2, 7\}$

7. $x = \dfrac{-5 \pm \sqrt{25 - 4a}}{2}$ si $a \leq \dfrac{25}{4}$

8. $x = \dfrac{b \pm \sqrt{b^2 + 12c}}{6}$ si $-12c \leq b^2$

9. $x = -\dfrac{5}{2}$

10. $x \in \{-10, 6\}$

11. $\varnothing$

12. $w \in \{-2, 5\}$

13. $]-\infty, -\frac{5}{3}[$

14. $]-\infty, 2[$

15. $]-\frac{5}{3}, 0[$

16. $]2, 7]$

17. $]-8, -3]$

18. $]-\frac{15}{2}, 4]$

19. $[-1, 3]$

20. $]-\infty, -4[\cup]1, +\infty[$

21. $[7{,}999,\ 8{,}001]$

22. $]4{,}99,\ 5{,}01[$

1.2 Fonctions

1. $D =]-\infty, +\infty[$; $f(-2) = -1$; $f(1) = 5$; $f(0) = 3$

2. $D =]-\infty, +\infty[$; $f(0) = 3$; $f(1) = 4$; $f(-2) = -5$

3. $D =]-\infty, 0[\cup]0, +\infty[$; $f(-1) = -2$; $f(1) = 2$; $f(2) = \dfrac{5}{2}$

4. $D =]-\infty, -3[\cup]-3, +\infty[$; $f(2) = 0$; $f(0) = -2$; $f(-3)$ n'est pas définie

5. $D =]\frac{1}{2}, +\infty[$; $f(1) = 1$; $f(\frac{1}{2})$ n'est pas définie; $f(13) = \dfrac{1}{125}$

6. $D =]-\infty, -3] \cup [-2, +\infty[$; $f(0) = \sqrt{6}$; $f(1) = 2\sqrt{3}$; $f(-2) = 0$

7. $D = \,]-\infty, +\infty[$; $f(-1) = \sin 3 \approx 0{,}1411$; $f(\frac{1}{2}) = 0$; $f(1) = \sin(-1) \approx -0{,}8415$

8. $D = \,]-\infty, +\infty[$; $f(0) = -1$; $f(-\frac{\pi}{2}) = -1$; $f(\pi) = 1$

9. $D = \,]-\infty, +\infty[$; $f(3) = 4$; $f(1) = 2$; $f(0) = 4$

10. $D = \,]-\infty, +\infty[$; $f(-6) = 3$; $f(-5) = -4$; $f(16) = 4$

11. $9, h \neq 0$

12. $6x + 3h + 2, h \neq 0$

13. -1

14. 1

15. $\dfrac{-1}{x(x+h)}, h \neq 0$

16. $x \in \left\{\dfrac{7\pi}{6}, \dfrac{11\pi}{6}\right\}$

17. $x \in \left\{0, \pi, \dfrac{\pi}{2}, \dfrac{3\pi}{2}\right\}$

18. $x = \left\{\dfrac{\pi}{3}, \dfrac{3\pi}{4}, \dfrac{5\pi}{4}, \dfrac{5\pi}{3}\right\}$

19. $x = \left\{\dfrac{\pi}{6}, \dfrac{5\pi}{6}, \dfrac{7\pi}{6}, \dfrac{11\pi}{6}\right\}$

21. Pas égales

22. Égales

23. Égales

24. $(f \circ g)(x) = 4x^2 + 1$; $(g \circ f)(x) = 2x^2 + 2$

25. $(f \circ g)(x) = \sin(1 - x^2)$; $(g \circ f)(x) = \cos^2 x$

26. $(f \circ g)(t) = |t|$; $(g \circ f)(t) = t$

27. $(f \circ g)(x) = \cot x$; $(g \circ f)(x) = \tan(\frac{1}{x})$

28. $u(x) = 2x^2 - 1$; $g(u) = u^4$

29. $u(x) = 2x + 3$; $g(u) = |u|$

30. $u(x) = 5x - 1$; $g(u) = \sqrt{u}$

31. $u(x) = \sqrt{x}$; $g(u) = \sin u$

32. $u(x) = \sin x$; $g(u) = \sqrt{u}$

33. **a.** Le coût est 4 500 $.
    b. Le coût de la 20e unité est 371 $.

34. **a.** $I = \dfrac{30}{t^2(6-t)^2}$ **b.** $I(1) = \dfrac{6}{5}$ cd et $I(4) = \dfrac{15}{32}$ cd

35. **a.** $S(0) \approx 25{,}344$ cm/s
    b. $S(0{,}6 \times 10^{-2}) \approx 19{,}008$ cm/s

36. **a.** 3,4 m **b.** 59,4°

37. $-\dfrac{6}{5}$

1.3 Droites dans le plan

2. $2x + y - 5 = 0$
3. $y + 5 = 0$
4. $2y - 1 = 0$
5. $x + 2 = 0$
6. $3x + y - 15 = 0$
7. $8x - 7y - 56 = 0$
8. $3x + y - 5 = 0$
9. $3x + 4y - 1 = 0$
10. $4x + y + 3 = 0$

11. 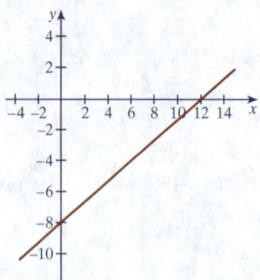 $m = 2/3$, $(12, 0)$, $(0, -8)$

12. 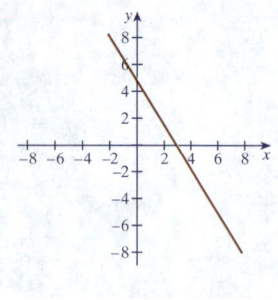 $m = -5/3$, $(3, 0)$, $(0, 5)$

13. 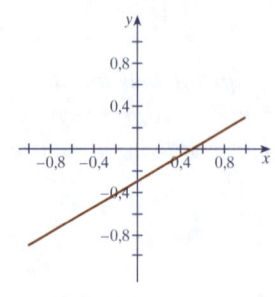 $m = 3/5$, $(0{,}5, 0)$, $(0, -0{,}3)$

14. 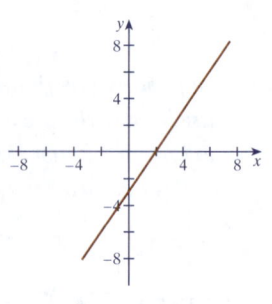 $m = 3/2$, $(2, 0)$, $(0, -3)$

15. 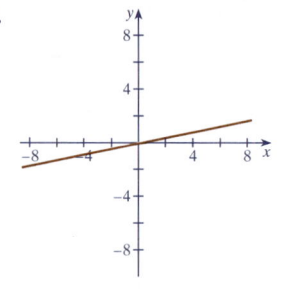 $m = 1/5$, $(0, 0)$

16. 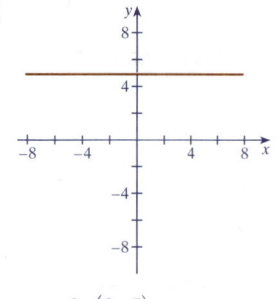 $m = 0$, $(0, 5)$

17. 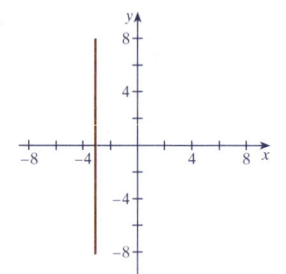 Pente indéfinie, $(-3, 0)$

18. 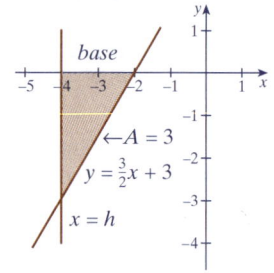 $x = -4$ ou $x = 0$

19. $14x - 16y + 41 = 0$

20. $(6, 6)$ ou $(2, 16)$

21. **a.** $-38{,}2$ °F **b.** $-17{,}8$ °C **c.** $-40°$

22. 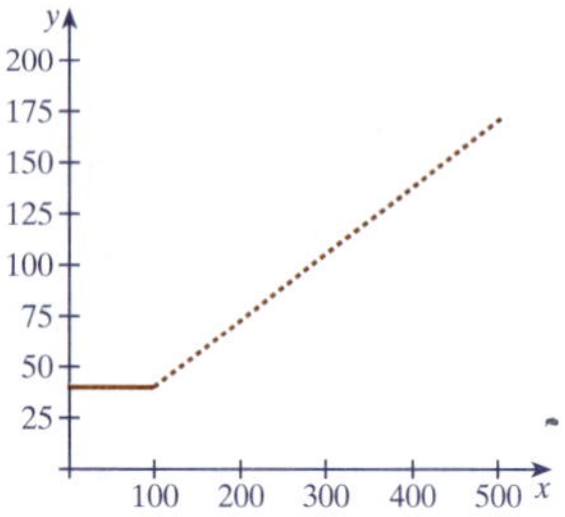 **a.** 40 $
    b. 254 km

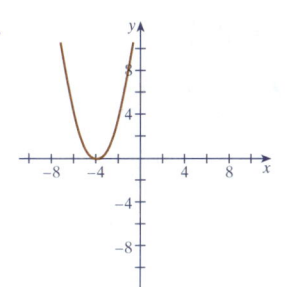

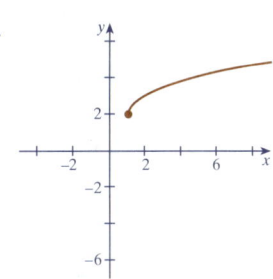

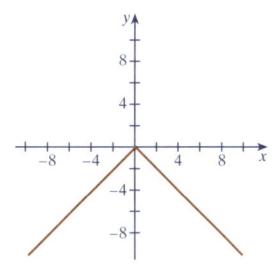

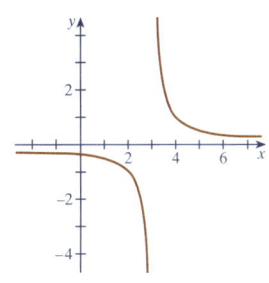

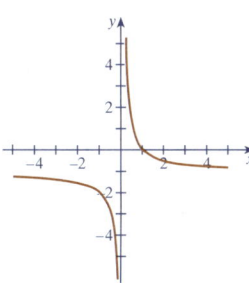

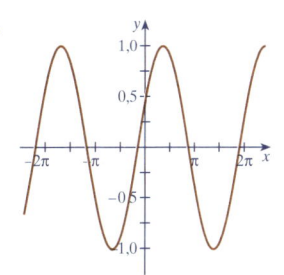

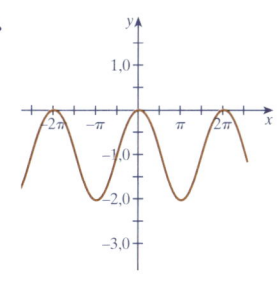

23. a. $B(1, 11)$ et $C(-3, -5)$

b. Le centre des deux triangles est le point $\left(\frac{1}{3}, \frac{7}{3}\right)$.

24. a. $t = \dfrac{V_A}{10}$ **b.** 3 heures

25. 216 millions de litres

1.4 Graphes de fonctions

1. Paire
2. Paire
3. Ni l'un ni l'autre
4. Impaire
5. Paire
6. [graphique]
7. [graphique]
8. [graphique]
9. [graphique]
10. [graphique]
11. [graphique]
12. [graphique]
13. [graphique]
14. [graphique]
15. [graphique]

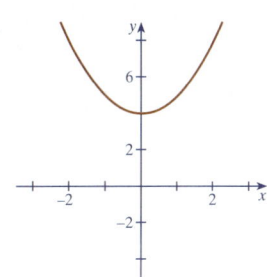

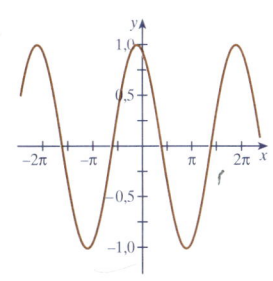

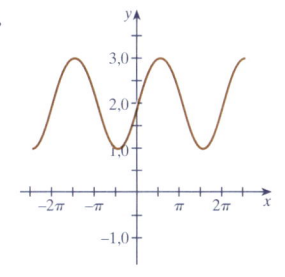

16. $P(5, f(5))$; $Q(x_0, f(x_0))$ **17.** $R(a, g(a))$; $S(x_0, g(x_0))$

18. $\left(-\frac{1}{3}, 0\right)$ et $(2, 0)$

19. $\left(-\frac{25}{2}, 0\right)$, $\left(-\frac{1}{4}, 0\right)$, $(15, 0)$ et $\left(\frac{65}{3}, 0\right)$

20. $(-2\sqrt{5}, 0)$, $(-2\sqrt{3}, 0)$, $(-\sqrt{10}, 0)$, $(\sqrt{10}, 0)$, $(2\sqrt{3}, 0)$ et $(2\sqrt{5}, 0)$

21. $(0, 0)$

22. $(-5, 0)$, $(-4, 0)$, $(4, 0)$ et $(5, 0)$

23. $(-1, 0)$ et $(1, 0)$ **24.** $(-\sqrt{3}, 0)$, $(0, 0)$ et $(\sqrt{3}, 0)$

25. a. [graphique]   **b.** $T = 273\,°C$

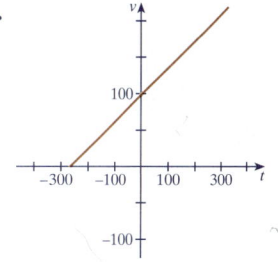

26. $(9, 15)$; $5x - 3y = 0$

27. a. 100 m   **b.** 8,5 s

c. Environ 3 s et 146 m

28. Environ 365 m   **29.** Environ 82 m

30. La forme du graphe est celle d'une parabole (fonction quadratique).

31. a. 19 400 habitants   **b.** 67 habitants

c. À long terme, la population tendra vers 20 000 habitants.

32. a. $D = \,]-\infty, 0[\,\cup\,]0, +\infty[$ **b.** Les entiers positifs

c. 7 min   **d.** 12ième

e. $t(n)$ tend vers 3. Non, le rat n'est jamais capable de traverser le labyrinthe en moins de 3 minutes.

33. b. Lorsque (x, y) vérifie l'équation, alors $(x, -y)$ la vérifie aussi.

c. La symétrie par rapport à l'origine

34. Courbe solaire : $y = \cos\left(\frac{\pi}{6}x\right)$

Courbe lunaire : $y = 2\cos\left(\frac{\pi}{6}x\right)$

Courbe combinée : $y = 3\cos\left(\frac{\pi}{6}x\right)$

1.5 Fonctions réciproques

1. Ces fonctions sont des fonctions réciproques.
2. Ces fonctions ne sont pas des fonctions réciproques.
3. Ces fonctions sont des fonctions réciproques.
4. Ces fonctions ne sont pas des fonctions réciproques.
5. Ces fonctions sont des fonctions réciproques.
6. $\{(5, 4), (3, 6), (1, 7), (4, 2)\}$
7. Cette fonction n'admet pas de fonction réciproque.
8. $y = \frac{1}{2}x - \frac{3}{2}$ **9.** $y = \sqrt{x + 5}$
10. $y = (x - 5)^2$ **11.** $y = \dfrac{3x + 6}{2 - 3x}$

12. N'admet pas de réciproque.

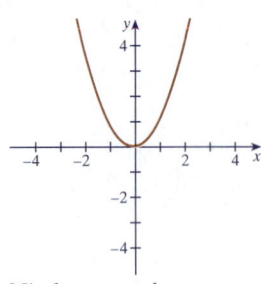

13. Admet une réciproque.

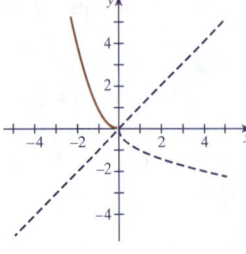

14. N'admet pas de réciproque.

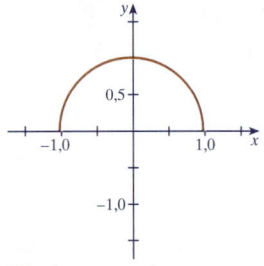

15. N'admet pas de réciproque.

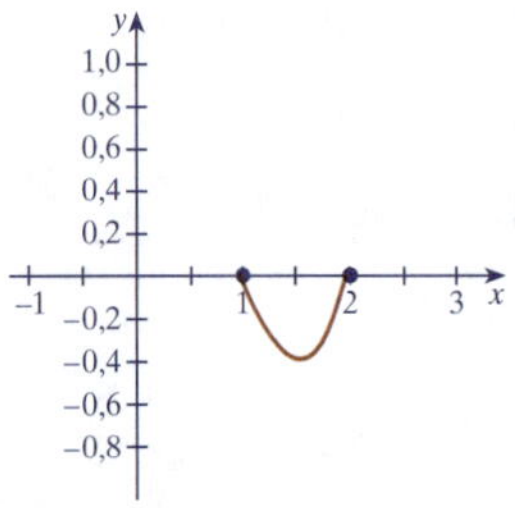

16. Admet une réciproque.

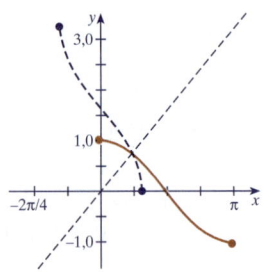

17. Admet une réciproque.

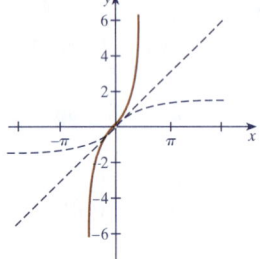

1.6 Fonctions exponentielles et fonctions logarithmiques

1. **2.** 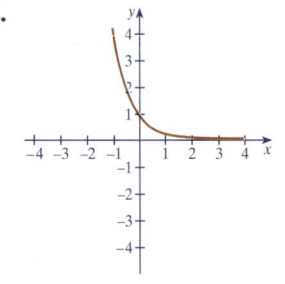 **3.** 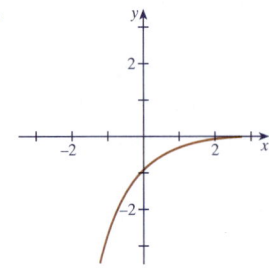 **4.**

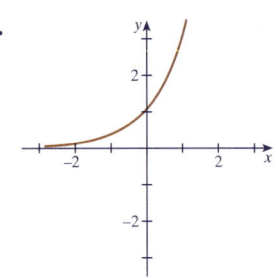

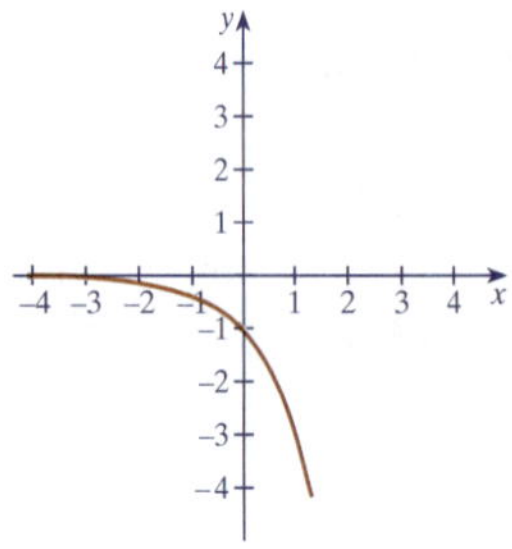

5. 0 **6.** $\frac{3}{5}$ **7.** 2 **8.** −9
9. −2 **10.** 32 **11.** 3,5 **12.** 1

13. 4 **14.** ±90,0171313
15. −1,391662509 **16.** 0,322197023
17. 729 **18.** $x \in \{\frac{1}{4}, 4\}$
19. $x \in \{-1, 2\}$ **20.** $x \in \{-2, 1\}$
21. 3 **22.** $x \in \{-\frac{5}{3}, 2\}$
23. $-\frac{3}{2}$ **24.** $x \in \{-2, 3\}$
25. 2 **26.** $x \in \{-\frac{3}{2}, 1\}$
27. $\frac{1}{3}$ **28.** 27
29. 9 **30.** 0,4
31. $x \in \{0,4; 2,4\}$ **32.** $k = -1,498$; environ 3 m
33. $\frac{\ln(2)}{r}$
34. La Banque Royale offre le meilleur placement.
35. Environ 5,71 %
36. **a.** $k = \frac{1}{60}$ et $P_0 \approx 793,7$ **b.** 2 h 40 min
38. **a.** $E = 10^{1,5M+11,4}$ **b.** 1 000 fois plus
40. **a.** $A = 18$, $e^{-30k} = \frac{5}{9}$ **b.** 14 °C
   c. $C(t)$ tend vers 20 °C
41. Scélérat a « congelé » Siggy mercredi, vers 1 h du matin.

1.7 Fonctions trigonométriques inverses

3. **a.** $\frac{\pi}{3}$ **b.** $-\frac{\pi}{3}$ **4.** **a.** $-\frac{\pi}{6}$ **b.** $\frac{2\pi}{3}$
5. **a.** $-\frac{\pi}{4}$ **b.** $\frac{5\pi}{6}$ **6.** $\frac{\sqrt{3}}{2}$ **7.** $\frac{\sqrt{2}}{2}$
8. $-\frac{2\sqrt{6}}{5}$ **9.** $\frac{1}{20} + \frac{3\sqrt{10}}{10}$
12. $\frac{2x}{x^2+1}$ **13.** $\frac{\sqrt{1-x^2}}{x}$
14. $1 - 2x^2$ **15.** 1 **16.** 1
17. $\theta = \arctan\left(\frac{1,8}{x}\right) - \arctan\left(\frac{0,8}{x}\right)$
18. $h = \dfrac{x \tan \beta \tan \alpha}{\tan \alpha - \tan \beta}$

Problèmes récapitulatifs

Contrôle des connaissances

17. $y = -\frac{3}{2}x + 6$ **18.** $y - 3 = -2(x-1)^2$

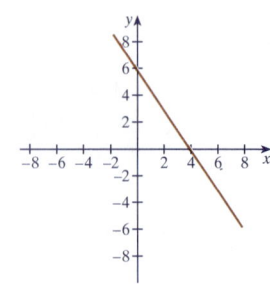

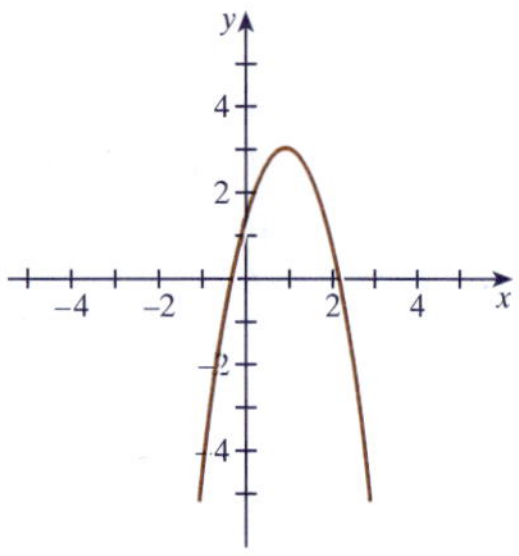

19. $y = 2\cos(x-1)$ **20.** $y = \arcsin(2x)$

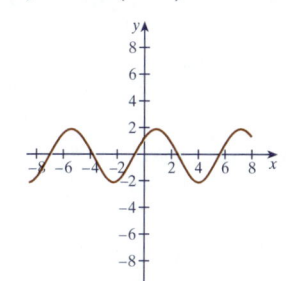

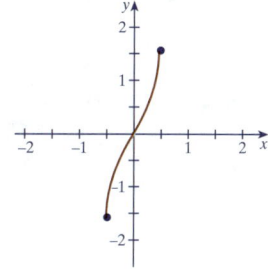

c.

21. $y = e^{-x} + e^x$ 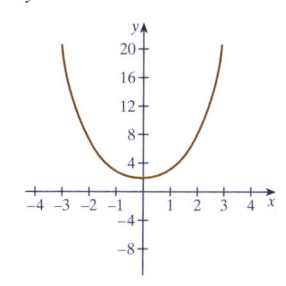   **22.** $y = e^{2x} + \ln x$

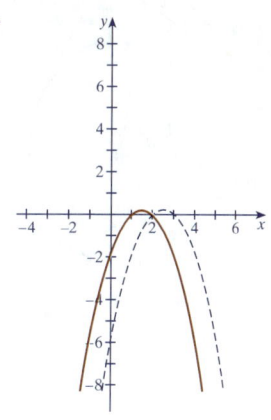

13. **a.** $k = 0{,}25 \ln 2$; environ 29,7 %
b. 0,8232   **c.** 0,07955

14. **a.** $R(x) = \begin{cases} 500x & \text{si } x \leq 100 \\ 900x - 4x^2 & \text{si } x > 100 \end{cases}$

b. 112 ou 113 personnes

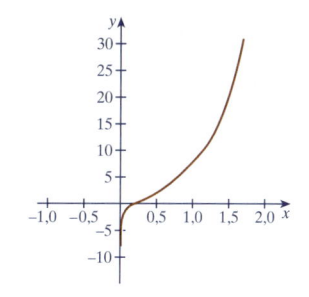

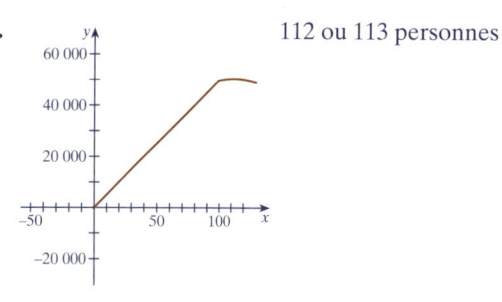

23. $f \circ g = \sin\left(\sqrt{1-x^2}\right)$; $g \circ f = |\cos x|$

24. $x = 4{,}6286$

Problèmes supplémentaires

1. $x \in \{-1, 0\}$

2. **a.** π **b.** $\dfrac{1}{2}$ **c.** $\dfrac{\sqrt{11}}{4}$

3. $\dfrac{3}{5}$ **4.** $\dfrac{5}{2}$ **5.** ± 2 **6.** 16

7. 1,46085   **8.** $f^{-1}(x) = \sqrt[3]{\tfrac{1}{2}(x+7)}$

9. $f^{-1}(x) = \tfrac{1}{2}(x^7 - 1)$ **11.** $f^{-1}(x) = \dfrac{b - dx}{cx - a}$, si $x \neq \dfrac{a}{c}$

12. **a.**   **b.**

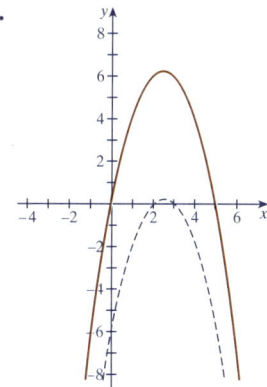

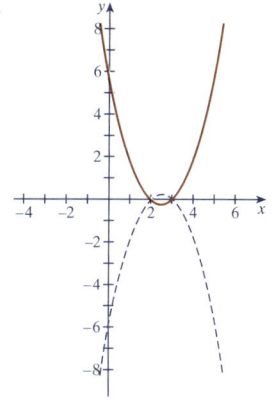

15. $c = -\dfrac{4}{5}$; $(-2, 0)$ et $(2, 0)$ **16.** $\theta = \dfrac{\pi}{4} - \arctan\left(\dfrac{3}{7}\right) \approx 21{,}8°$

17. Environ 31 km

Chapitre 2 : Limites et continuité

2.1 Qu'est-ce que le calcul différentiel et intégral ?

2. $\dfrac{1}{3}$ **3.** $\dfrac{20}{3}$

4. 1   **5.** 10

6. $\dfrac{3}{11}$ **7.** $\dfrac{5}{11}$

8. **a.**   **b.**

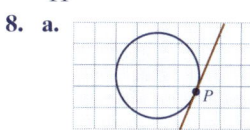

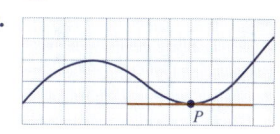

9. **a.** **b.**

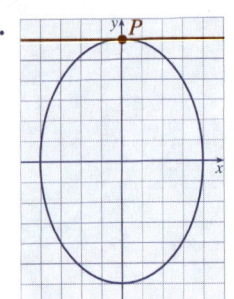

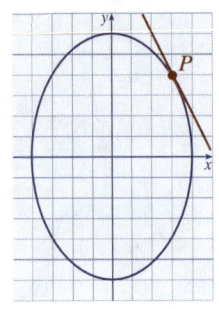

10. **a.**

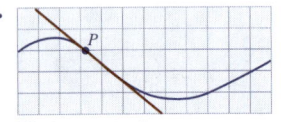

  b. Il n'y a pas de tangente unique.

11. **a.**

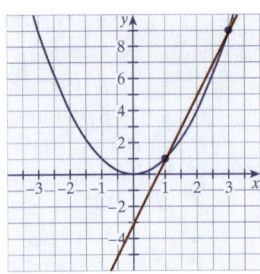

  La pente de la sécante est $m = 4$.

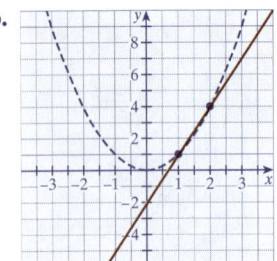

  b.

  La pente de la sécante est $m = 3$.

  c.

n	x_n	point	pente
1	3	$(3, 9)$	$m = 4$
2	2	$(2, 4)$	$m = 3$
3	1,5	$(1,5, 2,25)$	$m = 2,5$
4	1,1	$(1,1, 1,21)$	$m = 2,1$

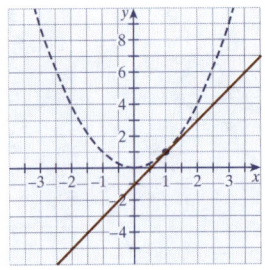

  d.

  La pente de la droite tangente est $m = 2$.

12. $\pi \approx 3,16$ 13. $\pi \approx 3,11$

14. $A_3 \approx 1,2990$; $A_4 = 2$; $A_5 \approx 2,3776$; $A_6 \approx 2,5981$; $A_7 \approx 2,7364$; ... $A_{100} \approx 3,1395$

15. $A = 0,3984375$ 16. $A = 0,3652$

2.2 Limite d'une fonction

1. **a.** 0   **b.** 2   **c.** 6
2. **a.** 7   **b.** 7   **c.** N'existe pas
3. **a.** 2   **b.** 7   **c.** 7,5
4. **a.** 2   **b.** 2   **c.** 2
5. **a.** 6   **b.** 6   **c.** 6
6. **a.** 4   **b.** 2   **c.** N'existe pas
7. 15   8. 10
9. $\lim_{x \to 2} f(x) = 8$ 10. $\lim_{x \to 2} g(x) = 4$
11. $\lim_{x \to 4} h(x) = 2$ 12. $\lim_{x \to 0^+} F(x) = 0$
13. $\lim_{x \to \frac{3\pi}{2}} s(x) = -1$ 14. $\lim_{x \to 2\pi} t(x) = 1$
16. 0,00   17. 1,00   18. 0,00   19. N'existe pas
20. **a.** N'existe pas   **b.** −0,32
21. **a.** −∞   **b.** 0,00   22. **a.** 0,24   **b.** 0,00
23. **a.** 0,00   **b.** 0,64   24. **a.** 8,00   **b.** N'existe pas
25. **a.** 0,00   **b.** 0,37   26. **a.** 1,00   **b.** 0,37
27. +∞   28. −∞   29. 1,50   30. 0,00
31. −∞   32. −∞   33. 51 km/h
34. **a.** −1   **b.** 0   **c.** N'existe pas

2.3 Propriétés des limites

1. −9   2. −8   3. $-\frac{1}{2}$ 4. 2
5. $\frac{\sqrt{3}}{9}$ 6. 0   7. 4   8. 2
9. −1   10. 2   11. $\frac{1}{9}$ 12. $\frac{1}{4}$
13. $\frac{1}{2}$ 14. N'existe pas
15. N'existe pas   16. −∞
17. N'existe pas   18. N'existe pas
19. 0   20. N'existe pas
21. N'existe pas   22. N'existe pas
23. +∞   24. −∞   25. +∞   26. N'existe pas
27. +∞   28. N'existe pas   29. 0
30. −∞   31. $\frac{1}{2}$ 32. +∞   33. −3
34. $\frac{1}{7}$ 35. −∞   36. −∞   37. −∞
38. +∞   39. 2   40. $\frac{4}{9}$ 44. 0
45. −1   46. 0   47. N'existe pas
48. −1   49. N'existe pas

2.4 Continuité

1. Il n'y a aucun point suspect ni aucun point de discontinuité.
2. $x = 1/2$ est un point suspect et également un point de discontinuité.
3. $x = 0$ et $x = 1$ sont des points suspects et également des points de discontinuité.
4. Il n'y a aucun point suspect ni aucun point de discontinuité.
5. $x = 0$ est un point suspect et également un point de discontinuité. La fonction est discontinue pour $x \leq 0$.
6. Il n'y a aucun point suspect ni aucun point de discontinuité.

7. $x = 1$ est un point suspect. Il n'y a aucun point de discontinuité

8. $t = 1$ et $t = 3$ sont des points suspects. $t = 3$ est un point de discontinuité.

9. $x = \pi/2 + n\pi$ sont des points suspects et également des points de discontinuité.

10. $x = n\pi$ et $x = (4n+1)\pi/4$ sont des points suspects et également des points de discontinuité.

11. $x = 0$ est un point suspect et un point de discontinuité.

12. $x = 1$ est un point suspect et un point de discontinuité. La fonction est également discontinue pour $x \leq 0$.

13. 3   14. 2   15. π 16. $\pi/4$

17. Aucune valeur ne peut être assignée à $f(2)$.

18. **a.** Continue   **b.** Discontinue en $x = 0$
19. Discontinue en $x = 2$ 20. Discontinue en $t = 0$
28. $a = 1$ et $b = 2$ 30. N'existe pas
31. **a.** $t = 33/4$ min   32. $a = 1$ et $b = -18/5$
33. $a = 2$ et $b = 2$ 34. $a = 1$ et $b = \dfrac{1}{2}$

Problèmes récapitulatifs

Contrôle des connaissances

4. **a.** 1   **b.** 0   7. $\dfrac{3}{2}$ 8. $\dfrac{1}{4}$
9. $-\dfrac{1}{4}$ 10. N'existe pas   11. N'existe pas
12. $\dfrac{2}{3}$ 13. Discontinue en $t = -1$ et $t = 0$
14. Discontinue en $x = -2$ et $x = 1$
15. $A = -1$ et $B = 1$

Problèmes supplémentaires

1. 5   2. $+\infty$ 3. 1   4. $\dfrac{3}{2}$
5. $-\infty$ 6. 3   7. 0   8. -1
9. $-\infty$ 10. -4 11. $+\infty$ 12. $+\infty$
13. 5   14. 12   15. $\dfrac{3}{2}$ 16. 0
17. 0   18. 3   19. $\dfrac{1}{\sqrt{2x}}$
20. Continue sur $[-5, 5]$.
21. Discontinue en $x = 8$. La discontinuité ne peut pas être levée.
22. **a.** Continue sur $[0, 5]$ **b.** Discontinue en $x = -2$
    c. Discontinue en $x = -2$
    d. Continue sur $[-5, 5]$
23. **a.**   **b.** N'existe pas
    c. La limite existe pour toutes les valeurs non entières.

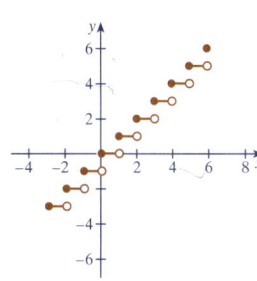

24. **a.**   **b.** 1
    c. La limite existe pour tous les nombres qui ne sont pas des entiers pairs.

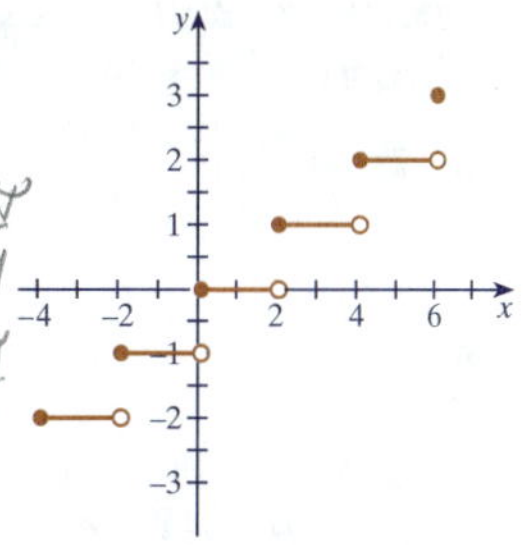

25. $A = -1$ et $B = 1$ 26. $a = 2$ et $b = 1$
27. **a.** La discontinuité peut être levée.
    b. La discontinuité ne peut pas être levée.
28. Oui
31. **a.** $-15,5$ °C pour $v = 32$ km/h et $-21,4$ °C pour $v = 80$ km/h
    b. 55,4 km/h
    c. La fonction est continue seulement si $T = 33$ °C.
    d. $T = 33$ °C
32. Dans l'année 2111

Chapitre 3 : La dérivée

3.1 Présentation de la dérivée : pente d'une tangente

5. **a.** 0   **b.** 0   6. **a.** 2   **b.** 2
7. **a.** $-\Delta x$ **b.** 0
8. $f'(x) = 0$; f dérivable pour tout x.
9. $f'(x) = 3$; f dérivable pour tout x.
10. $g'(x) = 6x$; g dérivable pour tout x.
11. $f'(x) = 2x - 1$; f dérivable pour tout x.
12. $f'(x) = 2s - 2$; f dérivable pour tout s.
13. $f'(x) = \dfrac{5}{2\sqrt{5x}}$; f dérivable pour $x > 0$.
14. $y - 4 = 0$ 15. $x + 25y - 7 = 0$
16. $x - 4y - 1 = 0$ 17. $x - 5y + 20 = 0$
18. $216x - 6y - 647 = 0$ 19. $2x + y - 15 = 0$
20. 2   21. -4 22. **a.** $-3,9$ **b.** -4
23. La dérivée est égale à 0 lorsque $x = \dfrac{1}{2}$. Le graphe a une tangente horizontale en $\left(\dfrac{1}{2}, -\dfrac{1}{4}\right)$.

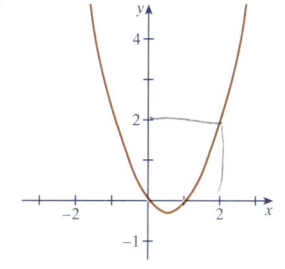

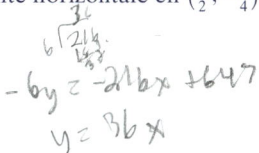

24. **a.** $f'(x) = -4x$ **b.** $y - 4 = 0$
    c. $\left(\dfrac{2}{3}, \dfrac{28}{9}\right)$
26. Oui
27. La dérivée existe en $x = 0$.
29. La tangente à la parabole $y = -Ax^2$ coupe l'axe des y en $y = -Ac^2$.
31. $y - f(c) = -1/f(c)(x - c)$ et $x = c$

Annexe B • Réponses aux problèmes 259

3.2 Techniques de dérivation et dérivées des fonctions algébriques

1. **a.** $f'(x) = 12x^3$ **b.** $g'(x) = -1$
2. **a.** $f'(x) = 3x^2$ **b.** $g'(x) = 1$
3. **a.** $f'(t) = -10t^{-2}$ **b.** $g'(t) = -7t^{-2}$
4. $r'(t) = 2t + 2t^{-3} - 20t^{-5}$
5. $f'(t) = 0$
6. $f'(x) = -14x^{-3} + \frac{2}{3}x^{-1/3}$
7. $g'(x) = -\frac{1}{4}x^{-3/2} + \frac{1}{2}x$
8. $f'(x) = 1 - x^{-2} + 14x^{-3}$
9. $g'(x) = 4x + 3x^{-2} - 33x^{-4}$
10. $f'(x) = -32x^3 - 12x^2 + 2$
11. $g'(x) = 3x^{1/2} + 3x^2 + 2x^{-1/2} + 4x$
12. $f'(x) = \dfrac{22}{(x+9)^2}$
13. $f'(x) = \dfrac{4x}{(x^2+5)^2}$
14. $f'(x) = 5x^4 - 15x^2 + 1$; $f''(x) = 20x^3 - 30x$; $f'''(x) = 60x^2 - 30$; $f^{(4)}(x) = 120x$
15. $f'(x) = 4x^{-3}$; $f''(x) = -12x^{-4}$; $f'''(x) = 48x^{-5}$; $f^{(4)}(x) = -240x^{-6}$
16. $f'(x) = -2x^{-3/2}$; $f''(x) = 3x^{-5/2}$; $f'''(x) = -\frac{15}{2}x^{-7/2}$; $f^{(4)}(x) = \frac{105}{4}x^{-9/2}$
17. $\dfrac{d^2y}{dx^2} = 18x - 14$
18. $\dfrac{d^2y}{dx^2} = -60x^3 - 72x + 2$
19. $7x + y + 9 = 0$
20. $6x + y - 6 = 0$
21. $2x + y + 1 = 0$
22. $x + 16y - 32 = 0$
23. $(1, 0)$ et $\left(\frac{4}{3}, -\frac{1}{27}\right)$
24. $(0, 3), (1, 0)$ et $(-4, -125)$
25. $\left(\frac{29}{6}, -\frac{361}{12}\right)$
26. $(1, -2)$
27. $(9, 6)$
28. $f'(x) = 4x - 5$
29. $-4x^{-3} + 9x^{-4}$
30. $a = -1, b = 5$ et $c = 0$
31. $2x - y - 2 = 0$
32. $x + 2y - 9 = 0$ et $x + 2y - 1 = 0$
33. $x - 16y + 2 = 0$
34. $(0, 0)$ et $(4, 64)$
35. Cette fonction vérifie l'équation donnée.
36. Cette fonction ne vérifie pas l'équation donnée.
37. La $(k+1)^{\text{ième}}$ dérivée est nulle.
40. $(f^2)' = 2ff'$

3.3 Dérivées des fonctions trigonométriques, exponentielles et logarithmiques

1. $f'(x) = \cos x - \sin x$
2. $f'(x) = 2\cos x + \sec^2 x$
3. $g'(t) = 2t - \sin t$
4. $g'(t) = 2\sec t \tan t + 3\sec^2 t$
5. $f'(t) = \sin(2t)$
6. $g'(x) = -\sin(2x)$
7. $f'(x) = -\sqrt{x}\sin x + \frac{1}{2}x^{-1/2}\cos x - x\csc^2 x + \cot x$
8. $f'(x) = 2x^3\cos x + 6x^2\sin x + 3x\sin x - 3\cos x$
9. $q'(x) = \dfrac{x\cos x - \sin x}{x^2}$
10. $r'(x) = \dfrac{e^x(\sin x - \cos x)}{\sin^2 x}$
11. $f'(x) = x + 2x\ln x$
12. $g'(x) = \dfrac{1 - 2\ln x}{x^3}$
13. $h'(x) = 2e^x\cos x$
14. $f'(x) = \dfrac{1 - \ln x}{x^2}$
15. $f'(x) = e^{-x}(\cos x - \sin x)$
16. $f'(x) = \dfrac{\sec^2 x - 2x\sec^2 x + 2\tan x}{(1 - 2x)^2}$
17. $g'(t) = \dfrac{2t\cos t - \sin t - 1}{2t^{3/2}}$
18. $f'(t) = \dfrac{t\cos t + 2\cos t - \sin t - 2}{(t+2)^2}$
19. $f'(x) = \dfrac{-1}{1 - \cos x}$
20. $f'(x) = \dfrac{2\cos x - \sin x - 1}{(2 - \cos x)^2}$
21. $f'(x) = \dfrac{-2}{(\sin x - \cos x)^2}$
22. $g'(x) = \cos x$
23. $f''(\theta) = -\sin\theta$
24. $f''(\theta) = -\cos\theta$
25. $f''(\theta) = 2\sec^2\theta\tan\theta$
26. $f''(\theta) = 2\csc^2\theta\cot\theta$
27. $f''(x) = -\sin x - \cos x$
28. $f''(x) = -x\sin x + 2\cos x$
29. $f''(x) = -2e^x\sin x$
30. $g''(t) = te^t(t^2 + 6t + 6)$
31. $h''(t) = -\frac{1}{4}t^{-3/2}\ln t$
32. $f''(t) = \dfrac{-3 + 2\ln t}{t^3}$
33. $4x - 2y - \pi + 2 = 0$
34. $\sqrt{3}x - 2y + \left(1 - \dfrac{\sqrt{3}\pi}{6}\right) = 0$
35. $3\sqrt{3}x + 6y - 3 - \sqrt{3}\pi = 0$
36. $x - y - 1 = 0$
37. **a.** Oui **b.** Oui **c.** Non **d.** Non
38. $A = -\frac{1}{2}$ et $B = \frac{1}{2}$

3.4 Règle de dérivation en chaîne

3. $\dfrac{dy}{dx} = 6(3x - 2)$
4. $\dfrac{dy}{dx} = \dfrac{-8x}{(x^2 - 9)^3}$
5. $\dfrac{dy}{dx} = -2x\sin(x^2 + 7)$
6. $\dfrac{dy}{dx} = \dfrac{2\ln x}{x}$
7. $\dfrac{dy}{dx} = e^{\sec x}\sec x \tan x$
8. **a.** $g'(u) = 3u^2$ **b.** $u'(x) = 2x$
   c. $f'(x) = 6x(x^2 + 1)^2$
9. **a.** $g'(u) = 7u^6$ **b.** $u'(x) = -8 - 24x$
   c. $f'(x) = -7(24x + 8)(12x^2 + 8x - 5)^6$
10. $f'(x) = 3x^2(x^3 + 1)^4(2x^3 - 1)^5(22x^3 + 7)$
11. $f'(x) = \dfrac{1}{2}\left(\dfrac{x^2 + 3}{x^2 - 5}\right)^{-1/2}\left[\dfrac{-16x}{(x^2 - 5)^2}\right]$

12. $f'(x) = \dfrac{1}{3}(x+\sqrt{2x})^{-2/3}\left(1+\dfrac{1}{\sqrt{2x}}\right)$

13. a. $f'(x) = 2\sin x \cos^2 x - \sin^3 x$
b. $g'(x) = -\sin^2\theta(\sin x)$

14. a. $f'(x) = \dfrac{x\cos(x^2)}{\sqrt{\sin(x^2)}}$ **b.** $g'(x) = \dfrac{\sin(2\sqrt{x})}{2\sqrt{x}}$

15. $f'(x) = (1-2x)e^{1-2x}$ **16.** $g'(x) = \dfrac{12x^3+5}{3x^4+5x}$

17. $p'(x) = 2x\cos(2x^2)$

18. $g'(x) = \dfrac{1}{x\ln x}$

19. $g'(t) = -e^{-t}(t^2-2t) + \dfrac{2\ln t}{t}$

20. $f'(x) = \dfrac{\cos x - \sin x}{\sin x + \cos x}$ **21.** $2x - 3y + 5 = 0$

22. $y - \dfrac{1}{16} = 0$ **23.** $y - 1 = 0$

24. $y = e^2 x$ **25.** $y = \dfrac{1}{3}x - \dfrac{1}{3}$

26. $\dfrac{2}{9}$ **27.** 1 et 7

28. 0 et $\pm\dfrac{\sqrt{14}}{2}$ **29.** 0 et $\dfrac{2}{3}$

30. a. $u = 5$ et la pente de la tangente en ce point est environ 1.
b. $y = 3$ et la pente de la tangente en ce point est environ 3/2.
c. 3/2

32. $6x + y + 15 = 0$

33. a. $g'(x) = \dfrac{3}{(3x-1)^2+1}$ **b.** $h'(x) = \dfrac{-1}{x^2+1}$

34. $g'(2) = -24$

3.5 Dérivation implicite

1. $\dfrac{dy}{dx} = -\dfrac{x}{y}$ **2.** $\dfrac{dy}{dx} = \dfrac{3x^2-2x}{1-3y^2}$

3. $\dfrac{dy}{dx} = -\dfrac{y}{x}$ **4.** $\dfrac{dy}{dx} = \dfrac{-(4xy+3y^2)}{2x^2+6xy}$

5. $\dfrac{dy}{dx} = -\dfrac{y^2}{x^2}$ **6.** $\dfrac{dy}{dx} = -\dfrac{2}{3}$

7. $\dfrac{dy}{dx} = \dfrac{1-\cos(x+y)}{\cos(x+y)+1}$ **8.** $\dfrac{dy}{dx} = \dfrac{y\sec^2\left(\dfrac{x}{y}\right)}{x\sec^2\left(\dfrac{x}{y}\right) + y^2}$

9. $\dfrac{dy}{dx} = (2e^{2x} - x^{-1})y$ **10.** $\dfrac{dy}{dx} = \dfrac{y - y^2 e^{xy}}{2 + xye^{xy}}$

11. a. $\dfrac{dy}{dx} = -\dfrac{2x}{3y^2}$ **b.** $\dfrac{dy}{dx} = \dfrac{-2x}{3(12-x^2)^{2/3}}$

12. a. $\dfrac{dy}{dx} = \dfrac{2x-y}{x+2}$ **b.** $\dfrac{dy}{dx} = \dfrac{x(x+4)}{(x+2)^2}$

13. a. $\dfrac{dy}{dx} = y^2$ **b.** $\dfrac{dy}{dx} = \dfrac{1}{(x-5)^2}$

14. $\dfrac{dy}{dx} = \dfrac{1}{\sqrt{-x^2-x}}$ **15.** $\dfrac{dy}{dx} = \dfrac{-2}{\sqrt{-4x^2-6x-2}}$

16. $\dfrac{dy}{dx} = \dfrac{-1}{x^2+1}$ **17.** $\dfrac{dy}{dx} = \dfrac{e^x}{\arcsin(e^x)\sqrt{1-e^{2x}}}$

18. $\dfrac{dy}{dx} = \dfrac{1 - \arcsin y - \dfrac{y}{1+x^2}}{\dfrac{x}{\sqrt{1-y^2}} + \arctan x}$

19. $\dfrac{dy}{dx} = \dfrac{2y}{(1-y^2)^{-1/2} + 1 - 2x}$

20. $2x - 3y + 13 = 0$ **21.** $(\pi+1)x - y + \pi = 0$

22. $y - 1 = [-27(\ln 3)^2 - 1](x-2)$

23. $y = 0$ **24.** $y' = 0$

25. $y' = -\dfrac{2}{11}$ **26.** $x - 1 = 0$

27. $y'' = -\dfrac{49}{100y^3}$ **28.** $y'' = -\dfrac{2x^2+3y^3}{9y^5}$

30. $\dfrac{dy}{dx} = y\left[\dfrac{5x^9}{3(x^{10}+1)} + \dfrac{28x^6}{9(x^7-3)}\right]$

31. $\dfrac{dy}{dx} = y\left[\dfrac{10}{2x-1} - \dfrac{1}{2(x-9)} - \dfrac{2}{x+3}\right]$

32. $\dfrac{dy}{dx} = y\left[2 - \dfrac{4x}{x^2-3} - \dfrac{1}{x\ln x}\right]$

33. $\dfrac{dy}{dx} = y(1 + \ln x)$

34. $\dfrac{dy}{dx} = \dfrac{y\ln x}{x}$

35. a. $\dfrac{du}{dv} = -\dfrac{a^2 v}{b^2 u}$ **b.** $\dfrac{dv}{du} = -\dfrac{b^2 u}{a^2 v}$

36. $(3, -4)$ et $(-3, 4)$

38. c. La dérivée n'existe pas.

39. $\left(\dfrac{\sqrt{6}}{2}, \dfrac{\sqrt{2}}{2}\right), \left(-\dfrac{\sqrt{6}}{2}, \dfrac{\sqrt{2}}{2}\right), \left(\dfrac{\sqrt{6}}{2}, -\dfrac{\sqrt{2}}{2}\right)$ et $\left(-\dfrac{\sqrt{6}}{2}, -\dfrac{\sqrt{2}}{2}\right)$

40. 128 unités carrées

46. $\dfrac{\pi}{3}$

Problèmes récapitulatifs

Contrôle des connaissances

12. $\dfrac{dy}{dx} = 3x^2 + \dfrac{3}{2}x^{1/2} - 2\sin(2x)$

13. $\dfrac{dy}{dx} = \dfrac{\sqrt{3x}}{2x} - \dfrac{6}{x^3}$

14. $\dfrac{dy}{dx} = -x[\cos(3-x^2)][\sin(3-x^2)]^{-1/2}$

15. $\dfrac{dy}{dx} = \dfrac{-y}{x+3y^2}$ 16. $\dfrac{dy}{dx} = \dfrac{1}{2}xe^{-\sqrt{x}}(4-\sqrt{x})$

17. $\dfrac{dy}{dx} = \dfrac{\ln(1{,}5)}{x[\ln(3x)]^2}$ 18. $\dfrac{dy}{dx} = \dfrac{3}{\sqrt{1-(3x+2)^2}}$

19. $y' = \dfrac{2}{1+4x^2}$

20. $\dfrac{d^2y}{dx^2} = 2(2x-3)(40x^2 - 48x + 9)$

21. $\dfrac{dy}{dx} = 1 - 6x$ 22. $14x - y - 6 = 0$

23. $y = f(1) = \dfrac{1}{2}$; le point est donc $(1, \tfrac{1}{2})$. Droite tangente : $y - \tfrac{1}{2} = \tfrac{\pi}{4}(x-1)$. Droite normale : $y - \tfrac{1}{2} = -\tfrac{4}{\pi}(x-1)$.

Problèmes supplémentaires

1. $\dfrac{dy}{dx} = 4x^3 + 6x - 7$ 2. $\dfrac{dy}{dx} = \dfrac{-4x}{(x^2-1)^{1/2}(x^2-5)^{3/2}}$

3. $\dfrac{dy}{dx} = \dfrac{-x\sin x - \cos x - 1}{(x+\sin x)^2}$ 4. $\dfrac{dy}{dx} = \dfrac{4x-y}{x-2}$

5. $\dfrac{dy}{dx} = 10(x^3 + x)^9(3x^2 + 1)$ 6. $\dfrac{dy}{dx} = \dfrac{(x^3+1)^4(46x^3+1)}{3x^{2/3}}$

7. $\dfrac{dy}{dx} = 8x^3(x^4-1)^9(2x^4+3)^6(17x^4+8)$

8. $\dfrac{dy}{dx} = 3(\sin x + \cos x)^2(\cos x - \sin x)$

9. $\dfrac{dy}{dx} = (4x+5)e^{(2x^2+5x-3)}$ 10. $\dfrac{dy}{dx} = \dfrac{2x}{x^2-1}$

11. $\dfrac{dy}{dx} = 3^{2-x}(1 - x\ln 3)$ 12. $\dfrac{dy}{dx} = \dfrac{2x}{(x^2-1)\ln 3}$

13. $\dfrac{dy}{dx} = \dfrac{y(1+xye^{xy})}{x(1-xye^{xy})}$

14. $\dfrac{dy}{dx} = \dfrac{3\sqrt{x}}{\sqrt{1-(3x+2)^2}} + \dfrac{1}{2\sqrt{x}}\arcsin(3x+2)$

15. $\dfrac{dy}{dx} = e^{\sin x}(\cos x)$ 16. $\dfrac{dy}{dx} = \dfrac{2x^2+2xy^2-1}{2y-2x-2y^2}$

17. $\dfrac{dy}{dx} = e^{-x}\dfrac{1}{2x\sqrt{\ln(2x)}} - e^{-x}\sqrt{\ln(2x)}$

18. $\dfrac{dy}{dx} = [\cos(\sin x)]\cos x$ 19. $\dfrac{dy}{dx} = \dfrac{x}{4y}$

20. $\dfrac{dy}{dx} = \dfrac{1 - y\cos(xy)}{x\cos(xy) - 1}$

21. $\dfrac{dy}{dx} = \dfrac{-\cos(x+y) + \sin(x-y) + y}{\cos(x+y) + \sin(x-y) - x}$

22. $\dfrac{dy}{dx} = \dfrac{\arcsin x - x(1-x^2)^{-1/2}}{(\arcsin x)^2} + \dfrac{1}{x^2}\left(\dfrac{x}{1+x^2} - \arctan x\right)$

23. $\dfrac{d^2y}{dx^2} = 20x^3 - 60x^2 + 42x - 6$

24. $\dfrac{d^2y}{dx^2} = -52(2x+3)^{-3} + 18$

25. $\dfrac{d^2y}{dx^2} = -\dfrac{2(3y^3 + 4x^2)}{9y^5}$ 26. $18x + y + 17 = 0$

27. $2\pi x + 4y - \pi^2 = 0$ 28. $x + y - 2 = 0$

29. $y - 1 = 0$ 30. $4x - y - 3 = 0$

31. Droite tangente : $12x - y - 11 = 0$
    Droite normale : $x + 12y - 13 = 0$

32. $\dfrac{dy}{dt} = (3x^2 - 7)(t\cos t + \sin t)$ ou
    $(3t^2\sin^2 t - 7)(t\cos t + \sin t)$

33. $f'(x) = 2x^3\cos(x^2) + 2x\sin(x^2)$
    $f''(x) = 2(1 - 2x^4)\sin(x^2) + 10x^2\cos(x^2)$

34. $f'(x) = (x^2+1)^{5/2}(8x^2+1)$
    $f''(x) = 7x(x^2+1)^{3/2}(8x^2+3)$
    $f'''(x) = 21(x^2+1)^{1/2}(16x^4 + 12x^2 + 1)$

35. $f'(x) = \dfrac{-4x^3}{(x^4-2)^{4/3}(x^4+1)^{2/3}}$

36. $y' = \dfrac{x+2y}{y-2x}$; $y'' = \dfrac{5y^2 - 20xy - 5x^2}{(y-2x)^3}$

37. Droite tangente : $x - y + 2 = 0$
    Droite normale : $x + y = 0$

38. $\dfrac{d}{dx}f(x^3-1) = 6x^2(x^3-1)^2 + 9x^2$

39. $\dfrac{d}{dx}(f \circ g)(x) = 36x(3x^2+1)$

40. $\dfrac{d}{dx}(f \circ g)(x) = 4x\cos(2x^2) - 6x\sin(3x^2)$

CHAPITRE 4 :
APPLICATIONS DE LA DÉRIVÉE

4.1 Valeurs extrêmes d'une fonction continue

1. La valeur maximale est 26 et la valeur minimale est −34.
2. La valeur maximale est 19 et la valeur minimale est −30.
3. La valeur maximale est 18 et la valeur minimale est −2.
4. La valeur maximale est 9 et la valeur minimale est −16.
5. La valeur maximale est 2 et la valeur minimale est −2.
6. La valeur maximale est 0 et la valeur minimale est −2.
7. La valeur maximale est 17 et la valeur minimale est −64.
8. La valeur maximale est 1 et la valeur minimale est 0.
9. La valeur maximale est 7 et la valeur minimale est 0.
10. La valeur maximale est e^{-1} et la valeur minimale est 0.
11. La valeur maximale est $0,5e^{-1}$ et la valeur minimale est 0.
12. La valeur maximale est 1,25 et la valeur minimale est 0,41067.
13. La valeur maximale est $\sqrt{2}$ et la valeur minimale est −1.
15. La valeur maximale est 1 et la valeur minimale est 0.
16. La valeur maximale est 48 et la valeur minimale est −77.
17. La valeur maximale est $\frac{5}{6}$ et la valeur minimale est $\frac{1}{6}$.
18. La valeur maximale est 9 et la valeur minimale est 5.
19. La valeur maximale est 11 et la valeur minimale est −4.
20. La valeur maximale est 2π et la valeur minimale est $-\pi$.
21. La valeur maximale est 0,3224 et la valeur minimale est −0,0139.
22. La plus petite valeur est 0.
23. La plus grande valeur est −4.
24. La plus petite valeur est 3.
25. La plus petite valeur est −1.
26. La plus petite valeur est 1,755.
27. La valeur maximale est 6 496 et la valeur minimale est 0.
28. La valeur maximale est 0 et la valeur minimale est −2,1822.
29. La valeur maximale est 1,59 et la valeur minimale est −2,52.
30. La valeur maximale est 0 et la valeur minimale est −5.
31. La valeur maximale est 1 et la valeur minimale est $-e^{-\pi}$.

4.2 Test de la dérivée première

3. La courbe bleue est celle de la fonction et la noire est celle de la dérivée.
4. La courbe noire est celle de la fonction et la bleue est celle de la dérivée.

Les réponses aux problèmes 5 à 12 peuvent varier.

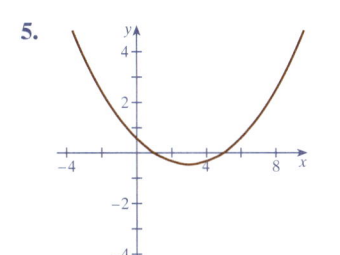

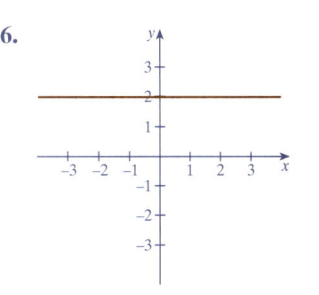

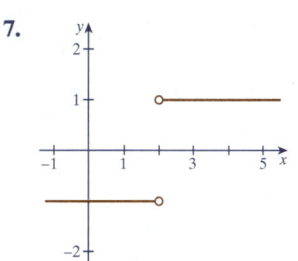

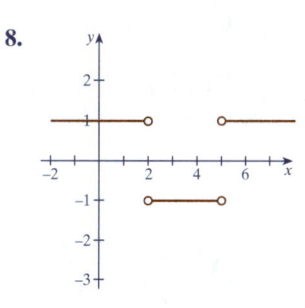

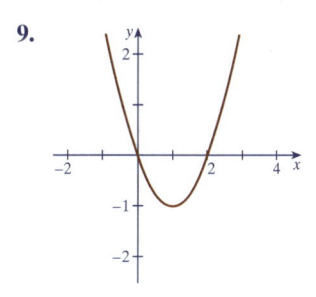

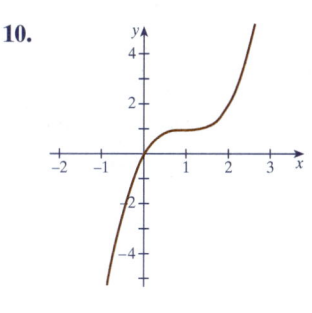

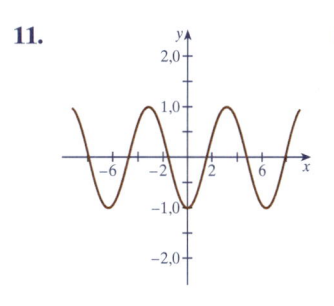

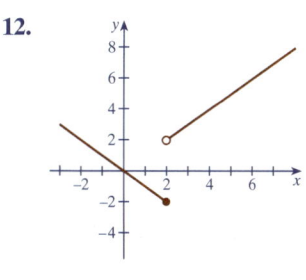

13. a. Valeurs critiques : $x = 0, x = -2$
    b. Fonction croissante sur $]-\infty, -2[\cup]0, +\infty[$ et décroissante sur $]-2, 0[$
    c. Points critiques : $(0, 1)$, minimum relatif ; $(-2, 5)$, maximum relatif

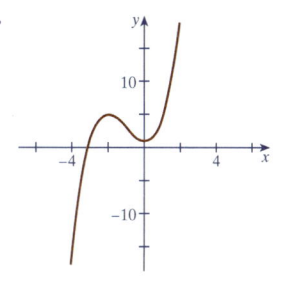

14. a. Valeurs critiques : $x = 0, x = 4$
    b. Fonction croissante sur $]-\infty, 0[\cup]4, +\infty[$ et décroissante sur $]0, 4[$
    c. Points critiques : $(4, -156)$, minimum relatif ; $(0, 100)$, maximum relatif

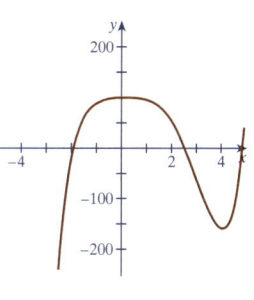

15. a. Valeurs critiques : $x = -1, x = 3$
    b. Fonction croissante sur $]-1, 3[$ et décroissante sur $]-\infty, -1[\cup]3, +\infty[$
    c. Points critiques : $\left(-1, -\frac{1}{2}\right)$, minimum relatif ; $\left(3, \frac{1}{6}\right)$, maximum relatif

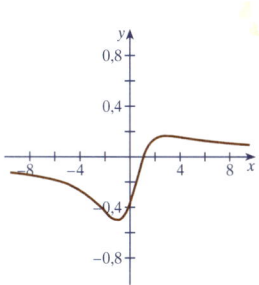

16. a. Valeurs critiques :
$t = -2$, $t = \frac{1}{2}$, $t = \frac{9}{4}$
b. Fonction croissante sur
$]-2, \frac{1}{2}[\cup]\frac{9}{4}, +\infty[$ et
décroissante sur
$]-\infty, -2[\cup]\frac{1}{2}, \frac{9}{4}[$
c. Points critiques :
$(-2, -125)$, minimum relatif ; $(\frac{1}{2}, 0)$, maximum relatif ;
$(\frac{9}{4}, -48,2)$, minimum relatif

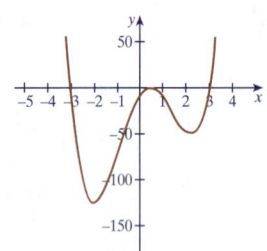

17. a. Valeurs critiques :
$x = 1$, $x = \frac{16}{3}$
b. Fonction croissante sur
$]-\infty, 1[\cup]\frac{16}{3}, +\infty[$ et
décroissante sur $]1, \frac{16}{3}[$
c. Points critiques :
$(\frac{16}{3}, -1\frac{225}{27})$, minimum relatif ; $(1, 36)$, maximum relatif

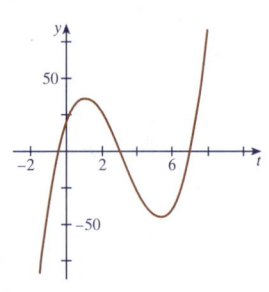

18. a. Valeurs critiques :
$x = 3, x = 5, x = 7$
b. Fonction croissante sur
$]3, 5[\cup]7, +\infty[$ et
décroissante sur
$]-\infty, 3[\cup]5, 7[$
c. Points critiques :
$(3, 0)$, minimum relatif ;
$(5, 256)$, maximum relatif ; $(7, 0)$, minimum relatif

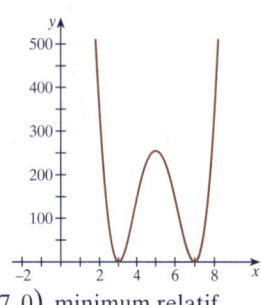

19. a. Valeur critique : $x = 0$
b. Fonction croissante sur
$]0, +\infty[$ et décroissante sur $]-\infty, 0[$
c. Point critique :
$(0, 1)$, minimum relatif

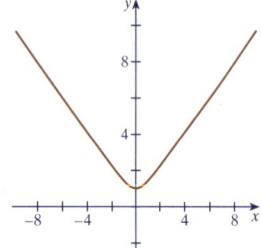

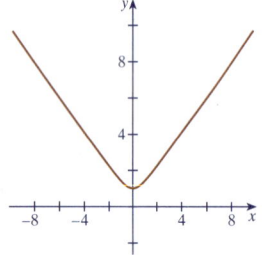

20. a. Valeurs critiques :
$x = 1, x = 0$
b. Fonction croissante sur
$]-\infty, 0[\cup]1, +\infty[$ et
décroissante sur $]0, 1[$
c. Points critiques :
$(1, -3)$, minimum relatif ;
$(0, 0)$, maximum relatif

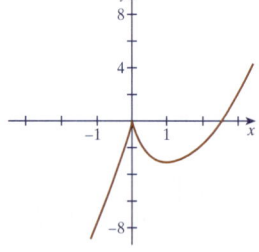

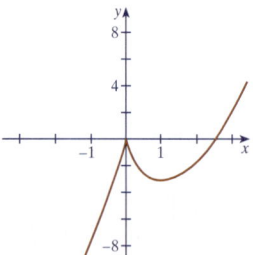

21. a. Valeurs critiques :
$x = -15, x = -6, x = 0$
b. Fonction croissante sur
$]-6, 0[\cup]0, +\infty[$ et
décroissante sur $]-15, -6[$
c. Points critiques :
$(-6, -5,4514)$, minimum relatif ; $(0, 0)$, ni l'un ni l'autre

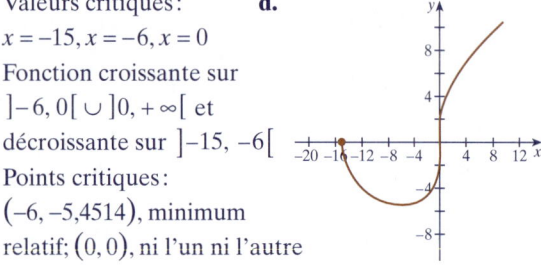

22. a. Valeurs critiques :
$x = \frac{7\pi}{6}$, $x = \frac{11\pi}{6}$
b. Fonction croissante sur
$]\frac{7\pi}{6}, \frac{11\pi}{6}[$ et décroissante sur $]0, \frac{7\pi}{6}[\cup]\frac{11\pi}{6}, 2\pi[$
c. Points critiques :
$(\frac{7\pi}{6}, -5,3972)$, minimum relatif ; $(\frac{11\pi}{6}, -4,0275)$, maximum relatif

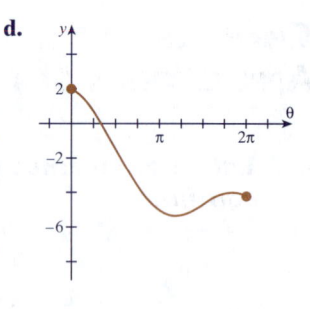

23. a. Valeur critique :
$x = e^{-1}$
b. Fonction croissante sur
$]e^{-1}, +\infty[$ et décroissante sur $]0, e^{-1}[$
c. Point critique :
$(e^{-1}, -e^{-1})$, minimum relatif

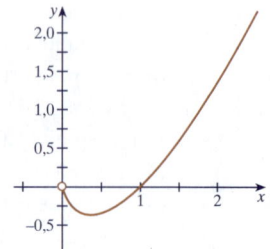

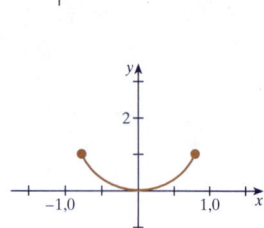

24. a. Valeur critique :
$x = 0$
b. Fonction croissante sur $]0, \frac{\pi}{4}[$ et décroissante sur $]-\frac{\pi}{4}, 0[$
c. Point critique :
$(0, 0)$, minimum relatif

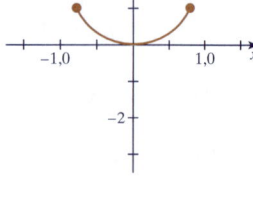

25. a. Valeurs critiques :
$x = 0, x = \pi$
b. Fonction décroissante sur $]0, \pi[$
c. Points critiques :
$(0, 5)$ et $(\pi, -13)$

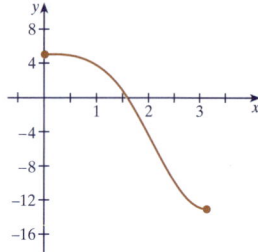

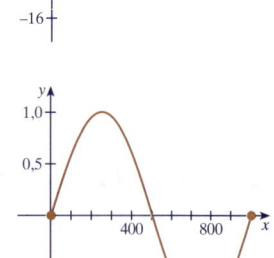

26. a. Valeurs critiques :
$x = 25\pi^2, x = 75\pi^2$
b. Fonction croissante sur
$]0, 25\pi^2[\cup]75\pi^2, 100\pi^2[$
et décroissante sur
$]25\pi^2, 75\pi^2[$
c. Points critiques :
$(75\pi^2, -1)$, minimum relatif ; $(25\pi^2, 1)$, maximum relatif

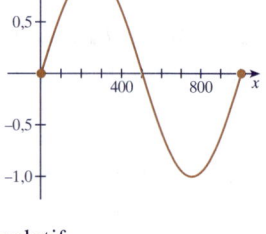

27. a. Valeur critique : $x = 1$
b. Fonction croissante sur
$]-\infty, 1[$ et décroissante sur $]1, +\infty[$
c. Point critique :
$(1, e^{-1})$, maximum relatif

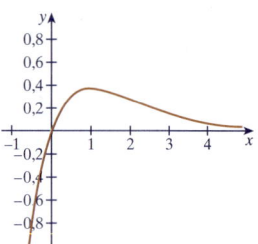

28. **a.** Pas de valeur critique
    b. Fonction croissante sur]−∞, +∞[
    c. Pas de point critique
    d. [graphique]

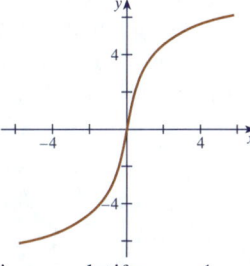

29. Maximum relatif en $x = -1$; minimum relatif en $x = 1$

30. Ni minimum relatif ni maximum relatif en $x = 1$; minimum relatif en $x = 2$

31. Minimum relatif en $x = 4$

32. Les valeurs critiques sont $x = -5, x = 1, x = 2$ et $x = 4$. En $x = -5$, ni maximum relatif ni minimum relatif; en $x = 1$, ni maximum relatif ni minimum relatif; en $x = 2$, maximum relatif; en $x = 4$, minimum relatif.

33. Les valeurs critiques sont $x = \frac{1}{2}, x = 1$, et $x = 2$. En $x = \frac{1}{2}$, ni maximum relatif ni minimum relatif; en $x = 1$, minimum relatif; en $x = 2$, ni maximum relatif ni minimum relatif.

34. [graphique]

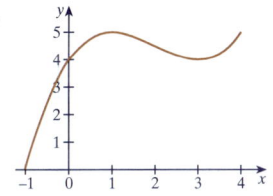

35. [graphique]

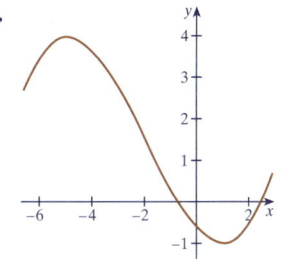

36. [graphique]

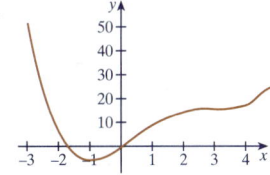

37. $a = -\frac{9}{25}$, $b = \frac{18}{5}$, $c = 3$

39. [graphique]

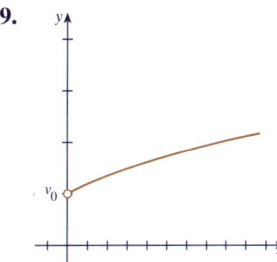

40. $a = 3, b = -9, c = -9$

41. Valeurs critiques: $x = A$, $x = B$ et $x = \frac{nA + mB}{n + m}$

42. Valeurs critiques:
    $x = -2B/5A$; correspond à un minimum relatif.
    $x = 0$; ne correspond ni à un minimum relatif ni à un maximum relatif.
    $x = -B/A$; ne correspond ni à un minimum relatif ni à un maximum relatif.

4.3 Concavité et test de la dérivée seconde

3. Domaine: $\mathbb{R}$. $\left(-\frac{5}{2}, -\frac{37}{4}\right)$ est un minimum relatif. Fonction croissante sur]−2,5, +∞[, décroissante sur]−∞, −2,5[, concave vers le haut sur]−∞, +∞[.

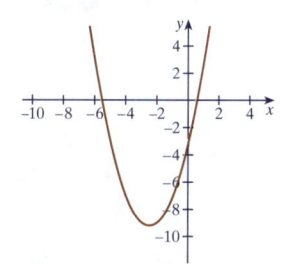

4. Domaine: $\mathbb{R}$. $(-18, -1)$ est un minimum relatif. Fonction croissante sur]−18, +∞[, décroissante sur]−∞, −18[, concave vers le haut sur]−∞, +∞[.

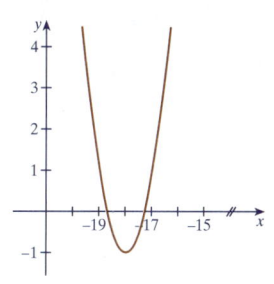

5. Domaine: $\mathbb{R}$. $(1, -6)$ est un minimum relatif; $(-1, -2)$ est un maximum relatif; $(0, -4)$ est un point d'inflexion. Fonction croissante sur]−∞, −1[∪]1, +∞[, décroissante sur]−1, 1[, concave vers le haut sur]0, +∞[; concave vers le bas sur]−∞, 0[.

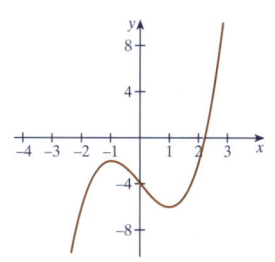

6. Domaine: $\mathbb{R}$. $(13,5, -1,69)$ est un minimum relatif; $(12, 0)$ est un point d'inflexion; $(13, -1)$ est un point d'inflexion. Fonction croissante sur]13,5, +∞[, décroissante sur]−∞, 12[∪]12, 13,5[, concave vers le haut sur]−∞, 12[∪]13, +∞[, concave vers le bas sur]12, 13[.

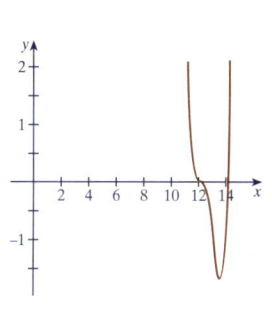

7. Domaine: $\mathbb{R}$. $(-1,5, -37,06)$ est un minimum relatif; $(1, 2)$ et $(-0,67, -21,15)$ sont des points d'inflexion. Fonction croissante sur]−1,5, 1[∪]1, −∞[, décroissante sur]−∞, −1,5[, concave vers le haut sur]−∞, −0,67[∪]1, +∞[, concave vers le bas sur]−0,67, 1[.

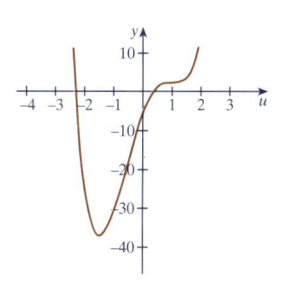

8. Domaine: $\mathbb{R}$. $(0,1)$ est un minimum relatif. Fonction croissante sur $]0,+\infty[$, décroissante sur $]-\infty,0[$, concave vers le haut sur $]-\infty,+\infty[$.

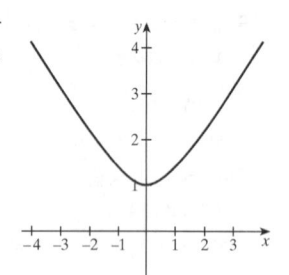

9. Domaine: $\mathbb{R}$. $(0,0)$ est un minimum relatif. Fonction croissante sur $]0,+\infty[$, décroissante sur $]-\infty,0[$, concave vers le haut sur $]-\infty,+\infty[$.

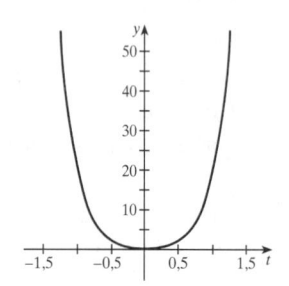

10. Domaine: $\mathbb{R}$. $(0,0)$ est un minimum relatif; $(-2,64)$ est un maximum relatif; $(-3,0)$, $(-2{,}5,30{,}5)$ et $(-1{,}5,38{,}44)$ sont des points d'inflexion. Fonction croissante sur $]-\infty,-3[\,\cup\,]-3,-2[\,\cup\,]0,+\infty[$, décroissante sur $]-2,0[$, concave vers le haut sur $]-3,-2{,}5[\,\cup\,]-1{,}5,0[\,\cup\,]0,+\infty[$, concave vers le bas sur $]-\infty,-3[\,\cup\,]-2{,}5,-1{,}5[$.

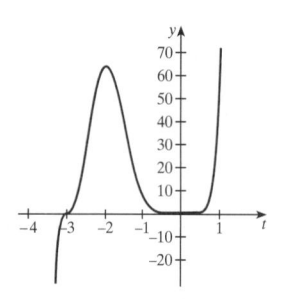

11. Domaine: $\mathbb{R}$. $(1,-1)$ est un minimum relatif; $(0,0)$ est un maximum relatif; $(0{,}75,-0{,}63)$ est un point d'inflexion. Fonction croissante sur $]-\infty,0[\,\cup\,]1,+\infty[$, décroissante sur $]0,1[$, concave vers le haut sur $]0{,}75,+\infty[$, concave vers le bas sur $]-\infty,0{,}75[$.

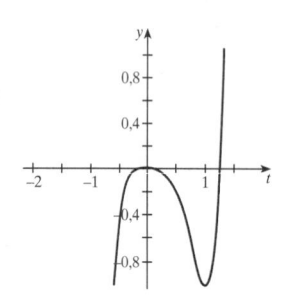

12. Domaine: $\mathbb{R}$. $(0,1/3)$ est un maximum relatif; $(1,1/4)$ et $(-1,1/4)$ sont des points d'inflexion. Fonction croissante sur $]-\infty,0[$, décroissante sur $]0,+\infty[$, concave vers le haut sur $]-\infty,-1[\,\cup\,]1,+\infty[$, concave vers le bas sur $]-1,1[$.

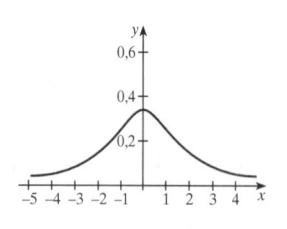

13. Domaine: $\mathbb{R}$. $(-1,-1/2)$ est un minimum relatif; $(1,1/2)$ est un maximum relatif; $(0,0)$, $(\sqrt{3},\frac{\sqrt{3}}{4})$ et $(-\sqrt{3},-\frac{\sqrt{3}}{4})$ sont des points d'inflexion. Fonction croissante sur $]-1,1[$, décroissante sur $]-\infty,-1[\,\cup\,]1,+\infty[$, concave vers le haut sur $]-\sqrt{3},0[\,\cup\,]\sqrt{3},+\infty[$, concave vers le bas sur $]-\infty,-\sqrt{3}[\,\cup\,]0,\sqrt{3}[$.

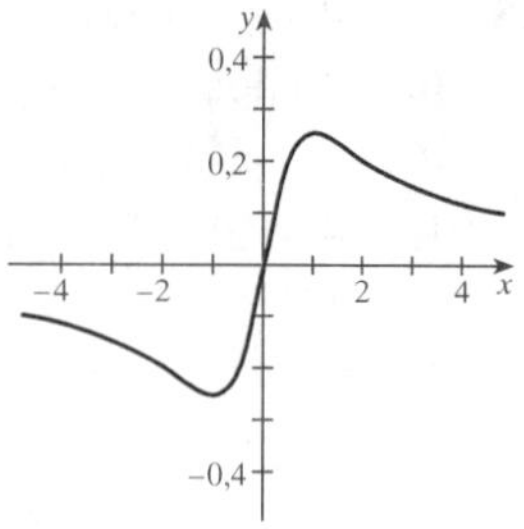

14. Domaine: $\mathbb{R}$. $(15{,}4,-444{,}4)$ est un minimum relatif; $(0,0)$ est un maximum relatif; $(3{,}9,-140)$ est un point d'inflexion. Fonction croissante sur $]-\infty,0[\,\cup\,]15{,}4,+\infty[$, décroissante sur $]0,15{,}4[$, concave vers le haut sur $]3{,}9,+\infty[$, concave vers le bas sur $]-\infty,0[\,\cup\,]0,3{,}9[$.

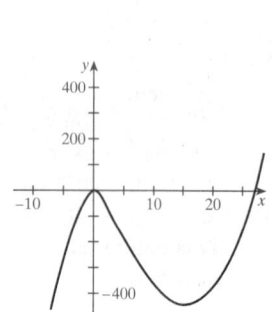

15. Domaine: $\mathbb{R}$, $(0,0)$ est un minimum relatif; $(0{,}67,0{,}06)$ est un maximum relatif; $(0{,}195,0{,}021)$ et $(1{,}138,0{,}043)$ sont des points d'inflexion. Fonction croissante sur $]0,0{,}67[$, décroissante sur $]-\infty,0[\,\cup\,]0{,}67,+\infty[$, concave vers le haut sur $]-\infty,0{,}195[\,\cup\,]1{,}138,+\infty[$, concave vers le bas sur $]0{,}195,1{,}138[$.

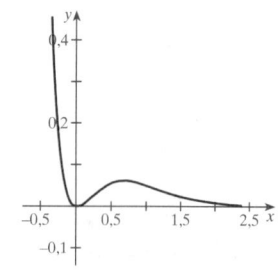

16. Domaine: $\mathbb{R}$, $(0,0)$ est un minimum relatif. Fonction croissante sur $]0,+\infty[$, décroissante sur $]-\infty,0[$, concave vers le haut sur $]-\infty,+\infty[$.

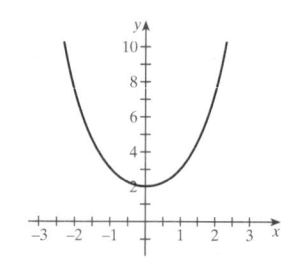

17. Domaine: $]0,+\infty[$. $(1,0)$ est un minimum relatif; $(e,1)$ est un point d'inflexion. Fonction croissante sur $]1,+\infty[$, décroissante sur $]0,1[$, concave vers le haut sur $]0,e[$, concave vers le bas sur $]e,+\infty[$.

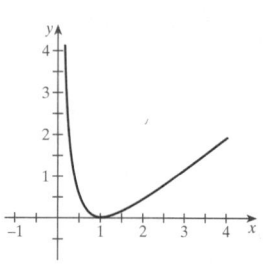

18. $\left(\frac{5\pi}{12}, 0{,}44\right)$ est un minimum relatif; $\left(\frac{\pi}{12}, 1{,}13\right)$ est un maximum relatif; $\left(\frac{\pi}{4}, 0{,}79\right)$ et $\left(\frac{3\pi}{4}, 2{,}4\right)$ sont des points d'inflexion. Fonction croissante sur $\left]0, \frac{\pi}{12}\right[\cup \left]\frac{5\pi}{12}, \pi\right[$, décroissante sur $\left]\frac{\pi}{12}, \frac{5\pi}{12}\right[$, concave vers le haut sur $\left]\frac{\pi}{4}, \frac{3\pi}{4}\right[$, concave vers le bas sur $\left]0, \frac{\pi}{4}\right[\cup \left]\frac{3\pi}{4}, \pi\right[$

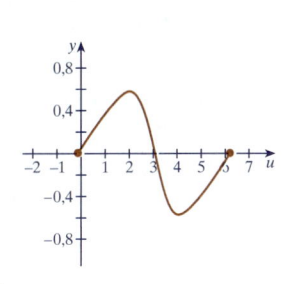

19. $\left(\frac{2\pi}{3}, 0{,}58\right)$ est un maximum relatif; $\left(\frac{4\pi}{3}, -0{,}58\right)$ est un minimum relatif; $(\pi, 0)$ est un point d'inflexion. Fonction croissante sur $\left]0, \frac{2\pi}{3}\right[\cup \left]\frac{4\pi}{3}, 2\pi\right[$, décroissante sur $\left]\frac{2\pi}{3}, \frac{4\pi}{3}\right[$, concave vers le haut sur $]\pi, 2\pi[$, concave vers le bas sur $]0, \pi[$.

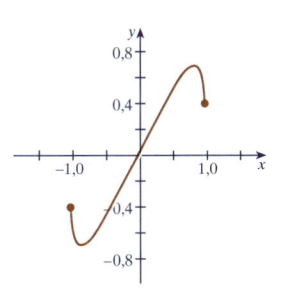

20. $(-0{,}87, -0{,}69)$ est un minimum relatif; $(0{,}87, 0{,}69)$ est un maximum relatif; $(0, 0)$ est un point d'inflexion. Fonction croissante sur $]-0{,}87, 0{,}87[$, décroissante sur $]-1, -0{,}87[\cup]0{,}87, 1[$, concave vers le haut sur $]-1, 0[$, concave vers le bas sur $]0, 1[$.

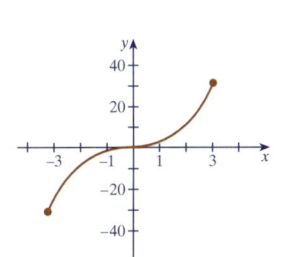

21. Aucun point critique; $(0, 0)$ est un point d'inflexion. Fonction croissante sur $]-\pi, \pi[$, concave vers le haut sur $]0, \pi[$, concave vers le bas sur $]-\pi, 0[$.

22. Il s'agit d'une fonction constante, car
$$f(x) = \arccos(x) + \arcsin(x) = \frac{\pi}{2}$$
sur $[-1, 1]$.

23.

24.

25.

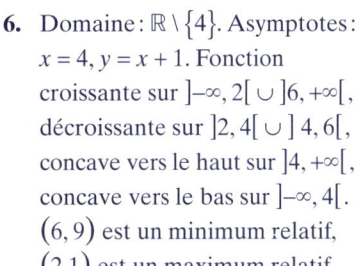

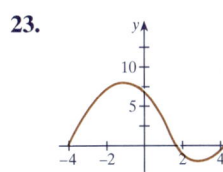

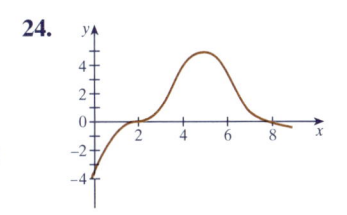

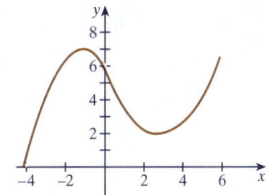

27. a. $D'(t) = \dfrac{1}{\sqrt{2\pi}\,\sigma} e^{\left[-\frac{1}{2}\left(\frac{t-m}{\sigma}\right)^2\right]} \left(-\dfrac{1}{2\sigma^2}\right)(2)(t-m)$

   $\left(m, \dfrac{1}{\sqrt{2\pi}\sigma}\right)$ est un maximum relatif.

   b. $\lim\limits_{t \to \pm\infty} D(t) = 0$

28. Valeur critique: $x = 0$; $(0, a)$ est un maximum relatif. Points d'inflexion lorsque $x = \pm\frac{\sqrt{3}}{3}a$.

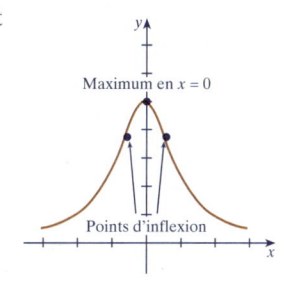

29. a. $4x - 3y - 7 = 0$

   b. Minimum relatif en $(0, 0)$

4.4 Graphes comportant des asymptotes

4. Domaine: $\mathbb{R} \setminus \{7\}$. Asymptotes: $x = 7$, $y = -3$. Fonction croissante sur $]-\infty, 7[\cup]7, +\infty[$, concave vers le haut sur $]-\infty, 7[$, concave vers le bas sur $]7, +\infty[$. Pas de point d'inflexion.

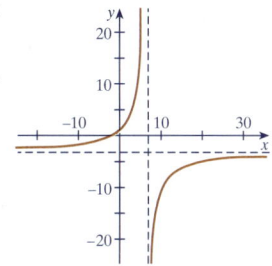

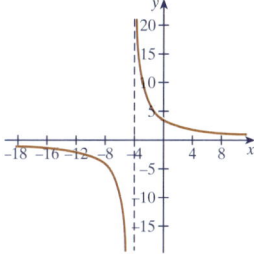

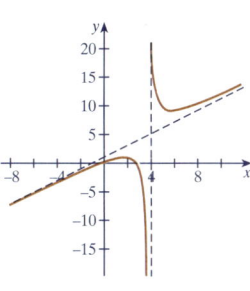

5. Domaine: $\mathbb{R} \setminus \{-4\}$. Asymptotes: $x = -4$, $y = 0$. Fonction décroissante sur $]-\infty, -4[\cup]-4, +\infty[$, concave vers le haut sur $]-4, +\infty[$, concave vers le bas sur $]-\infty, -4[$. Pas de point d'inflexion.

6. Domaine: $\mathbb{R} \setminus \{4\}$. Asymptotes: $x = 4$, $y = x + 1$. Fonction croissante sur $]-\infty, 2[\cup]6, +\infty[$, décroissante sur $]2, 4[\cup]4, 6[$, concave vers le haut sur $]4, +\infty[$, concave vers le bas sur $]-\infty, 4[$. $(6, 9)$ est un minimum relatif, $(2, 1)$ est un maximum relatif. Pas de point d'inflexion.

7. Domaine: $\mathbb{R} \setminus \{2\}$. Asymptotes: $x = 2$, $y = 1$. Fonction décroissante sur $]-\infty, 0[\cup]0, 2[\cup]2, +\infty[$, concave vers le haut sur $]-\sqrt[3]{4}, 0[\cup]2, +\infty[$, concave vers le bas sur $]-\infty, -\sqrt[3]{4}[\cup]0, 2[$. Le point critique $(0, -\frac{1}{8})$ n'est ni un maximum ni un minimum. $(0, -\frac{1}{8})$ et $(-\sqrt[3]{4}, \frac{1}{4})$ sont des points d'inflexion.

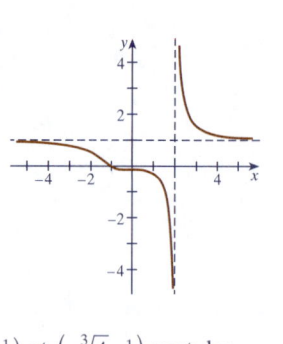

8. Domaine: $\mathbb{R} \setminus \{-4, 1\}$. Asymptotes: $x = -4$, $x = 1$, $y = 0$. Fonction décroissante sur $]-\infty, -4[\cup]-4, 1[\cup]1, +\infty[$, concave vers le haut sur $]-4, -1[\cup]1, +\infty[$, concave vers le bas sur $]-\infty, -4[\cup]-1, 1[$. $(-1, 5)$ est un point d'inflexion.

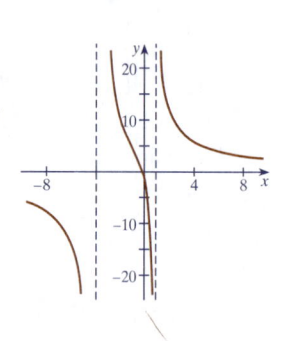

9. Domaine: $\mathbb{R} \setminus \{-1, 1\}$. Asymptotes: $x = -1$, $x = 1$, $y = 0$. Fonction décroissante sur $]-\infty, -1[\cup]-1, 1[\cup]1, +\infty[$, concave vers le haut sur $]-1, 0[\cup]1, +\infty[$, concave vers le bas sur $]-\infty, -1[\cup]0, 1[$. $(0, 0)$ est un point d'inflexion.

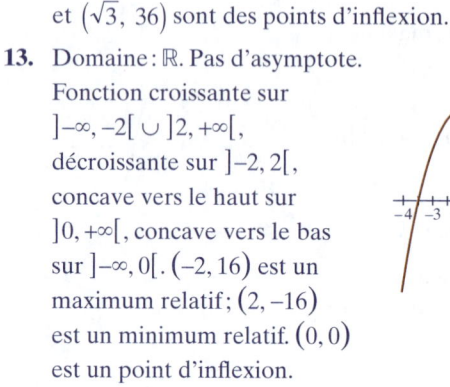

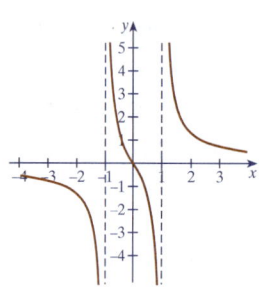

10. Domaine: $\mathbb{R}$. Pas d'asymptote. Fonction croissante sur $]0, +\infty[$, décroissante sur $]-\infty, 0[$, concave vers le haut sur $]-\infty, +\infty[$. $(0, 0)$ est un minimum relatif. Pas de point d'inflexion.

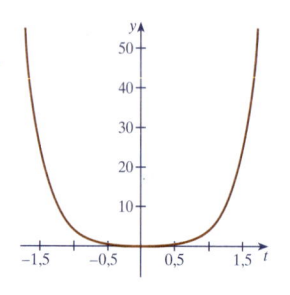

11. Domaine: $]0, +\infty[$. Asymptote: $t = 0$. Fonction croissante sur $]1, +\infty[$, décroissante sur $]0, 1[$, concave vers le haut sur $]0, +\infty[$. $(1, \frac{4}{3})$ est un minimum relatif. Pas de point d'inflexion.

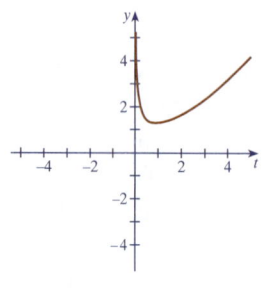

12. Domaine: $\mathbb{R}$. Pas d'asymptote. Fonction croissante sur $]-3, 0[\cup]3, +\infty[$, décroissante sur $]-\infty, -3[\cup]0, 3[$, concave vers le haut sur $]-\infty, -\sqrt{3}[\cup]\sqrt{3} + \infty[$, concave vers le bas sur $]-\sqrt{3}, \sqrt{3}[$. $(-3, 0)$ est un minimum relatif; $(0, 81)$ est un maximum relatif; $(3, 0)$ est un minimum relatif. $(-\sqrt{3}, 36)$ et $(\sqrt{3}, 36)$ sont des points d'inflexion.

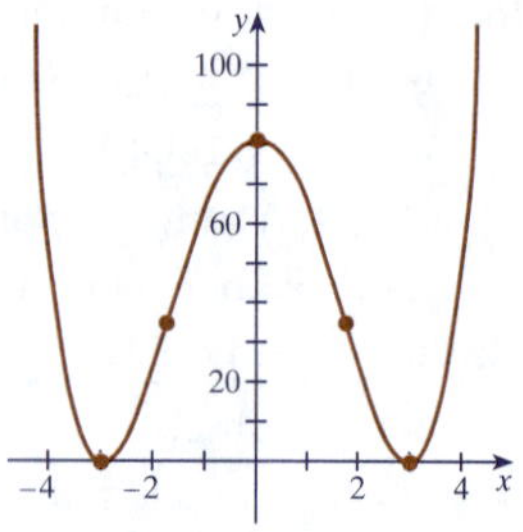

13. Domaine: $\mathbb{R}$. Pas d'asymptote. Fonction croissante sur $]-\infty, -2[\cup]2, +\infty[$, décroissante sur $]-2, 2[$, concave vers le haut sur $]0, +\infty[$, concave vers le bas sur $]-\infty, 0[$. $(-2, 16)$ est un maximum relatif; $(2, -16)$ est un minimum relatif. $(0, 0)$ est un point d'inflexion.

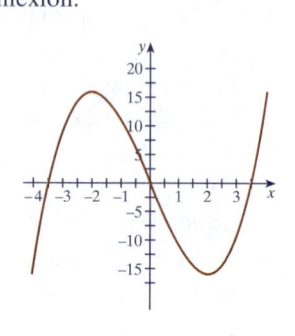

14. Domaine: $\mathbb{R}$. Pas d'asymptote. Fonction croissante sur $]1, +\infty[$, décroissante sur $]-\infty, 0[\cup]0, 1[$, concave vers le haut sur $]-\infty, -2[\cup]0, +\infty[$, concave vers le bas sur $]-2, 0[$. $(1, -3)$ est un minimum relatif. Tangente verticale en $(0, 0)$. $(0, 0)$ et $(-2, 6\sqrt[3]{2})$ sont des points d'inflexion.

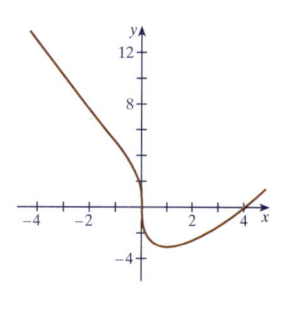

15. Domaine: $\mathbb{R}$. Pas d'asymptote. Fonction croissante sur $]-\infty, 0[\cup]\frac{14}{5}, +\infty[$, décroissante sur $]0, \frac{14}{5}[$, concave vers le haut sur $]-\frac{7}{5}, 0[\cup]0, +\infty[$, concave vers le bas sur $]-\infty, -\frac{7}{5}[$. $(0, 0)$ est un maximum relatif; $(2,8, -8,3)$ est un minimum relatif. $(-1,4, -10,5)$ est un point d'inflexion.

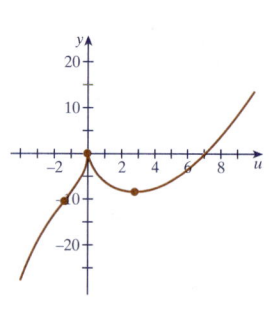

16. Domaine: $\mathbb{R}$. Asymptote: $y = 0$. Fonction croissante sur $]-1, \frac{3}{2}[$, décroissante sur $]-\infty, -1[\cup]\frac{3}{2}, +\infty[$, concave vers le haut sur $]-\infty, \frac{5-\sqrt{41}}{4}[\cup]\frac{5+\sqrt{41}}{4}, +\infty[$, concave vers le bas sur $]\frac{5-\sqrt{41}}{4}, \frac{5+\sqrt{41}}{4}[$. $(-1, -e)$ est un minimum relatif; $(\frac{3}{2}, 9e^{-3/2})$ est un maximum relatif. Points d'inflexion pour $x = \dfrac{5 \pm \sqrt{41}}{4}$.

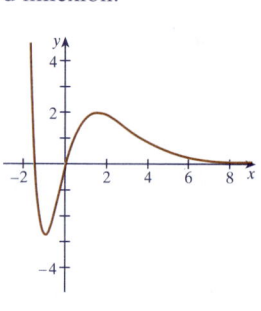

17. Domaine :]−2, 2[. Asymptotes : $x = -2$ et $x = 2$. Fonction croissante sur]−2, 0[, décroissante sur]0, 2[, concave vers le bas sur]−2, 2[. $(0, \ln 4)$ est un maximum relatif. Pas de point d'inflexion.

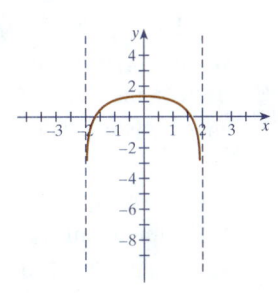

18. Pas d'asymptote. Fonction croissante sur $]0, \frac{3\pi}{4}[\cup]\frac{7\pi}{4}, 2\pi[$, décroissante sur $]\frac{3\pi}{4}, \frac{7\pi}{4}[$, concave vers le haut sur $]0, \frac{\pi}{4}[\cup]\frac{5\pi}{4}, 2\pi[$, concave vers le bas sur $]\frac{\pi}{4}, \frac{5\pi}{4}[$. $\left(\frac{3\pi}{4}, \sqrt{2}\right)$ est un maximum relatif; $\left(\frac{7\pi}{4}, -\sqrt{2}\right)$ est un minimum relatif. $\left(\frac{\pi}{4}, 0\right), \left(\frac{5\pi}{4}, 0\right)$ sont des points d'inflexion.

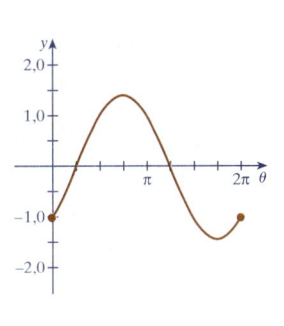

19. Pas d'asymptote. Fonction croissante sur $]\frac{\pi}{6}, \frac{5\pi}{6}[$, décroissante sur $]0, \frac{\pi}{6}[\cup]\frac{5\pi}{6}, \pi[$, concave vers le haut sur $]0, \frac{\pi}{2}[$, concave vers le bas sur $]\frac{\pi}{2}, \pi[$. $\left(\frac{\pi}{6}, \frac{\pi}{6} - \frac{\sqrt{3}}{2}\right)$ est un minimum relatif; $\left(\frac{5\pi}{6}, \frac{5\pi}{6} + \frac{\sqrt{3}}{2}\right)$ est un maximum relatif. $\left(\frac{\pi}{2}, \frac{\pi}{2}\right)$ est un point d'inflexion.

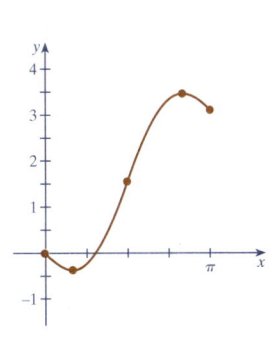

20. Pas d'asymptote. Fonction croissante sur $]\frac{\pi}{2}, \pi[$, décroissante sur $]0, \frac{\pi}{2}[$, concave vers le haut sur $]0, \pi[$. $\left(\frac{\pi}{2}, 0\right)$ est un minimum relatif. Pas de point d'inflexion.

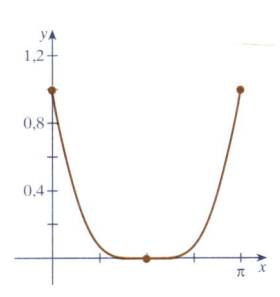

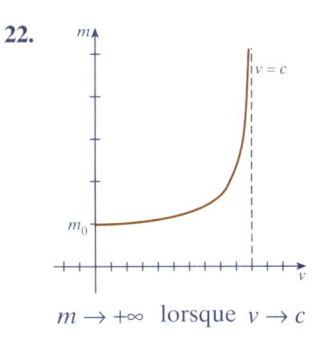

21. [graph]

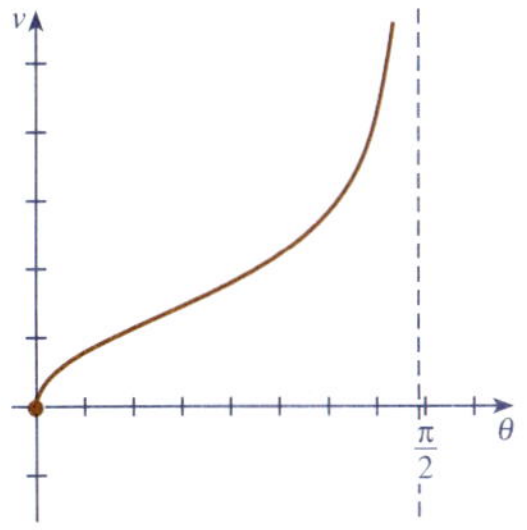

22. [graph] $m \to +\infty$ lorsque $v \to c$

23. [graph]

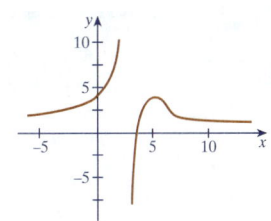

24. [graph]

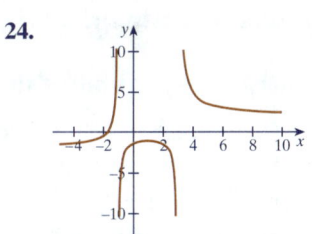

25. $a = \frac{9}{5}$ et $b = \frac{3}{5}$

4.5 Optimisation

3. 8 m sur 8 m
4. 200 m
5. $\frac{2R}{\sqrt{2}}$ et $\frac{R}{\sqrt{2}}$
6. 5 cm sur 14 cm sur 35 cm
7. $\sqrt{2}\,L$
8. 1,5 h ; 200 km
11. 2 m sur 2 m sur 6 m
12. $r = \frac{2}{3}R$ et $h = \frac{1}{3}H$
13. 1 h 24 min
14. 14 km
15. 60,00 $
16. $64\sqrt{2}$ cm^2
17. 5 min 17 s
18. $\sqrt[3]{\frac{3V}{5\pi}}$ cm
19. $r \approx 3,84$ cm et $h \approx 7,67$ cm
20. 1,17 m sur 1,25 m
21. b. 6 cm
22. $x = \dfrac{Md}{\sqrt{4m^2 - M^2}}$
23. a. $x = \dfrac{mv^2}{9,8(m^2 + 1)}$

b. Lorsque $m = \dfrac{v^2}{9,8\,x_0}$, alors $y = \dfrac{-4,9x_0^2 + 0,051v^4}{v^2}$

24. 4°C
25. 4 216,4 cm^3
26. 20 articles
27. 400 poupées Lola et 700 poupées Sophie
28. 42 $
29. 250 $
30. 80 arbres
31. 4,00 $
32. La pollution est minimale en $x = \frac{10}{3}$ et maximale en $x = 9$.
33. $r = \dfrac{2r_0}{3}$ et $v = A\left(\dfrac{4r_0^3}{27}\right)$
34. 3,85 m
35. c. 88 cm
36. 26 cm
37. 8 m
38. 60 $
39. $\dfrac{\pi}{6}$
40. $C''(t) = \dfrac{k}{b-a}\left(a^2 e^{-at} - b^2 e^{-bt}\right)$
41. $\beta_{\min} = \alpha \cos \gamma$; $\beta_{\max} = \alpha \sec \gamma$

Problèmes récapitulatifs

Contrôle des connaissances

11. Domaine : $\mathbb{R}$. Pas d'asymptote. Fonction croissante sur $]-\infty, -3[\cup]1, +\infty[$, décroissante sur $]-3, 1[$, concave vers le haut sur $]-1, +\infty[$, concave vers la bas sur $]-\infty, -1[$. Maximum relatif en $(-3, 29)$; minimum relatif en $(1, -3)$. Point d'inflexion en $(-1, 13)$.

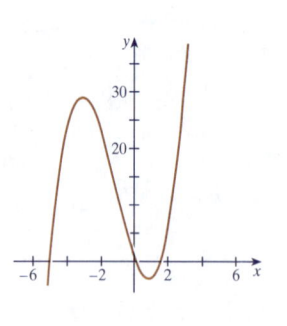

12. Domaine : $\mathbb{R}$. Pas d'asymptote. Fonction croissante sur $]-\infty, 0[\cup]0, \frac{27}{4}[$, décroissante sur $]\frac{27}{4}, +\infty[$, concave vers le haut sur $]-\frac{27}{2}, 0[$, concave vers la bas sur $]-\infty, -\frac{27}{2}[\cup]0, +\infty[$. Maximum relatif en $(\frac{27}{4}, 38{,}27)$. Points d'inflexion en $(-\frac{27}{2}, -96{,}43)$ et $(0, 0)$.

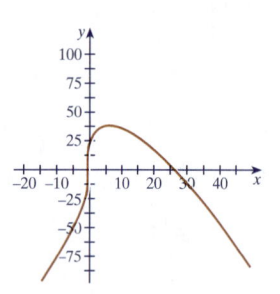

13. Domaine : $\mathbb{R} \setminus \{-2, 2\}$. Asymptotes : $x = -2$, $x = 2$ et $y = 1$. Fonction croissante sur $]-\infty, -2[\cup]-2, 0[$, décroissante sur $]0, 2[\cup]2, +\infty[$, concave vers le haut sur $]-\infty, -2[\cup]2, +\infty[$, concave vers le bas sur $]-2, 2[$. Maximum relatif en $(0, 1/4)$. Pas de point d'inflexion.

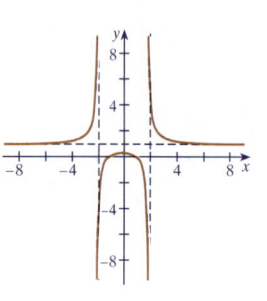

14. Domaine : $\mathbb{R}$. Asymptote : $y = 0$. Fonction croissante sur $]-1, 3[$, décroissante sur $]-\infty, -1[\cup]3, +\infty[$, concave vers le haut sur $]-\infty, 2-\sqrt{5}[\cup]2+\sqrt{5}, +\infty[$, concave vers le bas sur $]2-\sqrt{5}, 2+\sqrt{5}[$. Minimum relatif en $(-1, -2e)$; maximum relatif en $(3, 6e^{-3})$. Points d'inflexion en $x = 2 \pm \sqrt{5}$.

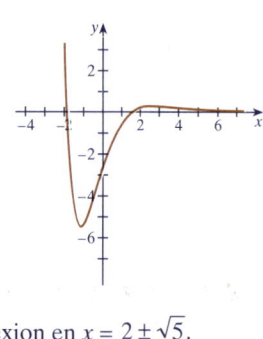

15. Domaine : $\mathbb{R}$. Pas d'asymptote. Fonction croissante sur $]-\infty, +\infty[$, concave vers le haut sur $]-\infty, 0[$, concave vers le bas sur $]0, +\infty[$. $(0, 0)$ est un point d'inflexion.

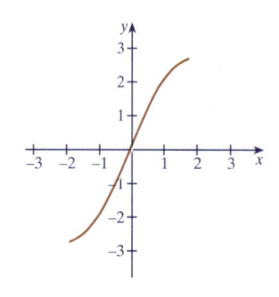

16. Pas d'asymptote. Fonction croissante sur $]0, \pi[$, décroissante sur $]\pi, 2\pi[$, concave vers le haut sur $]0, \frac{\pi}{3}[\cup]\frac{5\pi}{3}, 2\pi[$, concave vers le bas sur $]\frac{\pi}{3}, \frac{5\pi}{3}[$. Maximum relatif en $(\pi, 2)$. Points d'inflexion en $(\frac{\pi}{3}, -\frac{1}{4})$ et $(\frac{5\pi}{3}, -\frac{1}{4})$.

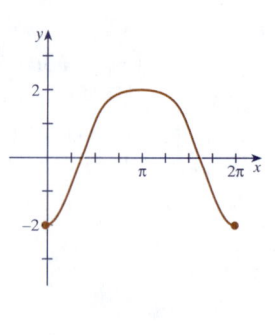

17. La plus grande valeur est 5,005 et la plus petite valeur est 4.

18. a^2 unités carrées

Problèmes supplémentaires

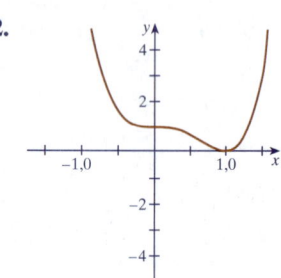

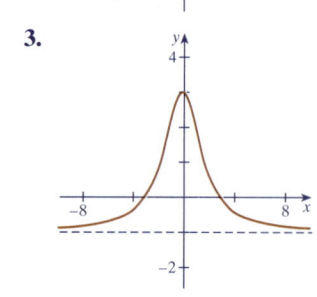

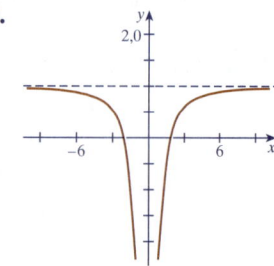

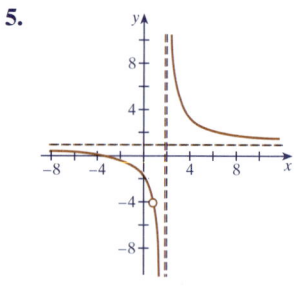

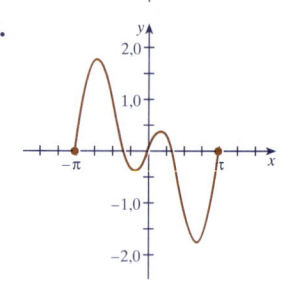

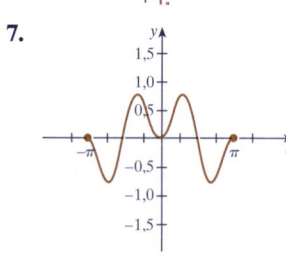

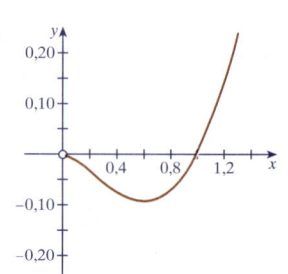

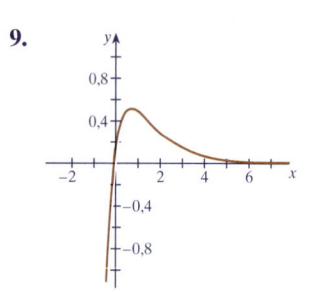

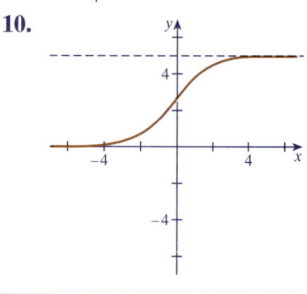

1.
2.
3.
4.
5.
6.
7.
8.
9.
10.

270 Annexe B ■ Réponses aux problèmes

11. c.   12. d.   13. b.   14. f.
15. La valeur maximale est $f(0) = 12$ et la valeur minimale est $f(2) = -4$.
16. La valeur maximale est $f(6) \approx 2,45$ et la valeur minimale est $f(3) \approx -2,18$.
17. $a = -\frac{1}{3}$, $b = -1$ et $c = \frac{8}{3}$
18. Le graphe d'une fonction polynomiale de degré 3 a un seul point d'inflexion.
19. Le bénéfice maximal de 108 900 $ est atteint lorsque 165 appartements sont loués à 740 $ chacun.
20. **a.** 80 m sur 80 m   **b.** 160 m sur 80 m
21. $x \approx 2,68$ km
22. Le prix est 90 $ et le bénéfice maximal est 1 100 $.
23. 7 vendeurs   24. $(1, \frac{\pi}{2})$

CHAPITRE 5 :
AUTRES APPLICATIONS DE LA DÉRIVÉE

5.1 Taux de variation

1. 1   2. $\frac{1}{2}$ 3. $\frac{13}{4}$ 4. $\frac{141}{2}$
5. $\frac{1}{2}$ 6. -6 7. -1 8. $\frac{1}{2}$
9. 0
10. **a.** $v(t) = 2t - 2$ **b.** $a(t) = 2$
    c. L'objet recule sur $[0, 1[$ et avance sur $]1, 2]$. Distance totale parcourue : 2 m
    d. Sur $[0, 1[$, l'objet est en décélération et sur $]1, 2]$, il est en accélération.
11. **a.** $v(t) = 3t^2 - 18t + 15$ **b.** $a(t) = 6t - 18$
    c. L'objet avance sur $[0, 1[$, recule sur $]1, 5[$ et avance sur $]5, 6]$. Distance totale parcourue : 46 m
    d. Sur $]0, 1[$ et $]3, 5[$, l'objet est en décélération et sur $]1, 3[$ et $]5, 6[$, il est en accélération.
12. **a.** $v(t) = -2t^{-2} - 2t^{-3}$ **b.** $a(t) = 4t^{-3} + 6t^{-4}$
    c. L'objet recule sur $[1, 3]$. Distance totale parcourue : $\frac{20}{9}$ m
    d. Sur $[1, 3]$, l'objet décélère.
13. **a.** $v(t) = 2t + \ln t + 1$ **b.** $a(t) = 2 + t^{-1}$
    c. L'objet avance sur $[1, e]$. Distance totale parcourue : $(e^2 + e - 1)$ m
    d. Sur $[1, e]$, l'objet accélère.
14. **a.** $v(t) = -3 \sin t$ **b.** $a(t) = -3 \cos t$
    c. L'objet recule sur $]0, \pi[$ et avance sur $]\pi, 2\pi[$. Distance totale parcourue : 12 m
    d. Sur $]0, \frac{\pi}{2}[$, l'objet est en accélération, sur $]\frac{\pi}{2}, \pi[$, il décélère ; sur $]\pi, \frac{3\pi}{2}[$, il est à nouveau en accélération ; et sur $]\frac{3\pi}{2}, 2\pi[$, il décélère.

15. **a.** $v(t) = 6t^2 + 6t - 36$ **b.** $a(t) = 12t + 6$
    c. 61 m
16. 136 m
17. **a.** $-1,40$ litre/s   **b.** 25 s
    c. 0 litre/s
18. **a.** 19,6 m/s   **b.** 102,9 m
    c. $v(t) = -9,8 t + 19,6$ **d.** -49 m/s
19. **a.** 9,2 s   **b.** -45 m/s
    c. 4,6 s
20. 44,1 m   21. 3,4 m/s et 17,85 m
22. 7,4 m/s et 38,85 m
23. **a.** $-x^2 + x + 50$ **b.** 50 unités/heure
    c. 49 unités
24. **a.** 0,2 ppm/an   **b.** 0,15 ppm
    c. 0,25 ppm
25. $\dfrac{-2GmM}{r^3}$ 26. 91 milliers/h
27. **a.** 9 milliards de dollars par année
    b. 7,5 % par année
28. **a.** 20 personnes par mois
    b. 0,39 % par mois
29. **a.** $\dfrac{100}{10 + x}$ pour cent par année
    b. 9,09 % par année   **c.** Il tend vers 0.
30. Il tend vers 0.
31. $-\dfrac{4\pi\mu^2 N_0}{9k} T^{-2}$
32. L'espion est sur Mars.
33. **a.** $200 t + 50 \ln t + 450$
    b. 1 530 exemplaires par année
    c. 1 635 exemplaires
34. 1,5 m/s²
35. **a.** $v(t) = -7 \sin t$; $a(t) = -7 \cos t$
    b. La période (une révolution) est 2π s
    c. 14 cm.
36. 41,6 km/h
37. $\dfrac{dV}{dx} = 3x^2$; c'est la moitié de l'aire du cube.
39. $\dfrac{-kT}{(V - B)^2} + \dfrac{2A}{V^3}$

5.2 Taux de variation liés et applications

1. $\dfrac{dy}{dt} = -3$ 2. $\dfrac{dx}{dt} = -\dfrac{3}{2}$
3. $\dfrac{dx}{dt} = 15$ 4. $\dfrac{dy}{dt} = \dfrac{5}{4}$
5. $\dfrac{dy}{dt} = \dfrac{4}{5}$ 6. $\dfrac{dx}{dt} = \dfrac{30}{13}$
9. $-7,2$ N/s   10. -3 unités par seconde
11. 280π cm²/s   12. 126 unités/année
13. $-20,2$ N/cm²/s   14. 0,156 cm/s
15. -3π cm³/s   16. 2,47 m/s

17. 82 km/h
18. −2,26 m/min
19. 1,2 m/min
20. 61,2 m/s
21. 10 m/s
22. −0,065 cm/min et −16,4 cm²/min
23. 60,3 cm³/min
24. 0,04 m/min
25. 0,99 m³/min
26. 2,4 m/s
27. a. $V = 2,25y^2 + 1,8y$ **b.** 0,1 m/min
28. 8,875 nœuds et 10,417 nœuds
29. 0,41 m/min
30. −0,0589 cm/min
31. −2,78 rad/s
32. 0,25 rad/s
33. 5,89 km/h
34. a. $\theta = \text{arccot}\left(\dfrac{x}{40}\right)$ **b.** $d\theta/dt$ tend vers 0,3 rad/s.
  c. À mesure que v augmente, $d\theta/dt$ augmente également, et il devient de plus en plus difficile de voir les phoques.

5.3 Approximation linéaire et différentielles

1. $6x^2\,dx$
2. $-10x\,dx$
3. $\left[5x^4 + x(x^2+5)^{-1/2}\right]dx$
4. $\dfrac{x+13}{2(x+4)^{3/2}}dx$
5. $(\cos x - x\sin x)dx$
6. $\dfrac{3x\sec^2(3x) - \tan(3x)}{2x^2}dx$
7. $(1-2x)e^{-2x}dx$
8. $\left[\dfrac{x}{1+x^2} + \arctan x\right]dx$
9. $\dfrac{e^x}{x}(1 + x\ln x)dx$
10. $\dfrac{1}{2}\left[\dfrac{1-\ln x}{x^2}\right]dx$
13. 0,995. La calculatrice donne 0,9949874371. L'incertitude est donc 0,0000125629.
14. 217,69. La calculatrice donne 217,7155882. L'erreur approximative est donc 0,0255882.
15. 0,06 ou 6 %
16. 0,03 ou 3 %
17. 200 exemplaires
18. 0,05 partie par million
19. La production va diminuer de 12 000 unités.
20. 456,16 cm³
21. 45,00 $
22. Une diminution d'environ 1 battement par minute.
23. 2 %
24. Le volume augmente de 20 %.
25. S augmente d'environ 2 % et V augmente d'environ 3 %.
26. + 0,2 %
27. 0,0161 m
28. a. 241 $ **b.** 244 $
29. a. $\dfrac{2}{7}x + 4$ **b.** 14,75 $
  c. 6,86 $ **d.** 7 $
30. 1,2 unité supplémentaire
31. 8,6 %
32. −6,93 particules par unité d'aire
33. b. 1,367
35. $A + \dfrac{h}{nA^{n-1}}$
36. 9,89
37. $\dfrac{20}{81}$
38. b. 35,56684

Problèmes récapitulatifs

Contrôle des connaissances

10. 1 800π cm²/s
11. 72,0625
12. 122,07 km/h

Problèmes supplémentaires

1. 0,0419 cm³
2. 8π cm³/s
3. a. $\dfrac{4}{5}x + 3$ **b.** 4,00 $ **c.** 11,00 $ **d.** 11,40 $
4. 36 cm²/h
6. $2,4 \times 10^6$ m/s²
7. 5,65 mm²/mm
8. a. −0,2 **b.** −0,2 **c.** 0,3
10. −0,012 rad/s
11. 0,092 rad/s
12. 0,056 rad/s
13. 0,0075 tours/min
14. 30π km/min

QUESTIONS DE RÉVISION

Chapitre 1

1. $2x + 5y - 24 = 0$
2. $x = -\dfrac{3}{2}$ et $x = 1$
3. $x = \ln 3$
4. $x = -2$
5. $x = \sqrt{13}$
6. a. 80,4 m **b.** 24,5 m **c.** 100 m **d.** 4,52 s
7. $f^{-1} = \ln(x^2 + 1)$
8. $f^{-1} = \dfrac{7x+5}{x-1}$, $x \neq 1$
9. $f^{-1} = \dfrac{x+1}{x-1}$ et le domaine est $\mathbb{R} \setminus \{1\}$.
10. $\dfrac{63}{65}$
11. 2 h 45 min
12. $36x^2 + \dfrac{360}{x}$

Chapitre 2

13. a. $-9,8t + 10$ **b.** 10 m/s
  c. $t \approx 3,28$ s et $v = -22,144$ m/s
  d. $t = 1,02$ s
14. $\lim\limits_{x \to 0} f(x) = +\infty$
15. 4
16. 8
17. $a = -2$ et $b = 2$
18. $a = 5$ et $b = 5$
19. $-\infty$
20. −2
21. La limite n'existe pas.
22. La limite n'existe pas.
23. $+\infty$
24. $+\infty$
25. $\dfrac{9}{5}$
26. −1
27. $2x + 1$
28. $-\dfrac{4}{x^2}$
29. $\cos x$
30. Continue sur $[0, 5]$
31. Discontinue en $x = -2$

32. Continue sur $[-5, 5]$ **33.** $c = -6$ et la limite est 4

34. $\dfrac{B}{A} = (6\,400)^3$

35. a.

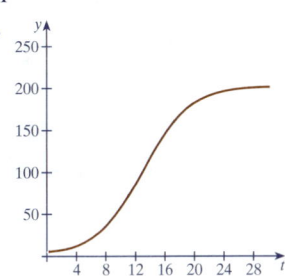

   b. Elle tend vers 202,31 millions d'habitants.

Chapitre 3

36. $g'(t) = -2t$, g dérivable pour tout t

37. $f'(x) = -\dfrac{1}{2x^2}$, f dérivable pour $x \neq 0$

38. $f'(x) = \dfrac{1}{2\sqrt{x+1}}$, f dérivable pour $x > -1$

39. Tangente : $3s - 4y + 1 = 0$; normale : $32s + 24y - 13 = 0$

40. Tangente : $9x + y - 4 = 0$; normale : $x - 9y - 46 = 0$

41. Tangente : $15x - y + 14 = 0$; normale : $x + 15y + 16 = 0$

42. $\left(\dfrac{3}{2}, \dfrac{4}{27}\right)$ **43.** $\left(\sqrt{e}, \dfrac{1}{4e}\right)$

44. $\dfrac{dy}{dx} = \left[\tan\left(3x + \dfrac{6}{x}\right) + \left(3x + \dfrac{6}{x}\right)\sec^2\left(3x + \dfrac{6}{x}\right)\right]\left(3 - \dfrac{6}{x^2}\right)$

45. $f'(x) = \dfrac{7x}{\sqrt{(2x^2 - 1)(3x^2 + 2)^3}}$

46. $-\dfrac{\sin^3 x}{x}$ **47.** $\dfrac{dy}{dx} = \dfrac{2x - y\sin(xy)}{x\sin(xy)}$

48. $\dfrac{dy}{dx} = \dfrac{2x - ye^{xy}}{xe^{xy}}$

49. $\dfrac{dy}{dx} = \dfrac{1-y}{x-1}$ et $\dfrac{dy}{dx} = \dfrac{-3}{(x-1)^2}$

50. $y = 0$

51. $11x + 10y - 41 = 0$

52. Tangente : $x + y - 2A = 0$; normale : $x - y = 0$

Chapitre 4

53. La plus grande valeur est 1 et la plus petite valeur est $-\dfrac{1}{8}$.

54. La plus grande valeur est 16 et la plus petite valeur est 0.

55. Il n'y a pas de valeur maximale ni de valeur minimale.

   Il y a des points de discontinuité en $x = \dfrac{\pi}{2}$ et $x = \dfrac{3\pi}{2}$.

56. $\dfrac{9}{4}$

57. La valeur maximale est approximativement 1,819 et la valeur minimale est 0.

58. a. -25 et $\dfrac{5}{3}$
   b. Fonction croissante sur $]-\infty, -25[\cup]\dfrac{5}{3}, +\infty[$ et décroissante sur $]-25, \dfrac{5}{3}[$
   c. Minimum relatif en $\left(\dfrac{5}{3}, -9\,481\right)$ et maximum relatif en $(-25, 0)$
   d.

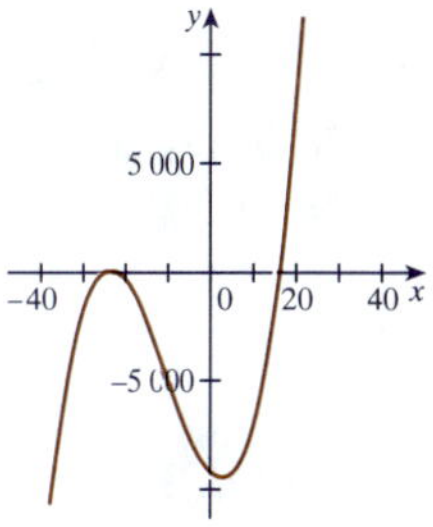

59. a. 1
   b. Fonction croissante sur $]1, +\infty[$ et décroissante sur $]-\infty, 1[$
   c. Minimum relatif en $(1, 1)$
   d.

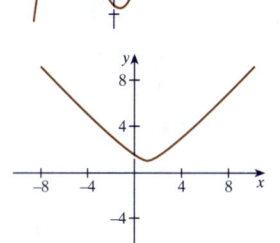

60. a. $\dfrac{\pi}{12}$ et $\dfrac{5\pi}{12}$
   b. Fonction croissante sur $]0, \dfrac{\pi}{12}[\cup]\dfrac{5\pi}{12}, \pi[$ et décroissante sur $]\dfrac{\pi}{12}, \dfrac{5\pi}{12}[$
   c. Maximum relatif en $\left(\dfrac{\pi}{12}, 1{,}1278\right)$ et minimum relatif en $\left(\dfrac{5\pi}{12}, 0{,}443\right)$
   d.

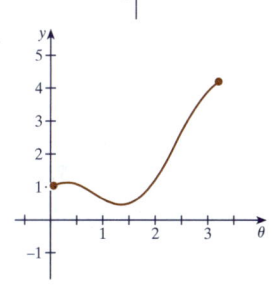

61. Maximum relatif en $x = \dfrac{1}{2}$ et minimum relatif en $x = 1$

63. Domaine : $\mathbb{R}$. Fonction croissante sur $]-\infty, -3[\cup]3, +\infty[$, décroissante sur $]-3, 3[$, concave vers le haut sur $]0, +\infty[$, concave vers le bas sur $]-\infty, 0[$. Maximum relatif en $(-3, 20)$ et minimum relatif en $(3, -16)$. Point d'inflexion en $(0, 2)$.

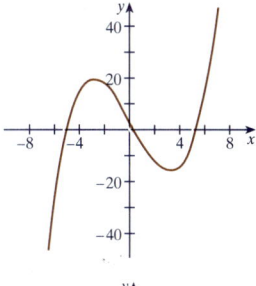

64. Domaine : $\mathbb{R}$. Fonction croissante sur $]-\infty, +\infty[$, concave vers le haut sur $]-\infty, 0[$, concave vers le bas sur $]0, +\infty[$. Point d'inflexion en $(0, 0)$.

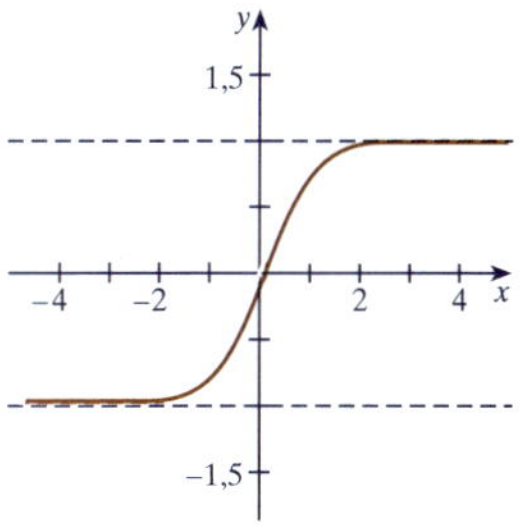

65. Fonction croissante sur $]-2{,}77, -0{,}37[$, décroissante sur $]-3{,}14, -2{,}77[\cup]-0{,}37, 3{,}14[$, concave vers le haut sur $]-3{,}14, -1{,}57[\cup]0{,}52, 1{,}57[\cup]2{,}62, 3{,}14[$, concave vers le bas sur $]-1{,}57, 0{,}52[\cup]1{,}57, 2{,}62[$. Minimum relatif en $(-2{,}77, -1{,}1)$ et maximum relatif en $(-0{,}37, 1{,}1)$. Points d'inflexion en $(-1{,}57, 0)$, $(0{,}52, 0{,}65)$, $(1{,}57, 0)$, $(2{,}62, -0{,}65)$.

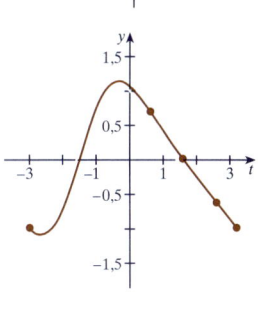

66. $A = \dfrac{1}{2}$, $B = 0$, $C = -\dfrac{3}{2}$, $D = 0$

67. La dérivée n'existe pas en $x = 1$.

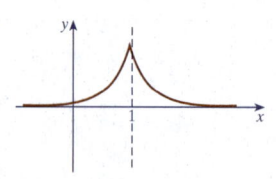

68. Domaine : $\mathbb{R} \setminus \{3\}$. Asymptotes : $x = 3$ et $y = 6$. Fonction décroissante sur $]-\infty, 1[\cup]1, +\infty[$, concave vers le haut sur $]3, +\infty[$, concave vers le bas sur $]-\infty, 3[$. Pas d'extremum relatif ni de point d'inflexion.

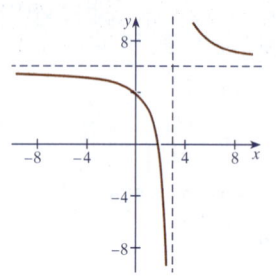

69. Domaine : $\mathbb{R} \setminus \{1\}$. Asymptotes : $x = 1$ et $y = -1$. Fonction décroissante sur $]-\infty, 1[\cup]1, +\infty[$, concave vers le haut sur $]-\infty, 1[$, concave vers le bas sur $]1, +\infty[$. Pas d'extremum relatif ni de point d'inflexion.

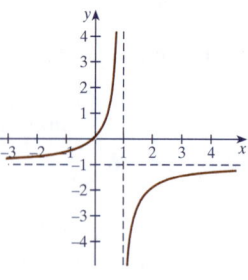

70. Domaine : $]-\infty, -1[\cup]1, +\infty[$. Asymptotes : $x = -1$, $x = 1$ et $y = 0$. Fonction croissante sur $]-\infty, -1[\cup]1, +\infty[$, concave vers le haut sur $]-\infty, -1[$, concave vers le bas sur $]1, +\infty[$. Pas d'extremum relatif ni de point d'inflexion.

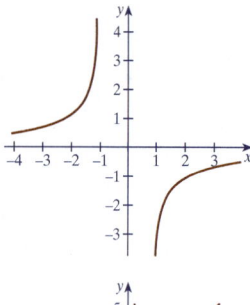

71. Domaine : $\mathbb{R} \setminus \{0\}$. Asymptotes : $x = 0$ et $y = x + 1$. Fonction croissante sur $]-\infty, 0[\cup]1, +\infty[$, décroissante sur $]0, 1[$, concave vers le haut sur $]0, +\infty[$, concave vers le bas sur $]-\infty, 0[$. Minimum relatif en $(1, e)$. Pas de point d'inflexion.

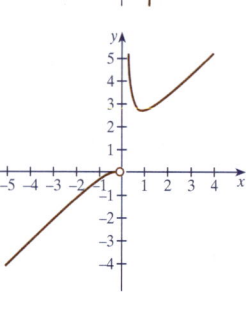

72. 26 unités

73. 28 $

74. $h = \dfrac{P_0}{4 + \pi}$ et $r = \dfrac{P_0}{4 + \pi}$

75. 1,59 m sur 1,59 m sur 0,79 m

76. Maximum absolu en $(4, 6{,}545)$ et minimum absolu en $(0{,}3679, 0{,}6321)$.

Chapitre 5

77. -3

78. -1

79. **a.** $v(t) = 6t + 2$ **b.** $a(t) = 6$
    c. L'objet avance sur $[0, 1]$. Distance totale parcourue : 5 m
    d. Accélération sur $[0, 1]$

80. **a.** $v(t) = \sec t \tan t$ **b.** $a(t) = \sec^3 t + \sec t \tan^2 t$
    c. L'objet avance sur $]0, \tfrac{\pi}{4}]$. Distance totale parcourue : $\sqrt{2} - 1$ m
    d. Accélération sur $[0, \tfrac{\pi}{4}]$

81. **a.** 51 m/s   **b.** $-9{,}8$ m/s²

82. 5,58 s et 74,8 m

83. $\dfrac{dy}{dt} = 1000$

84. $\dfrac{dx}{dt} = -\dfrac{3}{4}$

85. $-10\sqrt{3}$ unités/s

86. 0,73 m/s

87. 1,1 rad/min

88. 217,69. La calculatrice donne 217,7155882. L'incertitude approximative est donc 0,0255882.

89. $-50{,}08$ $

90. **a.** 4 885,8 cm³   **b.** $|dR| \leq 0{,}002$

ANNEXE A : RÈGLE DE L'HOSPITAL

1. **a.** $\dfrac{2}{\pi}$ **b.** $\dfrac{2}{\pi}$
2. 1
3. $\dfrac{3}{2}$
4. $+\infty$
5. 10
6. $-\infty$
7. La limite n'existe pas.
8. 0
9. $\dfrac{1}{2}$
10. $\dfrac{1}{2}$
11. 0
12. $\dfrac{3}{5}$
13. $y = -4$
14. $y = 0$
15. Pas d'asymptote horizontale
16. $y = 0$
17. $y = 0$
18. $y = 0$

Index

A
Accélération, 212
    due à la gravité sur la Lune, 218, 219
    due à la gravité sur Mars, 218, 219
    due à la gravité sur Vénus, 219
    gravitationnelle, 215
    unités de mesure, 213
Achille et la tortue, 61
AGNESI, MARIA, 181
Aire (problème de l'), 63
Amplitude, 220
Analyse marginale, 234
Angles
    d'inclinaison, 21
    entre des droites, 27
    entre deux courbes, 147
Applications scientifiques (exemples et problèmes)
    biologie, 19, 27, 46, 50, 95, 197, 204, 205, 217, 219, 239, 241
    chimie, 16, 34, 203, 219, 220, 226, 238
    démographie, 34, 97, 219, 244
    économie, 19, 26, 49, 50, 56, 57, 198, 199, 203, 205, 207, 219, 235, 238, 239, 241, 245, 246
    physique, 6, 19, 23, 26, 27, 34, 35, 50, 57, 66, 75, 95, 97, 170, 188, 191, 195, 196, 201, 202, 203, 204, 205, 213, 215, 218, 219, 220, 225, 226, 227, 228, 233, 238, 239, 240, 241, 243, 244, 245, 246
    psychologie, 35, 245
Approximation
    linéaire, 229
    par la méthode de Newton-Raphson, 236
    par les différentielles, 232
ARCHIMÈDE, 63, 99
Asymptote, 182, 187
    horizontale, 182
    oblique, 182
    verticale, 182

B
Babyloniens, 13
BARROW, ISAAC, 99
BATSCHELET, EDWARD, 95
BERNOULLI, JEAN, 247
BOLZANO, BERNHARD, 88
Borné(e)
    fonction, 9
    intervalle, 4

BOSCH, WILLIAM, 97
BOYER, CARL B., 65
Brahmagupta, 3
BRIGGS, HENRY, 42
BUCKINGHAM, PHILIP, 95

C
Calcul
    différentiel, 60, 98, 101
    d'incertitude, 232
    intégral, 61, 64, 98, 101
Capacité d'un tonneau de vin, 208
CARDAN, GIOLAMO, 3
CAUCHY, AUGUSTIN-LOUIS, 67, 88
CAVALIERI, BONAVENTURA, 99
Cercle
    aire du, 63
    tangente à un, 102
Changement de base (Théorème 1.6), 45
Chaos, 242
Chinois, 4
CHRYSTAL, GEORGE, 2
Chute d'un corps dans le vide, 215
COBB, L. G., 97
Coefficient
    de dilatation thermique, 239
    dominant, 11
COLSON, JOHN, 181
Concavité, 171
Continuité, 87
    à droite, 90
    à gauche, 90
    définition, 88
    en un point, 89
    n'implique pas la dérivabilité, 109
    notion intuitive, 87
    points suspects, 92
    propriétés de la, 88
    sur un intervalle, 90
    sur un intervalle fermé, 90
    sur un intervalle ouvert, 90
    sur un intervalle semi-ouvert, 90
Courbe
    concavité, 171
    des marées, 35
    symétrie, 30

Coût marginal, 234
Croissante (fonction), 160

D

Décibel, 50
Décroissante (fonction), 160
Degré
    d'un polynôme, 11
    mesure d'angle, 12
Delta x, 7
Delta y, 7
Déplacement, 212
    horizontal, 7, 20
    vertical, 7, 20
Dérivable (fonction), 105
Dérivation (*voir Dérivée*), 105
    logarithmique, 143
Dérivée(s)
    comparaison du graphe d'une fonction et de sa dérivée, 162
    définition, 105
    en $x = c$, notation, 110
    existence, 107
    exponentielle naturelle (Théorème 3.8), 126
    exposants négatifs, 119
    fonction constante, 112
    fonction cosinus (Théorème 3.6), 122
    fonction exponentielle
        de base e, 126
        de base b (Théorème 3.12), 142
    fonction logarithmique
        de base e, 126
        de base b (Théorème 3.12), 142
    fonction polynomiale, 117
    fonction sinus (Théorème 3.6), 122
    fonction trigonométrique inverse (Théorème 3.11), 141
    fonctions de puissance, 112
    fonctions trigonométriques (Théorème 3.7), 124
    formules, 115
    formules généralisées, 132
    introduction, 60, 62
    ln |u| (Théorème 3.13), 143
    logarithme naturel (Théorème 3.9), 127
    logarithmique, 143
    $n^{\text{ième}}$, 119
    notation de Leibniz, 110, 115
    notation $f'(x)$, 105
    première, 119
    règle de dérivation en chaîne, 129
    règle de la différence, 115
    règle de la multiplication par une constante, 115
    règle de la somme, 115
    règle de linéarité, 115
    règle de linéarité généralisée, 117
    règle du produit, 115
    règle du quotient, 115
    règles des différentielles, 232
    règles fondamentales de dérivation (Théorème 3.5), 115
    seconde, 119
    successives (fonctions polynomiales), 120
    troisième, 119

DESCARTES, RENÉ, 99, 164
Différentielle, 231
Discontinuité, 88
    sous forme de saut, 88
    sous forme de trou, 88
Distance dans le plan, 7
Divergence par oscillation, 72
Domaine
    convention relative au, 14
    d'une fonction, 9
Droite(s)
    ascendante, 21
    des nombres réels, 2
    descendante, 21
    équations d'une 22
    horizontales, 21
    normale, 107
        à une courbe, 107
    pente d'une, 20
    perpendiculaires, 24
    sécante, 62, 102
    tangente, 62
        approximation de la, 229
        à un cercle, 102
        à un graphe (Théorème 3.1), 103, 106
        équation de la droite tangente, 106
        horizontale, 118
        pente d'une, 102
    verticales, 21
dx, 231
dy, 231

E

Échelle de Richter, 50
École de Pythagore, 99
Équation(s)
    de Van der Waals, 220
    explicite, 136
    linéairement dépendantes, 23
    trigonométriques, 12
Erreur absolue, 6
EUCLIDE D'ALEXANDRIE, 99
EUDOXE, 99
EULER, LEONHARD, 45
Évaluer
    les fonctions logarithmiques, 43
    les fonctions trigonométriques, 13
    une fonction, 10
EVES, HOWARD, 13, 67
Exhaustion (méthode d'), 64
Expansion adiabatique, 223
Exponentielle(s)
    croissance, 46
    équations, 41
    fonction
        de base b, 142
        définition, 39
        dérivée, 126
        dérivée généralisée, 132
        graphe de, 40
        propriétés de la (Théorème 1.6), 41

limites, 250
naturelle, 45
dérivée, 126
Extremums
absolus, 150
méthode pour trouver les, 156
relatifs, 152
test de la dérivée première, 163
test de la dérivée seconde, 179
sur un intervalle fermé, 150

F
FERMAT, PIERRE DE, 98, 99, 102
Fonction(s)
algébrique, 11
arc cosécante, 52
arc cosinus, 52
arc cotangente, 52
arc sécante, 52
arc sinus, 51
arc tangente, 52
bornées, 9
classification des, 11
composées, 16
constante, 11
dérivées, 112
limites, 77
règle (Théorème 3.3), 112
continues, *voir* Continuité
cosécante, 29
dérivée, 124
cosinus, 29
dérivée, 124
limites particulières faisant intervenir la (Théorème 2.2), 84,
cotangente, 29
dérivée, 124
croissantes, 160
cubique, 11
élémentaire, 29
de concentration de Heinz, 197
décroissantes, 160
de puissance, 11, 112
définies par parties, 18
définition, 9
domaine, 9
égalité des, 15
élémentaires, 9
exponentielles, 39
graphe d'une, 27
identité, 29
image, 9
impaire, 30
indéfinie, 14
injectives, 9
linéaire, 11
différentielle, 232
logarithmiques, 42, 45
base b, 142

définition, 42
dérivée, 127
propriétés fondamentales (Théorème 1.5), 43
représentation visuelle, 9
monotones, 160
Théorème 4.3, 161
normale centrée-réduite, 177
notation, 9
paires, 30
polynomiale, 11
quadratique, 11, 29
racine carrée, 29
racine cubique, 29
rationnelle, 11
réciproque, 35
critère d'existence, 37
méthode pour obtenir le graphe, 38
test de la droite horizontale, 37
réciproques des, 51
répertoire des courbes, 29
sécante, 29
dérivée de la, 124
sinus, 29
dérivée de la, 122
inverse, 51
limite particulière (Théorème 2.2), 84
surjective, 9
tangente, 29
dérivée de la, 124
transcendante, 11
transformations, 32
trigonométriques, 12
calcul des, 12
dérivées des (règles généralisées), 132
identités, 123
inverses, 51
Forme(s)
élémentaires
d'une équation linéaire, 22
d'une fonction inverse multiplicative, 29
d'une fonction quadratique, 29
faisant intervenir la pente et l'ordonnée à l'origine, 22
faisant intervenir un point et la pente, 22
indéterminée, 80, 247
0/0 et ∞/∞, 248
Formule(s)
d'approximation linéaire, 230
de Debye, 219
de la valeur future, 48
du point milieu, 7
généralisées
de linéarité, 117
des puissances, 132
fonction exponentielle, 132
fonction logarithmique, 132
fonctions trigonométriques, 132
FORSYTHE, A. R., 242

G

Galilée, 98,
Graphe(s)
    comportement asymptotique, 182
    droite sécante, 102
    d'une fonction, 27
    marche à suivre pour tracer, 186
    point de rebroussement, 174
    répertoire de courbes, 29
    tangente en un point, 103
    test de la dérivée première, 160
    test de la dérivée seconde, 178

H

Heinz, E., 197
Helms, John, 239
Horizontale
    asymptote, 182
    droite, 21
        test de la droite, 37
    tangente, 118
Huygens, Christian, 99

I

Identités des fonctions trigonométriques inverses, 53
Image (d'une fonction), 9
Implicite
    dérivation, 136
    équation, 136
Incertitude, 232
    de la mesure, 233
    relative, 233
Inclinaison (angle de), 21
Inégalité du triangle, 3
Inférieur à, 2
Inférieur ou égal à, 2
Infini, 4
    limites à l', 73
    pente, 21
Intégration
    fonctions trigonométriques inverses (Théorème 3.11), 141
    introduction, 64
Intérêt, 47
    composé, 47
    composé continu, 47
    simple, 47
Intersection(s), 28
    avec l'axe des x, 30, 187
    avec l'axe des y, 28, 187
Intervalle
    fermé, 4
    ouvert, 4
    semi-ouvert, 4

J

Joint universel, 205

K

Kepler, Johannes, 98, 208

L

Leibniz (notation), 110
Leibniz, Gottfried, 98, 99, 102
L'Hospital, Guillaume François, 247
Limite(s)
    $\dfrac{\sin x}{x}$, 71
    à droite, 67
    à gauche, 67
    à l'infini, 73
    aperçu intuitif, 62
    définition intuitive, 66
    définition non formelle, 67
    de la fonction $f(x) = x$ (règle), 76
    d'une fonction exponentielle, 78
    d'une fonction polynomiale, 77
    d'une fonction rationnelle, 78
    évaluation algébrique des, 80
    évaluation graphique des, 67
    évaluation par un tableau de valeurs, 70
    fonction définie par parties, 85
    fonctions transcendantes (Théorème 2.1), 79
    infinie, 72
    introduction, 60, 62
    par rationalisation, 81
    propriétés des, 76
    qui diverge, 71
Liouville, Joseph, 9
Logarithme
    de base e, 44
    décimal, 45
    naturel, 45
        dérivée, 127
        propriétés fondamentales (Théorème 1.7), 46
Loi
    de Bouguer-Lambert, 49
    de Boyle, 226
    de Charles, 34
    de Hooke, 226
    de la gravitation universelle (Newton), 219
    de Poiseuille, 19, 239
    du refroidissement (Newton), 50
Luminance, 19

M

Magnitude (d'un tremblement de terre), 50
Mathématiciens
    arabes, 99
    hindous, 99
Mathématiques mésopotamiennes, 240
Mathias II, 208
Maximum
    absolu, 150
    d'une fonction sur un intervalle, 156
    relatif, 152

Méthode
    de bissection, 95
    de Newton-Raphson (Théorème 5.1), 236
        marche à suivre pour appliquer la, 237
        organigramme, 237
Minimum
    absolu, 150
    d'une fonction sur un intervalle, 156
    relatif, 152
Mouvement rectiligne, 213
    immobile, 213
    vers l'arrière, 213
    vers l'avant, 213

N

NAPIER, JOHN, 42
NEWTON, ISAAC, 98, 102
Nombres réels, 2
Notation
    des fonctions, 9
    des intervalles, 4

O

O'NEIL, THOMAS, 205
Objet
    immobile, 213
    qui avance, 213
    qui recule, 213
Optimisation, 189
    d'un angle d'observation, 194
    d'une aire, 192
    méthode, 189
    problèmes, 150

P

Papyrus
    de Ahmès, 65
    de Rhind, 65
Paradoxe(s) de Zénon, 61, 99
Parallèles droites, 24
Pente
    critères de pente de droites parallèles et perpendiculaires (Théorème 1.2), 24
    d'une droite, 21
    d'une droite ascendante, 21
    d'une droite descendante, 21
    d'une droite tangente, 102
    indéfinie, 21
    infinie, 21
    nulle, 21
Période, 220
    d'oscillation d'un pendule, 239
Point
    critique, 152
    de rebroussement, 174
    d'inflexion, 172, 180
    suspect, 92
Polynôme (dérivée), 117
Pourcentage d'erreur, 233

Problème
    de la tangente, 62
    de l'échelle inclinée, 222
    de l'ombre en mouvement, 222
    du réservoir conique, 224
    du réservoir d'eau, 224
Problèmes d'espion, 50, 97, 202, 219
Projets de recherche
    capacité d'un tonneau de vin, 208
    chaos, 242
Proposition inverse, 3
PYTHAGORE, 7

R

Radian, 12
Réflexions
    par rapport à l'axe des x, 33
    par rapport à l'axe des y, 33
Règle(s)
    de dérivation en chaîne, 129
        autre forme, 138
    d'égalité
        pour les fonctions exponentielles, 541
        pour les fonctions logarithmiques, 43
    de la multiplication par une constante
        dérivées, 115
        pour les limites, 76
    de L'Hospital, 248
    de linéarité généralisée (corollaire du théorème 3.5), 117
    de sommation
        dérivées, 115
        limites, 76
    des puissances (Théorème 3.4), 113
        avec exposants négatifs, 119
        calcul de dérivées, 114
        exposant irrationnel, 140
        exposant rationnel, 140
        exposant réel, 140
        limites, 76
        pour les fonctions exponentielles, 41
        pour les fonctions logarithmiques, 43
    d'inégalité
        pour les fonctions exponentielles, 41
        pour les fonctions logarithmiques, 43
    du produit
        dérivées, 115
        différentielle, 232
        limites, 76
        pour les fonctions exponentielles, 41
        pour les fonctions logarithmiques, 43
    du quotient
        dérivées, 115
        différentielle, 232
        limites, 76
        pour les fonctions exponentielles, 41
        pour les fonctions logarithmiques, 43
    pour les fonctions logarithmiques
        dérivée, 127
        dérivée généralisée, 132
        différentielle, 232

Relations d'ordre, 2
Répertoire de courbes, 29
Réponses aux problèmes, 253
Revenu marginal, 234
RHIND, HENRY, 65
ROBERVAL, GILLES DE, 99
RODOLPHE II, 208
RUSSELL, BERTRAND, 62

S
Si et seulement si, 3
Suite, 62
Supérieur à, 2
Supérieur ou égal à, 2
Symétrie, 30
    par rapport à l'axe des x, 31
    par rapport à l'axe des y, 30, 35
    par rapport à l'origine, 30
Système
    de coordonnées à une dimension, 2
    indo-arabe, 3

T
Taux de variation, 10
    aperçu géométrique du, 210
    instantané, 210, 211
    liés, 220
        méthode de résolution, 221
    moyen, 210
    relatif, 217
Terme constant, 11
Test
    de la dérivée première, 160, 187
        comparé au test de la dérivée seconde, 180
    de la dérivée seconde, 179, 187
        comparé au test de la dérivée première, 180
Théorème
    de la valeur intermédiaire (Théorème 2.3), 93
    d'encadrement pour les exposants (Théorème 1.3), 39
    des valeurs extrêmes (Théorème 4.1), 150, 151
Tolérance, 6
Tour de Pise, 215

Trajectoire de vol d'un oiseau, 205
Transformations de fonctions, 32
Translation, 33
Triangle de référence, 54
Trigonométrie, 12
TROUTMAN, JOHN, 98

V
Valeur(s)
    absolue(s), 2
        équations comportant des, 4
        fonction, 29
        inéquations comportant des, 5
        propriétés de la, 3
        représentation algébrique de la, 5
        représentation géométrique, 5
    actuelle, 47
    critique (Théorème 4.2), 152, 154
    extrêmes, 150
    future avec un intérêt composé continu, 49
    trigonométriques exactes (tableau de), 13
Variable, 9
    dépendante, 9
    indépendante, 9
Verticale
    asymptote, 182
    droite, 21
    test de la droite, 28
    variation, 7
Vitesse, 66, 212
    instantanée, 66
    scalaire, 213
        conditions de croissance/décroissance, 214

W
WALDHAMS, JACK, 242
WALLIS, JOHN, 99
WHITEHEAD, ALFRED NORTH, 242

Z
ZÉNON D'ÉLÉE, 61, 62, 98

Aide-mémoire

Limites trigonométriques particulières

$$\lim_{h \to 0} \frac{\sin h}{h} = 1 \qquad \lim_{h \to 0} \frac{\cos h - 1}{h} = 0$$

Formules de dérivation

Règles

Multiplication par une constante $\quad (cf)' = cf'$

Somme $\quad (f+g)' = f' + g'$

Différence $\quad (f-g)' = f' - g'$

Linéarité $\quad (af + bg)' = af' + bg'$

Produit $\quad (fg)' = fg' + f'g$

Quotient $\quad \left(\dfrac{f}{g}\right)' = \dfrac{gf' - fg'}{g^2}$

Règle de dérivation en chaîne $\quad \dfrac{dy}{dx} = \dfrac{dy}{du} \dfrac{du}{dx}$

Formules de base

Règle des puissances généralisée

$$\frac{d}{dx} u^n = n u^{n-1} \frac{du}{dx}$$

Fonctions trigonométriques

$$\frac{d}{dx} \cos u = -\sin u \, \frac{du}{dx} \qquad\qquad \frac{d}{dx} \sin u = \cos u \, \frac{du}{dx}$$

$$\frac{d}{dx} \tan u = \sec^2 u \, \frac{du}{dx} \qquad\qquad \frac{d}{dx} \cot u = -\csc^2 u \, \frac{du}{dx}$$

$$\frac{d}{dx} \sec u = \sec u \tan u \, \frac{du}{dx} \qquad\qquad \frac{d}{dx} \csc u = -\csc u \cot u \, \frac{du}{dx}$$

Fonctions trigonométriques inverses

$$\frac{d}{dx} \arccos u = \frac{-1}{\sqrt{1-u^2}} \, \frac{du}{dx} \qquad\qquad \frac{d}{dx} \arcsin u = \frac{1}{\sqrt{1-u^2}} \, \frac{du}{dx}$$

$$\frac{d}{dx} \arctan u = \frac{1}{1+u^2} \, \frac{du}{dx} \qquad\qquad \frac{d}{dx} \text{arccot } u = \frac{-1}{1+u^2} \, \frac{du}{dx}$$

$$\frac{d}{dx} \text{arcsec } u = \frac{1}{|u|\sqrt{u^2-1}} \, \frac{du}{dx} \qquad\qquad \frac{d}{dx} \text{arccsc } u = \frac{-1}{|u|\sqrt{u^2-1}} \, \frac{du}{dx}$$

Fonctions logarithmiques

$$\frac{d}{dx}\ln u = \frac{1}{u}\frac{du}{dx} \qquad \frac{d}{dx}\log_b u = \frac{1}{u\ln b}\frac{du}{dx}$$

Fonctions exponentielles

$$\frac{d}{dx}e^u = e^u\frac{du}{dx} \qquad \frac{d}{dx}b^u = b^u\ln b\frac{du}{dx}$$

SOURCES DES PHOTOGRAPHIES

Martin Bond/SPL/Publiphoto: page couverture.

SPL/Publiphoto: pages 7, 45, 63, 67, 98, 102, 181, 208 (à gauche).

L. Bertrand/Explorer/Publiphoto: page 99.

Stock Montage: page 42.

Národní Muzeum, Prague (œuvre d'Áron Pulzer photographiée par Dagmar Landová): page 88.

Ian Shaw/Stone: page 208 (à droite).

Digital Vision: page 213.

Gregory Sams/Photo Researchers: page 242.